中国民用航空飞行学院飞行训练系列教材

仪表飞行指南

主　编　何永威

副主编　白宏秋　文　路
　　　　熊英博　陈　琥

西南交通大学出版社
·成　都·

图书在版编目（CIP）数据

仪表飞行指南 / 何永威主编. —成都：西南交通
大学出版社，2013.8（2024.5 重印）
中国民用航空飞行学院飞行训练系列教材
ISBN 978-7-5643-2408-7

Ⅰ. ①仪… Ⅱ. ①何… Ⅲ. ①仪表飞行 – 高等学校 –
教材　Ⅳ. ①V323.11

中国版本图书馆 CIP 数据核字（2013）第 141252 号

中国民用航空飞行学院飞行训练系列教材
仪表飞行指南
主编　何永威

责 任 编 辑	牛　君
助 理 编 辑	赵雄亮
封 面 设 计	何东琳设计工作室
出 版 发 行	西南交通大学出版社
	（四川省成都市金牛区二环路北一段 111 号 西南交通大学创新大厦 21 楼）
发 行 部 电 话	028-87600564　028-87600533
邮 政 编 码	610031
网　　　址	http://www.xnjdcbs.com
印　　　刷	成都蓉军广告印务有限责任公司
成 品 尺 寸	210 mm×285 mm
印　　　张	21.75
字　　　数	653 千字
版　　　次	2013 年 8 月第 1 版
印　　　次	2024 年 5 月第 6 次
书　　　号	ISBN 978-7-5643-2408-7
定　　　价	65.00 元

总　序

　　自改革开放以来，在党中央、国务院的正确领导下，顺应国家经济社会全面发展的大潮，中国民航持续快速健康发展，规模、质量和效益都跃上了一个新台阶。作为向中国民航运输航空和通用航空输送飞行等各类航空专业人才的主力院校，为保证飞行训练教学内容的先进性、准确性和全面性，中国民航飞行学院决定在原有的飞行训练教材基础上，结合数十年的飞行教学经验和当前最新的航空理论知识，编写该套《飞行训练系列教材》。

　　《飞行训练系列教材》是飞行教学质量管理体系的基础，是统一飞行标准、抓好飞行教学、提高教学质量的重中之重。因此，学院为本系列教材挑选的编者都是民航飞行训练及安全管理领域具有丰富教学和实践经验的一流专家。同时，编委会多次召开会议，审定教材的大纲，落实教材的主要知识点。本系列教材的编写充分考虑了教学内容的先进性和成熟性之间的协调关系，确保教材既能够反映飞行训练领域的前沿信息，又能使学生掌握基础的核心知识和稳定的飞行技能。

　　在本系列教材的编写过程中，我们得到了民航局飞行标准司、民航西南地区管理局、民航四川安全监督管理局的大力支持，在此深表感谢！

　　尽管通过反复讨论修改，但因实际水平和其他客观条件限制，本系列教材难免存在疏漏和值得商榷之处，敬请各位读者批评指正。

中国民航飞行学院

飞行训练系列教材编委会主任

2013 年 6 月

前　言

　　《仪表飞行指南》是专为仪表飞行教员以及准备参加仪表等级考试的飞行员编写的。在培训过程中，飞行教员会发现该书是一本非常有价值的培训材料，它包含了知识考试和仪表飞行训练所需的基本参考信息。

　　本书是依据民航飞行员执照培训的要求编写的。其中，飞行程序和飞行机动的教学与操作方法不拘一格，而且对于空气动力学理论和原理的解释也是多种多样的。本书精选了仪表飞行相关的方法和概念，其中，对于相关概念的讨论和解释反映了目前最通行的做法和理念。本指南所使用的语句中，若使用了"必须"这个词语，则说明该动作是必须履行的。

　　在仪表气象条件下操作所必须掌握的航空知识和技术在本书中都有详细的说明。本书的主要内容包括：影响仪表飞行的人为因素和空气动力学因素、飞行仪表、飞机姿态仪表飞行、仪表气象条件下使用的基本飞行机动、直升机姿态仪表飞行、导航系统、空中交通管制系统、仪表飞行规则下的飞行程序以及仪表飞行规则的紧急情况。仪表飞行过程中常用的中英文词汇对照表也包含在附录中。

　　在本书编写过程中，课题组得到了业内很多专家和组织的大力协助，在此对他们的无私奉献表示衷心感谢！

　　由于编者水平有限，书中不妥之处在所难免，恳请广大读者、专家批评指正！

编　者

2013 年 5 月

本书中英美制单位与国际单位的换算关系

1 ft = 0.304 8 m

1 m = 3.281 ft

1 mile = 1.609 km

1 n mile（nautical mile）= 1.852 km

1 kn* = 1 n mile（nautical mile）/h = 1.852 km/h

1 lb = 0.454 kg

1 kg = 2.205 lb

1 gal（美）= 3.785 L = 3.785 × 10^{-3} m^3

1 qt = 1.136 5 L

1 inHg = 33.86 hPa

760 mmHg = 29.92 inHg = 14.7 lbf/in^2 (psi) = 1 013.25 hPa

1 lbf · ft = 1.356 N · m

1 马力（hp）= 745.7 W

1 [米制]马力 = 735.5 W

---

* 国标规定为 kn，航空界习惯写为 kt。

目　录

概　述

1. 仪表等级的必要性

如果飞行员只在熟悉的、开放的、天气状况良好的非拥挤区域飞行，能对天气的发展始终保持警惕，并且除原始飞行计划之外还有备用计划，则他可以不需要获得仪表等级。不过，如果要去一些长途目的地，飞行员可能会在目视气象条件（VMC）和仪表气象条件（IMC）的边缘上遇到不熟悉的机场，并有可能穿越空中活动较为频繁的区域。在这些情况下，就需要仪表等级了，因为此时飞行员无法避免变更航路、更改行程或取消飞行的情况出现。很多事故的发生都是由于飞行员在无外部参考的边缘目视气象条件或仪表气象条件下，缺乏相应的设备和必需的技术技能引起的。

以前的飞行员只能严格地凭借视觉、声音和感觉，同时将航空器的姿态与天地线作比较来飞行。随着航空器性能的改进，飞行员需要掌握更多的飞行信息，以增强对航空器的安全操作。这些信息从系在机翼支柱上的红带子发展到复杂的电子飞行信息系统（EFIS）和飞行管理系统（FMS）。仪表判读和飞机控制方法已经从"指针、小球、空速"的判读发展到了"姿态仪表飞行"技术的综合运用与管理。

最初的导航是使用地面参考并配合推测领航，而今已发展为电子导航系统。它包括自动定向仪（ADF）、甚高频全向信标（VOR）、测距仪（DME）、远程导航（LORAN）、全球卫星定位系统（GPS）、仪表着陆系统（ILS）、微波着陆系统（MLS）和惯性导航系统（INS）。

一旦你拥有仪表等级，保持并拓展你的专业技术，意味着你将不再靠运气，而是更多地靠技术和知识来保证你的安全。获得仪表等级，不仅代表着你在飞行技术等级方面有了新的突破，而且还提供给你新的训练实践的机会。这些技术在你一生的飞行中都很重要，而最重要的是，仪表飞行技术的运用能够使你更加安全地飞行。

2. 仪表等级要求

在使用仪表飞行规则（IFR）飞行计划时，或在低于目视飞行规则（VFR）最低标准的条件下，私用或商用飞行员必须拥有仪表等级，并满足相应的熟练程度要求。

你需要认真地复习 61 部中规定的仪表等级相关航空知识和经历要求。在通过仪表等级理论知识考试，且所有的飞行经历都已满足条件之后，你才能参加飞行实践考试。这一最低标准适用于所有申请人。

3. 仪表等级训练

虽然规章规定了最低要求，但是教学需要更多时间，这是不能由规章决定的，它取决于个人是否达到要求的技术水平标准。拥有多种飞行经验的职业飞行员可以在规章规定的最短时间内轻松地达到要求的技术水平。你个人的训练时间将取决于多种因素，包括之前的飞行经历、学习的速度、基本素质、飞行训练的频率、所飞航空器的类型以及地面学校的培训质量等。最有资格判定你所需要的总教学时间及日程安排的是你的教员，他将指导整个培训过程并签署你的飞行训练记录。

你可以通过非正式学习来加速和丰富你的训练。如今，你可以找到越来越多的可视教材和进阶式仪表教程。学习的过程要求有连续性，并且对于每一个知识和技术都应当注意学习的方式和时间。

仪表训练可能需要使用飞行模拟机、飞行练习器或基于个人计算机的航空培训设备（PCATD）。这些地面飞行培训设备对于培养你的仪表注意力分配技术是非常有效的，并且对于学习切入和追踪航迹、等待航线和仪表进近等程序也非常有用。一旦完全理解和掌握了这些知识，你就可以进行继续飞行训练，并将你的新知识和技能完全转化为实践技术。

持有附加仪表等级的执照并不能说明你已经成为了一名胜任所有气象的飞行员。仪表等级只是证明你已经满足了最低经历要求，可以在 IFR 条件下计划并执行飞行，可以完成基本的仪表飞行机动，并具备执行这些机动的技术和判断能力。你的仪表等级允许你在执行目视飞行计划时进入仪表气象条件飞行。颁发给你仪表等级代表你能够很好地判断并避免出现你能力之外的状况。你的仪表等级训练将帮助你拓展基本的飞行技术，增强判断能力，明确能力范围。

4. 保持仪表等级

即使持有附加仪表等级的执照，你也还不能在 IFR 条件下或低于 VFR 最低标准时作为机长驾驶飞机，除非你还满足 61 部所规定的近期飞行经历要求。即在该次飞行前 6 个日历月内，在相应类别航空器或相应的飞行模拟机或飞行训练器上，在真实或模拟仪表条件下完成至少 6 次仪表进近，完成等待程序和使用导航系统截获并跟踪航道的飞行。如果在 6 个月内你不能满足飞行经历的要求，为了保持你的仪表等级，你就需要在接下来的 6 个月内完成这些最低标准要求。如果依然未能完成这些要求，你就必须通过一次仪表飞行技术检查，该飞行评估将由具备资格的飞行教员根据仪表等级实践考试标准执行。

为了满足仪表飞行熟练程度的要求，必须在真实或模拟的仪表气象条件下完成一定的飞行经历。你可以记录仅参照仪表操纵航空器的仪表飞行时间。这些时间可以通过佩戴遮挡外部视景的装备，操纵许可的飞行训练设备或在真实仪表气象条件下飞行完成。

你需要一个艰难的过程，才能从掌握基本知识过渡到在仪表飞行中完全理解并合理运用程序和技术。仪表训练永远没有终点，只有当你在需要使用的时候，能够驾轻就熟地运用相应的知识和技术，才达到了仪表训练的效果。

1 人为因素

1.1 介 绍

    人为因素包含的范围较广，通过研究人、飞机和环境三者之间的关系来提高人的能力，从而降低飞行过程中发生错误的几率。随着科学技术的快速发展，飞机的安全性不断得到提升，机械故障在逐渐减少，但由人为因素引发的事故发生率却在递增。在所调查的事故中，与人为因素有关的事故占到了总数的 80% 以上。如果飞行员能够加强对人为因素的认识和了解，就可以更好地准备飞行计划并更加安全、无事故地完成飞行。

    在仪表气象条件（IMC）下飞行可能会使人体的感觉器官产生错觉。作为一个安全的飞行员，需要去认识并有效地纠正这些错觉。在仪表飞行中，要求飞行员利用所有可用的资源来进行决策。

    本章涉及的人为因素主要包括用来定向的感觉系统、飞行中的错觉、生理和心理因素、身体因素、航空决策和机组资源管理（CRM）。

1.2 定向感觉系统

    定向是指飞行员能够清楚地认识到飞机的位置以及自己相对于一个特定参考点的位置。失定向是指不能定向，空间失定向专指不能确定相对于空间或其他物体的位置。

    定向通过三个方面的人体感觉器官来实现：眼睛、前庭器官和本体感受。眼睛维持视觉定位。内耳的运动感觉系统维持前庭器官的定向。人体的皮肤、关节和肌肉神经维持本体感受定向。身体健康的人处于自然环境中时，这三个系统工作良好。但当飞行过程中产生的各种力作用在人体上时，这些感官系统就会提供相应的误导信息，正是这些误导信息造成了飞行员失定向。

1.2.1 眼 睛

    在所有感官中，视觉在提供信息保持飞行安全方面占据了最为重要的位置。尽管人的眼睛在白天视觉最佳，但在非常暗的环境中，也是能看到东西的。在白天，眼睛使用被称为视锥细胞的感受器；在夜间的时候，我们的视觉通过视杆细胞（视网膜上对昏暗的光线可作出反应的细胞）来工作。两者均根据他们感应到的照明环境来提供最佳的视觉。换句话说，视锥细胞在夜间是无效的，而视杆细胞在白天也是无效的。

包含视网膜色素（称为视紫红质）的视杆细胞，对光线特别敏感。强光会破坏视网膜色素，从而影响夜间视力。因此，在夜间突然遇到强光时，视力可能会完全失效，而视杆细胞需要一定的时间在黑暗中再次恢复工作。吸烟、酗酒、缺氧和年龄增大都会影响视力，尤其是在夜间。需要注意的是，在夜间，例如，由于飞机爬升到高高度而造成的缺氧，会引起视力显著下降。而下降到较低高度来恢复视力所需要的过渡期远远超过爬升过程中视力下降所使用的时间。

眼睛还存在两个盲点：昼间盲点是视神经在视网膜上通过的地方，此处没有光感受器，也无法产生传输到大脑的信息；夜间由于视锥细胞大量集中，密集排列在中心凹周围，人的视觉中心会形成另一个盲点。由于该区域没有杆状细胞，视锥细胞在夜间表现不佳，因此夜间直视某一物体时会看不到该物体。因此，在夜间飞行中，越障或者巡视查看周围环境时最好带有一定角度来观察物体，避免直视。

大脑根据物体的颜色、颜色的对比并参考周围物体来处理视觉信息。图 1.1 展示了视觉信息的处理过程。大脑通过很多相关信息包括物体周围的环境来确定物体的颜色。在图 1.1 中，位于立方体阴影区域的橙色的正方形实际上和立方体顶部中央位置的褐色正方形的颜色是一样的。

图 1.1　鲁比克的魔方图

将橙色方形与周围环境隔离开来，你会发现它实际是褐色的。很明显，在现实环境中，处理视觉信号也会受到周围环境的影响。在复杂地形中识别机场或者在轻度薄雾条件下识别另一架飞机时，常会出现此类问题，因此应提高警惕。

图 1.2 展示了感知方面的问题。两个桌子长短相同。人眼很容易就物体的大小产生错觉，包括长短。通常在飞行员眼中，一条跑道在平地上要比在不平坦地形上要宽，这是由固有思维模式造成的。

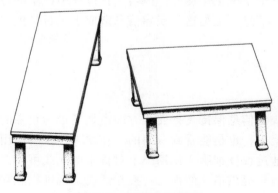

图 1.2　希尔德的桌子

4

下面介绍在明暗交替中的视觉。

在光线很弱的情况下，眼中所见的航图以及飞行仪表可能会不可靠，除非驾驶舱灯光充足。在黑暗中，视觉对光会更加敏感。这个过程被称作暗适应。在完全黑暗的条件下，完全的暗适应至少需要30分钟，但是在暗红色驾驶舱灯光条件下，飞行员可以在20分钟内达到中等程度的暗适应。

红光会严重破坏一些颜色视觉（过滤了红色光谱），尤其在飞机内识读航图时，眼睛会很难把视线集中在航图上。

飞行员只有在需要最佳外界夜视能力时使用红光。需要查阅地图或读取仪表时，可使用暗淡的白色驾驶舱灯光，尤其是在仪表气象条件（IMC）下。

在看到强光时，任何程度的暗适应都会在几秒内消失，因此在夜视条件下使用灯光时，飞行员应该闭上一只眼睛来保持该眼对暗光的感受性。对于夜间在闪电附近飞行时，应打开驾驶舱灯光，以避免突然出现的强光影响夜间视力，出现暂时失明。座舱压力高度高于 5 000 英尺，吸烟摄入一氧化碳，饮食中缺乏维生素 A 或长时间暴露在强烈的太阳光下都会引起暗适应能力的减退。

在目视气象条件（VMC）下飞行时，飞行员主要依靠眼睛提供准确可靠的信息来完成定向。通常视觉线索可以防止来自其他感知系统的错觉。当不存在这些视觉线索，如在 IMC 条件下飞行时，这些错觉会使飞行员迅速失定向。

纠正这些错觉的一条有效途径就是认识和了解这些错觉，摆脱这些错觉的干扰，相信飞行仪表并用眼睛来判定飞机的姿态。飞行员必须清楚地认识到问题所在，并掌握仅使用仪表指示来操纵飞机的技能。

1.2.2　耳　朵

内耳中有两个主要的部位用于定位——内耳的半规管与耳石器官，如图 1.3 所示。半规管用来探测身体的角加速度，而耳石器官用来探测线性加速度和重力。半规管包含三条管，这三条管互成直角，每一个代表一个轴：俯仰、横滚以及偏航，如图 1.4 所示。管道中充满被称为内淋巴的液体。管道中央为终帽，它是一种凝胶结构，被感觉纤毛包围，位于前庭神经的末梢。正是由于这些纤毛在液体中的移动才使人感觉到运动。人的两只耳朵里各有一颗耳石，承担着感受头部空间位置变化的任务。当人体摆动头部的时候，耳石可以告知大脑一个位置信息。耳石是一种碳酸钙结晶，它的大小只有 20～30 微米，这些灰色的微细碳酸性物质黏附在内耳中的前庭内，其主要功能是让人体感应直线加速度。

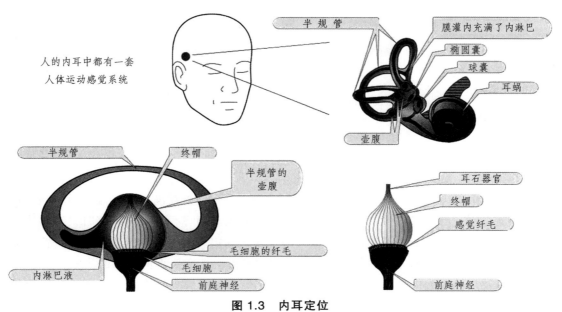

图 1.3　内耳定位

三个半规管分别沿横滚、俯仰、偏转三轴垂直分布

图 1.4　角加速度和半规管

由于液体与管道壁之间的摩擦力，耳朵管道中的内淋巴液需要 15～20 秒的时间来达到与管道相同的移动速度。

下面以转弯过程为例来说明其原理。飞机作直线平飞时，飞机没有加速度，纤毛直立，身体没有感应到转弯，因此，毛细胞的位置与实际感觉相符，如图 1.5（a）所示。

飞机开始转弯时，半规管以及内淋巴液随之开始移动，半规管中的液体滞后于半规管加速，如图 1.5（b）所示。这种速度的差异使管道中的液体开始了相对运动。半规管与毛细胞上覆盖的胶质物质与内淋巴液开始向相反的方向移动。

纤毛开始以与半规管相同的方向进行转弯。此时大脑接收到相关的信号。从而人体得以正确地感觉到正在进行的转弯过程。如果接下来的几秒或更长时间内，继续以恒定速率进行转弯，则管道内的内淋巴液的移动速度最终会与半规管相同，如图 1.5（c）所示。

如果纤毛不再弯曲，大脑会错误地认为转弯已经停止。因此长时间以恒定速率进行转弯时，不管方向如何，纤毛细胞的位置以及由此所产生的错觉都会使飞行员感知不到飞机的运动，从而产生飞机没有转弯的错觉。

当飞机回到直线平飞状态时，管道中的内淋巴液暂时以相反方向进行移动。这样大脑根据接收到的信号，错误地认为飞机在向相反方向转弯，如图 1.5（d）所示。飞行员可能会为了修正这种错觉，重新开始转弯，这样可能会将飞机置于失去控制的状态。

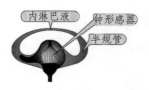

（a）没有转弯
没有转弯的感觉

（b）开始转弯
随着移动的液体使纤毛弯曲从而感觉到转弯

（c）恒定速率转弯
液体加速至与管壁同速后感觉不到转弯

（d）转弯停止
由于液体的流动使纤毛反向弯曲，导致感觉向反方向转弯

图 1.5　角加速度

耳石器官以相似的方式来探测线性加速度以及重力。与半规管充满内淋巴液不同的是，耳石器官的感觉纤毛外覆盖着一层含有类似白垩成分结晶体的胶质膜。当飞行员偏转头部时，结晶体的重量使胶质膜开始移动，感觉纤毛能探测到该偏转。大脑也随之确定垂直方向上感应到的新位置。加速以及减速都会造成胶质膜以相似的方式进行移动。向前的加速度会造成头部向后仰的错觉，如图 1.6 所示。因此，在起飞以及加速过程中，飞行员可能会感觉爬升幅度比正常幅度要大，从而可能采取相应的动作使机头向下。

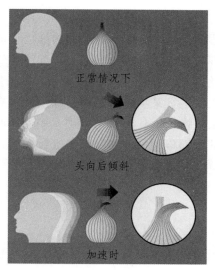

正常情况下

头向后倾斜

加速时

图 1.6　线性加速

1.2.3　神　经

位于人体皮肤、肌肉以及关节处的神经，持续向大脑发出人体与重力相对关系的信号。通过这些信号，飞行员可以获得其当前的位置。飞行员可以通过推背感感觉到加速度。转弯时产生的力会使飞行员对重力的真实方向产生错觉，从而使飞行员在确定垂直向上的方向时产生错误的判断。

非协调的转弯，尤其是爬升转弯，可能会将错误的信号发送至大脑。内外侧滑都会造成倾斜或者转弯的错觉。同样，紊流造成的飞机的运动也会使飞行员大脑接受的信息产生混乱。飞行员需要清醒地认识到这些情况。疲劳或者疾病都会使这些感觉加剧，最终可能会导致失能。

1.3　错觉导致空间失定向

导致空间失定向的大多数错觉都是由前庭系统造成的。当然，目视错觉也可能造成空间失定向。

1.3.1　前庭错觉

1.3.1.1　倾　斜

飞机处于带有坡度的姿态时，我们称之为倾斜。以向左压坡度为例，此时半规管正在进行"横滚"运动。如果进入转弯的过程较平缓，则管道内的内淋巴液运动相对于实际运动可能会滞后，如图 1.5 所示。如果飞行员突然对该姿态进行修正，则内淋巴液会向相反方向开始运动，从而使飞行员产生错觉，错误地认为飞机正在向右滚转。失定向的飞行员会错误地使飞机滚转，回到原始的向左偏转姿态，或者即使保持平飞，也会认为自己是倾斜的，直到这种错觉消失为止。

1.3.1.2 科里奥利错觉

飞行员在进行长时间转弯过程中，当耳朵半规管内的内淋巴液的流动速度与半规管旋转速度相同时，会产生科里奥利错觉。当头部与身体在不同的平面上，如注视驾驶舱不同位置的物体时，可能会导致内淋巴液开始流动并产生错觉，飞行员会感觉飞机正在转弯或者在完全不同的轴上作加速运动。这样会使飞行员错误地认为飞机正在进行某项机动，而实际上却没有。失定向的飞行员可能会为了修正这种对飞机姿态的错觉而实施某些操作，从而使飞机进入较危险的状态。

鉴于此，飞行员应该以最小的头部移动幅度来对仪表进行交叉检查或扫视。在驾驶舱内，如果航图或者其他东西掉落，在低头或弯腰时，不要过快地移动头部，务必以最小的头部移动幅度来找寻，以防止出现科里奥利错觉。

1.3.1.3 致命盘旋

如果飞行员长时间以固定速率进行协调转弯，则可能会产生错觉，感觉不到飞机正在进行转弯。而在恢复平飞的过程中，飞行员会感觉到飞机在向相反方向转弯。失定向的飞行员会错误地将飞机调整到原始转弯方向。除非飞行员对升力进行补偿，否则飞机在转弯时会有掉高度的趋势，飞行员可能会注意到这种高度损失，然而飞行员产生的错觉使他感觉不到转弯，认为飞机正在平飞下降，则飞行员可能会向后拉操纵杆以试图进行爬升或停止下降。该动作会使飞机盘旋加剧，并加快掉高度。因此，这种错觉产生的盘旋被称作致命盘旋，如图 1.7 所示。在某些情况下，这可能会导致飞行员失去对飞机的控制。

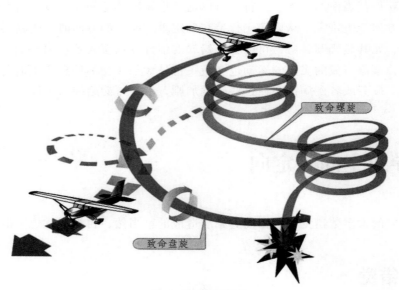

图 1.7 致命盘旋

1.3.1.4 躯体重力错觉

突然的加速度，如在起飞过程中突然加速，会刺激耳石器官以与头部相同的方向向后倾斜。该动作会产生躯体重力错觉，感觉飞机处于机头向上的姿态，尤其在没有良好的目视参照物的条件下会更加明显。失定向的飞行员可能会向前推驾驶杆，向下调整机头或使飞机处于俯冲姿态。突然收油门造成的突然减速可能会产生与之相反的效应，失定向的飞行员可能会拉起飞机，使机头向上，甚至使飞机处于失速姿态。

1.3.1.5　倒置错觉

突然从爬升改到直线平飞状态可能会刺激耳石器官，可能产生飞机要向后翻筋斗或倒置的错觉。失定向的飞行员可能会突然向前推杆，使飞机处于机头向下的姿态，而突然压低机头的操作可能加剧倒置错觉。

1.3.1.6　升降舵错觉

突然向上的垂直加速度，如出现上升气流时，会刺激耳石器官产生飞机正在爬升的错觉。我们把它称之为升降舵错觉。失定向的飞行员可能会向前推杆，使飞机处于机头向下的姿态。突然向下的垂直加速度经常出现在下降气流中，造成的效应与上述上升气流相反，失定向的飞行员会拉起飞机，使机头处于向上的姿态。

1.3.2　视觉错觉

由于飞行员飞行过程中主要依靠眼睛来获得准确的信息，因此，视觉错觉对安全飞行的危害最为严重。虚假天地线以及自主运动这两种会导致飞行员空间失定向的错觉都仅与视觉系统有关。

1.3.2.1　虚假天地线

在将飞机与实际天地线进行校准时，倾斜的云堤、模糊不清的天地线、北极光、昏暗情况下的地面灯光和星星以及某些地面灯光特殊的几何形状都可能会提供不准确的视觉信息（虚假天地线）。失定向的飞行员可能会使飞机处于很危险的姿态。

1.3.2.2　自主运动错觉

在黑暗背景中，如果你盯住某一固定灯光，一段时间以后，可能会感觉这个静止的光点开始自己运动起来。失定向的飞行员试图根据该灯光的虚假运动来给飞机定位，那么飞行员可能就会对飞机失去控制。这种错觉称为自主运动错觉。

1.4　姿势因素

姿势系统由皮肤、关节以及肌肉向大脑发出信号，大脑根据与正常地球引力的相对关系对这些信号进行解读。这些信号决定了人体的姿势。而人体的每一个动作又恒定地反馈给大脑，用以更新人体姿势的信息。传统的飞行在很大程度上需要依赖这些信号，再加上目视信号以及前庭信号，这样飞行员就可以获得可靠的感官信息。但是在特定的飞行环境中，各种力都作用在人体上，如果加速度的力对人体的影响超过了重力，许多错觉就有可能发生，如图 1.8 所示。这些情况包括非谐调转弯、爬升转弯以及出现紊流时。

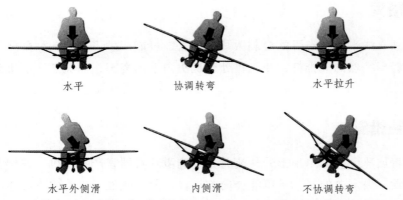

水平　　　　　　　　协调转弯　　　　　　　水平拉升

水平外侧滑　　　　　　内侧滑　　　　　　　不协调转弯

外侧滑、内侧滑和不协调转弯感觉相似，飞行员会感觉到来自座椅的侧向力

图 1.8　离心力的感觉

1.5　空间失定向的演示

学员可以通过大量操纵飞机的动作来进行试验，对失定向进行研究。通常每一个机动动作都会产生一个特定的错觉，而出现的任何错觉都是对失定向的有效演示。即使学员在上述操作中没有任何感觉，这种感觉缺失也是一种有效的对失定向的演示，即无法感知到飞机的坡度或横滚。在飞行过程中演示这些机动有如下几个目的：

（1）让学员可以清楚地认识到人体系统对空间失定向的感受灵敏度。

（2）让学员认识到通过人体感觉系统对飞机姿态做出的判断通常是错误的。

（3）让学员认识到飞机动作、头部动作以及因此发生的失定向三者之间的关系，从而减小失定向的发生几率。

（4）学员可以通过这些操作对飞行仪表树立信心，从而依靠仪表来对飞机的真实姿态进行判定。

学员在低高度飞行时，如果没有教员或者没有能保证安全的飞行员陪同时，不要尝试这些机动动作。

1.5.1　加速时产生爬升错觉

学员将眼睛闭上，教员以进近空速做直线平飞，然后在保持直线平飞姿态的同时加速飞行。在没有目视参照物的情况下，该操作中容易使学员出现飞机正在进行爬升的错觉。

1.5.2　转弯时产生爬升错觉

学员将眼睛闭上，飞机保持直线平飞姿态。教员以相对缓慢的动作进入一个非常协调的转弯，以1.5 倍重力加速度（约 50°坡度）转过 90°。转弯过程中，由于没有外界目视参照物，并且在轻度正 G作用的影响下，学员通常会产生错觉认为飞机正在爬升。一旦感觉到爬升，学员应该立即睁开眼睛，从而发现缓慢进入的协调转弯带给人体的感觉与爬升是一样的。

1.5.3　转弯时产生俯冲错觉

学员闭上眼睛，教员重复之前的程序，在转弯进行到约一半的时候执行改出。这时学员通常会产生飞机正在俯冲的错觉。

1.5.4　倾斜错觉

保持直线平飞姿态，学员闭上眼睛，教员在保持机翼水平的条件下，执行一个中度或轻度的左侧滑。这种情况通常会使学员产生错觉认为身体正在向右倾斜。

1.5.5　反转错觉

这种错觉可以在三个运动平面中的任意一个上进行演示。飞机保持直线平飞姿态时，学员闭上眼睛，教员柔和并果断地开始压盘，使飞机形成 45°坡度，同时保持航向及俯仰姿态。这时学员会产生一种强烈的错觉认为飞机在向相反的方向转动。注意到这种感觉之后，学员睁开眼睛会发现飞机保持在带坡度的姿态。

1.5.6　俯冲/横滚错觉

俯冲/横滚错觉会使飞行员产生非常严重的空间失定向。以直线平飞姿态飞行时，学员保持正常坐姿，将眼睛闭上或者低头注视地板。教员开始进行一个果断的协调转弯，坡度为30°或40°。在此过程中，学员向前倾斜头部，向右或向左看，然后立即将头部返回到垂直位置。

教员应该安排好该机动的时间，以便当学员将头部回到竖直位置时停止横滚。此时，学员通常会产生强烈的空间失定向，认为飞机正在向横滚方向下坠。

在上述这些机动的描述中，通常是由教员对飞机进行操纵，但是让学员来操纵飞机也会是一个很有效的演示。学员可以闭上眼睛并将头部向一侧倾斜，此时教员要告诉学员应该进行哪些操作。然后在保持闭上眼睛、头部倾斜的条件下，学员开始尝试控制飞机，建立正确的姿态。很明显学员并不知道飞机的实际姿态，他将完全按照自己的感觉做出反应。经过短时间以后，学员会失定向，这时教员应该让学员睁开眼睛，恢复正常飞行。通过这个训练，学员可以清楚地体验到失定向。

1.6　如何应对空间失定向

为了预防飞行中出现错觉并防止由此可能造成的潜在危险，飞行员可以：

（1）使用相关的训练设备，例如，用旋转椅、错觉训练机或者空间失定向虚拟演示器来认识和感受空间失定向错觉。熟知各类错觉的成因并时刻保持警惕。

（2）飞行员起飞前应获取并完全理解气象信息。

（3）要进行相关的训练，熟练地掌握参考仪表的飞行技能，这样才能在边缘目视气象条件（小于5公里），或者目视天地线不可靠的情况下，保持好飞机状态，例如，在夜间飞过一片开阔的水域。

（4）除非可以熟练地使用仪表，否则在恶劣的天气条件下不要继续飞行，例如，有薄雾或者黑暗的条件下。如果需要在夜间进行飞行，则需要具备夜航条件下熟练操作飞机的能力，同时还要熟悉各机场的本场和转场运行。

（5）当外界存在目视参照物时，要保证这些参照物的可靠性。通常这些参照物应该是地球表面固定的参照点。

（6）避免头部突然转动，尤其在起飞、转弯以及进近着陆过程中。

（7）飞行员可以通过自我调整为低能见度飞行做好充分准备。即保证适当的休息、足够的饮食，如果在夜间飞行时，要考虑到夜间适应。需要引起飞行员注意的是，疾病、药物、酒精、疲劳、睡眠不足以及轻度缺氧都会使空间失定向更加严重。

（8）总之最重要的是飞行员能够熟练使用飞行仪表并且相信仪表提供的信息。依靠仪表来进行飞行，克服本体错觉所造成的影响。

在仪表飞行状态下，这些本体感觉都有可能导致错觉的产生，这些都是正常的。虽然我们不能完全杜绝这些本体错觉的出现，但是可以通过训练使飞行员对此有更清楚的认识，并且在飞行过程中完全依靠仪表，控制错觉对自身的影响。随着飞行员不断提高在仪表条件下飞行的熟练程度，这些本体错觉以及由这些错觉所造成的影响都会越来越小。

1.7　视错觉

在所有的感官中，视觉对于安全飞行是最重要的。但是，多样的地形特征以及大气状况都会让人产生视错觉。这些错觉主要发生在着陆时。在仪表进近的最后阶段，飞行员必须要完成从依靠仪表到依靠视觉线索来进行着陆的过渡。了解这些视错觉的潜在危害，并采取相应的修正措施对于飞行员至关重要。视错觉经常会导致着陆误差，常见的视错觉主要有以下几种：

1.7.1　跑道宽度错觉

比常规偏窄的跑道会使飞行员产生错觉，认为飞机进场高度比实际高度要高，尤其当跑道长宽比很大时，如图1.9（a）所示。没有识别出这种错觉的飞行员，以偏低的高度进近，在进近过程中会有撞击障碍物和过早接地的危险。比常规偏宽的跑道会有相反的效应，较高高度改平会造成飞机重着陆或者冲出跑道。

1.7.2　跑道和地形坡度错觉

向上带坡度的跑道或地形，会使飞行员产生错觉认为飞机高度过高，如图1.9所示。如果飞行员没有认识到这种错觉，就会以较低的进近高度来进场。向下带坡度的跑道或者向下带坡度的进近地形会产生相反的效果。

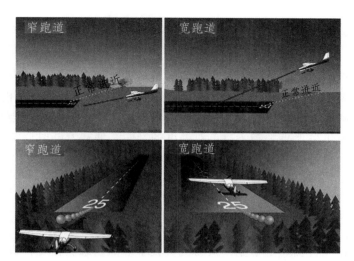

（a）跑道宽度错觉：较窄的跑道会使飞行员产生错觉，认为飞机高度偏高，从而导致目测低；
较宽的跑道会使飞行员产生错觉，认为飞机高度偏低，从而导致目测高

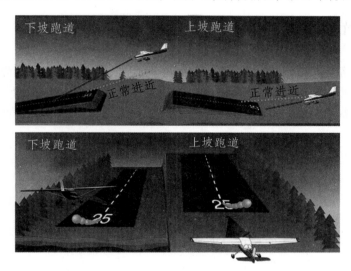

（b）跑道坡度错觉：下坡跑道会使飞行员产生错觉，认为飞机高度偏低，从而导致目测高；
上坡跑道会使飞行员产生错觉，认为飞机高度偏高，从而导致目测低

图 1.9　跑道宽度和坡度的错觉

1.7.3　无特征地形错觉

当周围地形特征不明显，如在进近时需跨越水域，在黑暗区域进近，或者由于白雪覆盖，使得地形特征不明显时，都会使飞行员产生错觉，认为飞机比实际高度要高。这种错觉有时被称为"黑洞效应"，导致飞行员进近高度低于预期值。

1.7.4　水折射

当风挡玻璃上有雨水时，天地线看起来要比实际的位置低，这会让飞行员产生错觉，以较低的高度进近。

1.7.5 霾

霾可能会让飞行员产生错觉，认为飞机离跑道的距离较远，高度较高，因此飞行员的进近高度会偏低；相反，在天空非常晴朗的情况下（高原机场，视线相当清楚的状况下）也会让飞行员产生错觉，认为自己距离机场的距离比实际的要近很多，因此以较高的高度进近，可能会冲出跑道或复飞。风挡上的水微粒造成的光漫射也会严重影响飞行员对高度的判断，使得着陆时通常用来判断高度的灯光以及当地的地形特征变得不可靠。

1.7.6 雾

在雾中飞行可能会让飞行员产生错觉，认为机头处于上仰姿态。在飞行员没有认识到这种错觉的情况下，通常会造成进近的下降率突然增大。

1.7.7 地面灯光错觉

线形的灯光，如道路上的或者移动的火车上的灯光，可能会让飞行员误认为是跑道灯或进近灯光。
明亮的跑道以及进近灯光系统，尤其是在周围地形参考灯光较少的情况下，可能会让飞行员产生距离跑道过近的错觉。没有认识到这种错觉的飞行员通常会增加进近高度，造成进近高度偏高。

1.8 如何防止视错觉造成的着陆偏差

为了防止视错觉及其可能造成的严重后果，飞行员可以：
（1）在飞向不熟悉的目的地机场时，在进近过程中，尤其在夜间或者天气条件非常恶劣的条件下，要做好预防视错觉的准备。参考机场图及机场使用细则，查询跑道坡度、地形以及灯光。
（2）要经常检查高度表，尤其是进近阶段，无论昼间还是夜间。
（3）如果可能的话，应在不熟悉的目的地机场着陆之前多进行目视检查。
（4）如果目视进近坡度指示器（VASI）或者精密进近坡度指示器（PAPI）系统可用，则飞行员应该利用它们作为目视参照，或者使用下滑道来进近。
（5）可以使用非精密仪表进近程序图上的目视下降点（VDP）。
（6）应认识到在进近过程中，如果出现紧急状况或者其他活动影响到正常飞行程序时，发生事故的几率就会大大增加。
（7）熟练地掌握正常着陆程序。

1.9 生理和心理因素——压力

在飞行过程中不管是生理还是心理因素都会对飞行员造成影响，有可能会危及飞行安全。这些因素包括压力、药物、酒精以及疲劳。任何一种因素单独存在或者多个同时出现时都会明显降低飞行员的决策能力和飞行操纵能力。

压力用来描述人体对于施加于本体上的各种要求所做出的反应。这些要求可能是令人愉悦的，也可能会给人带来烦恼。对于飞行员来说造成这些压力的原因可能是飞行中出现意料之外的天气状况或者飞机出现了机械问题，也可能是与飞行无关的个人原因。压力是不可避免的，也是生活中必不可少的部分，它可以让人的生活充满动力，让人在面对挑战的时候更加积极。压力造成的效应可以累积，并且每个人都有一个承受极限。基于个体与环境抗争的能力，这个极限被称作压力承受水平。

适量的压力可以有效提高个人能力。但是压力过大时，尤其长时间压力过大会严重影响人的状态。压力刚刚出现时，个人能力会有一定程度的提高，但是能力水平达到最高点之后，如果压力水平超过承受能力，则个人能力会迅速降低，如图1.10（a）所示。到达峰值这一点后，飞行员的能力开始下降，而且判断力也开始降低。相对于简单或者熟练程度较高的任务，复杂或者不熟悉的任务对于个人能力的要求会更高一些。因此，复杂或者不熟悉的任务会更容易让人遭受由于压力不断增加而带来的不利影响，如图1.10（b）所示。

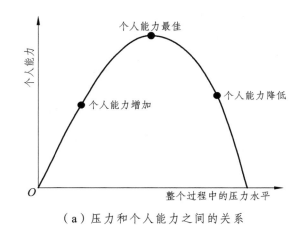

（a）压力和个人能力之间的关系

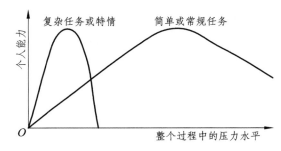

（b）简单和复杂任务中压力和个人能力之间的关系

图1.10　压力和个人能力

压力过大通常会从以下三方面表现出来：① 情绪；② 身体；③ 行为。情绪征兆表现为过于自信、拒绝、怀疑、偏执、兴奋、不易平静或者具有攻击性。身体上的压力可能会导致易于疲劳，同时会引起行为能力明显降低，对批评非常敏感，好争辩，傲慢并且对人有敌意。飞行员需要了解并认识压力的表现形式。

生活中有很多技巧可以减轻自我压力或帮助别人来更好地处理这些压力所造成的影响。下面列出的所有技巧虽不能完全作为压力的解决办法，但是可以在一定程度上帮助飞行员来缓解压力：

（1）更好地了解什么是压力；

（2）做一个客观的自我评估；

（3）对问题的解决办法做一个系统的规划；

（4）保持一种可以缓解压力的健康生活方式；

（5）练习行为管理的技巧；

（6）建立并保持良好的支持源泉。

良好的驾驶舱压力管理源于良好的生活压力管理，但生活中许多用于缓解压力的技巧可能在飞行中并不实用。因此当压力出现时，飞行员必须要身心放松地去理性面对和思考。以下检查单列出了驾驶舱压力管理的一些方法：

（1）避免飞行过程中注意力分散。

（2）适当减少驾驶舱工作量可以减轻压力强度，并有助于营造可以做出正确决策的良好氛围。通常，起飞以及着陆阶段容易产生较高的压力。这两个阶段之间飞行员操作活动较少，相应的压力也较低。从巡航阶段到着陆阶段的过渡过程通常也是工作量较大的时候，如果不能做好安排，压力会明显增大。合理安排并将驾驶舱职责做好分工，给各项操作项目安排好顺序可以避免这些事情影响到飞行员的操纵能力，从而飞行员可以对出现的各种状况保持清醒的认识，并更好地应对。

（3）出现问题时要保持冷静。如果时间不是特别紧迫，应遵循先分析再决断的原则：认真思考，方案比对，采取措施，事后评估。如果发生紧急状况，保持冷静并使用航空决策程序（ADM）来应对紧急状况。该程序以飞行员的训练和经验为基础，能对紧急状况做出迅速准确的反应。定期对紧急程序的操作进行训练，可以帮助飞行员在面对突发状况时减少压力。

（4）飞行员需要全面熟悉飞机的正常操纵和应急程序，并保持对飞行操作的熟练性以建立信心。

（5）了解并重视个人实际能力的局限。研究表明，遇到结冰状况时，经验丰富的飞行员比没有经验的飞行员更容易抓住时机进行处理。对于飞行经历少，飞行经验不足的飞行员，遇到"可能会飞入结冰区"这类问题时，对于结冰的可能性和严重性的认识，没有实际经验做支撑，因此，只能根据他们平时的训练以及最近所学的理论知识为基础来做出决策。经验丰富的飞行员可能会根据已有的知识以及丰富的飞行经验对当前的情况做出分析评估。由于飞行员之前已有解决此类问题的经验，再次面对该问题时会更容易面对。如果飞行员没有对所有主要因素进行评估，就主观地做出决定，跨过了很多思考的中间环节，就很可能会发生错误。

（6）飞行过程中不要分散太多精力在小错误上，应在着陆之后再对其进行分析研究。

（7）如果飞行带来了过大的压力，则飞行员可以申请暂停飞行或者寻求有效的帮助，将压力控制在可接受的范围内。

1.10　医学因素

每次飞行前飞行员都会根据自己的身体状况做出"飞或者不飞"的决定。飞行员在每次飞行前不仅要检查飞机，还要对自身状况进行评估。飞行员应该就"我现在的状况可以通过体检吗？"提出问题，如果回答并不是"完全可以"，那么飞行员就不要参加飞行，尤其在飞行员要执行 IMC（仪表气象条件下）飞行时。仪表飞行比目视气象条件下（VMC）飞行对飞行员的要求更为苛刻。为了保证仪表条件下的飞行安全，飞行员的个人能力显得更加重要。

飞行员的不良身体状况以及服用的处方药物或非处方药物都会严重降低飞行员的综合能力。许多药物，如镇静剂、镇定止痛药、强力止痛药以及止咳药等，都会严重影响飞行员的判断力、记忆力、警惕性、协调能力、视觉以及计算能力。另外，如抗组胺剂、降压药物、肌肉松弛剂以及治疗腹泻或运动病的针剂都会对人体有副作用，降低人体机能。任何药物，如止痛镇静药、镇静剂或者抗组胺剂等，都会对神经系统造成不利影响，使飞行员更容易受到缺氧的影响。

如果飞行员服用了任何可能会影响飞行安全的药物，则应禁止其担任机组成员。除非已经通过局方批准，否则不管飞行员服用了何种药物，都不能担任机组成员。对药物副作用的相关问题都可以在飞行前咨询航医。

1.10.1 酒　精

CCAR-91 部规定飞行员在饮用含酒精饮料后 8 小时内或酒精作用未完全消失时禁止担任机组成员。大量研究证明，酒精对飞行安全的危害相当严重。30 克白酒、1 瓶啤酒或 120 克葡萄酒都足以降低飞行员对飞行操作的控制能力，使飞行员更容易发生失定向以及缺氧症。即使身体完全代谢了一定量的酒精，飞行员的身体机能在数小时内仍然处于受损状态，而且没有特别的方法可以加快酒精代谢或缓解醉酒状态。

1.10.2 疲　劳

对于飞行安全来说，疲劳是最大的威胁之一。在飞行员发生严重错误之前，疲劳的表现可能并不是太明显。疲劳可以是急性（短期）的也可以是慢性（长期）的。

1. 急性疲劳

日常生活的每一天都可能会发生急性疲劳，身体精神长时间紧张工作所造成的疲惫感为急性疲劳。具体包括：肌肉紧张、固定姿势不动、脑力负荷过大、高强度精神压力、生活单调以及睡眠不足。充足的休息、定期锻炼身体以及足够的营养可以防止急性疲劳。

通常情况下，飞行员单独飞行时，只能靠自己完成对自身状况的评估，因此可能很难发现自己处于疲劳状态，不易发觉疲劳的表现形式。所以飞行员必须留意发生的一些小错误，这些错误可能是疲劳开始的征兆。

这些错误包括：

（1）飞行前将东西放错位置；

（2）将东西（笔、航图）遗忘在飞行计划准备室；

（3）错过无线电呼叫；

（4）不能准确回答或复诵呼叫；

（5）调整频率不正确。

2. 慢性疲劳

当没有充足的时间从频繁的急性疲劳中完全恢复时，就会发生慢性疲劳。慢性疲劳的根本原因并不是通常所认为的与休息时间有关，其起因可能更加复杂。因此，单纯依靠休息并不能真正消除慢性疲劳。

慢性疲劳需要从生理问题与心理问题两方面入手。心理问题，如经济问题、家庭生活或者工作等带来的压力都会影响休息质量。只有通过解决这些基本问题才能缓解慢性疲劳。如果不采取解决办法，身体机能会持续下降，判断力也随之降低，可能会发生危险。慢性疲劳的治疗需要一个长期而复杂的过程。除非提前做好充分准备，否则心理和生理两方面中的任何一种情况都会影响个人机体能力，严重的还会影响飞行员的判断力和决策力。

1.10.3　IMSAFE 检查单

飞行员应在飞行前使用 IMSAFE 检查单。在每次飞行前，按照下列清单上列出的项目进行一次快速检查，会帮助飞行员更好地进行自我评估。如果执行下列检查单时，有任何问题的回答为"是"的话，飞行员应考虑取消本次飞行：

Illness（疾病）——我有任何病症吗？

Medication（药物）——我是否已经服用了任何处方药或非处方药？

Stress（压力）——我是否在工作上有心理压力？我是否在金钱、健康或家庭方面有问题？

Alcohol（酒精）——我是否在 8 小时内喝酒了？24 小时内呢？

Fatigue（疲劳）——我是否处于疲劳状态，或者没有足够的休息？

Eating（饮食）——我是否已食用了足够且适当的食物，可以使我在整个飞行过程中保持充足的体力？

1.11　风险的识别

在介绍如何识别风险之前，我们首先来看一下什么是风险。风险包括了当前的状况、事件、对象或者环境，它可能会导致或促成发生计划外或意料之外的事件。简单来说，风险就是发生危险的导火索。潜在风险可以通过大量内在或外在的现象进行识别。当多种因素同时出现时，可能会出现相应的征兆，进而可以识别出可能存在的风险，以下列情况为例：

1.11.1　状况 1

飞机在起飞后进入了云层，当飞行员调定了新航向，设置好预选高度和离场通信频率时，突然听到一声爆炸声，使飞行员感到不安。

1.11.2　状况 2

飞行员新租来一架飞机，他此前从未驾驶过此类机型。由于发生延误，他需要在夜间飞行，并且还需要在仪表气象条件（IMC）条件下执行仪表飞行规则（IFR）。飞行中，无线电看上去工作状况不是很好，一直发出静电噪声，并且信号越来越弱。随着飞行的继续，防撞灯停止了闪烁和旋转，并且灯光逐渐变暗；然而飞行员并不清楚问题的原因，因为发电机的警告灯昏暗，并且位于面板左下方，靠近飞行员的膝盖，不易发觉。

上述这两种状况代表了必须要进行处理的两种不同的风险，由于其中的各种因素都会对飞行安全造成影响，因此每种状况都带有一定程度的危险性。

1.11.3　风险分析

风险可能会对未来造成影响，并且是不可消除或者不可控制的，很有可能会导致经济损失或对人身造成伤害。根据风险最终发生的可能性以及其后果的严重程度来对危险性进行分析。通过危险性分析对风险进行评估，从而确定最终造成的后果以及这种后果发生的突然性有多大。危险性分析应根据所允许的时间长短进行分析决策或凭直觉决策。

在第一种情况中，决策可能是凭直觉做出的：操纵飞机尽快安全着陆。由于直觉性决策是在飞行员所具备的知识以及飞行经验的基础上做出的，所以一个经验不足的飞行员在这种状况下可能会做出不正确的反应，从而导致错误的操作。为了避免做出不正确的决策，应该熟知应急程序中的记忆项目。在锻炼直觉性决策技巧的过程中，培训和指导老师都是非常关键的因素。

在第二种状况下，如果飞行员有机载手电筒，即使手电筒的灯光可能会降低夜视能力，也应该用它来照明，然后应对应答机编码做出相应的更改，并且进行盲发。此时飞行员需要清楚地知道自己现在的位置，尤其是在飞行员必须下降高度到目视气象条件（VMC）飞行的情况下。在每次离场前，做好飞行前计划并且对飞机所在位置保持清醒地认识，这样才能减小飞行员的压力，让飞行员感到轻松并获得可靠的飞行信息。

对于以上两种情况，必须要全面了解飞机中的各个系统，进行各种应急程序训练，这样才能对危险性做出正确分析，快速采取相应的措施，安全成功地解决飞行中出现的这些问题。

1.12　机组资源管理（CRM）和单人制机组资源管理（SRM）

机组资源管理（CRM）以及单人制机组资源管理（SRM）是指机组或者单个飞行员有效地利用所有可用资源的能力，以达到顺利完成飞行的目的。在通用航空中，最经常使用的是 SRM，它注重单个飞行员的飞行操作。SRM 综合了以下因素：

（1）处境意识；

（2）驾驶舱资源管理；

（3）任务管理；

（4）航空决策（ADM）和风险管理。

SRM 指出，从以上资源中找出相应信息对于一个有效的决策是非常必要的。例如，飞行员可能不得不向其他人寻求帮助，并且果断地解决当前问题，飞行员应该明确他需要向其他资源索取信息，直到该信息能够帮助他做出最佳决策为止。一旦收集到所有相关信息并且做出正确决策以后，飞行员应该对该决策需要采取的程序步骤进行评估。

1.13　处境意识

处境意识是对影响飞行的运行和环境因素的准确感知。它是基于飞机设备、外部支持、飞行环境以及飞行员本身的一种逻辑分析。处境意识就是指飞行员知道将要发生什么事情。

1.14　驾驶舱资源管理

驾驶舱资源管理是指有效利用所有可用资源，包括人力、设备及信息。驾驶舱资源管理的关键在于沟通技巧、团队合作、任务分工以及决断。虽然驾驶舱资源管理着眼于机组环境中工作的飞行员，但是其相关的要素及概念同样适用于单人制操作。

1.14.1　人力资源

人力资源是指与飞行安全相关的所有人员。这些人员包括（但不仅限于）：气象员、航线相关人员、机务维护人员、机组成员、飞行员以及交通管制员。飞行员需要有效地与这些人进行沟通。沟通有以下这几个关键部分：询问、支持、主张。

飞行员必须认识到，要想做出一个有效的决策，从以上这些资源中找到相应的信息是非常必要的。收集到必要的信息之后，飞行员的决策必须告知相关人员，如交通管制员、机组成员以及乘客。飞行员可能不得不向其他人寻求帮助，以确保能够安全解决问题。

1.14.2　设　备

很多现代飞机上都装备了自动飞行及导航系统。这些自动系统将飞行员从大量常规飞行操作任务中解放出来，但与此同时也带来了一系列新的问题。这些自动化的设计试图从根本上降低飞行员的工作负荷，将飞行员从管理飞机的工作中解脱出来，但这样降低了飞行员的处境意识，使飞行员容易自满。飞行员需要对这些系统提供的信息进行持续监控，从而保证对环境有一个清醒的认识。飞行员应该完全理解所有系统提供的信息，以及对这些系统要进行的操作。对于飞行员来说，不仅要掌握设备的功能，还要清楚设备的操作限制，才能保证更加有效安全地管理这些设备。

1.14.3　信息工作负荷

信息工作负荷需要正确管理以保证飞行安全。在 IMC 条件下飞行时，飞行员需要完成许多操作项目，这些操作对于安全飞行的重要程度各不相同。例如，当飞行员准备执行仪表进近程序时，需要再次检查进近图，使飞机准备好进近着陆，完成检查单，从自动终端信息服务频率（ATIS）或者空中交通管制（ATC）处获得相关信息，设置好无线电频率以及相关设备。

能够有效管理工作任务的飞行员可以在短时间内迅速完成这些操作，不会把工作往后拖，增加关键的进近阶段中的工作负荷。在图 1.11 中，进近过程中，安全裕度处在最低值，在最后一分钟如果常规操作仍然没有完成，飞行员在面对这些繁重的工作量时，压力会增大，导致个人能力急剧下降。

通过提前进行计划安排，飞行员可以有效地降低飞行关键阶段的工作负荷。如果在进入仪表进近的最后阶段时仍然没有做好准备，飞行员应该意识到当前状况，中断此次进近，在做好准备之后重新开始进近。有效的资源管理包括：对风险情景和危险态度的识别、使用正确的决策方法形成正确的判断、通过对情景的良好管理确保 IFR 的安全飞行。

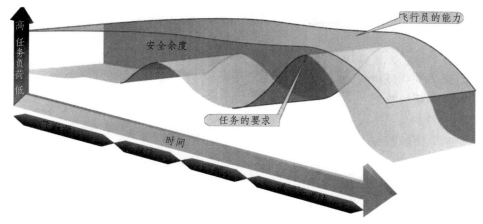

图 1.11　安全余度

1.15　任务管理

人在处理信息方面的能力是有限的。一旦信息量超过飞行员的处理能力，不但不能解决问题，反而会影响其他操作的完成以及其他信息的接受。我们把这种现象称为信道容量，一旦达到这个容量值，只有两种办法可以解决：一种就是将不重要的任务暂时搁置，另一种办法就是执行所有任务，但不能保证每项任务都以最佳的水平来完成。正如一个电路面临超载时，要么减少用电量，要么就发生电路故障。

飞行员要对任务进行有效管理并且按重要性安排好执行顺序才能保证安全飞行。例如，一旦出现了某个仪表故障，就只关注于它，忽略了其他东西。这种不必要的过度关注只会分散飞行员的注意力，使其反而不能照顾到其他更加重要的任务。通过提前进行计划安排，飞行员可以有效地降低飞行中关键阶段的工作负荷。

1.16　航空决策（ADM）

安全的飞行需要对三种独立的技能进行有效整合。其中最重要的一项就是操纵飞机时使用驾驶杆和方向舵的基本技能；其次，是对其他飞机系统进行熟练的操纵；最后一点，即做出航空决策（ADM）的技能，这也非常重要。

航空决策（ADM）是一种系统化的思维处理过程，用以确保飞行员在给定的情况下可以采取相应的最佳处理方案。学习如何有效地进行航空决策是非常重要的。虽然现在飞行员的训练方法、飞机设备和系统、航务服务这些方面都在向前发展，但事故仍然不断发生。尽管飞机设计方面已经进行了全面改进来使飞行更加安全，但始终有一个因素没有变化，那就是人为因素。虽然我们致力于通过训练以及安全课程来消除差错，但仍有个不争的事实：人总会犯错。据统计，约 80% 的航空事故都与人为因素有关。

航空决策涉及驾驶舱内的所有相关要素，同时包括了制定一个好的决策所需要完成的步骤。虽然航空决策不能完全消除差错，但是航空决策可以帮助飞行员认识到差错，反过来也可以帮助飞行员管理差错，并将不良后果降至最低。它的基本步骤是：

（1）识别会影响飞行安全的个人态度；

（2）学习行为的修正方法；

（3）学习如何认识并处理压力；

（4）培养风险评估的技巧；

（5）利用所有的资源；

（6）对个人航空决策技能的有效性进行评估。

长期以来，人们习惯于用"飞行员差错"来描述造成这类飞行事故的原因。飞行员差错是指飞行员的行为或决策是导致事故发生的原因或其中一个重要因素。飞行员差错也包括飞行员在行动或决策过程中产生的失误。从广义上来看，使用"与人为因素相关"来形容这些事故发生的原因更为适合。因为并不是一个单一的决定就会导致整个事故的发生，而是多个因素聚集触发了一系列的连锁事件。

不良判断链，有时称为"事故链"，用来形容人为因素中与事故相关的因素。通常要改变事故的结果就必须打破错误链中的某一环。

1.16.1 决策过程

理解决策制定的过程是训练 ADM 技巧的基础。在某些情景下，例如，发动机失效时，需要飞行员立即做出反应，直接使用早已熟知的程序进行处理，没有时间去做详细的分析。根据受过的训练、飞行经验以及对当时处境的认识做出的决策我们把它称之为直觉性决策。一般来说，飞行员已经受过很好的训练来应对出现的紧急状况，但在需要大量分析的情况下，并不一定就能够做出条件反射式的反应。通常在飞行过程中，会有一定的时间来对发生的变化进行检查，收集相关信息，对风险进行评估，最后制定决策。通过这些步骤最后产生一个结论，这个过程就是决策制定的过程。

1.16.2 确定问题

确定问题是决策制定过程中的第一步。问题的确定始于已经发生的变化或者应该发生却没有发生的变化。问题的发生可能最先是由人体感官察觉到的，然后通过洞察力及经验来进行区分。决策过程中最关键的错误之一就是不能很好地明确问题。例如，滑油压力读数低可能表明发动机即将发生故障，需要进行紧急着陆，但这也可能是滑油压力感应器发生了故障。这两种状况下采取的步骤完全不同：前一种情况要求飞行员根据训练、飞行经验对当时的状况作出评估；而后者的决策需要建立在一个综合分析的基础上。应该注意到，相同的指示，由于其成因不同，可能会导致截然不同的两种处理方法。

1.16.3 选择处置方案

在确定了发生的问题之后，飞行员必须对所要采取行动的必要性进行评估，并确定在可用的时间内能解决问题的操作程序。飞行员应该考虑到所有的操作程序可能会带来的后果，并且在做出决策之前进行风险评估。

1.16.4 实施决策并对结果进行评估

即使飞行员已经做出了决策并执行了相应的程序，决策的过程也还并没有结束。飞行员还应提前考虑并确定该决策是否会影响飞行的其他阶段，这点非常重要。在随后的飞行进程中，飞行员必须继续对决策的结果进行评估，以保证最后达到预期的效果。

1.16.5 不正确的决策后果

飞行员有时可能会遇到麻烦，这并不是因为基本操作技能不够或者系统知识掌握不好，而很可能是由于决策制定的方法不对。尽管有些航空决策看上去很简单，但是从航空决策的角度来说，前一个决策所涉及的操作动作可能会影响下一个决策的制定。换句话说，飞行前期所制定的一个不好的决策可能会影响到之后的飞行安全，迫使之后的决策必须更加准确，不容许任何偏差。反之，如果在之前的紧急状况下制定了一个好的决策，会在随后的决策制定中提供更多的选择余地。

ADM：航空决策是一种系统化的思维处理过程，通过对周围状况的分析，采取最佳处理方案。因此，航空决策是建立在传统决策的基础上的；但是航空决策侧重于通过改善决策过程来减少飞行员的差错，并且提供了一套能够帮助飞行员使用所有资源来培养处境意识的架构。

1.17　航空决策制定的实施模型

接下来介绍了两种帮助飞行员练习如何更好地制定航空决策的方法。

1.17.1　感知、分析、执行

ADM 的感知（Perceive）-分析（Process）-执行（Perform）（3P 模式）提供了一个简单可行的系统化方案，适用于飞行中的任何阶段，如图 1.12 所示使用该模式时，飞行员需要：

图 1.12　航空决断的 3P 模式

（1）感知当前的飞行情况；

（2）分析众多因素对飞行安全的影响；

（3）选择执行最佳方案。

第一步，通过对危险的感知来培养处境意识。这些危险包括可能导致非预期事件发生的当前事件、任务或者环境处境意识。在这一步骤中，飞行员需要系统地鉴别所有与飞行有关的因素，包括飞行员、飞机、环境和外部压力，并将其列表。飞行员需要将各个风险综合在一起考虑，这点是非常重要的。例如，一个没有多少实际仪表飞行经验的飞行员，要进行仪表条件下的转场飞行，目的地是一个云高较低的机场，到达之后要去参加一个非常重要的会议。综合这些情况来看，此次飞行将面临较大的风险。

第二步，对信息进行分析以确定感知到的风险是否构成危险（我们将其定义为该风险对未来可能造成的不可控制、不可消除的影响）。风险的危险程度可以通过受影响的对象（受影响的人或者资源）、严重性（损失程度）以及可能性（造成损失的可能性）来表示。比如，当前的风险主要是低云，但风险的程度还决定于很多其他的因素，如飞行员的训练、经验、飞机设备、燃油量等。

第三步，通过采取一定的措施来消除风险或者使其影响降到最低，并对该措施的结果进行持续评估。我们还是以目的地云层较低为例，飞行员可以选择一个天气状况较好，并且有足够油量可以飞至的备降场来执行一个良好的航空决策。通过采取这些措施，可以很大程度上降低风险可能造成的危害。同时飞行员也可以等待天气好转，彻底消除风险。

一旦飞行员已经完成 3P 模式的决策过程，并且已经选择执行了一套方案，那么一个新的航空决策的过程又开始了。因为已经执行的方案影响了当前的环境，需要重新对其进行分析。决策制定过程是一个连续的过程，感知、分析、执行三个步骤组成了一个连续的循环。

1.17.2 DECIDE 模型

下面介绍另外一种航空决策的模式，它包含 6 个步骤，提供了一个更为结构化的决策制定过程。正如 3P 模式一样，DECIDE 模式也是一个连续的循环，帮助飞行员面对变化的环境，做出正确的判断，从而制定所需要的决策，如图 1.13（c）所示。该模式注重飞行员的智力因素，但也能对判断的动机产生影响。如果飞行员在所有的决策过程中不断使用 DECIDE 模式，则会越来越熟练，在面对任何状况时都可以快速做出更好的决策。该模式的具体步骤如图 1.13 所示。

在常规的决策制定过程中，当认识到某些对象发生了变化或者预期的变化没有发生时，可能会触发需要做出决策的想法。识别出发生的变化或者没有发生的变化，在制定决策的过程中是至关重要的一步。如果意识不到环境发生的变化，则可能会直接导致危险的产生。为了改变所处的状况或其中某个要素，达到预期的目标，做出相应的反应或行动是非常必要的，如图 1.13（a）所示。因此，处境意识是成功制定安全决策的关键。飞行员需要针对识别出的变化，对所有可能的处置方法进行评估，并确定最佳解决方案。

从图 1.13（b）中可以看出航空决策过程如何对常规决策过程进行扩展，并且可以从中看出 ADM 各步骤之间的相互作用以及这些步骤是如何产生出最佳结果的。飞行员先识别出变化；之后对众多可选方案进行评估和分析，确定哪些动作可以执行，哪些不可以执行；最后对结果进行监控。飞行员可以用航空决策的方法来强化常规决策的制定过程：

（1）增强对决策制定过程中态度重要性的认识；

（2）培养收集信息并建立信息相关性的能力；

（3）增强他们在安排的时间内选择并采取措施来保证安全的意识。

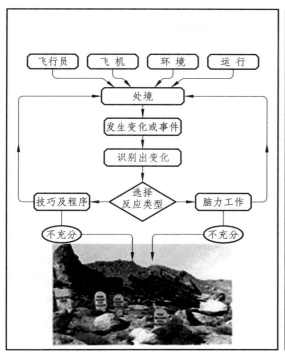

（a）常规决断过程

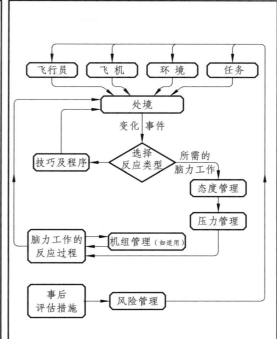

（b）航空决断过程

1. Detect 发现	决策者识别出确实已经发生了变化。
2. Estimate 估计	决策者估计应对变化的措施。
3. Choose 选择	决策者为飞行选择一个想要的最佳结果。
4. Identify 确定	决策者确定出能够成功控制事态的措施。
5. Do 执行	决策者采取必要的行动。
6. Evaluate 评估	决策者对自己采取的行动是否正确有效进行评估。

（c）DECIDE 模式

图 1.13　决　断

1.18　危险态度及其解决方法

危险的态度会降低飞行员的判断力，改变态度，采取正确措施可以进行有效的纠正。认识到危险想法的危害是对其进行纠正的第一步。当发现某种危险想法时，飞行员应该首先提醒自己这是危险的，并列出相应的解决办法。应该熟知每种危险想法的纠正办法，以便在需要时可以直接使用。每种危险态度相应的正确纠正方法如图 1.14 所示。

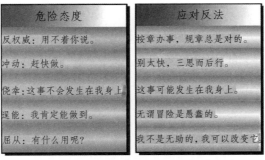

图 1.14　五种危险态度及其应对方法

研究发现，有五种危险态度会影响飞行员的决策，同时每种态度都有相应的纠正办法。下面是对五种危险态度的表述：

　　（1）反权威（"用不着你说。"）。这种态度存在于不喜欢任何人告诉他应该做什么的人身上。他们不喜欢别人告诉他们要做什么，或者认为条例、规章、程序都没必要遵守，对这些规定不屑一顾。每当感觉到错误发生时，他们总是会先去质疑权威和规章。

　　（2）冲动（"赶快做。"）。经常感到需要立刻完成某件事或所有事的人往往具有这种态度。他们不会停下来去思考他们该做什么，也不会选择最佳方案，总是想到什么就做什么。

　　（3）侥幸心理（"这不会发生在我身上。"）。许多飞行员认为事故只会发生在别人身上，自己绝对不会遇到那样的事。他们知道事故可能会发生，并且很清楚任何人都可能遇到问题，但是他们从不会真正认为自己会碰上。越是这样想的飞行员就越有可能盲目蛮干，从而增加风险几率。

　　（4）逞能（"我肯定能做到。"）。总是试图证明自己比别人强的人会有这样的想法。"我肯定行！我就要做给你们看看！"持有这种态度的飞行员会冒很大的风险来努力证明自己，给别人留下印象。

　　（5）屈从（"有什么用呢？"）。这类飞行员认为在事情发生的时候自己没有能力解决问题。当事情进展顺利时，他们会认为这完全是因为运气好；但是当事情变得糟糕时，他们会认为是某些人故意让他们难堪或者归咎于运气不好。这类飞行员会让他人来完成操作，不管完成好坏。有时，他们甚至会接受毫无道理的要求，只是做一个"老好人"。

2 空气动力学因素

2.1 介　绍

　　某些因素会影响航空器的性能，如大气、空气动力和航空器积冰等。飞行员需正确理解这些因素，并以此为基础，较好地预测航空器对操纵动作的反应，尤其是在 IFR 进近、等待以及在仪表气象条件（IMC）下减速时。虽然这些因素对 VFR 的飞行员来说也比较重要，但对于那些飞 IFR 的飞行员则要求更为严格。原因就是仪表飞行员是完全依赖仪表的显示来精确控制航空器的。由此可见，如果飞行员要对航空器的操纵动作做出正确地判断，那么他必须首先具备扎实的空气动力学理论基础知识。

　　为了更好地理解空气动力，飞行员需要弄明白一些与翼型相关的基础术语。图 2.1 所示为一典型翼型图。

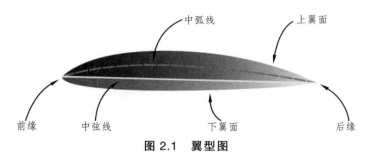

图 2.1　翼型图

　　翼弦是连接翼型前缘和后缘的一条直线，翼弦的长度（即从侧面来测量）称为弦长。
　　中弧线是一条由上到下翼面距离相等的点组成的弧线。从机翼侧面看，中弧与翼弦在两端相交。中弧线是很关键的，因为它与翼型的空气动力性能好坏直接相关。而人们一般通过最大弧度（从弦线端点开始移动测量中弧和弦线对应点之间的距离）来有效地评估翼型的空气动力特性。

2.2 基础空气动力学回顾

　　仪表飞行员不仅要深刻理解影响飞行中航空器性能的各种因素之间的关系及其不同点，还需要明确飞机对各种操纵动作和功率的变化是如何反应的。为什么呢？因为一些仪表飞行环境中的固有危险是不会在目视飞行中出现的，也就是说只有仪表飞行员才会遇到这些问题。要弄清楚并解决这些问题，就必须提到作用在飞机上的四个力以及牛顿运动学的三大定律，如图 2.2 所示。

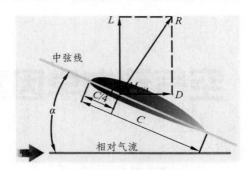

图 2.2　迎角和相对气流

相对气流：相对于翼型的气流流动方向。

迎角（攻角）：飞行轨迹或相对气流和翼弦之间的锐角。

飞行轨迹：航空器正在或将要沿其飞行的路线或轨迹。

2.2.1　四个力

作用在飞行中的航空器上有四个基本的作用力，如图 2.3 所示，它们分别是：升力、重力、推力、阻力。

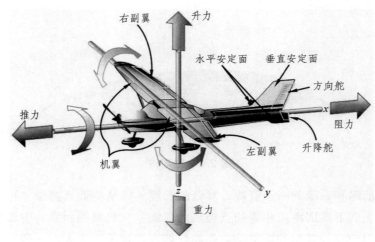

图 2.3　四个力和三个旋转轴

1．升　力

升力是作用在翼型上的空气动力合力的一个分力，它的作用方向垂直于相对气流。相对气流是相对于翼型的气流流动方向。升力的作用点在平均压力中心（CP），常称作升力中心。

注意：该点是在翼弦上的一点，我们假定所有的空气动力都作用在该点上。升力的大小与空速、空气密度、翼型大小和形状以及迎角成比例变化。在直线平飞的时候，升力等于重力。

2．重　力

重力是地心引力表现出来的一个对航空器的拉力。它通过航空器的重心（CG）作用在航空器上，方向垂直向下。应该说明一下：重心不应与升力中心混淆，它们之间有很大的差别。在航空器下降时，重力要大于升力。

3. 推　力

推力是推动航空器在空气中运动的力，可以用马力来度量。该力平行于推力中心线，克服阻力，提供给航空器向前的速度分量。

4. 阻　力

阻力是一个纯空气动力，与相对气流平行，一般由两部分组成：诱导阻力和废阻力。

（1）诱导阻力。

诱导阻力伴随升力的产生而产生，随迎角的增加而增加。因此，如果机翼不产生升力，那么诱导阻力为零。速度越大，诱导阻力越小。

（2）废阻力。

不是由于产生升力而引起的各类阻力统称为废阻力。它是由飞机在空气中的移动、翼面产生的涡流以及气流流经飞机机体表面及其附件所产生的阻力所造成的。这些阻力都不是来自于升力的产生，而是由于物体在大气中运动造成的。废阻力随着空速增加而增加。它包括摩擦阻力、干扰阻力和压差阻力。

（3）摩擦阻力。

覆盖航空器整个表面的是一层薄薄的空气，称为附面层。在该表面上的空气分子相对于航空器表面的速度为零，然而处在这个停滞空气分子之上的一层，却由于接近自由流动空气的第三层，被拖拽而向前移动。各层的速度随距航空器表面距离的增加而增加，最后达到与外部自由流动空气相等的速度。从蒙皮表面到自由空气速度达到的层之间的部分就是附面层。在亚音速时，累积层的厚度大概和扑克牌的厚度差不多。因为空气具有黏性，各层之间的相对流动会产生阻力。该力阻碍飞机的运动，被称为表面摩擦阻力。因为表面摩擦阻力与接触面的面积相关，因此它对小飞机的影响比较小，而对大型运输机影响非常大。

（4）干扰阻力。

干扰阻力是由于气流之间互相冲撞产生涡漩、紊流，制约气流平稳流动而产生的。例如，在绕机身的气流和绕机翼的气流相遇的那些地方（一般在接近翼根处），这些气流互相干扰产生的阻力要大于各自产生的阻力。当把多个物体安置在飞机表面时，各个物体独立产生的阻力之和会小于互相干扰后产生的合阻力。

（5）压差阻力。

压差阻力是由于物体前后的压力差而产生的阻力，它和航空器及其部件的形状相关。如果某人平放一个圆盘在气流中，那么作用在上盘面和下盘面的气压是相等的。然而，气流在流经盘子的后部时开始分离。这样就产生了乱流，导致后部的压力减小。这样物体的前后就产生了压力差，于是产生了阻力。正是考虑到这一点，较新的飞机通常通过沿机身安装水滴形的整流罩来减少乱流的产生，从而减少压差阻力。

总升力必须克服航空器的总重力，包括实际重力和尾部向下的力（用于控制航空器俯仰姿态）。总推力必须克服总阻力来产生向前的速度，有了速度才能产生升力。只有理解了航空器的这些元素与环境之间的关系，才能正确地判读航空器的仪表指示。

2.2.2　牛顿第一定律——惯性定律

牛顿第一定律——惯性定律：任何物体都保持静止或者匀速直线运动的状态，直到受到其他物体的作用力迫使它改变这种状态为止。物体抵抗变化的力称为惯性力。有两个外力会一直作用在飞行中的航空器上：重力和阻力。飞行员使用俯仰和推力来克服或改变这些力，从而保持预定的飞行航迹。如果飞行员在直线平飞时减小动力，航空器将会由于阻力大于推力而减速；随着航空器减速，升力也会减小，这样会造成航空器由于重力大于升力而下降，如图 2.4 所示。

图 2.4　牛顿第一运动定律——惯性定律

2.2.3　牛顿第二定律——动量定律

牛顿第二定律——动量定律：物体在受到合外力的作用会产生加速度，加速度的方向和合外力的方向相同，加速度的大小正比于合外力的大小，与物体的惯性质量成反比。加速度既可以表示速度的增加也可以表示速度的减小。动量定律说明了航空器改变飞行轨迹和速度的能力，而飞行轨迹和速度可通过俯仰、坡度和推力操纵来控制。加速、减速、爬升、下降以及转弯都是飞行员在每天的飞行中控制加速度的实例，如图 2.5 所示。

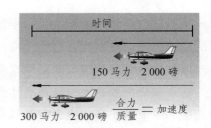

图 2.5　牛顿第二定律——动量定律

2.2.4　牛顿第三定律——反作用力定律

牛顿第三定律——反作用力定律：对于每一个作用力，一定存在一个与之大小相等方向相反的反作用力。如图 2.6 所示，喷气式发动机向后的推力和螺旋桨桨叶对空气的推力导致了航空器向前运动的反作用力。该定律也可以说明机翼升力的一部分是来自于向下偏转的翼型下洗气流。流过机翼的下洗气流向下的力产生了一个与之大小相等方向相反（向上）的升力。

图 2.6　牛顿第三定律——反作用力定律

2.3　大　气

大气包裹在地球的外围。大气中的干空气包含 78% 的氮气、21% 的氧气和大约 1% 的其他气体，如氩气、二氧化碳和其他稀有气体。虽然看上去很轻，但是空气的确有重量，作用在海平面上 1 平方厘米大气的重量大概是 1 公斤。由于重力，大概有一半的大气会聚集在离地 5.5 千米的范围内，剩下的大气则在超过 1 600 千米的垂直范围中散布。

空气密度是空气温度和压力共同作用的结果。空气密度与空气温度成反比，与空气压力成正比。为了在温度升高时保持压力不变，密度必须减小，反之亦然。为了在压力增大时保持温度不变，则密度必须增加，反之亦然。这些关系为正确理解仪表显示和航空器性能提供了理论基础。

2.3.1　大气层

大气分成若干层，首先是对流层。在赤道地区，对流层的厚度约为 18 千米，在中纬度地区平均为 11 千米，而极地地区则减小到 8 千米。随后是平流层、中间层、电离层、热层，最后是散逸层。对流层顶是对流层和平流层的分界线，其厚度和高度都会发生变化，但通常都符合每上升 1 000 英尺温度降低 2 ℃（温度在 1 ℃ 以上时）的标准温度变化率。

2.3.2　国际标准大气（ISA）

为了提供一个统一的国际标准，便于性能计算和参考，国际民航组织（ICAO）设立了 ICAO 标准大气。这样，所有的仪表显示和航空器性能规范都可以用这个标准作为参考。由于标准大气所设定的一系列条件在现实当中是很少见的，因此飞行员需要清楚非标准大气是如何影响仪表显示和航空器性能的。

标准大气中，海平面气压为 29.92 inHg（1 013.25 百帕），温度为 15 ℃。标准气压递减率大概为高度每增加 1 000 英尺，气压降低 1 inHg（33.86 百帕）。标准气温递减率为每上升 1 000 英尺温度降低 2 ℃，直到对流层顶。由于所有航空器都是在标准大气的环境下进行比较和评估的，因此所有的航空器所用仪器需要进行标准大气校准。因为真实的运行环境很少能与标准大气完全吻合，在仪表和航空性能的实际运用中必须进行某些修正。例如，在国际标准大气（ISA）条件下，高度 10 000 ft 的大气压力预计为 19.92 inHg（29.92 inHg – 10 inHg = 19.92 inHg），同时外界温度应为 – 5 ℃（15 ℃ – 20 ℃ = – 5 ℃）。如果实际温度或气压不等于标准大气的计算结果，那么必须要对性能和各种仪表显示进行修正。

1. 压力高度（Pressure Altitude）

有两种方式能够度量出大气对航空器性能和仪表读数的影响：压力高度和密度高度。此处的压力高度是狭义地指在标准气压基准面（1 013.25 百帕，ISA 的海平面）之上的高度，它用于统一飞行高度层（FL）的高度。在涉及航空器性能的计算中，当高度表设定为 1 013.25 百帕时，高度的指示就是标准气压高度。具体的高度表拨正程序参考相应规章。

2. 密度高度（Density Altitude）

密度高度是针对非标准气温进行修正后的压力高度，用于确定在非标准大气中的空气动力性能。密度高度随着空气密度的减小而升高。由于密度的变化直接与气压和温度相关，因此在一个给定的压力高度条件下，可能存在一个较大的温度变化范围，从而引起密度发生变化。任何一个温度和压力高度的组合，仅有一个密度与之对应。空气的密度对航空器以及引擎的性能有着显著的影响。无论航空器飞行在海平面以上的真实高度是多少，同样的密度高度对应的航空器性能是相同的。如果没有计算图表，密度高度可以通过估算得到，即每高于 ISA 环境 1 摄氏度就增加 120 英尺。例如，在 3 000 英尺压力高度上，ISA 环境下的温度应为 9 ℃ [15 ℃ –（温度递减率 2 ℃/1 000 英尺 × 3 000 英尺）= 9 ℃]。但是，如果实际温度为 20 ℃（比 ISA 环境下的温度 9 ℃ 多了 11 ℃），那么 11 ℃ 的增量乘以 120 英尺等于 1 320 英尺。将这个数值加到初始的 3 000 英尺上，就得出了此时的密度高度为 4 320 英尺（3 000 英尺 + 1 320 英尺）。

2.4 升 力

升力的方向总是与相对气流和航空器横轴相垂直。事实上，升力是以机翼而非地球表面作为参照的。在学习飞行操纵时，很多错误源于对此理解不准确。升力并非总是"向上"的。飞行员操纵航空器进行机动飞行时，升力的方向相对于地球表面是会不断变化的。

升力的大小与空气密度、机翼表面积和空速成正比，它也与机翼的类型和迎角密切相关。在迎角增加到临界迎角（失速迎角）前，升力随迎角的增大而增大；此后，如果迎角继续增大将会造成升力急剧减小。因此，在传统航空器上，飞行员通过改变迎角和速度来控制升力的大小。

下面介绍俯仰与功率的关系。

通过图 2.7，我们可以看出在控制飞行轨迹和空速时，俯仰姿态与动力之间的关系。为了保持升力不变，在速度减少的时候，航空器仰角必须增大。飞行员通过控制升降舵来改变俯仰姿态及迎角大小。当向后的拉杆力作用到升降舵控制杆上时，尾部下沉同时机头上扬，从而增大了机翼的迎角和升力。在大多数情况下，升降舵会对尾部产生一个向下的压力，这个压力来自于航空器的速度产生的能量。当重心靠近航空器后部时，升降舵向下的力会减小。这会导致用于产生向下的力的能量减小，而用于航空器性能的能量增加。

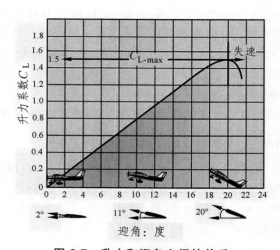

图 2.7 升力和迎角之间的关系

推力是通过油门来控制的，其作用是获得或保持所需的空速。控制航空器飞行轨迹的最精确的方式是在控制俯仰的同时使用动力（推力）来控制空速。为了保持升力不变，改变航空器俯仰时，需要同时改变动力，反之亦然。

如果飞行员想让航空器在高度不变的情况下加速，则推力必须增加以克服阻力。随着航空器速度的增加，升力也开始增加。为了防止高度增加，俯仰姿态必须要减小，以减小仰角，保持高度。在保持高度不变的情况下减速时，必须减小推力，使其小于阻力。随着速度的减小，升力随之减小；为了防止掉高度，俯仰姿态必须增大。

2.5 阻力曲线

当诱导阻力和废阻力绘制在同一个曲线图中时，作用在航空器的总阻力以"阻力曲线"的形式出现。图 2.8（a）显示了一条基于推力和阻力的曲线，主要适用于喷气式航空器。图 2.8（b）则显示了基于功率和阻力的曲线，主要适用于螺旋桨驱动的航空器。本章重点关注螺旋桨驱动的航空器的功率和阻力曲线图。

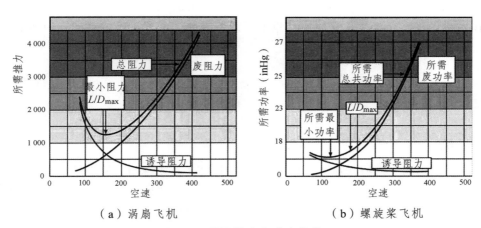

（a）涡扇飞机　　　　　　（b）螺旋桨飞机

图 2.8　所需推力和功率曲线

理解阻力曲线有助于充分理解各类性能参数和航空器的各种限制。如果要保持一个不变的空速，功率必须刚好等于阻力。因此该曲线既可以是阻力曲线，也可以是所需功率的曲线。所需功率曲线表征了为了保持匀速平飞，克服阻力所需功率的大小。活塞式发动机螺旋桨的最大效率为 80% ~ 88%。随着空速的增加，螺旋桨效率会逐渐提高，直至达到最高效率为止。此后，空速的继续增加将会导致螺旋桨效率降低。能产生 160 马力的发动机实际上只有 80% 的马力能够转换为可用马力，即大约 128 马力。剩下的能量将会损失掉。这就是推力和可用功率曲线随速度变化的规律。

2.5.1　操纵范围及操纵特性

从阻力曲线也可以看出有两个操纵范围：第一操纵范围和第二操纵范围。术语"操纵范围"代表了所需功率和速度之间的关系。"操纵"是指飞行员为了达到或保持某一期望的速度，以功率或推力的形式对航空器进行的控制。

在"第一操纵范围"内，要加速就必须要增加功率。这个区域范围内的速度都比最小阻力点的速度大，该区域的操纵特性主要受废阻力的影响。在"第二操纵范围"内，增加功率会造成速度的减小。该区域位于速度小于最小阻力点（所需推力曲线内 L/D_{max} 对应的速度，见图 2.8）的范围内，该区域的操纵特性主要受诱导阻力的影响。图 2.9 表明了同一个功率设置有可能对应两个速度：点 1 速度和点 2 速度。这是因为在点 1 处诱导阻力大，废阻力小；在点 2 则是废阻力大，诱导阻力小。

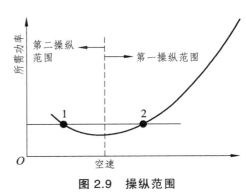

图 2.9　操纵范围

绝大多数的飞行都是在第一操纵范围内进行。例如，巡航、爬升和机动飞行。第二操纵范围可能会在航空器速度较低的起飞或着陆阶段出现。不过对于大多数通用飞机来说，这个区域是非常小的，低于正常进近速度。

在第一操纵范围内飞行的特点是航空器自身有相对较强的保持配平速度（使用配平完全消除杆力之后的速度）的趋势，在第二操纵范围内飞行的特点则是航空器保持配平速度的趋势较弱。事实上，在第二操纵范围内，航空器很可能没有任何保持配平速度的趋势。正因为如此，在第二操纵范围内低速阶段飞行时，飞行员必须十分注意对速度进行正确控制。

虽然并不是说在第二操纵范围内的飞行一定存在非常大的困难和危险，但在第二操纵范围内，一些基本飞行技术错误确实会产生比平时更严重的后果，因此，掌握正确的基础知识和准确的操作技能非常重要。

2.5.2 速度稳定性

1. 正常操纵

在正常操纵范围内的飞行特性在图 2.10 中用曲线上的 A 点来说明。假设航空器在 A 点处于匀速平飞的平衡状态：升力等于重力，可用功率恰好等于所需功率。如果速度增大，而功率设置没有改变，就会出现动力不足。这时航空器会有减速的趋势以恢复动力和阻力的平衡。如果速度减小，而功率设置没有改变，就会出现动力过剩。这时航空器会有加速的趋势以恢复动力和阻力的平衡。正确地配平航空器会加强这个趋势。航空器的这种静态纵向稳定性会让航空器具有恢复到初始配平状态的趋势。假设航空器在 C 点处于匀速平飞的平衡状态。如果速度稍微增大或减小，航空器会趋向于保持改变后的速度。这是因为曲线在该处相对平坦，速度的轻微改变并不能产生动力上明显的过剩或匮乏。此处具备中立稳定性，也就是说航空器会趋向于保持新的速度。

2. 反操纵

在第二操纵范围内的飞行特性在图 2.10 中用曲线上的 B 点来说明。假设航空器在 B 点处于匀速平飞的平衡状态：升力等于重力，可用功率恰好等于所需功率。当速度大于 B 点速度的时候，会出现功率过剩。这样会造成航空器继续加速到一个更大的速度。当速度小于 B 点速度的时候，会出现功率不足。航空器的趋势是继续减速到一个更小的速度。

这种不稳定趋势的发生是因为 B 点两边的剩余功率的变化放大了速度的初始改变量。虽然航空器的静态纵向稳定性会努力保持初始的配平状态，但由于低速飞行的迎角较大，造成诱导阻力的增加，因此不稳定性的影响占据了主导地位。

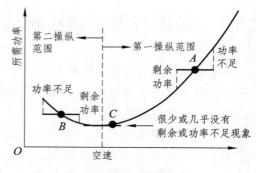

图 2.10 速度稳定区

2.6 配 平

"配平"这个动作是指运用航空器上可调节的空气动力装置来调整驾驶杆力的大小，这样飞行员就不需要一直用手来保持在控制杆上的操纵力了。配平片就是这样一种空气动力装置，它是一个较小的、可调整的铰链连接平板，位于升降舵、副翼或方向舵的后缘（一些航空器使用可调整的水平尾翼来代替配平片用于俯仰配平）。配平的过程是通过把配平片偏转到与主控制面需要保持的方向相反的方向来实现的。气流冲击在配平片上的力造成主控制面能被偏转到某一位置，以修正航空器的不平衡状态。

因为配平片是利用气流来工作的，所以配平与速度密切相关。速度上的任何改变都相应地需要对航空器进行重新配平。一架航空器在正确进行俯仰配平之后会试图返回到改变之前的原始速度。因此对于仪表飞行员来说保持航空器的持续配平是非常重要的。配平片的使用大大降低了飞行员的工作量，允许他们将一些精力运用到其他的工作中而不会削弱对航空器的控制。

2.7 低速飞行

任何时候航空器在接近失速速度或在第二操纵范围附近运行时，如正常着陆时的最后进近速度、复飞的初始阶段或低速飞行中的机动，都属于我们说的低速飞行。

低速飞行的主要特征是需要使用襟翼或其他增升装置来改变翼型的弯度或延缓附面层的分离，从而增大飞机的迎角，以维持所需升力。简单襟翼和分裂式襟翼是比较常见的用于改变翼型弯度的襟翼，如图 2.11 所示。需要说明的是，当襟翼打开的时候，航空器的失速迎角会减小。无襟翼时的机翼失速迎角为 18°，放襟翼（到最大升力系数 C_{L-max} 位置）后，新的机翼失速迎角为 15°。不过，襟翼放到 C_{L-max} 位置的失速迎角对应的升力比不放襟翼 18°迎角时产生的升力更大。

延缓附面层分离是另一种增大 C_{L-max} 的方式。有多种方法可以延缓附面层分离，但是在通用航空轻型航空器中最常用的设备是涡流发生器。沿着机翼排列的小金属片（通常在操纵面之前），会产生乱流。这些乱流会将附面层外高速流动的空气与附面层内的空气混合起来。这样的效果与其他的附面层设备是相似的，如图 2.12 所示。

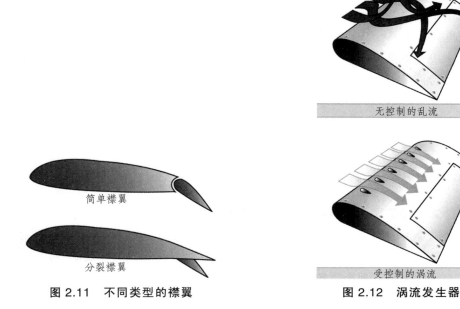

无控制的乱流

简单襟翼

分裂襟翼

受控制的涡流

图 2.11　不同类型的襟翼　　　　图 2.12　涡流发生器

2.7.1　小型飞机

在仪表进近过程中，大多数小型飞机会保持一个稍高于 1.3 倍 V_{SO} 的进近速度。例如，某飞机的失速速度 V_{SO} 为 50 节，那么其正常的进近速度就会是 65 节。不过，这架飞机可能在仪表进近的最后阶段保持 90 节的速度（$1.8V_{SO}$）。起落架很可能会在飞机开始最后进近下降时，或截获 ILS 下滑道信号时放下。飞行员也可能为此进近阶段设定一个中间襟翼位置。以这样速度飞行的飞机具有较好的正向速度稳定性，正如图 2.10 中 A 点所代表的情况。以这样的形式飞行可以允许飞行员进行小幅度地俯仰变化，而无需改变功率设置，而且如果俯仰恢复到初始设定状态，速度也会恢复到初始值。这样可以减少飞行员的工作负荷。

在着陆前的最后进近阶段，飞机通常会减速到正常的接地速度。当减速到 65 节（$1.3V_{SO}$）的时候，飞机的状态接近于图 2.10 中 C 点的状态。在该点，精确地控制俯仰和动力、保持正确的速度变得尤为重要。由于此时速度的稳定性相对中立，即此时的速度趋向于在一个新的值上保持，而不会恢复到初始状态，因此将俯仰控制和动力控制相结合是十分必要的。除了对飞机进行精确的速度控制之外，飞行员一般还需放出襟翼来改变飞机的构型。低空飞行时，飞行员必须对由构型改变而导致的俯仰变化保持警惕。

如果速度再减小几节，飞机就会进入第二操纵范围。在该点，飞机会产生一种不安全的下降率，而且会继续减速，除非飞行员采取迅速的修正措施。由于速度的不稳定性和与所期望速度相背离的趋势，在该区域内正确地进行俯仰和动力的配合是十分关键的。

2.7.2　大型飞机

驾驶失速速度较大的大型飞机的飞行员们可能会发现仪表进近时的速度接近 $1.3V_{SO}$，而且在整个最后进近阶段都处在图 2.10 中的 C 点附近。这样的话，在整个进近阶段都有必要进行精确的速度控制。可能我们需要临时性地使用比目标推力更大或更小的推力来迅速地修正速度偏差。例如，某飞行员以 $1.3V_{SO}$ 的速度驾驶飞机进行仪表进近，此时速度接近于 L/D_{max}，同时飞行员也知道使用多大的功率来保持该速度。但是由于设定的功率稍微偏小，飞机实际飞行速度比预期的速度小了几节。飞行员稍微加大功率，这时飞机开始加速，但是加速比较慢。因为此时飞机正处于阻力曲线中的"平坦区"，功率的小幅度改变不会造成飞机迅速恢复到想要的速度值。所以飞行员需要用大于正常需求的功率来加速到这个新的速度，然后再减小功率到保持该速度所需的正常功率上来。

2.8　爬　升

航空器的爬升能力由保持平衡后的剩余推力或剩余功率的大小来决定。剩余功率是以给定速度保持平飞所需功率之外的那部分功率。尽管有些时候功率和推力这两个词语使用时可以互相交换（很容易误认为它们是同一个概念），但在研究爬升性能时将他们区别对待是很有必要的。功是作用力与移动距离的乘积，通常与时间无关。功率指做功的快慢，即单位时间内所做的功，是力和速度的函数。推力也是功的函数，它是使物体速度发生变化的力。

在起飞过程中，即使航空器在失速速度附近，也不会发生失速现象。原因是该飞行阶段内有剩余功率的存在，可用于产生推力。因此，如果起飞过程中单发失效，则必须通过改变俯仰姿态和空速大小来补偿推力的损失，这一点非常重要。

对一个给定重量的航空器，爬升角由推力和阻力之差，即剩余推力的大小来决定。当剩余推力等于零时，飞行轨迹的倾斜角为零，航空器处于稳定的平飞状态；当推力大于阻力的时候，剩余推力大小决定爬升角的大小；当推力小于阻力的时候，推力的不足则会产生一个下降角。

下面介绍巡航飞行中的加速。

航空器在平飞时能够加速是因为有保持稳定平飞之外的剩余功率，这和可用于爬升的剩余功率是一样的。在达到预计飞行高度之后，航空器通过减小迎角来保持高度，这时航空器开始在剩余功率的作用下增速，逐渐达到巡航速度。不过，改平后过早地减小功率会延长航空器的加速时间，应在速度快接近目标速度时再设定巡航功率。

2.9　转　弯

和所有移动的物体一样，航空器需要一个侧向力的作用才能实现转弯。通常的转弯中，航空器通过压坡度将升力向内向上倾斜。这样升力就可以分解为互相垂直的两个分力。如图 2.13 所示，与重力作用方向相反的向上的分量是升力的垂直分力，水平方向的升力分量作为向心力。升力的水平分力正是使航空器转弯的侧向力。与升力水平分力大小相等、方向相反的力是惯性离心力。理解航空器空速、坡度与转弯率、转弯半径之间的关系对于仪表飞行员来说非常重要。飞行员应该能够估算出对应某一转弯率应该使用的坡度大小，也应该能够估算出切入航道时所需的坡度大小。

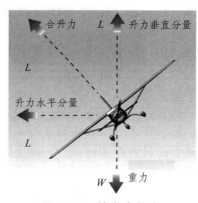

图 2.13　转弯中的力

2.9.1　转弯率

转弯率，其单位通常是度每秒，它的大小决定于设定的空速和坡度。只要其中一个参数发生改变，转弯率就会改变。如果坡度不变航空器增速，转弯率就会减小，反之转弯率就会增加。

改变坡度而速度不变也会引起转弯率的改变。在不改变速度的条件下增加坡度，则转弯率增加；反之转弯率减小。

标准转弯率为 3°/秒，它在转弯仪上有明显的标识，是转弯时的常用参考。飞行员必须明白在保持转弯率不变的条件下，坡度是如何随着空速改变的，如在等待或仪表进近中的减速对坡度的影响。图 2.14 表明了保持坡度不变或空速不变的情况下，转弯参数之间的关系以及对转弯率和转弯半径影响。计算标准转弯率对应坡度的经验公式是将空速除以 10 再加上 7。如一架航空器空速为 90 节，用 16° 的坡度就可以保持标准的转弯率[(90÷10) + 7 = 16°]。

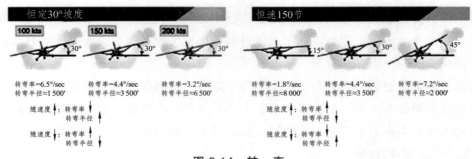

图 2.14 转 弯

2.9.2 转弯半径

速度或坡度的改变都会造成转弯半径的变化。如果保持坡度不变而增加速度，则转弯半径增大；如果保持速度不变而增加坡度，则转弯半径会减小；而减小坡度，转弯半径则会增大。这意味着如果以一个较大的速度切入航路会需要较长的距离，即在切入转弯之前需要一个更大的提前量。如果为了进入等待或进近，速度明显减小，则转弯的提前量会比巡航时的转弯提前量小。

2.9.3 方向舵和副翼的配合

任何情况下使用副翼都会产生反方向的偏航。滚转操纵（如转弯）时偏转副翼，结果就会产生反向偏航。航空器右转时，右侧副翼上扬，同时左侧副翼下沉。左边的升力会增加而右边的升力减小，结果造成航空器向右倾斜。然而，左边升力的增加会使左侧的诱导阻力也随之增加。由于阻力的作用，左侧机翼会减速，促使机头向转弯的反方向转动。仪表飞行时当加入或退出转弯时，要想精准地控制航空器，使用方向舵来修正反向偏航是非常必要的。通过转弯侧滑仪中小球的位置，飞行员可以很方便地看出转弯是否协调，如图 2.15 所示。

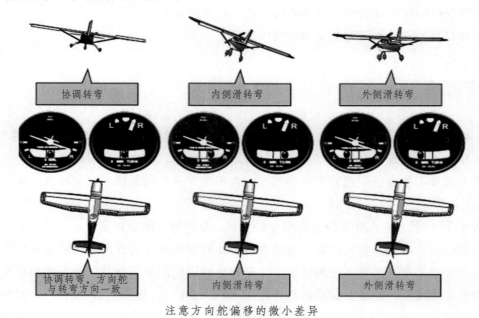

注意方向舵偏移的微小差异

图 2.15 反向偏航

当航空器压坡度进入转弯时，机翼上的垂直升力的一部分变成了水平分力，而垂直于地面的升力减小。因此，如果不增大向后的带杆力，航空器就不能在转弯过程中保持高度。垂直升力的损失可以通过俯仰量来补偿。此时配平可以用于消除增加的带杆力，不过一旦使用了配平，必须注意在转弯完成以后及时将配平恢复至转弯前的设置。

如果航空器的坡度相对于实际转弯率来说过大，则会造成升力的水平分力大于离心力，这样会出现内侧滑转弯，造成航空器偏向转弯内侧；如果转弯率相对于坡度来说过大，则会造成升力的水平分力小于离心力，这样则会产生外侧滑，即拖动航空器向转弯外侧运动。

侧滑仪中的小球能够说明转弯协调性的好坏。在协调飞行时，小球应该始终保持在中间位置。如果小球偏在转弯内侧，说明航空器发生了内侧滑。此时应向小球的方向蹬舵以增加转弯率，否则就应当减少坡度，这样才能消除侧滑，协调转弯。如果小球偏在转弯外侧，说明航空器发生了外侧滑。此时应向小球的方向蹬舵以减小转弯率，否则就应当增大坡度，以达到协调转弯的目的。如果航空器操纵正确，坡度改平时，小球还应该保持在中间位置。在转弯过程中可以使用方向舵和副翼配平。

为了在转弯过程中保持高度，需要增大迎角，这会使飞机的诱导阻力增大。如果此时不相应地增大功率，则会导致速度有所损失。

2.10　载荷因数

任何作用在航空器上，使其偏离直线运动的力都会对航空器的结构产生应力。这种力的大小用载荷因数来反映。载荷因数是作用在飞机上的空气动力与飞机重量之比。例如，载荷因数为 3 指的是作用在航空器结构上的负载是其全重的三倍。在设计航空器的时候就需要确定航空器今后在各种环境下运行可能遇到的最大载荷因数。这个最大值称为"限制载荷因数"。

航空器的用途分类众多，如运输飞行、通用飞行、特技飞行，其分类的一个主要依据就是设计的载荷因数的大小。出于安全考虑，航空器必须设计成在最大载荷因数时不会出现任何结构上的损坏。

空气动力也可能造成某些过载，比如转弯。在平稳的气流中水平转弯时，机翼不仅支持着飞机的重量，同时还承受着离心力。当坡度增加的时候，升力的水平分力增大，离心力增大，载荷因数也随之增大。如果载荷因数过大，增大迎角都不能提供足够的升力来支撑负载，机翼就会失速。由于失速速度的增大与载荷因数的平方根成正比，因此载荷因数对飞行安全也起着至关重要的作用，飞行员必须清楚在哪些情况下载荷因数会明显增大。低速大坡度飞行、结构性积冰以及乱流区内的垂直阵风都有可能造成载荷因数过大，危及飞行安全。

2.11　积　冰

航空器积冰是飞行安全最大的危害之一。仪表飞行员必须清楚导致航空器积冰的条件，了解积冰的种类、积冰对航空器操纵和性能的影响、积冰对航空器系统的影响以及航空器防冰除冰设备的使用和限制。应对积冰的危害要从飞行前计划开始做起，预测飞行过程中哪些区域可能发生积冰，在起飞之前就保证航空器远离冰和霜。在飞行过程中要继续保持这种严谨的态度，使用好防冰除冰设备。由于气象条件可能迅速发生变化，飞行员必须意识到什么时候应该改变飞行计划。

2.12 积冰类型

2.12.1 结构性积冰（Structural Icing）

结构性积冰指的是在飞机表面的积冰。当过冷水滴撞击飞机的表面和结构时，立刻凝结成冰附着在飞机表面上。那些小而窄的物体是过冷水滴最易积聚、结冰速度最快的地方。因此，飞行员可以通过观察视线内的小型突起物来探测积冰的情况。它们也是航空器上最早出现积冰的部位。航空器的水平安定面是比机翼更容易积冰的部位，原因就是水平安定面的迎风面积更小。

2.12.2 进气系统积冰（Induction Icing）

进气系统内的结冰会导致可以用于燃烧的空气量减少。活塞式发动机进气系统最常见的积冰是汽化器积冰。大多数飞行员对此都不陌生，当潮湿的空气通过汽化器管的时候会冷却下来。这样就使得管壁和阀门片上出现积冰，阻碍了气流进入发动机。这种现象常在 −7 ℃ ~ 21 ℃ 出现。要解决这个问题，可以对汽化器进行加温，利用从发动机内排出的尾气作为热源来融化积冰，或防止积冰产生。另外，燃油喷射式发动机通常不容易积冰，但是如果进气被冰阻碍，发动机还是会受到影响。生产厂家设计了一个备用气源，它可以在正常系统失效的时候使用。

在涡喷发动机中，空气被吸入发动机，造成进气口处的空气压力减小，并且温度比周围的温度要低。在边缘的积冰条件下，温度的降低可能造成在发动机进气口处的积冰，扰乱进入发动机的气流。如果积冰破碎脱落，被吸入高速运转中的发动机内，这就构成了另一个危害，造成风扇叶片损坏，发动机的压气机失速，或燃烧室熄火。当使用防冰系统的时候，回流的水也可能会在进气口的没有防冰设备的地方再次凝结，如果积冰过多，会减少进入发动机的气流或扭曲气流的流动方式，造成压气机或风扇叶片发生喘振，有可能损坏发动机。涡轮发动机的另一个问题就是发动机探头的积冰，这些探头用于帮助设定发动机的功率级别（如发动机进气温度或发动机压缩比探头），探头积冰会导致发动机仪表判读困难或总功率损失。

根据冰的结构和外部特征，积冰可分为明冰、雾凇和毛冰。不同的大气和飞行条件会形成不同种类的冰。而航空器表面明显的结构性积冰会引起很多操纵和性能方面的问题。

2.12.3 明冰（Clear Ice）

过冷的水以较慢的速度凝结成的光滑透明的冰叫做明冰，如图 2.16 所示。它通常是在温度 0 ℃ ~ −10 ℃ 的过冷雨中或由大水滴组成的云中形成的。与雾凇比较起来，明冰的结构比较紧密、坚硬，有时更为透明。如果积冰量较大，明冰可能会形成一些角状的冰棱，如图 2.17 所示。接近冰点的温度、大量的液态水、较大的空速以及体积较大的水滴很容易导致明冰的形成。

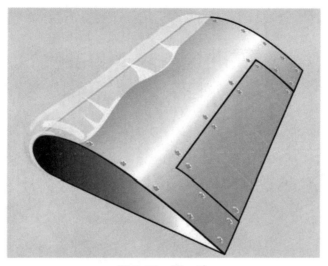

图 2.16 明 冰

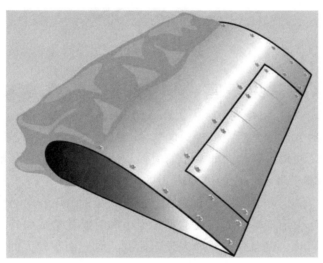

图 2.17 带角明冰的形成

2.12.4 雾凇（Rime Ice）

由过冷水滴撞击到航空器表面后，瞬间或迅速凝结成的粗糙、白色、不透明的冰称为雾凇，如图 2.18 所示。快速的凝结会导致冰内包含一些空气泡，造成外表看上去不透明，而且多孔、易碎。对于较大面积的积冰，雾凇可能沿着机翼流线型地延展。较低的温度、少量的液态水、较小的空速以及体积较小的水滴容易造成雾凇的形成。

2.12.5 毛冰（Mixed Ice）

毛冰是明冰和雾凇在同一表面的混合物。它多形成在温度 − 5 ℃ ~ − 15 ℃ 的云中，因为这样的云中往往有大小过冷水滴同时并存，所以形成的积冰既有大水滴冻结的特征，又有小水滴冻结的特征。毛冰不规则的形状和粗糙的表面对空气动力的影响是最大的。

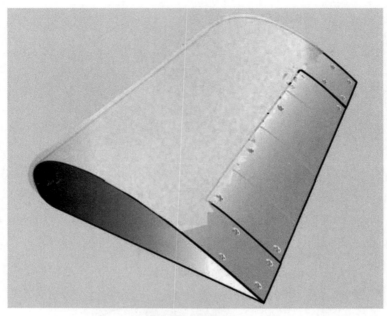

图 2.18 雾 凇

2.12.6 翼型积冰的常见危害

结构性积冰危害最大的方面就是对空气动力的影响。如图 2.19（a）所示，冰改变了机翼的形状，减小了最大升力系数和失速迎角。在迎角非常小的时候，冰对升力系数的影响很小或几乎没有。因此在以较小的迎角巡航时，在机翼上形成的冰对升力的影响很小。但是，冰会大大减小最大升力系数 $C_{L\text{-}max}$，失速迎角也很会显著减小，因此在增加迎角、减速进近时，飞行员可能会发现在机翼上的那些对巡航没有影响的冰会在迎角还不算大而速度也不是很小的时候就造成失速。即使是在机翼前缘薄薄的一层冰，尤其在比较粗糙时，也会大大地增大失速速度。对于面积较大的，尤其是带冰棱的积冰，可能在小迎角的时候就会使升力受到影响。积冰同样会影响到翼型的阻力系数，如图 2.19 所示，即使是迎角很小的情况下，积冰造成的阻力也是很明显的。

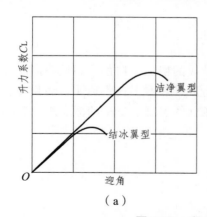

（a）

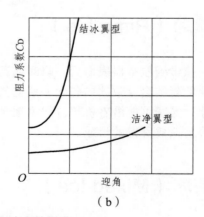

（b）

图 2.19 积冰对空气动力的影响

少量的积冰也可能导致 $C_{L\text{-}max}$ 和失速迎角的显著减小。$C_{L\text{-}max}$ 减小 30% 的情况并不少见，大面积带冰棱的积冰会导致 $C_{L\text{-}max}$ 减小 40% ~ 50%。积冰时阻力会稳定持续地增加，翼型阻力增加 100% 并不罕见，如果大的冰棱形成，阻力能够增加 200%，甚至更高。

机翼上积冰有很多其他的影响还没有在这些曲线中体现出来。甚至在翼型失速前，翼型表面的压力也会发生改变，从而影响后缘处的操纵面。此外，在起飞、进近和着陆过程中，许多飞机的机翼都是由三个或三个以上的部件组成的。积冰会通过不同的方式影响各个部件，也可能会影响各部件上气流之间的相互作用。

积冰可能会阻碍或限制操纵面的使用，影响操纵面的作用效果，甚至使其失效。而且，由于冰自身的重量过大，起飞时飞机可能不能离地，在空中航空器则不能保持高度。因此在飞行前应该除去任何形式的积冰或积霜。

结构性积冰的另一个危害是可能出现不可控制的滚转现象，称为非正常滚转现象。驾驶具备积冰条件下运行资格的航空器的飞行员必须清楚，严重积冰超出了航空器审定的积冰包线。非正常滚转可能是由于气流分离（空气动力失速）导致的，这会造成副翼的自动偏转，削弱或丧失滚转的操控特性，如图 2.20 所示。这些现象是由于严重积冰造成，不会有通常的积冰症状或预先的气动失速征兆。

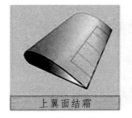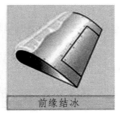

上翼面结霜　　前缘结冰

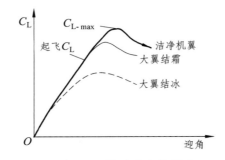

图 2.20　冰霜对升力的影响

由于重心 CG 在压力中心 CP 之前，所以大多数航空器都有机翼升力造成的低头力矩。水平安定面的作用就是通过产生向下的力来抵消掉这部分力矩。图 2.21 所示构型的结果就是：改出机翼失速的动作，如放下襟翼、增加速度，则会增大水平尾翼的负迎角。因此水平尾翼积冰时，部分或全部放下襟翼可能会造成平尾失速，如图 2.22 所示。

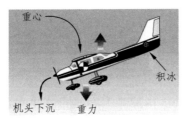

图 2.21　水平安定面处向下的力

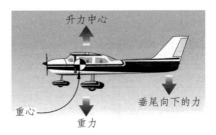

图 2.22　水平安定面积冰

43

由于水平安定面通常比机翼要薄，因此会更容易积冰。在多数航空器上，飞行员是看不到它的，因此无法得知除冰设备对水平安定面的除冰效果。所以，飞行员必须时刻对水平安定面的失速保持警惕，特别是在进近和着陆过程中。

案例：据 1996 年 1 月 9 日驾驶某航空器的飞行员口述：当其飞越跑道入口时，放襟翼到 25°，而飞机突然低头向下。飞行员立刻收起襟翼增加油门，但是此时航空器好像根本无法控制。于是他又减小了油门，收起了襟翼，飞机在不可控的状态下撞击跑道，之后滑行了 1 000 英尺才停下来。此次事故中飞行员受重伤。

对飞机残骸检查之后发现在此次事故中，飞机的前部机身、发动机和机翼受到了严重的破坏，并且在左右水平安定面和垂直安定面前缘附近发现大概 1.5 厘米厚的雾凇。

造成该事故的原因是飞行员没有正确使用除冰系统，导致尾翼的积冰和水平安定面失速。与该次事故相关的其他因素还有积冰的环境以及飞行员有意地操纵航空器飞入结冰区。

2.12.7　水平安定面失速的征兆

水平安定面积冰有可能引起下列一个或多个现象的发生：

（1）升降舵操控抖动；

（2）非正常地使用低头配平；

（3）其他不正常的俯仰变化（可能导致飞行员感到飞机的振动）；

（4）升降舵效力减弱或失效；

（5）升降舵受力突然改变（操纵容易造成航空器低头）；

（6）突发性地向下低头。

如果出现以上任何征兆，飞行员应该：

（1）立刻把襟翼收回到之前的位置，同时适当施加一些抬头力；

（2）收回襟翼时，应该适当增加空速；

（3）针对航空器的外形和设置，使用足够的功率（对于某些航空器来说，在大空速时设定较大的功率可以削弱水平安定面的失速趋势，具体参照生产厂家关于功率设置的建议）；

（4）如果环境允许，即使是在阵风条件下，也应柔和地改变低头的俯仰姿态；

（5）如果配备了气动除冰系统，可以多次使用该系统以除去在水平安定面上的积冰。

一旦水平安定面发生了失速，失速的程度会随着速度的增加而加剧，在同一襟翼设置下，增加功率也可能会加剧失速。在任何襟翼设置下，水平安定面有积冰时，如果空速超出飞机生产厂家的建议值，则可能会导致水平安定面失速和意料之外的航空器下俯，并且难以改出。在空速小于最大带襟翼速度（V_{FE}）时，也有可能发生水平安定面失速。

2.12.8　螺旋桨积冰

从空气动力学的角度上说，螺旋桨叶积冰后推力减小的原因同机翼积冰升力减小、阻力增大的原因一样。积冰量最大的地方一般是在整流罩和接近桨叶根部处。螺旋桨上容易积冰和冰容易吸入发动机的区域一般采用的措施是防冰而不是除冰，以降低冰块被吸入发动机的可能性。

2.12.9　积冰对航空器关键系统的影响

飞行员除了关注结构性积冰和进气口积冰之外，还必须关注那些容易受积冰影响的其他系统。虽然关键系统的积冰不会像结构性积冰一样降低航空器性能、像进气口积冰这样减小功率，但它也会给仪表飞行员带来很多严重的问题。这些系统包括飞行仪表、失速告警系统和风挡。

1. 飞行仪表

正常运行中，空速表、气压式高度表、升降速度表这类飞行仪表都需要使用皮托管和静压孔采集的压力数据。当这些设备被冰覆盖时，相应的仪表就会显示错误的信息，这对于仪表飞行来说十分危险。这些仪表的原理以及积冰对它们的影响将在第 3 章（飞行仪表）中详细地介绍。

2. 失速警告系统

失速警告系统给飞行员提供的信息非常关键。这个系统有多个种类，既包括复杂的失速警告传感器，也包括简单的失速告警电门。积冰以不同的方式影响这些系统，造成失速警告失效，使情况更加危险。即使航空器失速警告系统在积冰时仍然保持工作，它也可能完全没有用处，因为此时机翼会由于结冰而在较小的迎角下就已经失速了。

3. 风　挡

驾驶舱前窗积冰会严重影响飞行员的视线。允许积冰条件下运行的航空器一般都有风挡防冰措施，以帮助飞行员在飞行积冰时看清航空器外面的景象。一种风挡电加温系统能够提供给飞行员有限的视线范围。另一种系统通过风挡的底部安装的喷管给风挡喷射防冰液来防止积冰的产生。在那些安装了复杂的风挡以防止鸟击和过大压力载荷的高性能航空器上，加热组件通常是一层导电薄膜或细导线组，电流通过它们对风挡进行加热，防止冰的形成。

4. 天线积冰

由于天线尺寸细小、形状突起，通常没有内部防冰除冰设备，因此更容易积冰。在积冰环境下飞行时，积冰可能会使天线不断振动，造成无线电信号受到干扰，甚至损坏天线。折断的天线，除了造成通信导航系统失效外，还可能破坏航空器的其他部位。

2.13　小　结

航空器积冰造成了很多飞行事故，起飞过程中的事故多是由于没有在地面上对关键区域采取正确的防冰除冰措施。

如果飞行员不具备积冰条件飞行资格，或航空器没有装备相应的防冰除冰设备，则应该避开所有的积冰环境。有资格的飞行员可以在符合航空器审定的积冰环境中安全地运行，但是决不能轻视积冰，即使只是少量积冰，对飞行中的航空器来说也是非常危险的。飞行员应该十分熟悉航空器飞行手册（AFM）或飞行员操作手册（POH）中关于积冰环境下运行的所有内容，而且严格按规定执行。正确地操作防冰除冰系统以及注意积冰条件下的各种空速限制都是十分重要的。有一些积冰条件是任何航空器都不允许进入的，比如过冷大水滴（SLD），这些水滴存在于云中或云下，温度低于冰点，直径大于 50 微米。持续在其中飞行是极其危险的。飞行员应该十分熟悉 AFM 或 POH 中涉及积冰条件的相关内容，包括航空器上能够帮助飞行员在云中发现危险的一些特殊线索。

3 飞行仪表

3.1 介　绍

当仪表显示的精确程度使飞行员不需要持续对地面进行目视观察时，飞机也随之成为了一种更加实用的运输工具。飞行仪表对于安全飞行非常重要，飞行员必须对仪表有全面的认识。目视飞行规则（VFR）下所需要的基本飞行仪表包括空速表（ASI）、高度表、磁罗盘。除了这些，仪表飞行规则下（IFR）所需要的仪表还包括陀螺转弯率指示器、侧滑指示器、可调节气压的高度表、时钟、陀螺俯仰坡度指示器（地平仪）以及陀螺方向指示器（陀螺半罗盘或者其他相同效果的设备）。

在仪表气象条件（IMC）下飞行的飞机都配备了能够提供姿态和方向基准的仪表。借助于导航设备，飞机可以在有限的或没有外部目视参考的条件下，完成起飞到着陆的精密飞行。

本章涉及的仪表都是 CCAR-91 部要求使用的设备，它们分为 3 组：全静压仪表、罗盘系统和陀螺仪表。本章在最后讨论了在仪表飞行规则（IFR）下的飞行前准备中，使用这些系统的注意事项。本章还对其他一些航空电子设备进行了系统的介绍，如电子飞行仪表系统（EFIS）、近地警告系统（GPWS）、地形提示和警告系统（TAWS）、空中交通预警与防撞系统（TCAS）、平视显示器（HUD）等。这些系统正越来越多地运用在通用飞机上。

3.2　全/静压系统

全压或冲压空气压力是通过一个有孔的管子直接指向飞机周围的相对气流而测量得出的。这个管子就叫皮托管。皮托管连接到使用动压来工作的飞行仪表上，如空速表（ASI）。

3.2.1　静　压

一些仪表依赖周围静止的大气压力来测量飞机的高度以及水平或垂直运动的速度。这种压力叫做静压，它是通过飞机外部的一个或多个位置的静压孔采样来获得的。在某些飞机上，空气在电加热皮托静压头一侧的静压孔取样，其他飞机通过位于机身或垂直尾翼上的静压孔获得静压，如图 3.1 所示。试飞证明，静压孔周围的空气不会受到扰动。静压孔通常成对出现，安装在飞机的两侧。这两个位置可以防止由于飞机的横向运动而导致静压指示错误。静压孔周围的区域可以使用电加热原件以防止积冰导致空气入口堵塞。

在大多数飞机的仪表面板上都能找到三个靠压力工作的基本仪表。它们分别是气压式高度表、空速表（ASI）和升降速度表（VSI）。这三个仪表接收到的压力都是由飞机的全静压系统测得的。

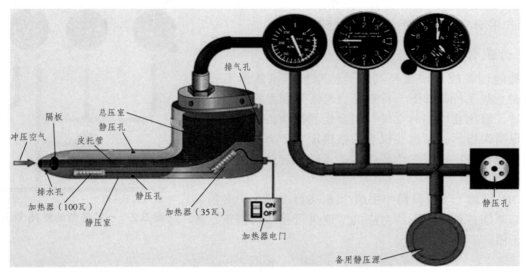

图 3.1　一种典型的电加热皮托静压头

3.2.2　有关堵塞的问题

皮托管对堵塞特别敏感，比如小昆虫的尸体、沙粒等，特别是由于结冰而引起的堵塞问题。皮托管的入口是冲压空气进入全静压系统的地方，轻微的结冰都可以将其堵塞并影响空速表，这也是为什么大多数飞机会装备皮托管加热系统的原因。

1. 皮托管堵塞的指示

如果皮托管已经发生堵塞，空速表会显示错误的速度。在皮托管被堵塞的高度上，空速表会保持当时的空速不变，不能反映速度的实际变化。

（1）当飞机高于皮托管发生堵塞的高度时，空速表的指示会高于堵塞时的高度，并且随着高度的增加，空速表的指示也会随之增加。

（2）当飞机低于皮托管发生堵塞的高度时，空速表的指示会低于堵塞时的高度，并且随着高度的降低，空速表的指示也会随之减小。

2. 静压口堵塞的指示

很多飞机都安装了一套用来保护静压孔的加热系统，以防止其出现结冰的情况。当静压孔发生堵塞时，空速表仍会工作，但指示可能不正确。仅在皮托管被堵塞的高度上，空速指示是正常的。

（1）当飞机高于静压孔被堵塞的高度时，空速表会显示一个小于实际值的空速，并且随着高度的增加，指示会持续减小。

（2）当飞机低于静压孔被堵塞的高度时，空速表会显示一个大于实际值的空速，并且随着高度的降低，指示会持续增大。

一旦出现堵塞，无论高度有何变化，由于静压系统内部的空气压力没有变化，都会使得高度表依然维持在出现堵塞时的高度指示值上，而升降速度表的指示保持为零。在某些飞机上，安装了备用静压源活门，以便在紧急情况下使用。如图 3.2 所示，如果备用静压源开口在飞机内部，则其所获得的静压通常低于飞机外部的静压，因此选择备用静压源可能造成以下的错误仪表指示：

（1）高度表读数比正常值高；

（2）空速表读数比正常值大；

（3）升降速度表出现瞬时的爬升率指示，请查阅 POH/AFM（飞行员操作手册/飞机飞行手册）以确定误差量。

3. 飞行条件的影响

静压孔的位置应该使流经其表面的空气尽可能地不受扰动。但是在一些飞行条件下，特别是当起落架和襟翼放下后出现大迎角时，静压孔周围的空气可能会受到扰动，使高度表和空速表出现错误指示。而这些仪表的精确度对于飞行安全至关重要，因此检查静压系统的位置误差是飞机审定试飞的一个重要部分。

在 POH/AFM（飞行员操作手册/飞机飞行手册）中必须要对襟翼和起落架各种形态下所对应的空速进行相应的修正，并且提供修正值。

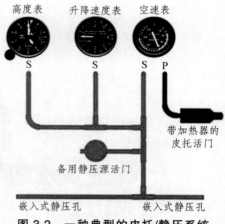

图 3.2　一种典型的皮托/静压系统

3.3　全静压仪表

3.3.1　气压式高度表

气压式高度表是一种膜盒式气压表，用于测量周围大气的绝对压力，并以英尺或米制单位来显示在一个所调定的压力面之上的高度，如图 3.3 所示。

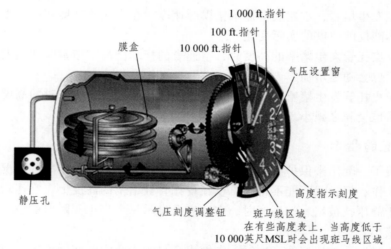

图 3.3　气压式高度表的构成

1. 工作原理

气压式高度表里面的敏感原件是真空波状铜质膜盒压力传感器组。来自静压源的静压（大气压力）作用在膜盒外，静压变化时，膜盒产生变形，膜盒的变形量经传动机构带动指示器的指针转动，指示出了相应的高度，如图 3.4 所示。

10 000 英尺以下时，在仪表上可以看到一块斑马线区域（黑白相间的条纹窗）；高于 10 000 英尺时，这个斑马线区域开始被覆盖；直到高于 15 000 英尺时，所有的斑马线都被覆盖了。

高度表的另一种形态为滚动显示仪表。这些仪表只有一根指针，每 1 000 英尺转一圈。每个数字代表 100 英尺，每一小格代表 20 英尺，如图 3.5 所示。滚动显示高度表以 1 000 英尺为单位，该设备通过相连的机械装置来驱动指针。对这种类型的高度表进行读数时，首先要读取滚动窗上显示的数值，获得千英尺数，然后观察指针读数得到百英尺及以下的读数。

图 3.4　三针高度表　　　　　　　　　图 3.5　滚筒式高度表

气压式高度表配有可调节的气压刻度，允许飞行员在测量高度时调定基准气压。气压刻度显示在一个被称为高度表气压调定窗的小窗口内。飞行员可以使用仪表上的旋钮来调节刻度。刻度表的范围从 28.00 到 31.00 英寸汞柱或者 948 到 1 050 百帕。

飞行员可以通过转动旋钮来改变气压刻度以及高度表指针。在 5 000 英尺以下，标准的气压递减率为：气压刻度每改变 1 inHg，则指针指示改变 1 000 英尺。当气压刻度调节到 29.92 inHg 或者 1 013.25 百帕时，指针指示的是标准气压高度；将气压刻度调整到当地的修正气压值时，则高度表指示当前海平面气压高度（修正气压高度）。

2. 高度表的误差

气压式高度表的设计是符合标准状况下气压的标准变化规律的，但是大多数飞行都会由于非标准的飞行条件而产生误差，飞行员必须对这些误差进行相应的修正。其误差有两种类型：机械式和固有式。

3. 机械式误差

飞行员在起飞前检查时应确定高度表的工作状况，将气压刻度盘调到当地的修正气压值。此时高度表应该指示机场的实际标高。如果高度表的指示偏离实际标高超过 75 英尺，则仪表应该送到指定的仪表维修站来重新进行校准。不同的外界温度以及不同的气压也会造成高度表的显示不准确。

4. 固有式误差

图 3.6 中显示了非标准温度是如何影响高度表显示的。当飞机在周围温度高于标准大气的空气中飞行时，空气密度相对较小，每个气压面之间的垂直距离较大。当飞机高度表指示 5 000 英尺时，此时气压面的实际高度高于在标准温度条件下指示 5 000 英尺的高度，因此飞机的实际高度也就比相对较冷的标准温度条件下的高度高。当飞机周围温度低于标准大气时，空气密度相对较大，每个气压面之间的垂直距离较小。当飞机高度表指示 5 000 英尺时，此时气压面的实际高度低于在标准温度条件下指示 5 000 英尺的高度，因此飞机的实际高度也就比相对较热的标准温度条件下的高度低。

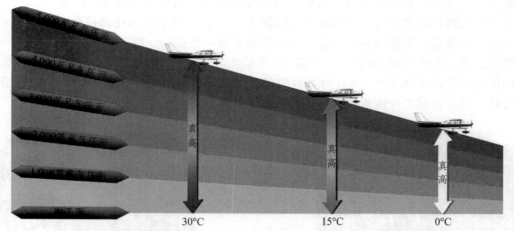

图 3.6 飞机从高温区进入低温区（大气密度增大）后真高损失示意图

5. 寒冷天气条件下高度表的误差

在国际标准大气（ISA）条件下，正确校准后的气压式高度表指示的是在平均海平面（MSL）之上的真实高度。在非标准气压条件下应使用当地修正气压来进行校准。

如果当时温度高于 ISA，真实高度将高于指示高度；如果当时温度低于 ISA，真实高度将低于指示高度。当温度低于 ISA 温度时，真实高度与指示高度之间的不一致可能会导致飞机的越障高度不够。英文的口诀叫作：High to Low, warm to cold, watch below! 中文的口诀为：飞行过程中，气压高到低，温度热到冷，小心真高低。

在温度极低的情况下，飞行员需要参考表 3.1 来增加适当的温度修正量，使用表中标注的 IFR 高度以保证在以下限制条件下的地形及越障高度：

（1）由空中交通管制（ATC）特别指定的高度不需要修正，如"保持 5 000 英尺"。如果飞行员确定较低的温度可能会导致离地或者越障高度不够，飞行员可以拒绝该指定高度。

（2）如果使用了图表上标注的 IFR 高度进行温度修正，如程序转弯高度、最后进近定位点高度等，飞行员必须就此修正咨询 ATC。

表 3.1 ICAO 低温误差表

报告温度（以摄氏度为单位）	高于机场的高（以英尺为单位）													
	200	300	400	500	600	700	800	900	1,000	1,500	2,000	3,000	4,000	5,000
+10	10	10	10	10	20	20	20	20	20	30	40	60	80	90
0	20	20	30	30	40	40	50	50	60	90	120	170	230	280
-10	20	30	40	50	60	70	80	90	100	150	200	290	390	490
-20	30	50	60	70	90	100	120	130	140	210	280	420	570	710
-30	40	60	80	100	120	130	150	170	190	280	380	570	760	950
-40	50	80	100	120	150	170	190	220	240	360	480	720	970	1,210
-50	60	90	120	150	180	210	240	270	300	450	590	890	1,190	1,500

3.3.2 ICAO 低温误差表

由于低温引起的高度表误差可能会影响越障高度，因此当温度比标准温度低很多时，飞行员需要高度重视这个误差。在极冷的温度下飞行时，飞行员可能需要提高最低的超障高度并且在正常最低标准的基础上相应地增加最低标准的云高。当飞行在超障余度较小的区域时，由于低温使其实际离地高度更低，因此飞行员需要相应地选择更高的高度，才能保证安全。大多数带有大气数据计算机的飞行管理系统（FMS）会对低温误差进行补偿。这些补偿可以自动进行，飞行员须确保他们知道在哪些情况下系统中会自动进行补偿。如果通过 FMS 或者人工进行了补偿，则必须通知 ATC 飞机没有在指定高度上飞行。否则，可能会减小与其他飞机间的垂直间隔，从而造成危险。

表 3.1 出自国际民航组织（ICAO）的标准规则，表中显示了在温度非常低的条件下，仪表会存在多大的误差。使用该表时，在左侧栏查找报告温度，然后根据最上面一行的机场/报告点之上的高度查找温度修正量，即从最后进近定位点（FAF）高度中减去机场标高后的值，左侧栏与顶行高于机场的高交叉处为可能的误差值。

例如，报告温度为零下 10 摄氏度，FAF 为机场标高之上 500 英尺。如果根据报告的当前高度表调定值，则飞机实际飞行高度将低于高度表指示高度 50 英尺。

当使用低温误差表时，高度误差值与报告点标高之上的高度值以及报告点温度成正比。对于 IFR 进近程序，报告点所在位置的标高假设为等同机场标高。飞行员必须明白，修正值是基于报告点位置的温度，而不是飞机在当前高度所观察到的温度，高于报告点的高，也不是 IFR 图中公布的高度。

为了看清楚如何使用修正，注意：

机场标高	496 英尺
机场温度	零下 50 摄氏度
IFR 进近图提供以下数据：	
最小程序转弯高度	1 800 英尺
最低 FAF 穿越高度	1 200 英尺
直线最低下降高度	800 英尺
盘旋 MDA	1 000 英尺

下面通过 1 800 英尺的最低程序转弯高度来介绍一下如何确定相应的温度修正。通常，将高度值四舍五入到最接近的百英尺高度。1 800 英尺的程序转弯高度减去机场标高 500 英尺等于 1 300 英尺。1 300 英尺的高度差异在修正航图标高 1 000 英尺以及 1 500 英尺之间。报告点温度为 – 50 摄氏度，修正值在 300 英尺以及 450 英尺之间。补偿值之间的差值除以机场之上高度之间的差值得出每英尺的误差值。

本例中，150 英尺除以 500 英尺等于 0.33，即每 1 000 英尺之上高度每增加 1 英尺补偿 0.33 英尺。前 1 000 英尺提供 300 英尺的修正，每增加 0.33 乘以 300 英尺，为 99 英尺，四舍五入即为 100 英尺。300 英尺加上 100 英尺等于 400 英尺的总的温度修正。在给定的情况下，对 MSL 之上 1 800 英尺（等于 1 300 英尺报告点之上的高度）的标注值进行修正，则需要增加 400 英尺。因此，在指示高度 2 200 英尺上飞行时，飞机实际上在 1 800 英尺高度上飞行。

最小程序转弯高度：标注的 1 800 英尺 = 修正的 2 200 英尺

最低 FAF 穿越高度：标注的 1 200 英尺 = 修正的 1 500 英尺

直线 MDA：标注的 800 英尺 = 修正的 900 英尺

盘旋 MDA：标注的 1 000 英尺 = 修正的 1 200 英尺

3.3.3 高度表上的非标准气压

由于大气压力不是恒定的，因此保持当前高度表设定值非常重要。一个地方的气压可能和其他地方的不一样，即使是很近的距离。以飞机高度表拨正值在当地气压 29.92 英寸为例。随着飞机进入低压区域（见图 3.7 中从 A 到 B），飞行员没有重新调定高度表拨正值至当地气压，然后随着压力的降低，真实高度逐渐降低。必须要调整高度表拨正值来进行补偿。当高度表显示指示高度 5 000 英尺时，A 点的真实高度（高于平均海平面高）实际上仅为 B 点的 3 500 英尺。由于高度指示并不总是指示真实值，我们可以用一句老话来帮助记忆："飞行过程中，气压高到低，温度热到冷，小心真高低"（When flying from hot to cold or from a high to a low, look out below）。

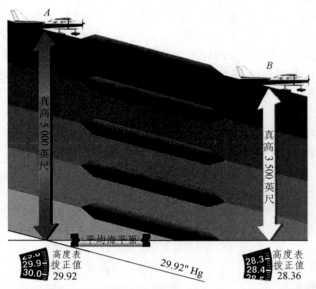

图 3.7 飞机从高压区进入低压区（大气密度减小）后，非标准气压对高度表的影响

3.3.4 高度表的改进（编码高度表）

空域系统中如果只有飞行员有飞机高度指示是远远不够的，地面上的空中交通管制员必须清楚地知道飞机的高度。为了提供这一信息，通常为飞机配备编码高度表。

当 ATC 应答机调定在 C 模式时，编码高度表提供一系列识别飞机所在飞行高度的脉冲信号给应答机（以 100 英尺开始递增）。这一系列脉冲发送到地面雷达并以文字的形式出现在管制员的屏幕上。通过该应答机可以使地面管制员识别该飞机并确定飞机所在位置的压力高度。

编码高度表中的计算机以 1 013.25 百帕为基准测量气压，并将该数值发送给应答机。当飞行员调整气压刻度表到当地高度表调定值时，发送给应答机的数据不会受影响。这样可以保证所有使用 C 模式的飞机使用相同的气压标准来发送数据。ATC 设备可以调整显示的高度来补偿当地气压差异，从而保证显示目标的正确高度。

3.3.5 缩小垂直间隔（RVSM）

为有效利用空域资源，国际民航自 20 世纪 80 年代开始研究在特定的飞行高度层（29 000 英尺至 41 000 英尺）上实施缩小垂直间隔（RVSM）运行，并在一些繁忙的国际航线上率先实施 RVSM 运行。RVSM 空域一般是指在飞行高度 8 900 米（29 000 英尺）（含）和飞行高度 12 500 米（41 000 英尺）（含）之间使用 300 米（1 000 英尺）最小垂直间隔的任何空域。我国一些航空运营人的部分机队自国际民航组织（ICAO）在北太平洋地区实施 RVSM 开始就在这些空域内运行。图 3.8 所示为国外 FL290 与 FL410 之间飞机增加的数量。该系统最引人注目的是通过充分利用较高的高度层（FL）容纳更多的飞机，从而节省大量的时间。随着各国逐步推进 RVSM 运行，我国已确定在 2007 年 11 月 22 日零时开始在中国各空域内实施 RVSM 运行。我国国内实施 RVSM 运行的空域是飞行高度 8 900 米（29 100 英尺）（含）至 12 500 米（41 100 英尺）（含）。表 3.2 列出了在我国国内 RVSM 空域高度层的划分以及转化成英尺后的飞行高度。在我国必须依照表 3.2 所列的高度层划分飞行。RVSM 空域是特殊资格空域，运营人及其运营的航空器应当得到局方的批准方可进入。空中交通管制机构通过提供航线计划信息告知 RVSM 的运营人。

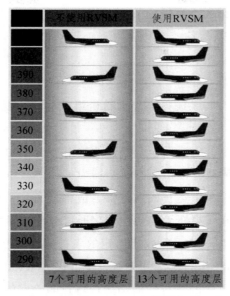

图 3.8　在 FL290 与 FL410 之间增加的飞机架次

表 3.2　在 FL 180 与 FL 410 之间增加的飞机架次

走向	米	英尺	走向	米	英尺
向西	14 300	46 900	向东	14 900	48 900
向西	13 100	43 000	向东	13 700	44 900
向西	12 200	40 100	向东	12 500	41 100
向西	11 600	38 100	向东	11 900	39 100
向西	11 000	36 100	向东	11 300	37 100
向西	10 400	34 100	向东	10 700	35 100
向西	9 800	32 100	向东	10 100	33 100
向西	9 200	30 100	向东	9 500	31 100
向西	8 400	27 600	向东	8 900	29 100
向西	7 800	25 600	向东	8 100	26 600
向西	7 200	23 600	向东	7 500	24 600
向西	6 600	21 700	向东	6 900	22 600
向西	6 000	19 700	向东	6 300	20 700
向西	5 400	17 700	向东	5 700	18 700
向西	4 800	15 700	向东	5 100	16 700
向西	4 200	13 800	向东	4 500	14 800
向西	3 600	11 800	向东	3 900	12 800
真航线角从 0°到 179°为向东；从 180°到 359°为向西。					

为了具有 RVSM 空域运行的资格，在飞机设备以及飞行员培训方面都需要一定的经济投入。RVSM 飞机必须达到所要求的保持高度的性能标准；使用 RVSM 的操作者必须获得相应的民航机构的许可。除此之外，操作者必须根据所飞空域内的 RVSM 政策/程序来进行操作。

在 RVSM 空域飞行的飞机必须配备：

（1）至少一个自动高度控制系统；

（2）装备二个独立的高度测量系统。

（3）航空器应当装备有高度警告系统，当显示给机组人员的高度偏离选定的高度超过下列值时，系统会发出告警：

① 1997 年 4 月 9 日之前（含）申请型号合格证的航空器为 ±90 米（300 英尺）；

② 1997 年 4 月 9 日之后申请型号合格证的航空器为 ±60 米（200 英尺）。

（4）实施缩小垂直间隔（RVSM）运行的航空器，应当具备空中交通警戒与防撞能力。除经局方特殊批准外，航空器应当安装 7.0 或更新版本的空中交通警戒与防撞系统（TCAS-II）。

另外，在中国各空域内实施 RVSM 运行仅指特定的飞行高度层，并不意味着所有飞机都必须符合 RVSM 运行的标准。不符合 RVSM 运行标准的飞机，不能进入 RVSM 空域并按照 RVSM 空域标准运行。航空运营人应当根据本公司机队的飞行性能和运行特点明确实施或不实施 RVSM 运行飞机，并根据 RVSM 运行规定向局方提出相关申请。

3.3.6　升降速度表（VSI）

图 3.9 所示为升降速度表，也可以称为升速率指示器。升降速度表是一种用来指示气压速率变化的仪表，当偏移恒定气压水平时会提供相关指示。

仪表箱体内部带有一个膜盒式装置，与空速表中的类似。膜盒的内部与箱体内部连接到静压口，但是箱体通过一个校正量孔连接，这样箱体内的气压变化会比薄膜内的气压变化要慢。随着飞机的升高，静压逐渐变低。箱体内的压力压缩薄膜，指针向上移动从而显示爬升，并以千英尺/分钟（FPM）来指示上升速率。

图 3.9　升降速度表
（单位：千英尺/分钟）

当飞机改为平飞时，气压不再发生变化。箱体内部的气压等于膜盒内部的气压，指针回到水平位置或者 0 位置。当飞机下降时，静压开始增加。随着膜盒逐渐扩张，指针将向下移动指示下降。

升降速度表的指针指示可能会比实际的气压变化慢几秒钟，但是要比高度表敏感许多，在警告飞行员向上或者向下趋势时也更加重要，因此可以帮助飞行员保持在恒定的高度上。

某些更为复杂的升降速度表，被称为瞬时升降速度表（IVSI），它配备了两个使用空气泵驱动的加速计来感应飞机向上或者向下的俯仰并瞬时产生一个压差。当俯仰产生的加速度所引起的压差逐渐消失时，高度气压的改变才生效。

3.4 动压型仪表——空速表（ASI）

空速表（ASI）通过一个压差测量表来测量飞机周围大气的动压。动态压力是指外界大气静压与总压或者飞机运动时的压力——冲压——之间的差值。这两种压力均由皮托管的全静压孔提供。

空速表的机械装置如图 3.10 所示，它包括一个薄的波状形的磷铜膜盒或者膜片，可以接收皮托管的压力。仪表的箱体为密封的并且与静压孔相连接。随着皮托管压力的增加或者静压降低，膜片会鼓起。通过摇轴来测量体积发生的变化，然后使用一套齿轮装置来驱动仪表刻度盘上的指针。大多数空速表以"节"或者"海里/小时"为单位来进行校准，有些使用"英里/小时"，而某些仪表两者兼有。

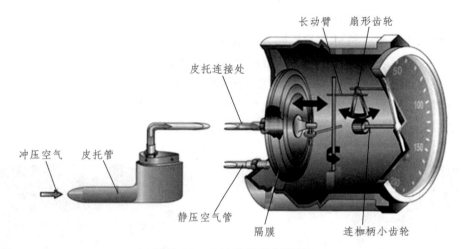

图 3.10　空速表的机械装置

1. 空速类型

虽然高度类型只有几种，但是空速的类型却可以分为很多：指示空速（IAS）、校正空速（CAS）、等效空速（EAS）以及真空速（TAS）。

2. 指示空速（IAS）

IAS 显示在仪表刻度盘上，没有对仪表或者系统误差进行修正。

3. 校正空速（CAS）

校正空速（CAS）是飞机运动时的速度，是通过对 IAS 进行仪表误差以及位置误差修正后的速度。飞行员操作手册和飞机飞行手册（POH/AFM）上均配有图表或者图示来介绍如何修正 IAS 的这些误差，并提供不同襟翼以及起落架形态下的修正后的 CAS。

4. 等效空速（EAS）

等效空速（EAS）是指对于皮托管中的大气进行补偿后的修正 CAS。在海平面标准大气下 EAS 与 CAS 相等。随着空速以及压力高度的增加，CAS 比实际值要高很多，因此必须从 CAS 中减去相应的修正值。

5. 真空速（TAS）

真空速（TAS）是指在非标准大气以及温度下对 CAS 所做的修正。TAS 以及 CAS 在海平面标准大气下是相等的。在非标准条件下，通过对 CAS 进行压力高度以及温度的修正后得出 TAS。

某些飞机配备了真空速表，在仪表箱体内部使用了一个带有温度补偿的膜盒风箱。风箱对仪表箱体内部摇轴的移动进行修正，因此指针指示真实的 TAS。

TAS 指示器提供真空速以及指示空速。这些仪表使用传统的空速机械装置，并且在常规刻度盘表面配备了额外的可视的辅助刻度盘。仪表上的旋钮允许飞行员转动辅助刻度盘并且根据当时的压力高度来对外界大气温度的指示进行校正。校正后仪表指针在辅助刻度盘上指示 TAS，如图 3.11 所示。

6. 马赫数

当飞机接近音速时，飞机表面某些区域的气流的速度也会增加，直到它到达音速，从而形成激波。这时 IAS 随着温度发生变化。因此在这种情况下仅使用空速并不足以警告飞行员可能会出现的问题。因此马赫数就显得尤为重要。马赫数是相同大气条件下飞机 TAS 与音速的比值。飞机以音速飞行时，马赫数为 1.0。一些早期的机械马赫表并不是由大气计算机来驱动的，而是在仪表内部安装一个高度无液气压计来将皮托/静压转换成马赫数。使用这些系统时假设不管在哪个高度都使用标准温度，只要温度偏离了标准值，马赫数都是不准确的，这些系统显示指示马赫数。现在的电子马赫表使用大气数据计算机提供的信息来修正温度误差，这些系统显示真实马赫数。

图 3.11　真空速指示器允许飞行员对非标准温度和气压下的 IAS 进行修正

图 3.12　马赫表指示音速与飞机真空速的比值

大部分高速飞行的飞机都有一个最大马赫数，马赫表上显示小数点值，如图 3.12 所示。例如，如果马赫表指示.83，飞机在 30 000 英尺高度上飞行，则标准条件下音速为 589.5 节，空速为 489.3 节。音速随着大气温度的变化而变化，如果飞机以马赫.83 在 10 000 英尺高度上飞行，且大气温度比较高，则空速将为 530 节。

7. 最大允许空速

某些飞机以高亚音速飞行，配备了最大允许的空速表，如图 3.13 所示。该仪表看上去与标准空速表没有什么区别，并且使用节来测量速度，但是多了一个红色的或者是红白条相间的指针。最大空速指针由膜盒或者高度表机械装置来驱动，当空气密度下降时，该指针会指向较低的空速值。保持空速指针的指数低于最大指针可以避免产生激波。

最大允许空速指示器有一个可移动的指针用来指示绝对不允许超过的速度，以避免速度接近音速而产生激波，该速度随着高度的变化而变化。

图 3.13　最大允许空速指示器

8. 空速色码

空速表的刻度盘使用色码来提醒飞行员飞机当时的速度。这些颜色以及相对应的空速如图 3.14 所示。

图 3.14　空速表的色码

3.5　磁　力

地球是一个巨大的磁体，在空间中不停地旋转，被看不到的磁力线所组成的磁场所包围。这些磁场线从磁北极的表面出发再回到磁南极。

磁力线有两个重要的特征：① 磁场内有自由转动的磁体时，它的磁力线将转向和地磁一致的方向；② 使用任何一个导体来切割这些磁力线时都会产生电流。飞机上安装的大部分方向指示器都使用了这两个特性中的一个。

3.5.1 基本的航空磁罗盘

用来指示方向的最原始而且构造最简单的仪表为磁罗盘。磁罗盘也是 CCAR-91 部要求的 VFR 以及 IFR 飞行中必备的最基本仪表。

1. 磁罗盘介绍

磁铁是磁体的一种，通常是一个含铁的金属，可以吸引并保持磁力线。不管体积大小，每个磁铁都有两个极：南极和北极。当一个磁铁放在另一个磁铁旁边时，同名磁极相互排斥，异名磁极相互吸引。

飞机的磁罗盘如图 3.15 所示，有两个小磁铁吊挂在浮球下，密封在一个罗盘碗里，里面盛满了类似于煤油的液体。一个方位刻度环环绕在浮球上，通过一个带基准线的玻璃窗来读取方位。刻度环上标有字母，代表东南西北四个基本方向，每两个字母之间每 30° 标注一个数字，表示方向的数字的最后一个 "±0" 可以忽略，例如，3 = 30°，6 = 60°，33 = 330°。每个字母与数字之间还有长短相间的刻度线，长刻度线代表 10°，短刻度线代表 5°。

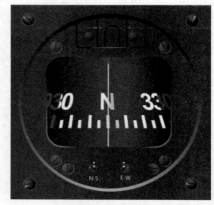

图 3.15 磁罗盘（垂线被称为基准线）

2. 磁罗盘的结构

浮球以及刻度盘由一个坚硬的钢制轴尖支撑在一个特殊的、带有弹簧的、由坚硬玻璃制成的宝石碗里。浮球的浮力减轻了轴尖的载荷，液体抑制了浮球以及刻度盘的摆动。宝石碗以及轴尖装置的特殊构造允许浮球任意转动，并且最大可以达到约 18° 的坡度。如果坡度过大，罗盘指示就会出现误差并且变得无法预知。

罗盘装置完全充满了罗盘浮液。为了防止温度变化造成的液体胀缩，造成损坏而发生泄漏，罗盘的底部密封在一个膜盒中，而有些罗盘则使用金属风箱。

3. 磁罗盘操作原则

磁铁的方向与地球的磁场一致，飞行员应该根据基准线在刻度盘上读取方向。注意，在图 3.15 中，飞行员从背面观察罗盘刻度。当飞行员按照罗盘指示在向北飞时，东边在飞行员的右侧，但是刻度盘上 "±33" 的位置（代表 330°，西北位置）为北边的右侧。这种相反的刻度盘指示的原因是由于刻度盘是固定的，罗盘装置以及飞行员转动时总是从刻度盘的背面观察刻度盘。

罗盘顶部或者底部安装了一个补偿器装置，允许航空维修技术人员（AMT）在罗盘内部制造一个磁场，抵消当地外界磁场的影响，从而修正偏离误差。补偿器装置有两个轴，每个轴的末端有两个螺丝刀槽与罗盘的前面相连接。每个轴连接转动一个或者两个小型的补偿磁铁，其中一个轴的末端标注 E-W，当飞机指向东或者指向西时，磁罗盘受到该补偿磁铁磁场的影响；另一个轴标注 N-S，当飞机指向北或者南时，该磁场影响罗盘。

4. 磁罗盘所产生的误差

磁罗盘是面板上的最简单的装置，但是却可以产生大量的误差，因此飞行员需要注意。

5. 磁　差

地球绕着地理轴旋转，地图以及航图使用经过地极的子午线来绘制。从地极测量的方向被称为真方向。磁罗盘指向的方向成为磁北极，但是磁北极与地理北极并不一致，相差约 1 300 英里，从磁极测量的方向被称为磁方向。在空中导航过程中，真方向与磁方向之间的差异被称为磁差。测量与着陆导航过程中的这种相同的角差异也被称为磁偏角。

例如，在北京地区磁差为6°西，如果飞行员想飞真航迹向南180°，则在此航迹上必须加上磁差，所以应该飞向186°。在新疆地区，磁差为3°东，如果飞行员想要执行真航迹180°，则必须减去磁差，执行177°磁航迹。磁差误差不会改变飞机的航向，无论在何处飞机都是沿着等磁差线飞行。

图3.16所示为等磁差线，可以通过上面的度数来识别该地区的磁差。图中的绿色线条被称为零磁偏线，沿着这条线上任何一个地方的两个极点都是一致的，也就是说没有磁差。从这条线以东开始，每个地方的磁极都在地极的西边，因此必须对罗盘显示进行修正以获得真方向。

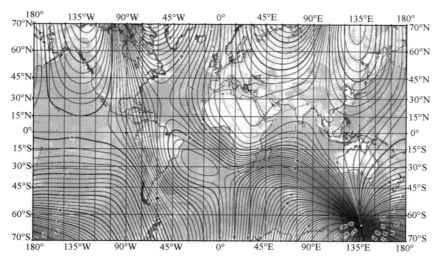

图3.16 等磁差线

6. 罗 差

罗盘的磁铁与任何一个磁场都是一致的。飞机的局部磁场是由仪表中的电流所引起的，附近的配线或者任何一个建筑物的磁化物体都会与地球的磁场相冲突而引起罗盘误差，我们把它称为罗差。

罗差与磁差不同，在每个方向上罗差都是不同的，它并不受地理位置的影响。由磁差引起的误差不能降低或者改变，但是罗差引起的误差可以通过某些措施来尽量使其最小化，当飞行员或者AMT执行维修任务时，可以通过"旋转罗盘"来达到这一目的。

大部分机场在滑行道或者停机坪上的某一个位置标注了一系列的线，我们把它称之为罗盘刻度盘，在这个区域内没有磁干扰。这些线从磁北出发，每条线之间间隔30°，如图3.17所示。

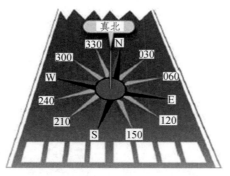

图3.17 使用罗盘修正罗差

飞行员或者AMT在每条磁航向上对飞机进行校准，通过调整补偿磁铁来降低罗盘指示与实际磁航向之间的差异至最小。不能消除的误差可以参考罗盘修正表，该表放置在罗盘附近的卡片夹里，见表3.3。如果飞行员想执行磁航向为120°的飞行，并且飞机飞行时无线电接通，那么飞行员应该执行航向123°。

表 3.3　罗盘修正表显示与任意航向对应的偏差修正

预转航向	000	030	060	090	120	150
无线电开	001	032	062	095	123	155
无线电关	002	031	064	094	125	157

预转航向	180	210	240	270	300	330
无线电开	176	210	243	271	296	325
无线电关	174	210	240	273	298	327

对磁差以及罗差的修正必须以正确的顺序按照以下步骤从预计的真航向开始：

步骤 1：确定磁航向。

真航向（180°）±磁差（＋10°）＝磁航向（190°）

如果没有罗差误差，那么使用磁航向（190°）。对于190°的罗经航线必须还要参考罗盘修正表。

步骤 2：确定罗经航向。

磁航向（190°，由第一步得出）±罗差（－2°，从修正表上读出）＝罗经航向（188°）

注意：对于在罗盘修正表上列出的航向，飞行员需要考虑所列出的两个航向之间的中途磁航向。因此为了执行真航向180°的飞行，飞行员需要按照188°的罗经航向来飞行。

如果已经知道了磁航向，飞行员就可以确定所要执行的真航向：

罗经航线±罗差＝磁航向±磁差＝真航向

7. 磁倾误差

可以认为磁力线是从地球磁北极出发又回到磁南极。在这两个位置的线与地球表面是垂直的。在地磁赤道，两极之间一半的位置，这些线与地球表面是平行的。罗盘的磁铁与这个磁场的方向是一致的，在接近磁极的地方会发生倾斜，或者使浮球以及刻度发生偏转。可以使用一个小的倾斜补偿重量来平衡浮球，因此在北半球中间纬度的区域飞行时，浮球保持相对水平。这个重量引起的倾斜会造成两个非常明显的误差：北转误差以及加速度误差。

地球磁场垂直分力的引量会造成北转误差，当航向向北或者向南时，该误差表现得最为明显。当一架航向向北的飞机向东转弯时，飞机向右压坡度，罗盘刻度向右倾斜。地球磁场的垂直分量吸引磁铁的寻北端向右偏转，浮球开始转动并引起刻度向西转动，这样就形成了与转弯方向相反的方向，如图 3.18 所示。

图 3.18　北转误差

如果从北向西转弯，飞机坡度向左压，罗盘刻度向左下方倾斜。磁场吸引磁铁的末端造成刻度盘向东转动。这样指示的方向与即将转弯的方向相反。这种误差的规律为：当开始从北边的航向开始转弯时，罗盘指示要落后于实际转弯操作。

当飞机航向向南并且开始向东转弯时，地球磁场吸引磁铁末端，刻度向东转动，从而指示与转弯相同的方向。如果从南向西转弯，则磁场吸引磁铁的顶端，从而刻度盘向西转动，指示方向与转弯方向相同。这种误差的规律为：从南边的航向开始转弯时，罗盘指示在转弯之前。

加速度误差中，磁倾-修正重量造成浮球末端以及标注 N 的刻度盘（寻南端）比另一端要重。当飞机以恒定速度在一个向东或者向西的航向上飞行时，浮球以及刻度盘都是水平的。磁倾效应与重量的影响几乎等效。如果飞机在向东的航向上加速，如图 3.19 所示，则重量的惯性会保持浮球的一端向后并且刻度盘向北转动。飞机速度一旦稳定，刻度盘会摆动回到向东的指示位置。如果飞机在向东的航向上飞行，当飞机减速时，由于惯性，物体会向后移动并且刻度盘向南转动，直到速度再次稳定。

图 3.19　加速误差的影响

当飞机在向西的航向飞行时，会发生相同的情况。加速过程中的惯性会使浮球运动滞后，刻度盘向北转动。当飞机在向西的航向上减速时，惯性会使浮球向前移动，刻度盘向南转动。

8．摆动误差

摆动误差是对其他所有误差的一个综合，该误差可能会引起刻度盘指针在将要执行的航向周围来回摆动。当飞行员对陀螺航向指示器与磁罗盘进行调定使两者保持一致时，使用刻度盘来回摆动过程中所达到的两个最大值的中间值来进行校准。

3.5.2　垂直刻度磁罗盘

前面描述的几种类型的误差并不代表磁浮类罗盘所有的误差，此外还有读数误差。刻度盘相反的读数很容易造成飞行员在转弯时转向错误的方向。飞行员想要转向西边时，在刻度盘上总是看到东边。垂直刻度磁罗盘消除了旧式罗盘的一些误差以及那些容易让飞行员发生混淆的读数。这类罗盘的刻度表使用字母来代表主要的方向，每 30°标注一个数字，每个刻度之间为 5°。刻度盘的转动由一套齿轮来驱动，与轴端磁铁相连，仪表表盘上的飞机符号的机头代表基准线，用来读取飞机在刻度盘上的航向。铝阻尼杯中的涡流可以抑制磁铁的现在摆动，如图 3.20 所示。

图 3.20　垂直刻度磁罗盘

3.5.3 磁通门罗盘系统

前文提到过，地球磁场的磁力线有两个基本特征：磁场内有自由转动的磁体时，它的磁力线将转向和地磁一致。使用任何一个导体来切割这些磁力线时都会产生电流。

磁通门罗盘就是使用产生电流的特性来驱动从动罗盘。磁通门是一个体积较小的非闭合的环，如图 3.21 所示，使用的软铁很容易被磁力线磁化。激磁线圈缠绕在这三段环上，传导由地球磁场在这个环行上所产生的电流。框架中心的铁隔板上缠绕的线圈带有 400 Hz 的电流（交流）。当电流到达最大峰值时（每个周期出现两次），线圈会产生相当大的磁力，从而使框架不会被地球磁力线磁化。

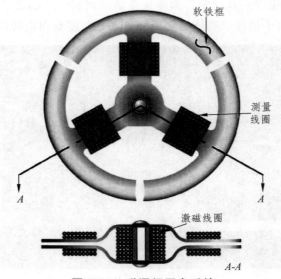

图 3.21　磁通门罗盘系统

但是随着电流在两个峰值之间反复，会使框架消磁从而可以再次被地球磁场磁化。这个磁通量穿越三个线圈上的金属线时，会再次产生电流。三个线圈以这样的方式相连接，即当飞机的航向发生变化时，其中的电流也会随之发生变化，如图 3.22 所示。

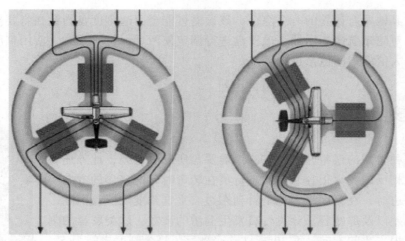

图 3.22　三个测量线圈上的电流随着飞机的航向变化而变化

三个线圈与三个相似但是体积较小的同步线圈相连。这三个同步线圈用来转动无线电磁指示器（RMI）或者水平状态指示器（HSI）。

3.5.4 远程指示罗盘

远程指示罗盘用来补偿早期航向指示器的误差以及限制。典型的系统包括两个面板，一个导航指示器，一个伺服控制和补偿组件，如图 3.23 所示导航指示器通常被称为 HSI。

图 3.23　导航指示器、伺服控制和补偿组件

辅助控制以及补偿装置都有一个按钮来提供选择"从动陀螺"或者"自由陀螺"方式。该装置还包括一个磁测量仪以及两个人工航向驱动按钮。磁测量仪用来指示显示航向与磁航向之间的差异。向右偏转表示罗盘刻度的顺时针误差；向左偏转表示一个逆时针误差。只要飞机正在转弯并且刻度盘转动，磁测量仪就会向一侧显示全偏转。当系统选择"自由陀螺"方式时，通过按压相应的航向驱动按钮来调整罗盘刻度。

磁辅助发射机是一个安装在其他位置的独立的装置，通常安装在翼尖来消除可能存在的磁干扰。它包括一个磁通门，是一个用来感应方向的设备。集中磁力线经过放大之后便产生一个信号传递到安装在其他地方的航向指示器组件。航向指示器的陀螺修正马达使用这个信号调整陀螺组件直到它与发射机信号保持一致。磁辅助发射机电联到 HSI。

远程指示罗盘用途很多，在这里只介绍该系统最基本的功能。仪表飞行员必须熟悉飞机上安装的各种设备的特性。

随着仪表面板数量的增多，面板越来越拥挤，由于驾驶舱内繁重的工作量，飞行员可用于浏览仪表的时间越来越少，因此，仪表生产商开始研究如何综合仪表功能以减少仪表数量。一个很好的例子就是无线电磁指示器（RMI），如图 3.24 所示。罗盘刻度由磁通门的信号驱动，两个指针由自动定向仪（ADF）以及甚高频全向信标（VOR）来驱动。

图 3.24　无线电磁指示器

3.6　陀螺仪系统

根据陀螺仪的两个特性（进动性以及定轴性），飞行员可以在没有可见天地线作基准的条件下安全完成飞行。这些系统包括姿态、航向、速度仪表以及相应的电源。这些仪表包括陀螺仪，一个体积

较小的转子，其重量集中在外围。当转子以高速开始旋转时，会逐渐固定保持倾斜或者向某一个方向转弯而不是绕着它的转子轴旋转。

姿态以及航向仪表根据定轴性来进行工作。对这些仪表来说，陀螺仪在箱体内保持稳定性，飞机绕着它旋转。速度指示器，如转弯率指示器以及转弯协调仪，以进动性为原则进行运作。在这种情况下，陀螺仪的进动（或者反侧）与飞机绕着一个或多个轴转动时的速度成正比。

下面介绍飞机的动力源。

飞机以及仪表生产商在设计时考虑并为仪表制定了相应的裕度，因此任何单独的故障都不会影响飞行员安全地完成飞行。陀螺仪仪表对于仪表飞行非常关键，因此这些仪表需要单独的电源或者气源系统来驱动。

1. 气源系统

气动陀螺仪由打在转子外围的空气气流来驱动。在许多飞机上这个气流来自于需要真空仪表箱的排空气体，并且允许过滤后的气体通过一个喷嘴来打到转子上。

对于不使用气源泵来排出仪表箱体内空气的飞机，可以使用安装在飞机外侧的文氏管，如图 3.25 所示。根据伯努利原理，气流通过文氏管最窄的部分时，速度会增加，压力会下降。这个位置通过一根管子与仪表箱体连接。两个姿态仪表的运行需要 4 inHg 的吸力，但是转弯侧滑仪仅需要 2 inHg，因此使用减压指针活门来减小吸力。进入仪表的气流通过一个过滤器装置进入仪表箱体。在这种情况下，由于结冰可能会堵塞文氏管，所以在最需要仪表提供信息的时候仪表可能会停止工作。

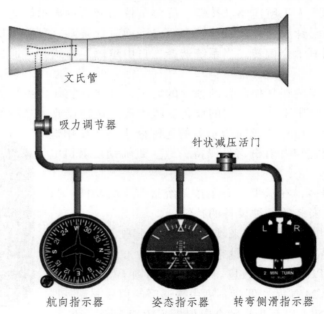

图 3.25　文氏管系统

2. 真空泵系统

（1）湿型真空泵。

很多年来一直使用钢叶片空气泵来排出仪表箱体内气体。使用很少量的发动机润滑油就可以润滑这些空气泵内的叶片，之后随着空气一起排出。有些飞机上用排出的气体来给机翼以及尾部前缘襟翼上的橡胶除冰带充气。为了防止润滑油损坏橡胶除冰带，必须使用滑油分离器来将其分离，如图 3.26 所示。

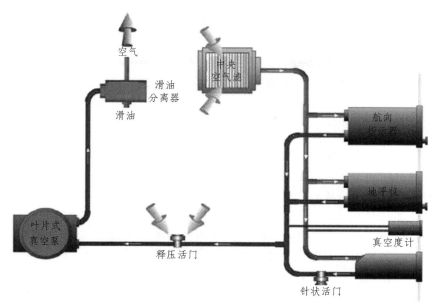

图 3.26 单发飞机的真空仪表系统使用钢质叶片湿式真空泵

真空泵将多余的气体排出，只保留驱动仪表所需要的空气量，并且会根据当时情况决定是否需要抽气机，因此吸放活门安装在空气泵的进口一侧。弹簧加载的活门紧缩保证所需要的气体在箱体内保持相应的低压，如仪表面板上的吸力测量器所示。空气经一个中间气体过滤器过滤后进入仪表箱体。随着飞机在相对较低的高度上飞行，足够多的空气被压缩进入仪表箱体内部，使陀螺仪以足够高的速度转动。

（2）干空气真空泵。

随着飞行高度的增加，空气密度越来越小并且通过仪表的大气都被压缩。高空飞行的飞机使用的抽气机不会再将燃油与排出的气体相混合。

钢制叶片位于一个钢制机体中，可以自由滑动，因此需要进行润滑。但是叶片是由一种特殊配方的碳物质构成，这种碳物质可以在一个碳座内滑动，因此靠自身所携带的极少量的润滑油即可工作。

（3）压力指示系统。

图 3.27 所示为双发通用飞机所使用的仪表气源系统。两台干空气泵与过滤器一起使用，从而将进

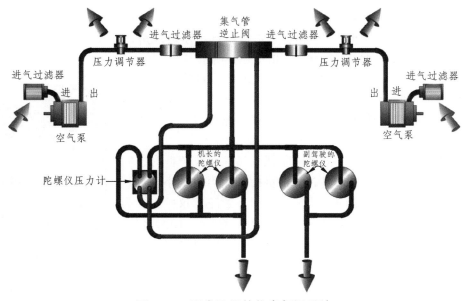

图 3.27 双发飞机的仪表气源系统

气口的污染物过滤掉，防止可能污染物损坏泵里脆弱的碳叶片。泵里排除的气体通过一个调节器将过多的空气排掉，保持系统压力在预计水平。这些调节空气之后进入内管过滤器来除掉可能从泵里带来的污染物，再由此进入汇流检查活门。如果发生单发失效或者任何一台泵发生故障，检查活门都会隔离不工作的系统，相关仪表使用正常工作的系统的气源。气体通过仪表之后来驱动陀螺仪，之后从此处排出。陀螺仪压力测量表测量通过大气的压力。

3. 电气系统

在许多通用飞机上，如果地平仪是气动的，那么速率指示器通常都是电动的，反正亦然。某些仪表可以通过刻度盘来识别动力源，但是飞行员应该参考 POH/AFM（飞行员操作手册/飞机飞行手册）来确定所有仪表使用的动力源，从而决定当该仪表发生故障时应该采取哪种动作，这点非常重要。直流电（DC）电子仪表系统使用 14 伏或者 28 伏的电压，这个数据取决于飞机上的电器系统。交流电用于姿态陀螺仪以及自动驾驶仪。只使用直流电（DC）电气系统的飞机可以通过安装一个电晶管直流电（DC）到交流电（AC）的转换器来使用交流电仪表，通过该转化器可以将 14 伏或者 28 伏的直流电转换成三相 115 伏，400 Hz 的交流电（AC）。

3.7 陀螺仪表

3.7.1 姿态仪

姿态仪表（AI）在早期被称为人工天地线，后来被称为陀螺天地线，现在则更多地被称为姿态仪或地平仪。姿态仪的工作机械装置由一个小型的铜制转子以及一个垂直的转子轴组成，当气流打在陀螺仪的外围或者使用电子马达都可以驱动陀螺仪高速旋转。陀螺仪安装在一个双平衡架内，允许飞机绕其作俯仰或者横滚，而陀螺仪位置始终保持不变。

平衡架内装有一个水平圆盘，该圆盘始终和陀螺保持在同一个平面上，飞机的俯仰以及横滚都围绕这个平面进行。在早期的仪表中，使用一个指针来代表天地线，现在使用一个带一条线的圆盘来代表天地线以及俯仰标志和坡度角指示线。仪表的上半部分为刻度以及天地线圆盘，使用蓝色来表示天空；下半部分为褐色，代表大地。仪表顶部的坡度指针指示坡度角，在坡度刻度盘上来指示，各基准线分别代表 10°、20°、30°、45° 以及 60°，如图 3.28 所示。

飞行员可以在仪表面板上看到相对于天地线的小飞机符号。

仪表底部中间位置安装的旋钮可以升高或者降低飞机，进而补偿由于空速变化引起的俯仰配平变化。飞机符号机翼宽度以及机翼中间的点代表俯仰的变化，约为 2°。

为了使姿态仪正常工作，当飞机绕着陀螺仪横滚以及俯仰时，陀螺仪必须保持竖直位置。虽然这些仪表的轴承的摩擦力特别小，但是即使相当小的量也会限制陀螺仪的进动性，从而导致陀螺仪倾斜。为了将这种倾斜降至最低，只要陀螺仪发生倾斜离开竖直位置时，仪表装置中的一个竖直机械装置就会提供一个力。这个力会作用在转子上，使其回到竖直位置。

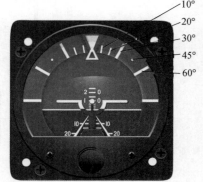

图 3.28　地平仪刻度盘

早期的人工天地线对可接受的俯仰或者横滚的幅度有一个限制，通常俯仰约为 60°，横滚约为 100°。超过任何一个限制，放置陀螺仪的箱体都会碰触到陀螺仪的外框，从而打乱陀螺仪的运动。由于这种限制的存在，这些仪表都有一个锁定机械装置。对于任何会超过仪表极限的机动，该装置都会将陀螺仪锁定在其垂直位置。新一代的仪表没有这些严格的限制，因此不需要这些锁定机械装置。

第一次起动飞机的发动机以及气源系统或者给仪表供电，陀螺仪都不在竖直位置。仪表内部的自立装置在重力驱动下提供一个进动力，从而使陀螺仪达到垂直位置。达到竖直位置最长需要 5 分钟的时间，但是通常只需要 2 到 3 分钟。

地平仪误差非常小，它取决于自立系统工作时的速度，在突然加速时可能会有机头稍微向上的指示，相应的，突然减速时会有机头向下的指示。180°转弯之后可能会出现小坡度角以及俯仰误差。这些无法避免的误差都非常小，一分钟之内就可以进行修正或者回到直线平飞状态后就可以消失。

3.7.2 航向指示器

磁罗盘作为一个备用仪表是一个独立的仪表系统。虽然磁罗盘非常可靠，准确性很高，但是它有很多无法避免的误差，因此需要配合陀螺半罗盘进行使用。

和地平仪一样，航向指示器中的陀螺仪也安装在一个双平衡架结构中，但是它的转子轴是水平的，可以用来感应飞机绕着垂直轴时的转动。陀螺半罗盘，除了从动陀螺仪指示器以外，都不指北，因此必须通过参考磁罗盘来人工调定在相应的航向上。磁罗盘的定轴性使陀螺仪始终保持航向指示，没有任何摆动以及其他误差。

过去的方向陀螺仪使用鼓形的刻度盘，与磁罗盘的刻度盘上的标志相似。陀螺仪以及刻度盘在箱体内保持定轴性，飞行员看到的是刻度盘的背面。因此飞行员在开始转弯时可能会转向错误的方向，这种情况与磁罗盘类似。可以通过按压位于刻度盘下方的仪表前面的旋钮来锁定陀螺仪的框架，通过锁定陀螺仪的框架允许飞行员转动陀螺仪以及刻度盘直到偏过基准线的数字与磁罗盘保持一致。拔出按钮时，陀螺仪保持定轴性，飞机可以围绕刻度盘来自由地转弯。

方向陀螺仪大部分为气源驱动，使用排出箱体的气体，然后过滤过的气体进入箱体，通过一个喷嘴排出，打到陀螺仪转子的外围。当陀螺仪保持在一个相对固定的空间位置时，由于地球以每小时 15°的速度持续转动，因此在所显示的航向上可能会造成一个每小时 15°的明显的偏移。当使用这些仪表时，飞行员应该至少每 15 分钟将方向陀螺仪上指示的航向与磁罗盘进行比较，如果有必要的话需要重置航向与磁罗盘保持一致。

图 3.29 所示的航向指示器与早期水平刻度盘指示器的工作原理是一样的，不同的是陀螺仪驱动的是垂直刻度盘，使得它看上去更像一个垂直刻度磁罗盘。用仪表面盘上的飞机符号的机头来表示飞机的航向并将机头作为基准线。仪表前面的旋钮可以通过调谐来转动陀螺仪以及刻度盘。旋钮为一个加载的弹簧，当松开旋钮时就会马上从平衡架上脱开。每 15 分钟对仪表进行一次检查，以使仪表与磁罗盘保持一致。

图 3.29 航向指示器

3.7.3 转弯指示器

姿态以及航向指示器都使用陀螺定轴性的原理，但是速率仪表（如转弯侧滑仪）则使用陀螺进动性来进行操作。进动性是陀螺仪的另一个重要特性，在运转中的陀螺仪，如果外界施加一作用力或力矩在转子旋转轴上，则旋转轴并不沿施力方向运动，而是顺着转子旋转向前 90°垂直施力方向运动，此现象即为进动性，如图 3.30 所示。

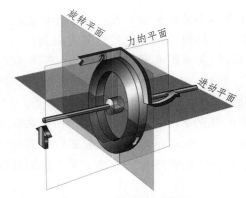

图 3.30　进动性示意图

1. 转弯侧滑仪

在飞机上使用的第一个陀螺仪表是由指针和小球组成的转弯指示器，即转弯坡度指示器，现在多被称为转弯侧滑仪，如图 3.31 所示。

仪表的倾斜仪是一个黑色的玻璃球密封在一个弯曲的玻璃管内，并向玻璃管内充入部分液体作为液体阻尼。该玻璃球测量重力分力以及由转弯惯性产生的力的相对强度。当飞机执行直线平飞行时，玻璃球上没有惯性作用，并且可以保持在管中央。如果进行大坡度转弯，重力的分力大于惯性力，玻璃球就会向管内侧滚动；如果转弯坡度非常小，惯性力大于重力分量，球会向上方滚动，向转弯的外侧滚动。

图 3.31　转弯侧滑仪

倾斜仪既不能显示坡度量也不能指示侧滑，它只能指示坡度与偏转率之间的关系。

转弯指示仪为一个小型的陀螺仪，由气源或者电动马达来驱动旋转。陀螺仪安装在一个单独的平衡架上，转子轴与飞机的水平轴相平衡，平衡架与纵轴相平衡，如图 3.32 所示。

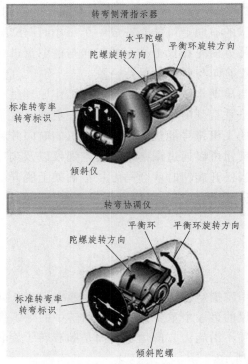

图 3.32　转弯侧滑指示器和转弯协调仪上的速率陀螺

当飞机发生偏航或者绕着垂直轴进行转动时，陀螺仪的进动性会在水平面上产生一个力，使得陀螺仪和它的平衡架绕着竖直方向的轴开始旋转。在转动平面上，陀螺仪会受到校准弹簧的限制，飞机开始横滚直到指针偏转到指向刻度盘上小房子形状的标志，这时飞机以标准速率转弯。

这些仪表的刻度盘都标注了"2 MIN TURN"。在速度较快的飞机上转弯侧滑指示仪标注的信息为"4 MIN TURN"。任何一种仪表，不管指针与哪一个小房子指标相校准都要使用标准速率转弯。

2. 转弯协调仪

早期的转弯侧滑仪的主要的限制在于它只能感应到绕着飞机垂直轴进行的转动。飞机开始转弯之前正常飞行过程中绕纵轴进行的转动在转弯协调仪上不会有相应的显示。

转弯协调仪与转弯指示器一样，依靠陀螺仪的进动性开始工作，陀螺仪平衡架的框架绕着飞机的纵轴保持向上约30°角，如图3.33所示。转弯协调仪可以感应飞机的横滚以及俯仰，因此，转弯过程中，指示器首先显示坡度变化率，当坡度稳定后就显示转弯率。有些转弯协调器陀螺仪使用双源驱动，可以是气源驱动也可以是电源驱动。

与使用指针作为指示器不同，从飞机符号后面看，刻度盘是随着陀螺仪的平衡架开始移动的。仪表的前盖上标注了机翼水平飞行以及标准速率转弯的坡度角。

倾斜仪，类似于转弯侧滑仪的倾斜计，被称为协调球，用来显示坡度角以及偏航率之间的关系。进行协调的转弯时，球应在标记的中间位置。当球向着转弯的外侧滚动时，表明飞机发生了外侧滑，当球向着转弯的内侧滚动时，表明飞机发生了内侧滑。转弯协调器不能感应飞机的俯仰动作。在一些仪器上通过在刻度盘上显示信息"没有俯仰信息"（NO PITCH INFORMATION）来指示该情况。

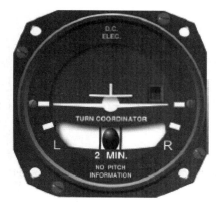

图 3.33　转弯协调仪感应围绕横滚轴和偏航轴的转动

3.8　飞行支持系统

3.8.1　姿态航向基准系统（AHRS）

当前，飞机的显示系统已经发展到一个新的水平，支持该系统的传感器也得到了巨大的发展。传统陀螺仪飞行仪表已经被姿态航向基准系统（AHRS）所取代，它不仅提高了系统的可靠性，并且节约了维修成本。

AHRS的功能与陀螺仪系统相同，即确定飞机的水平姿态和真北。根据起始航向AHRS可以确定飞机的姿态以及磁航向。

该系统是从环行激光陀螺仪发展而来，如图3.34所示。由于陀螺仪的精确性非常突出，因此它可以非常容易地完成多种任务。陀螺仪越来越向着小型化趋势发展，甚至从机器人到玩具身上都可以看到电晶体陀螺仪的身影。

图 3.34 左侧的 Kearfott 姿态航向基准系统（AHRS）与单片环形激光陀螺（MRLG）（中间）配合使用，
该设备放置在右侧的惯性传感器总成（ISA）内

由于 AHRS 系统代替了独立的陀螺仪，与此相关的如姿态指示仪、磁罗盘以及转弯指示仪，都不再需要这些单独的系统。随着其他系统的不断发展，AHRS 也随着时间的发展变得非常成熟。早期的 AHRS 系统使用昂贵的惯性传感器与磁通门。但是现在，特别是用于民航与通用航空的 AHRS 均为小型的电晶管系统并结合其他多种不同的技术。例如，低成本的惯性传感器、速度陀螺仪以及磁力计，而且 AHRS 现在还可以接收卫星信号。

3.8.2 大气数据计算机（ADC）

大气计算机（ADC，见图 3.35）是一台安装在飞机上的计算机，它可以用来接收并处理皮托管压力、静压以及温度，并根据这些数据来计算出非常精确的高度、IAS、TAS 以及大气温度。ADC 以数字的格式输出该信息，并且应用于飞机的各种系统，包括 EFIS。现在的 ADC 为体积非常小的实心电晶管组件。目前飞机系统（如自动驾驶，增压系统以及 FMS）已经越来越多地将 ADC 信息用于正常操作。

注：大多数当代通用航空系统、AHRS 以及 ADC 本身都配备了电子显示，因此减少了组件的数量，并且减少了本身的重量，还可以提供简便的安装配置，从而减少了成本。

图 3.35 大气数据计算机（Collins）

3.9 模拟图像显示

3.9.1 水平状态指示器（HSI）

水平状态指示器（HSI）是一个方向指示器，使用磁通门的输出值来驱动刻度盘，即陀螺仪的刻度盘。图 3.36 所示的仪表将磁罗盘与导航信号以及下滑道结合在一起，向飞行员提供飞机的位置以及飞机与所选航线的位置关系。

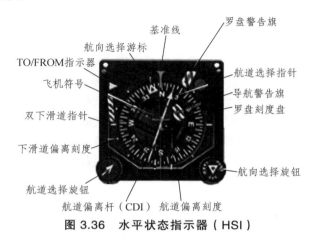

图 3.36　水平状态指示器（HSI）

图 3.36 所示为可转动的方位刻度盘，上方基准线之下为所显示的飞机航向，图中显示的航向为正北或者 360°。图中所显示的航线指示的箭头调定在 020；指针尾部指示的是相对的 200°。航道偏离杆使用 VOR/航向道（VOR/LOC）导航接收机来进行操作，使用航道指针来指示飞机偏离所选航道的左侧或者右侧，传统 VOR/LOC 指针采用相同的方式使用角移动来指示航向道的偏移。

飞行员通过转动方位刻度盘上的航道指示箭头以及航道选择旋钮来预选航道。这就为飞行员提供了直观的图示：飞机符号以及航道偏离杆显示飞机相对于航道的位置，所提供的角度是飞行员俯视飞机时看到的视景。TO/FROM 指示器是一个三角指针。当指示器指向航道指针的顶端时，表明飞机可以通过正确截获航道作向台飞行；当指示器指向航道指针的末端时，表明飞机可以通过正确截获航道作背台飞行。

下滑道偏移指针指示飞机相对于下滑道的位置。当指针低于中心位置时，飞机高于下滑道并且需要增加下降速率。在大多数的设备安装中，方位刻度盘为远程指示罗盘，由磁通门来驱动。但是有少数设备安装时不使用磁通门，或者在紧急操作中，必须不时地用罗盘梳对航向并且重置航道选择旋钮。

3.9.2 姿态指引指示器（ADI）

姿态仪表指示的先进性在于将陀螺地平仪和其他仪表组合在一起，如 HSI，从而降低了单独仪表的数量，避免飞行员分散太多的注意力。姿态指引指示器（ADI）代表了技术发展的巨大进步。飞行指引仪将 ADI 与飞行指引系统相结合。虽然 ADI 不需要指令指引，但是通常还是会配备这个功能。

3.9.3 飞行指引系统（FDS）

飞行指引系统（FDS）将许多仪表信息使用一套显示系统来进行显示，使飞行员对飞行轨迹更加容易理解。通过计算得出指令让飞行员能够截获并保持他预想的轨迹。

FDS 的主要组件包括一台 ADI，也可以称为飞行指引指示器（FDI），一套 HSI，一个模式选择器以及一台飞行指引计算机。需要注意的是，飞行指引工作不是代表自动驾驶在控制飞机，而是向飞行员或自动驾驶提供飞行指令。

典型的飞行指引仪使用两种显示系统之一用于操作。第一种为指令杆，一个为水平方向，一个为垂直方向。在这种形态下指令杆保持在中立位置（与下滑道指示器保持中立的情况相似）。第二种使用仪表上的小飞机来与八字指引对齐。

飞行指引在 ADI 上向飞行员提供操作指令。飞行指引从多种源中的一个源接收信号并提供给 ADI 用于发布操作指令。模式控制器通过 ADI 提供信号来驱动指令杆，例如，飞行员驾驶飞机时使三角符号与八字指引对齐。"指令"指示器告诉飞行员从什么方向和以改变多少度的飞机姿态来达到预期的飞行目标。

将计算得出的指令进行显示可以减轻仪表飞行过程中飞行员需要进行的大量的脑力计算。ADI 上的黄色指引向飞行员提供所有飞行指令，如图 3.37 所示。该系统由计算机驱动，接收导航系统、ADC、AHRS 以及其他数据源提供的信息。计算机对该信息进行处理，向飞行员提供一个单独的指引。指引向飞行员提供必要的三维飞行轨迹图以使飞机保持在预计的航迹上。其中，第一种广泛使用的飞行指引由 Sperry 建立，被称为 Sperry 三轴姿态基准系统（STARS）。该系统建立于 20 世纪 60 年代，广泛应用于商业飞机以及公务机上。STARS 以及之后的飞行指引仪将飞机与自动驾驶相结合，从而提供一套完整的综合性飞行系统。

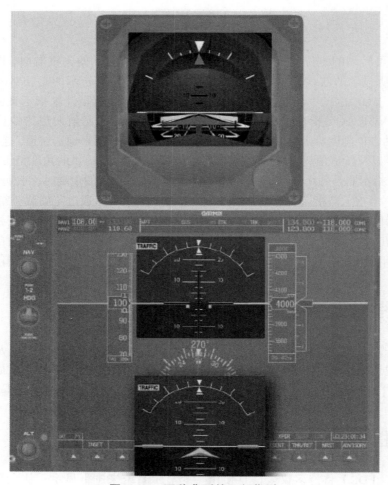

图 3.37　两种典型的飞行指引

下述的飞行指引/自动驾驶系统在通用飞机上比较常见：

典型的飞行指引的构成包括模式控制器、ADI、HSI 以及信号牌面板，如图 3.38 所示。

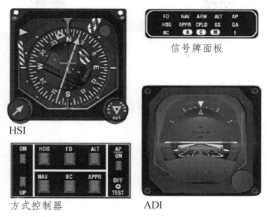

图 3.38 典型的飞行指引系统组件

飞行员可以从众多方式中进行选择，包括 HDG（航向）方式、VOR/LOC（航向道航迹）方式或者自动进近（APP）或者下滑道（自动截获并且跟踪仪表着陆系统（ILS）下滑道和航向道）方式。自动模式使用完全自动俯仰选择计算机对飞机性能以及风进行计算，飞机一旦截获 ILS 下滑道就开始工作。系统技术越成熟，可供选择的飞行指引模式就越多。

3.9.4 集成飞行控制系统

集成飞行控制系统对多种系统进行合并，使其成为一个操作系统，并由一个主组件来进行控制。图 3.39 所示为飞行控制系统的关键组件，从一套包括机身、自动驾驶以及飞行指引系统的集成系统发展而来。这种集成系统曾经只用在大型商务飞机上，但是现在在通用航空上的应用已经越来越普遍了。

图 3.39 Cirrus 飞机上安装的 S-TEC/Meggit 公司集成自动驾驶仪

接下来对自动驾驶系统进行简单介绍：

自动驾驶仪通过使用电气、液压或者数字系统来机械控制飞机。自动驾驶可以控制飞机的三个轴：横滚轴、俯仰轴以及偏转轴。通用航空中的大部分自动驾驶系统用来控制飞机的横滚以及俯仰。

自动驾驶的工作方法有多种。第一种方法是基于位置信息，即通过姿态陀螺仪来感应飞机基准位置（如机翼水平位置）的变化量、俯仰的改变或者航向的改变。

对于自动驾驶仪是基于位置还是基于速率来设计的，主要取决于所使用的传感器的类型。为了使自动驾驶仪具有控制飞机姿态的能力（主要为横滚以及俯仰），必须向系统持续提供有关飞机实际姿态的信息。这需要通过使用几种不同类型的陀螺仪传感器来完成。有些传感器设计用来指示飞机相对于天地线的姿态，还有一些用来指示速率（某段时间内位置的改变）。

指示速率的系统将转弯倾斜传感器用于自动驾驶系统。自动驾驶仪选择飞机三个轴中的两个，在这两个方向上来使用速率信息：垂直轴的移动（航向更改或者偏航）以及纵轴上的移动（横滚）。单独的传感器提供的这种综合性信息可能导致陀螺仪的轴向纵轴方向偏转约30°。

当更新后的自动驾驶为数字式显示时，其他那些使用位置以及速率综合信息的系统可以更好地利用这两套系统。图3.40所示为 Century 公司生产的自动驾驶仪。

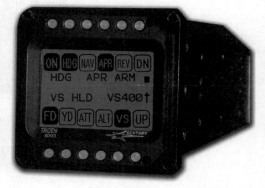

图 3.40　Century 公司生产的自动驾驶仪

图 3.41 为 S-Tec 公司生产的使用速率为基准的自动驾驶系统的配置图，购买者可以自行选择基础型或增强型。

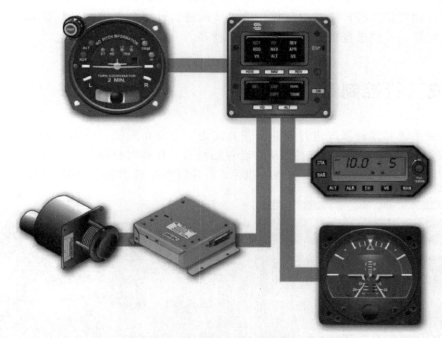

图 3.41　S-Tec 公司生产的自动驾驶配置图

3.10　飞行管理系统（FMS）

在 20 世纪 70 年代中期，航空电子业的科学家们不断地寻求飞机导航方面的新突破。在 1976 年的时候，Naimer 就提出一个关于"主导航系统"的构想，该系统可以接收来自不同类型传感器的多样化输入，并且在整个飞行阶段能自动提供指引。

飞机在进行短程导航时主要使用 VOR、ADF 等无线电系统。远程飞行使用的是惯性导航系统

（INS）、Omega、Doppler 以及 Loran 系统。短程无线电系统通常不提供区域导航能力。远程系统仅能在以经纬度坐标方式人工输入的航路点之间进行点对点导航，典型系统可以输入的航路点通常是有限的。

人工输入每个航路点的经纬度是一项很辛苦的工作，会极大增加飞行员的工作负荷，经常导致数据输入错误。对每个远程系统都配备独立的控制面板不仅会大量占据有限的驾驶舱空间，而且还会使得飞行指引信息以及自动驾驶信息等各个系统的界面复杂化，从而增加操作的复杂性。

提出的新概念主要是使用一台主计算机，配合飞机上的所有导航传感器。普通的控制显示组件（CDU）配合使用主计算机可以向飞行员提供一个单独的控制点来控制所有的导航系统，因此减少了大量的驾驶舱面板的使用。原来由飞行员管理的各种传感器也将由新的计算机来管理。

由于导航传感器很少能反映飞机的准确位置，Naimer 相信将所有可用的传感器位置数据混合后，再经过一个高精度的数学模型过滤器过滤，将能产生一个更加精确的飞机位置。他把这个经过处理输出的数据称为"最佳计算位置"。通过使用所有可用的传感器来保持飞机位置，系统可以很轻松地提供区域导航能力。主计算机不再是一个单独的传感器，而是飞机的一个部分，这样大大地减小了布线的复杂性。

为了解决人工航路点输入的问题，飞行员通过 CDU 可以很轻松地进入事先装载的全球导航信息数据库。使用这样一个系统，飞行员可以快速并且准确地建立包括 12 个航路点的飞机计划，避免了冗长数据的键入，同时降低了错误输入经纬度坐标的可能性。不同于简单的点对点导航，主系统有能力操纵飞机，该系统可用于包括离场、进场以及进近等终端程序。由 Universal 公司于 1982 年发布的第一个 UNS-1 系统被称为飞行管理系统（FMS），其控制显示组件如图 3.42 所示。

图 3.42　用于控制飞行管理系统的控制显示组件（CDU）

FMS 使用一个储存全球导航数据的电子数据库，其中包括导航设备、航路以及交接点、标准仪表离场（SID）、标准终端进场航路（STAR）以及仪表进近程序（IAP），这些信息与飞行员输入的信息一起通过 CDU 来产生一个飞行计划。FMS 输出相关的信息，包括预计的航路、飞机到下一航路点的方位以及距离、水平航路偏离以及其他相关的数据。相关信息输送到飞行引导系统用于 HSI 显示，横滚转弯指令用于自动驾驶/飞行指引系统。通过 FMS 输出的信息来给飞机发出指令，例如，什么时间飞向哪里以及如何进行转弯。为了适应各种不同的机型，通常 FMS 不仅可以接收并输出虚拟的数字资料，还包括不连续信息。目前，电子导航数据库每 28 天进行一次更新。

全球定位系统（GPS）的引进以极低的成本提供了极其精确的位置，使得 GPS 成为主要的 FMS 导航传感器。目前，安装典型的 FMS 设备需要使用数字化的大气数据以及航向信息，这样就限制了 FMS 在小型飞机上的使用，但是新兴技术使得这些数据可以用体积更小、更为廉价的设备来获取。

有些系统与一个精密测距仪（DME）的接收机频道联合使用，在 FMS 的控制下提供一个额外的数据源。在这些系统中，FMS 首先确定应该询问的 DME 站，使用飞机位置以及导航数据库来定位相关的 DME 站，从而获得距离信息。FMS 之后对飞机高度以及站点高度进行补偿，在数据库的帮助下确定到站点的精确位置。根据飞机到各个站点的距离，FMS 可以计算出与 GPS 几乎同样精确的位置。

针对 FMS 对飞机的三维控制，现在的系统可以提供垂直导航（VNAV）以及水平导航（LNAV），使得飞行员可以在水平方向的飞行计划的基础上建立一个垂直飞行剖面。不同于早期使用的系统，如惯性基准系统（IRS）只能适用于航路导航，而现代 FMS 可以在仪表进近过程中对飞机进行引导。

目前，FMS 不仅可以提供实时导航功能，而且可以与其他飞机系统配合使用提供燃油管理、客舱所需信息以及与显示系统配合，显示上传的气象文本以及图表数据、空/地数据链通信。

目前，民用航空引进新的技术，使用新的方法来显示飞行仪表，如电子飞行仪表系统，综合驾驶舱显示系统以及其他系统。为了统一标准，所有使用 LCD 或者显像管的飞行仪表显示系统都被称为"电子飞行仪表显示"和/或玻璃驾驶舱。通用航空中通常使用主飞行显示器（PFD）以及多功能显示器（MFD）。虽然两种显示器在很多情况下基本相同，但是 PFD 向飞行员提供飞行中必要的仪表信息，包括高度、空速、升降速度、姿态、航向和配平以及趋势信息。

随着成本的降低和可靠性的不断增强，玻璃驾驶舱（用来形容电子飞行仪表系统）已经变得越来越普及。这些系统具有很多优点，如重量更轻，可靠性更强，没有易损耗脱落部件，更加节能，并且由一部单独的液晶显示屏代替了大量的机械显示。由于液晶显示相对于模拟显示提供了更多的信息，未来这种系统的应用只会越来越广泛，直到模拟系统逐渐退出使用。

3.11　主飞行显示器（PFD）

主飞行显示器（PFD）以一种更易于观察的方式来显示信息，取代了仪表飞行使用的传统的六块仪表，从而有助于飞行员加强处境意识，向飞行员集中显示天地线、空速、高度、升降速度、趋势、配平、转弯速率等关键信息，如图 3.43 所示。

（a）Avidyne　　　　　　　　　　　　　　（b）Garmin

图 3.43　两种主飞行显示器

3.11.1　合成视景

合成视景就飞机相对于地形的位置以及飞行轨迹向飞行员提供一个合成的图像。许多飞行系统生产商的产品都可以对地形以及航路进行合成显示。图 3.44 就是 Chelton 飞行系统公司提供的 3-D 环境识别以及空中航路的合成显示，代表了预计的飞行航迹与周围地形的关系。合成视景用作 PFD 时，以更为直观的外界参考来提供指引。

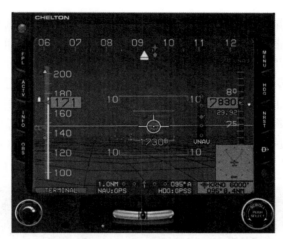

图 3.44　Chelton 飞行系统公司制造的合成视景显示

3.11.2　多功能显示器（MFD）

除了飞行员面前的主飞行显示器（PFD），还可以使用多功能显示器（MFD）向飞行员提供除了驾驶舱使用的主要的飞行信息以外其他相关信息的显示，如图 3.45 所示。这些信息包括移动地图、进近图、地形提示警告系统以及气象描述等。主飞行显示器（PFD）和多功能显示器（MFD）上的所有关键信息都可以显示在其中一个显示器上（使用转换键），但一般的通用航空驾驶舱通常不具备这种功能。

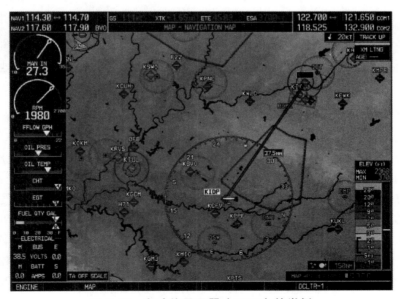

图 3.45　多功能显示器（MFD）的举例

3.12 采用先进技术的系统——广播式自动相关监控（ADS-B）

自动相关监控（广播式）系统的相关标准仍然在不断完善，我们可以简单地进行介绍：飞机有规律地广播一些信息，包括飞机位置（如经度、纬度以及高度）、速度，可能还有其他信息。其他飞机或者地面系统可以接收到该信息，随后广泛应用到其他方面。ADS-B 的关键因素为 GPS，可以提供飞机位置的三维成像。

以空中交通雷达为例。雷达测量飞机的距离以及方位，对飞机发出询问信号，通过接收飞机的反馈，旋转式雷达天线可以测量到飞机的方位，使用雷达接收到反馈的时间可以计算出飞机的距离。

另一方面，ADS-B 系统可以收听飞机广播的位置报告，如图 3.46 所示。这些位置报告主要基于卫星导航系统。发射内容包括发射飞机的位置，接收信息的飞机对信号进行处理，转化成重要的信息提供给飞行员。系统的准确性目前由导航系统的准确性来确定，没有计算误差。而且在使用雷达的情况下，准确性不受飞机距离的影响。使用雷达时，要探测飞机速度的变化就需要对数据进行跟踪，只有当一段时间内几个位置发生更新时才可以探测到发生的更改。使用 ADS-B 时，一旦飞机速度发生变化，则该信息会立即进行广播，并被相关飞机（需配备相关设备）同步接收。

图 3.46　广播式自动相关监控（ADS-B）系统

配备了广播式自动相关监控（ADS-B）的飞机可以连续对他们的识别码、高度、方向以及升降趋势进行广播，其发射的信号向其他飞机以及相关的地面站传输了非常重要的信息。其他配备了 ADS 的飞机接收到该信息后，以不同方式进行处理。在相对比较饱和的环境中（假设所有飞机都配备了 ADS），这些系统可以为各自飞机预计航迹，并将该预计航迹信息发送给其他飞机，从而大大增强了防撞能力。同时，还有一种名为自动相关监控-寻址（ADS-A）的系统，详见《飞行员航空知识手册》。

除此之外，配备了相关设备的飞机还可以获得其他信息，其中包括航行通告（NOTAM）、气象资料等。图 3.47 ~ 3.48 所示为目前在中国民航飞行学院使用的 ADS-B 系统。配备了 ADS 的飞机将接收到飞机识别码，以百英尺为单位的高度（使用"+"或"－"表示之上或之下）表示飞机活动方向，用向上或向下箭头表示的飞机正在爬升或下降等信息。黄色目标表示没有配备 ADS 的飞机在配备了 ADS 的飞机上的显示。

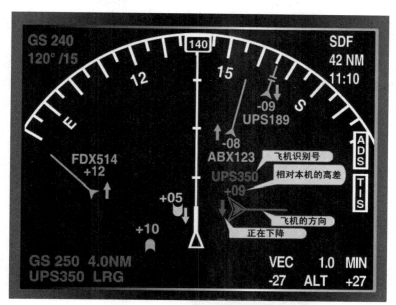

图 3.47　配备了 ADS 的飞机将接收到飞机识别码

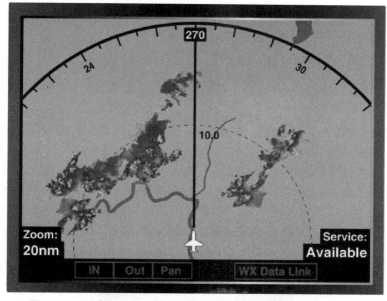

图 3.48　配备了 ADS 的飞机有上传并显示气象信息的功能

3.13　安全系统

3.13.1　无线电高度表

无线电高度表，通常称为雷达高度表，是一种通过精确测量来显示飞机正下方的离地高的系统。无线电高度表发射一个信号到地面并处理回传时间的信息。

无线电高度表主要用来在进近以及着陆过程中为飞行员提供真实高度信息。如今比较先进的飞机上，雷达高度表也会向其他机载设备提供信息，例如，当飞机在低于 200 ~ 300 英尺 AGL 并在下滑道截获方式时，它会向自动驾驶以及飞行指引系统提供信息。

通常，系统由接收机-发射机（RT）组件、接收以及发射信号的天线和一台指示器组成，如图 3.49 所示。Ⅱ类以及Ⅲ类精密进近程序要求使用雷达高度表的高度来判断出精确的离地高，决断高（DH）或者无线电高度（RA）都指的是雷达高度。

图 3.49 无线电高度表的构成

3.13.2 空中交通咨询系统

1. 空中交通信息系统

飞机交通信息服务（TIS）基于地面设备使用 S 模式应答机以及高度表译码器，通过数据链为驾驶舱提供相关的信息服务。传统的飞行通过目视来避免冲突，飞机交通信息服务（TIS）通过使用自动显示通知飞行员附近的飞机活动情况，从而提高了飞行的安全性和飞行效率。该显示可以指示其他飞机（需配备应答机）的位置、方向、高度以及爬升/下降趋势。飞机活动信息系统可以同时向水平 7 海里范围内，飞机之上 3 500 英尺以及之下 3 500 英尺范围内的数架飞机提供预计的位置，高度，高度趋势以及地面航迹信息，如图 3.50 所示。这些数据可以显示在不同类型的多功能显示器（MFD）上，如图 3.51 所示。

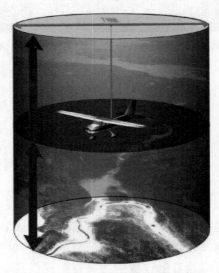

图 3.50 交通信息系统的覆盖范围

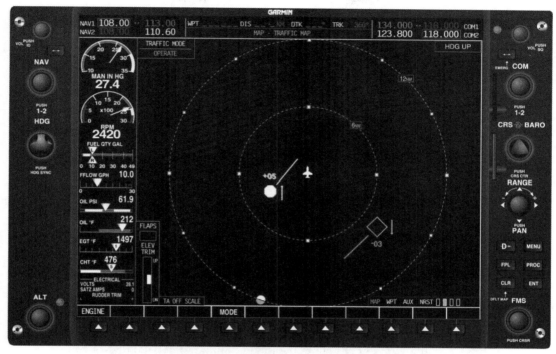

图 3.51　多功能显示（MFD）

图 3.52 所示为飞机活动信息系统。要注意由于地面空中交通站处理 S 方式信号，因此飞机需使用 S 方式应答机。

图 3.52　交通信息系统的概念图

2. 空中交通预警系统

空中交通预警系统接收周边飞机的应答机信息，用以帮助飞行员确定飞机相对于周边飞机的位置。应答机提供其他飞机的三维定位信息，如图 3.53 ~ 3.55 所示。对于较小型的飞机，使用此系统来代替 TCAS 可以节约成本。

图 3.53　典型的告警系统原理图

图 3.54　天空观察系统

图 3.55　Avidyne 的告警系统（Ryan）

3. 空中交通预警和防撞系统（TCAS）

TCAS 是独立于地面 ATC 系统的一种机载系统，用于增强飞行员对于接近飞机的驾驶舱意识，并作为最后一道防线来防止空中飞机相撞。

TCAS 系统有两种类型：TCAS I 和 TCAS II。

TCAS I 使用于通用航空（GA）以及地区性航空。该系统通过发布交通咨询通告（TA）来帮助飞行员目视搜索闯入飞机。TCAS I 提供在可选范围内接近飞机的方位以及飞机的相对高度。该系统可以提供飞机的交通咨询通告（TA）来警告飞行员潜在的飞行活动冲突。飞行员可以目视获得其他飞机的活动情况并采取相应的措施来避免交通冲突。

TCAS II 是一种更为成熟的系统，可以提供与 TCAS I 相同的信息，并且可以分析接近飞机的预计航迹，从而向飞行员发布语音咨询以避开潜在的空中相撞危险。除此之外，如果与另一个配备了 TCAS II 系统的飞机进行通信，两个系统分别向各自的机组提供协调的解决措施以及相关的警告信息。

为提供给飞行员的决断咨询举例：如图 3.56 所示，要求飞行员爬升，1 200 英尺/分钟为避免飞机冲突的合适上升率。这种直观指示加上语音警告为飞行员提供了极佳的周围飞机活动信息，扩大了飞行员的视野，从而能有效避免活动冲突。

图 3.56　TCAD II 系统

4. 近地警告系统（GPWS）

早期减少 CFIT 事故（可控的飞行撞地）的技术为 GPWS。20 世纪 70 年代早期，航空公司开始使用 GPWS，GPWS 使用无线电高度表、速度以及压力高度来确定飞机相对于地面的位置。系统使用这个信息来确定飞机与地表的距离，并且在飞机处于接近越来越高的地形时提供预期性警告，但这个预测结果非常有限。GPWS 主要基于系统中的运算法则，并由生产商根据不同的飞机或者直升机机型来进行设计。但是在山区飞行时，由于地形坡度异常使得该系统不能提供预测信息。

1999 年，一架 DH-7 在南美发生坠毁，证明了 GPWS 在山区无法提供相关的预测信息。当时机组安装了机载 GPWS，但是地形突然升高致使 GPWS 失效，机组无意中进入坡度极陡的山地飞行，导致事故的发生。在另一起事故中，当飞机突然遇到上升地形时，由于地形坡度变化，GPWS 功能异常，从而导致飞机失事。但是 GPWS 是通过起落架状况、襟翼位置以及 ILS 下滑道偏移来探测识别飞机的接近地形、过大的下降率、过大的地形接近率或者非着陆状态下的不安全离地高度、低于 ILS 下滑道的过大偏移等不安全的飞机操作。GPWS 同时也可以提供语音咨询。

通常，GPWS 连接在电气系统的热汇流条上以防止被意外关闭。下面通过一个大型的四发涡轮螺旋桨飞机发生的事故来对此进行说明。

飞机在五边上时，因机组疏忽，起落架没有放下，当飞机飞越接近跑道入口的坡台时，机组没有对 GPWS 警告引起重视。因为机组尝试关闭 GPWS 系统但是关闭不了，所以他们将该警告误认为是虚假警告。当灾难发生时，机组才意识到 GPWS 警告的重要性。

5. 地形提示和警告系统（TAWS）

地形提示和警告系统使用 GPS 来定位，通过使用地形以及障碍物数据库来对即将遇到的地形和障碍物提供真实的预测。TAWS 为飞行员提供两种警告：语音和目视警告，提醒飞行员采取相应的措施。由于 TAWS 依靠 GPS 以及地形/障碍物数据库信息，因此预测信息主要基于飞机当前位置以及计划到达的位置。由于系统是以时间为基础，所以需要根据飞机的性能和速度作相应补偿，如图 3.57 所示。

（a）　　　　　　　　　　　　　　　　　　（b）

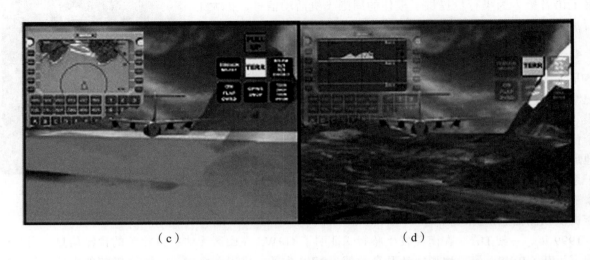

（c）　　　　　　　　　　　　　　　（d）

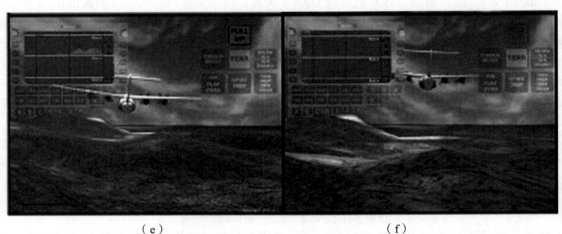

（e）　　　　　　　　　　　　　　　（f）

图 3.57　TAWS 的工作方式

　　TAWS 针对不同机型作专门安装，以飞机与地形可能相撞的时间而不是飞机与地形之间的距离为基础来提供警告和警戒信息。TAWS 显示在左上方的窗口内，（a）图所示为飞机与外部地形的相对位置；（b）图与（c）图所示为地形在 TAWS 系统上的显示方式；（d）图所示为 TAWS 提供的地形警戒信息；（e）图所示为以语音和文字咨询（红色）方式提供的"pull up"警告，它还显示飞行员采取了正确的措施（本例中为爬升）；（f）图表明危险已经消除。

6. 平视显示器（HUD）

　　HUD 是一种可以将导航信息以及大气数据（速度、高度、航迹偏离以及下滑道偏离）显示在一个飞行员与风挡之间的透明屏幕上的显示系统。使用平视系统可以减少飞行员在仪表和外部环境之间的注意力转换频率。几乎任何经过处理的信息都可以显示在平视显示器上。平视显示器系统所显示的信息可以被显示在靠近风挡玻璃的一个独立面板上，或者显示到一个接目镜上，如图 3.58 所示。平视系统还可以显示其他信息，包括相对于机头的跑道目标，可以帮助飞行员在获得进近所需信息的同时还能够看到风挡的外面。

图 3.58　平视显示器

3.14　导航仪表系统的检查

3.14.1　系统飞行前程序

在起飞前工作所花费的总时间中，检查仪表系统需要的时间占有的比重相对较少，但是这个操作却是非常重要的。对于任何需要参照仪表的飞行，飞行员必须检查所有仪表和他们的电源，以保证其能正常地运作。

注：以下程序适用于常规飞机的仪表系统，配备了电子仪表系统的飞机会使用不同的程序。

3.14.2　发动机起动前

（1）绕机检查：检查所有天线的状况并检查皮托管内是否有异物，再取下盖板，检查静压孔是否有脏东西以及异物，保证静压孔周围结构区域的清洁，因为有异物存在时可能会扰乱流经静压孔的气流。

（2）飞机记录：确认高度表和静压系统已被检查并在局方规定的有效期以内的。检查维修记录中紧急定位发射器（ELT）电池的更换日期，并确保在要求的时间间隔内进行了更换。

（3）飞行前的文件：检查机场使用细则以及发给飞行员的关于飞行中使用的所有导航设备（NAVAID）的状况以及频率的航行通告（NOTAM）。确保手册、航路图、进近图、计算机以及飞行日志适用于本次离场、航路、目的地以及备用机场。

（4）无线电设备：关闭。

（5）真空度计：如果安装了电子飞行仪表，可使用相关的标志。

（6）空速表（ASI）：指示正常。如果安装了电子飞行仪表，检查应急仪表。

（7）地平仪：解锁，如果安装了电子飞行仪表，则检查应急仪表，需要时应检查电池。

（8）高度表：调定当前高度表的拨正值，保证指针指示机场标高。

（9）升降速度表（VSI）：正常情况下指 0。

（10）航向指示器：解锁。

（11）转弯协调仪：小飞机应水平，侧滑仪小球居中（水平地形）。

（12）磁罗盘：盛满液体，修正记录卡片在位并在有效期内。

（13）时钟：调定到正确时间并且确定工作正常。

（14）发动机仪表：如果安装了电子飞行仪表，应确保标记和读数正确。

（15）除冰以及防冰设备：检查设备是否可用以及除/防冰液体量。

（16）备用静压源.：确保需要时可以打开，并保证是密闭的。

（17）皮托管加温器：打开加温器，通过观察电表对加温器进行检查或者使用 POH/AFM（飞行员操作手册/飞机飞行手册）中规定的方法来进行检查。

3.14.3　发动机起动后

（1）主电门打开后，当陀螺仪开始旋转时，注意监听陀螺仪发出的声音是否正常。对于出现的停顿或者异常声音，必须在起飞前进行调查解决。

（2）真空度计或者电子指示器：检查陀螺仪仪表的电源。某些飞机上会将真空度计应用在仪表上。如果陀螺仪为电力驱动，检查发电机以及静变流机的工作是否正常。

（3）磁罗盘：检查刻度盘是否可以自由转动并且确认罗盘碗已盛满液体。通过比较指示航向与飞机停止时或者正在直线滑行时的已知（跑道航向）航向来确定罗盘精确性。远程指示罗盘也应该与已知航向进行比较来确定精确性。注意罗盘刻度对起飞跑道航向的修正。

（4）航向指示器：在启动发动机后允许 5 分钟的罗盘加速时间。滑行前，或者正在直线滑行时，调定航向指示器与磁罗盘航向保持一致。检查从动旋转罗盘的从动性并与磁罗盘的指示做比较。如果安装了电子飞行仪表系统，则查询飞行手册中相应的操作程序。

（5）地平仪：允许和上述陀螺仪表一样的加速时间。如果水平指标笔直地指向天地线位置并且保持在指示飞机姿态的正确位置，或者如果指标开始振动，在飞机到达所需姿态后缓慢停止，则仪表工作正常。如果安装了电子飞行仪表系统，则查询飞行手册中的相应的操作程序。

（6）高度表：当高度表调定到当前报告的高度表拨正值时，注意在已知机场标高以及高度表指示之间的任何偏差。如果偏差大于 75 英尺范围，则高度表的准确性不能保证，应将情况向有关机务反映，以便维修或校正。由于停机坪标高或者停机库区域的标高可能会与机场标高有明显的不同，在起动发动机的区域再次检查确认误差是否超过 75 英尺。起飞前对仪表进行检查，如果没有可用的高度表拨正值时，调定高度表到公布的机场标高。

（7）升降速度表：仪表读数应该为零。如果仪表读数不为 0，轻敲仪表面板使其归 0。如果安装了电子飞行仪表系统，则查询飞行手册中的相应的操作程序。

（8）发动机仪表：检查读数是否正常。

（9）无线电设备：确定操作正常并按需设置。

（10）除冰以及防冰设备：检查工作是否正常。

3.14.4　滑行和起飞

（1）转弯协调仪：滑行转弯过程中，检查仪表上小飞机以获得适当的转弯指示。侧滑仪小球或者侧滑指示器可以自由移动。侧滑仪小球或者侧滑指示器的移动方向应该与转弯方向相反。转弯仪表应该指示转弯方向。当直线滑行时，仪表上的小飞机应该为水平。

（2）航向指示器：起飞前，再次检查航向指示器。如果磁罗盘以及修正表是精确的，则在飞机与滑行道或者跑道对准之后，航向指示器应该显示已知的滑行道或者跑道方向（误差 5°以内）。

（3）地平仪：如果水平指标在直线滑行过程中不能保持在天地线位置，或者在滑行转弯时倾斜超过 5°，则仪表准确性不可靠。对于特定的飞机，在地面时可以参照天地线指标调整仪表上的小飞机。对于一些前三点式起落架飞机，在地面上时使用机头稍微放低的姿态，在正常巡航速度时将保持水平飞行姿态。

3.14.5　发动机关车

当发动机关车时，注意仪表指示的任何异常情况。

4 飞机姿态仪表飞行——使用指针式仪表

4.1 介 绍

姿态仪表飞行是指通过使用仪表而不是外部目视参考来控制飞机的空间位置。当今的飞机一般装配的是指针式仪表或数字式仪表。指针式仪表系统是机械的，它的指示直接代表所测得的量，如钟表上的秒针。相反的，数字式仪表系统是电子的，完全通过数字化进行传输。虽然大多数生产厂家提供带数字式仪表的飞机，但是指针式仪表目前更为普遍。本章是为了使飞行员熟悉指针式飞行仪表的使用而编写的。

不管飞什么飞机或飞哪条航路，任何飞行都包含基本的飞行机动。在目视飞行中，飞机姿态通过飞机上的某个参考点相对于自然天地线的关系来控制。在仪表飞行中，飞机姿态通过参考飞行仪表来控制。正确地判读飞行仪表本质上提供了和目视飞行中外部参考相同的信息。只有掌握了每个仪表在建立和保持所需飞机姿态过程中的作用，当涉及一个或多个关键仪表失效的紧急情况时，飞行员才能更好地操纵飞机。

4.2 学习方法

可用于学习姿态仪表飞行的两种基本方法是"操纵仪表和性能仪表"及"主要仪表和辅助仪表"。两种方法使用的仪表和仪表对操纵的反应都是相同的。它们的区别在于对地平仪的依赖程度和其他仪表的判读。

4.2.1 使用"操纵仪表和性能仪表"方法的姿态仪表飞行

通过控制飞机的姿态和功率，飞机的性能得以体现。飞机的姿态是飞机的纵轴和横轴与地球天地线之间的关系。当在仪表飞行条件下飞行时，飞行员通过参照飞行仪表和操纵发动机的功率输出来控制飞机姿态，使其达到所需的性能。这整个过程被称为姿态仪表飞行的"操纵仪表和性能仪表"方法。

从基本的仪表机动开始,通过使用操纵、性能和导航仪表来实施这个过程,可以让从起飞到着陆的所有飞行阶段都非常平稳。

1. 操纵仪表

操纵仪表能够实时显示姿态和功率指示,并且可以进行精确的调节。在这里,我们用"功率"来代替从技术上说更为正确的术语"推力和阻力关系"。通过参考姿态和功率指示来决定如何操纵飞机。功率指示器根据飞机的不同而不同,可能包含进气压力表、转速表、燃油流量表等,如图4.1所示。

图 4.1 操纵仪表

2. 性能仪表

性能仪表反映了飞机的真实性能,通过参考高度表、空速表、升降速度表、航向指示器和转弯侧滑仪来确定飞机的性能,如图4.2所示。

图 4.2 性能仪表

3. 导航仪表

导航仪表指示飞机相对于所选导航设施或定位点的位置。这些仪表包括各种类型的航道指示器、距离指示器、下滑道指示器和方位指针,如图4.3所示。现今的飞机使用更高科技的仪表提供综合信息,可以给飞行员更精确的定位。

图 4.3 飞行面板仪表

4．使用"操纵和性能"的程序步骤

（1）在操纵仪表上设定合适的姿态和功率，以获得所需性能。按照经验设置好姿态和功率，可以减小飞行员的工作量。

（2）配平飞机直到操纵力消除。操纵飞机要柔和、准确，并且尽量配平飞机使得即使不握杆，飞行状态都不会改变。配平使飞行员有更多的精力履行其他的驾驶舱职责，并且不易从所需姿态偏离。

（3）交叉检查性能仪表，确定已建立的姿态和功率是否达到了预期的性能参数。交叉检查包括看和理解两个过程。如果发现偏差，则应选择合适的修正方法和修正量，以获得所需的性能参数。

（4）最后按需调整操纵仪表的姿态和功率。

5．姿态控制

正确使用地平仪，知道何时改变姿态，然后柔和而精确地改变姿态，以正确地控制飞机的姿态。姿态仪表给飞行员提供了有关飞机俯仰和坡度的实时准确的指示。

6．俯仰控制

改变姿态仪中的小飞机相对于人工天地线的位置，以精确控制飞机的俯仰姿态。根据姿态仪的类型不同，这些改变可以通过度数或小飞机的厚度看出来。根据所需性能参数偏差的大小决定修正量。

7．坡度控制

坡度控制是通过仪表上的坡度刻度或坡度指针来进行的。坡度刻度通常以 0°、10°、20°、30°、60°、和 90°来划分，位于姿态仪的顶部或底部。一般来说，用接近所需转弯度数的坡度进行转弯，但不要超过 30°。

8．功率控制

正确地控制功率源于在改变姿态时柔和地建立或保持所需空速的能力。改变功率需要调节油门并参考功率指示器。功率指示器不会受颠簸、配平或操纵力的影响。因此在大多数飞机上，不需要花很多精力来保持功率恒定。

　　飞行员应该熟悉油门的移动量所对应的功率变化量。改变功率时应先移动油门，紧接着交叉检查指示器，以便达到一个更准确的设置。应防止盯着指示器调整功率。熟悉不同飞行状态下油门的基本位置能够避免在调整功率上花费过多的精力。

4.2.2　使用"主要仪表和辅助仪表"方法的姿态仪表飞行

　　教授姿态仪表飞行的另外一种基本方法是将仪表按照与飞机操纵和飞机性能的关系进行分类。所有的机动都是不同程度地围绕横轴（俯仰）、纵轴（坡度/横滚）和垂轴（偏航）的运动。在本书中，姿态控制指的是俯仰控制、坡度控制、功率控制和配平控制。根据与飞机控制功能和飞机性能的关系将仪表进行设置。

　　1．俯仰控制

　　通过偏转升降舵，使飞机围绕横轴旋转来控制俯仰。从合适的飞行仪表判读俯仰姿态，然后参考人工天地线的指示，施加操纵力来达到所需的俯仰姿态。这些仪表包括地平仪、高度表、升降速度表和空速表，如图 4.4 所示。地平仪直接指示飞机的俯仰姿态，同时，其他俯仰姿态控制仪表间接反映飞机的俯仰姿态。

图 4.4　俯仰仪表

　　（1）地平仪。

　　飞机的俯仰控制是通过改变飞机的纵轴和实际天地线之间的角度来实现的。地平仪直接和实时地指示飞机的俯仰姿态。通过参考小飞机和人工天地线及刻度之间的相对位置关系来操纵飞机以达到所需俯仰姿态，如图 4.5 所示。

　　在起飞前，应将小飞机调整到与人工天地线相对应的适当位置上。当以所需的巡航速度保持平飞时，应将小飞机的机翼调到和人工天地线平齐的位置。在飞机载荷变化或其他任何需要的情况下都可以进行这个调节。在不是巡航速度时，不应改变小飞机的位置。这可以使地平仪在所有的机动飞行中真实地显示俯仰姿态。

　　当使用地平仪来对俯仰姿态进行修正时，操纵要特别柔和，人工天地线的移动量不要超过小飞机机翼厚度的 1.5 倍，如图 4.6 所示。如果还需要进一步的修正，则再增加 1.5 倍小飞机机翼厚度的修正量应该足够消除正常飞行中的任何偏差。

图 4.5　地平仪

图 4.6　使用地平仪作俯仰修正

（2）高度表。

　　如果飞机正在保持平飞，则高度表指针会保持一个恒定的指示。如果高度表指示减小，则应调整飞机到上仰的姿态以制止下降；如果高度表指示增大，则应调整飞机到下俯的姿态以制止爬升，如图4.7 所示。高度表也可以通过指针移动的快慢反映出爬升或下降中俯仰姿态的大小。要控制飞机高度增加或减小的快慢，可能就需要小量调整俯仰姿态。由外力引起的小的高度变化，可仅用俯仰姿态的改变来进行修正，如颠簸或上升、下降气流；而更大的高度偏差则必须配合油门动作。

图 4.7　使用高度表作俯仰修正

（3）升降速度表（VSI）。

在平飞中，升降速度表指示为零。如果指针指示高于零，则必须向下调整俯仰姿态，制止爬升趋势，恢复平飞状态。针对升降速度表的变化，迅速调整姿态可以防止高度的明显变化。颠簸气流可造成指针上下摆动，摆动时的读数可取其平均值，如图 4.8 所示。在颠簸气流中参考高度表更有用，因为高度表不像升降速度表那样易受扰动。

升降速度表上的单位是英尺/分钟。表面分为两个区域，上半部分是爬升（UP），下半部分是下降（DOWN）。例如，如果指针指到上面的".5"的位置，则代表飞机以每分钟 500 英尺的爬升率爬升。

图 4.8　垂直速度指示器

在颠簸中，升降速度表指针通常不会有大的摆动。在修正时，修正量不能过大，同时要参考飞机姿态。如果看着升降速度来进行修正，则可能使偏差越来越大。

修正量的大小非常关键，过大会造成飞机超过所需的高度，而过小又不能及时回到目标高度。从经验上来说，应该调整俯仰姿态，使升降率大概为高度偏差的两倍。例如，如果飞机的高度偏差为 100 英尺，可以使用 200FPM 的升降率进行修正。

在爬升或下降期间，通过参考升降速度表，可以使飞机以需要的升降率来改变高度。同时，要保持升降速度表上的升降率，必须配合俯仰姿态和功率的调整。

在施加了操纵力之后，如果升降速度表的指示和预期值之间的偏差大于 200FPM，则操纵过量。例如，如果试图以 500FPM 的升降率修正高度，大于 700FPM 的读数就代表操纵过量。指针的初始移动方向代表了飞机垂直移动的趋势。在修正动作后，指针完全稳定并指示出正确的升降率之前，升降速度表会有一定的延迟，而延迟的大小与速度和俯仰变化量成正比。对于飞机来说，可以通过适当减小操纵力和调整俯仰姿态以修正过量的操纵。而在某些有伺服协助操纵的直升机上，没有明显的操纵力，在这种情况下，可以参考地平仪来修正操纵过量。

某些飞机上装配有实时升降速度表（IVSI）。这种实时升降速度表的表面上有"IVSI"标志。它可以在任意时刻准确地指示出当前的升降率，并且几乎没有任何延迟。

有时因为升降速度表没有校准，指针会一直指示一定的爬升或下降。当使用没有校准的指示器进行俯仰控制时，应该考虑它的固有误差。例如，当飞机在平飞时，有误差的升降速度表可能指示 100FPM 的下降率，这使得任何升降率读数都应该加上 100FPM 的修正量，才能反映真实的姿态。

（4）空速表。

空速表间接地反映了俯仰姿态。当飞机保持平飞状态时，功率和高度不变，空速保持恒定。此时如果空速增大，说明俯仰姿态在减小，为保持原有空速，应回到原有姿态，如图 4.9 所示。如果空速减小，说明俯仰姿态在增大，为保持原有空速，需回到原有姿态，如图 4.10 所示。空速的快速变化表明俯仰姿态变化大，空速变化缓慢则表明俯仰姿态变化小。虽然空速表多作为俯仰仪表使用，但它也可用于平飞中的功率控制。空速变化实时反映了俯仰姿态的变化，其延迟性较小。

图 4.9　俯仰姿态减小　　　　　　　　　　　图 4.10　俯仰姿态增大

（5）俯仰姿态仪表交叉检查。

高度表是在平飞中反映俯仰姿态的一个重要仪表，但在强烈的升降气流（如雷暴）中例外。当功率一定时，可以使用任何一个俯仰姿态仪表来较好地保持平飞姿态。然而，只有高度表能给出准确的高度信息。不管哪个俯仰姿态仪表指示出现偏差，都应该以地平仪为准进行姿态调整。俯仰姿态控制的常见错误包括：

① 操纵过量；

② 没有检查功率是否正确；

③ 当需要改变俯仰姿态时，未对俯仰姿态仪表进行充分的综合判断。

2. 坡度控制

坡度控制是控制机翼和天地线之间的角度。先从相应仪表上读取坡度信息，然后施加必要的操纵力来偏转副翼，使飞机绕着纵轴横滚，如图 4.11 所示。这些仪表包括：地平仪、航向指示器、磁罗盘、转弯侧滑仪。

图 4.11　坡度仪表

（1）地平仪。

地平仪是唯一能够直接实时地指示飞行姿态的仪表，它是最基本的姿态参考。

94

（2）航向指示器。

航向指示器提供了有关坡度和航向的信息，可作为提供坡度参考信息的主要仪表。

（3）磁罗盘。

磁罗盘提供了航向信息，当和航向指示器一起使用时，可作为坡度仪表。应谨慎使用磁罗盘读数，因为它易受飞行中的颠簸、爬升、下降、功率改变和空速调整引起的加速度的影响。另外，根据转弯方向不同，磁罗盘的指示会提前或滞后于真实航向的变化，因此磁罗盘的指示应该和其他提供转弯信息的仪表结合使用，比如已经提到的地平仪、航向指示器及转弯侧滑仪。

（4）转弯协调仪/转弯侧滑仪。

两种仪表都提供转弯信息，如图 4.12 所示。当指针稳定时，转弯协调仪能够提供坡度形成率信息，并在坡度稳定时提供转弯率信息，而转弯侧滑仪只提供转弯率信息。

图 4.12　转弯协调仪/转弯侧滑仪

3．功率控制

用改变功率的方法来调整空速，可能造成飞机绕其三轴的运动。不管是单发、多发飞机，还是直升机，其转动的方向和程度都取决于功率改变的大小和快慢。图 4.13、图 4.14 所示为飞机在平飞中，改变功率对俯仰姿态和空速的影响。在调整功率期间及调整之后，应该交叉检查功率仪表，以观察功率调整是否达到预期目标。是否需要调整功率是由另外的仪表决定的，而调整的过程中，需要对功率仪表进行交叉检查。不同的飞机安装有不同的动力装置，每种动力装置都有其特定的仪表用于指示飞机运行时的动力大小。在仪表飞行时，必须参考这些仪表来进行所需的功率调节。

图 4.13　平飞时增加功率，空速会相应增大

图 4.14　使飞机恢复到平飞状态所需的俯仰控制和功率调节

功率指示仪表包括空速表和发动机仪表，如图 4.15 所示。

图 4.15　功率仪表

（1）空速表。

空速表能够提供功率的指示信息，该指示信息在飞机平飞时最容易观察到，因为在平飞时，飞机处于平衡和配平状态。如果在平飞时空速增加，一般来说可能是因为功率设置过大，必须调节功率并重新配平飞机。

（2）发动机仪表。

发动机仪表，如进气压力（MP）表，显示了某一功率设置下的飞机性能。如果改变功率，就会影响飞机性能，使空速增大或减小。定距螺旋桨的转速（RPM）增加或减小，会影响飞机性能，使空速增加或减小。

4. 配平控制

正确的配平技巧在仪表飞行中非常重要，而且需要参考图 4.16 上的仪表来实施。在进行机动飞行的时候，必须正确配平飞机。飞行员飞行技术的好坏很大程度上取决于能否正确熟练地使用配平。

图 4.16　配平仪表

5. 飞机配平

正确的配平可以消除所有的操纵杆力，使飞机保持姿态不变。消除了所有的操纵杆力，飞机就更容易保持在所需的姿态。这使得飞行员可以把更多的精力用于检查导航仪表和履行其他的驾驶舱职责。

飞机的配平是通过以下几点来实现的：

（1）操纵飞机建立所需姿态。然后调节配平，在松开杆后飞机仍能保持住该姿态。调节方向舵配平，使转弯侧滑仪的小球回中立，进行协调飞行。

（2）小球偏向哪一侧，就向该方向调节方向舵配平，然后按需调节副翼配平，使机翼保持水平。

（3）在可能的情况下，使用左右平衡的功率或推力来帮助保持协调飞行。在飞机姿态、功率或外形改变后，可能需要重新调整配平。单独使用配平来改变飞机的姿态通常会造成飞机操纵的不稳定。操纵飞机，然后配平，这两者结合起来，可以最大程度地获得柔和、精确的姿态变化。配平有助于柔和地操纵飞机。

6. 直升机配平

通过持续交叉检查仪表并执行下列动作，可以使直升机处于配平状态：

（1）使用环状中心钮。如果直升机有此装置，则用它可以消除所有可能出现的循环杆力。

（2）调整脚踏板，使转弯指示器的小球回中。任何功率改变都需要进行脚踏板配平，它用来消除保持所需姿态的所有操纵力。

不正确的直升机配平会导致需要持续保持杆力、造成紧张、分散交叉检查的注意力，并造成姿态控制的突然和不稳定。只有在改变直升机状态时才应施加杆力。

随着空速的变化，应调整俯仰以保持机动动作所需的姿态。要维持所需的转弯率，就必须调整坡度，并使用脚踏板保持协调飞行。只要改变了操纵力，就必须调整配平。

4.2.3 主要和辅助仪表举例

以恒定的速度进行直线平飞，即在没有坡度（航向恒定）的情况下保持高度。用于保持该状态主要的俯仰、坡度和功率仪表分别是：

（1）高度表：提供最确切的高度信息，它是主要的俯仰姿态仪表。

（2）航向指示器：提供最确切的坡度或航向信息，它是主要的坡度仪表。

（3）空速表：提供最确切的、用功率输出衡量的平飞性能的信息，它是主要的功率仪表。

地平仪是最基本的姿态参考，它是实时直接显示实际飞行姿态的唯一仪表。在建立和保持俯仰姿态和坡度的过程中都应该使用地平仪。但是这样引入主要仪表和辅助仪表的概念，并不表明哪个仪表重要，哪个不重要，只是注意力分配的方法和侧重点不一样。在进行基本的仪表机动时，主要仪表和辅助仪表的详细使用方法会在第 6 章（飞机的基本飞行机动）中讲述。

4.3 基本技能

在姿态仪表训练期间，必须提高两个基本飞行技能的水平：仪表交叉检查和仪表判读。通过它们能更好地控制飞机。虽然这些技能是按照顺序分开进行学习的，但是要提高精密飞行的熟练程度，就要在实际飞行中综合运用这些技能，才能在各种飞行状态下都保持协调、柔和、正确地操纵飞机。

4.3.1 仪表交叉检查

第一个基本的技能是交叉检查（也称为"仪表扫视"）。交叉检查需要持续地、有逻辑地观察仪表，得到姿态和性能信息。在姿态仪表飞行中，飞行员通过参考仪表来获得和保持需要的状态。观察并判读两个或多个仪表以确定飞机的姿态和性能，这称为交叉检查。虽然交叉检查没有特定的推荐方法，但是应该针对特定的飞行动作，选择那些能提供最确切的参考信息的仪表，这些仪表通常都有稳定的指示。其余的仪表提供相关的参考信息，以帮助保持重要仪表的指示稳定。

在仪表飞行中，交叉检查是必需的。在目视飞行中，可以通过外界参考来保持水平姿态，但是要确保高度准确，必须检查高度表。由于操纵误差、仪表误差和不同的大气和载重引起的飞机性能的差异，不可能长时间保持飞机状态和飞行性能稳定。这些变量使飞行员必须经常交叉检查仪表，对飞机的姿态做出相应的修正。

1. 辐射式交叉检查（Selected Radial Cross-Check）

当使用辐射式交叉检查时，飞行员花费 80% 到 90% 的飞行时间来看地平仪，快速地扫视其他参数仪表，如图 4.17 所示。使用这种方法时，飞行员的视线不会直接在参数仪表之间移动，而是每次都要经过地平仪。不同的飞行状态决定了所关注的仪表不同。

图 4.17　辐射式交叉检查

2. 倒 V 字交叉检查（Inverted-V Cross-Check）

在倒 V 字交叉检查中，飞行员的视线是从地平仪向下到转弯侧滑仪，又向上到地平仪，再向下到升降速度表，最后回到地平仪，如图 4.18 所示。

图 4.18　倒 V 字交叉检查

3. 矩形交叉检查（Rectangular Cross-Check）

在矩形交叉检查中，飞行员沿着矩形路径，扫视顶部的三个仪表（空速表、地平仪和高度表），然后扫视底部的三个仪表（升降速度表、航向指示器和升降速度表），顺时针或反时针由个人选择，如图 4.19 所示。

图 4.19　矩形交叉检查

这种交叉检查方法对每个仪表的信息给予同等程度的重视，不管它对保持当前状态的重要性。然而，这种方法延长了视线回到关键仪表的时间，减少了对关键仪表的关注。

4.3.2　常见的交叉检查错误

初学者可以快速地进行交叉检查，但却没有获取仪表的真正信息。随着基本仪表飞行经验的增加和对仪表指示的熟悉，飞行员应该学会看什么、何时看，并做出相应的反应。熟练程度较高时，飞行员能够进行习惯性的交叉检查，并能根据具体的飞行状况来决定扫视的速度和顺序。如果对仪表不够熟悉，则会引起下面的各种常见错误：

因为某种原因，注意力固着在某个仪表上。例如，高度表指示偏低 200 英尺，飞行员盯着高度表在想"指针怎么跑到这儿来了"。在凝视仪表时，无意中施加了压盘力，造成了航向逐渐改变，而航向的改变会带来更多的错误。另一个常见的注意力固着常出现在刚开始改变飞机状态时。例如，飞行员开始压盘进入一个 90°的转弯，没有保持对其他相关仪表的交叉检查，而是在整个转弯过程中都看着航向指示器。因为飞机转弯的过程中航向一直都在变化，通常在转弯进入后大约 25 秒内，都不需要重新检查航向指示器。出现这种问题可能不完全是因为交叉检查方法错误，有可能和仪表判读困难有关。对航向指示器的读数不确定或对转弯改出时机的不确定都会造成该注意力固着。

另一个错误是交叉检查时漏掉仪表。可能是由于姿态改变后，无法预料重要的仪表指示造成的。例如，从一个 180°的大坡度转弯中改出横滚，只参考地平仪建立直线平飞时，飞行员漏查了航向指示器的恒定航向信息。由于进动误差，地平仪暂时地显示一个轻微的误差时，可以通过快速参考其他飞行仪表进行修正。

在培训的初期，飞行员容易侧重于单个仪表，而不是运用所有必要的仪表来进行综合判断。飞行员倾向于依赖最简单、最熟悉的仪表，但这些仪表提供的信息很有可能不够充分。例如，飞行员可以使用地平仪来保持高度，但是如果交叉检查中不经常查看高度表的话，则无法保持精确的高度。

4.3.3　仪表判读

第二个基本的技能是仪表判读。仪表判读要求对仪表进行全面的学习和分析。首先理解每个仪表的构造和工作原理，然后将这些知识应该用于交叉检查、飞行动作、飞机性能和操纵技术上。

例如，飞行员驾驶小型飞机从海平面附近使用全功率进行 5 分钟的爬升时，地平仪显示大概 6°的俯仰姿态，如图 4.20 所示。飞机的爬升率为 500FPM，空速为 90 节。若该飞机的功率可以维持选定的姿态，则仪表的指示就反映了飞机的性能。但如果操纵一架喷气式飞机使地平仪有相同的指示，则升降速度表的读数就可能是 2 000FPM，空速表读数 250 节。

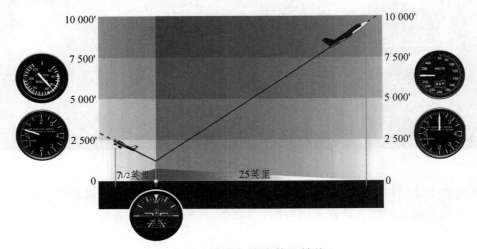

图 4.20　功率加姿态等于性能

熟悉飞机性能之后，飞行员就可以根据飞机的状态来选择适当的仪表进行判读。如果要确定俯仰姿态，那么空速表、高度表、升降速度表和地平仪就提供了必要的信息。如果要确定坡度，就必须判读航向指示器、转弯侧滑仪和地平仪。要完成好一个机动飞行，就必须清楚所需的飞机状态，并综合判读仪表。

只有具备了仪表交叉检查和仪表判读这两个基本飞行技能，才可以柔和、顺利地实施基本仪表飞行。

5 飞机姿态仪表飞行——使用电子飞行显示

5.1 介 绍

姿态仪表飞行是指通过使用仪表而不是外部目视参考来控制飞机的空间位置。当今的飞机一般装配的是指针式仪表或数字式仪表。本章是为了使飞行员熟悉被称为电子飞行显示（EFD）的数字仪表。

航空电子设备的改进以及在通用飞机上引入 EFD，给如今的飞行员提供了一种新颖而精确的仪表显示方式来进行仪表飞行。

大多数的通用飞机装备的都是独立的仪表，飞行员通过参考这些独立仪表，并加以综合运用来安全地操纵飞机。电子飞行显示系统的出现，使多个液晶显示屏（LCD）代替了传统的仪表。第一个屏幕安装在左座飞行员的正前方，作为主飞行显示（PFD），如图 5.1 所示，第二个屏幕大约位于仪表面板的中心位置，作为多功能显示器（MFD），如图 5.2 所示。飞行员可以使用 MFD 来显示导航信息（包含可移动的地图）和飞机系统信息（包括发动机参数），在需要的时候，也可转换为 PFD 显示，如图 5.3 所示。因为只有两块屏幕，飞机设计者简化了仪表面板，同时增强了安全性。因为这些基于晶体管的仪表的故障率远比传统模拟式仪表要低。

图 5.1　与主飞行显示（PFD）相对应的指针式仪表

图 5.2　多功能显示器（MFD）

图 5.3　备份显示

　　当然，在电气失效的情况下，飞行员仍有备用的应急仪表。这些仪表要么不需要电源，要么像多数的备份地平仪一样有独立的电源，如图 5.4 所示。

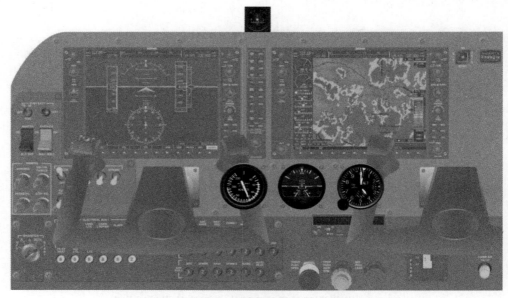

图 5.4　空速表、地平仪和高度表的应急备份

在目视飞行中，飞机姿态通过飞机上的特定参考点相对于自然天地线的关系来进行控制。

为了在非目视气象条件下操纵飞机，飞行员需要提高参考飞行仪表来操纵飞机的能力。这些飞行仪表本质上提供了和目视飞行中外部参考相同的关键信息。例如通过人工天地线，在地平仪上重现了自然天地线。

在学习姿态仪表飞行的过程中，要懂得每个飞行仪表是如何运转的以及它们在控制飞机姿态中所起的作用。在懂得了所有的仪表对保持飞机姿态的作用后，当进入了仪表飞行条件或者某些关键仪表失效时，飞行员才能更好地操纵飞机，保证安全。

5.2 学习方法

可用于学习姿态仪表飞行的两种基本方法是"操纵仪表和性能仪表"及"主要仪表和辅助仪表"。两种方法使用的仪表和仪表对操纵的反应都是相同的，它们的区别在于对地平仪的依赖程度和其他仪表的判读。

5.2.1 "操纵仪表和性能仪表"方法

通过控制飞机的姿态和功率，飞机的性能得以体现。飞机的姿态是飞机的纵轴和横轴与地球天地线之间的关系。当在仪表飞行条件下飞行时，飞行员通过参照飞行仪表和操纵发动机的功率输出来控制飞机姿态，使其达到所需的性能。这种方法可以获得一个特定的性能，使飞行员可以顺利进行任何基本的仪表机动飞行。

仪表可以划分为三类：操纵仪表、性能仪表和导航仪表。

1. 操纵仪表

操纵仪表能实时显示姿态和功率的变化，显示姿态的仪表是地平仪，而功率变化直接反映在进气压力表和转速表上，如图 5.5 所示。这三个仪表都可以反映很小的改变量，从而得以准确地操纵飞机姿态。

图 5.5　操纵仪表

另外，每架飞机上安装的功率指示器可能有所不同，包括以下类型：转速表、进气压力表、发动机压气比指示器、燃油流量表等。

操纵仪表不指示飞机飞得多快或在什么高度飞行，要确定这些参数，飞行员需要参考性能仪表。

2. 性能仪表

性能仪表直接反映飞机当前的性能。飞机的速度可以参考空速表，高度可以参考高度表，而爬升性能可以通过参考升降速度表来确定。其他可用的性能仪表有航向指示器、迎角指示器和侧滑指示器，如图 5.6 所示。

性能仪表最直接地反映了加速度的变化，加速度是速度或方向的变化。因此，这些仪表可以指示飞机是否正在改变空速（水平）、高度（垂直）或航向（横侧）。

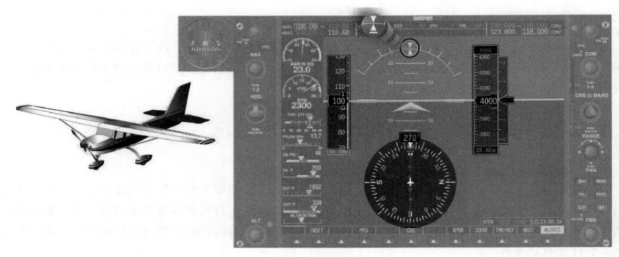

图 5.6　性能仪表

3. 导航仪表

导航仪表包括全球定位系统（GPS）指示器，甚高频全向信标台/无方向性无线电信标台（VOR/NDB）指示器、移动地图显示、航向道和下滑道（GS）指示器，如图 5.7 所示。这些仪表指示了飞机相对于所选导航设施或定位点的位置。导航仪表使飞行员在不参考任何外部目视线索的情况下，能够沿着预定的地面或卫星导航信号的路线飞行。导航仪表可以支持水平和垂直输入。

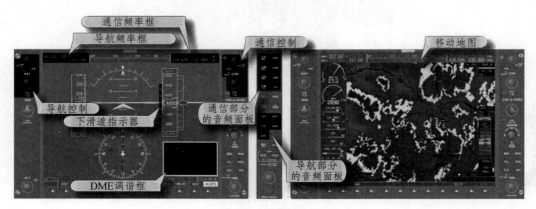

图 5.7　导航仪表

5.2.2　改变姿态的四个步骤

为了改变飞机的姿态，飞行员必须合理地改变飞机的俯仰、坡度和功率设置。使用"建立、配平、检查、调整"这四步可以更好地完成这个过程。

1. 建　立

任何时候需要改变飞机的姿态时，飞行员必须调整俯仰、坡度及功率来建立所需的性能参数。要改变俯仰和坡度，飞行员必须参照地平仪，而后在转速表、进气压力表等仪表上核实功率的改变。按照经验设置好姿态和功率，可以减小飞行员的工作量。

2. 配　平

姿态仪表飞行中的另一重要步骤是对飞机进行配平。配平可以用来消除操纵杆上的操纵力，以保持所需的姿态。当飞机正确配平后，飞行员即使松开驾驶杆，飞机也不会偏离所需姿态。这让飞行员有更多的精力履行其他的驾驶舱职责。掌握不好配平是初始的仪表飞行学员最常犯的错误之一。

3. 交叉检查

一旦飞机姿态改变后，飞行员应该重新确认飞机的性能参数，交叉检查操纵仪表和性能仪表，扫视仪表并判读仪表的指示。必须提高仪表的综合判读能力，以完全掌握飞机的姿态。在交叉检查期间，飞行员需要及时发现任何偏差，并确定需要多大的修正量。随后，根据操纵仪表的指示进行修正。

4. 修　正

这个过程的最后一步是修正在交叉检查期间发现的任何偏差。每次的修正量不应过大。地平仪和功率仪表有很多刻度，便于进行准确的调整。修正时应参考小飞机上的小格来改变俯仰姿态，参考坡度刻度来改变坡度，参考转速表、进气压力表等来调节功率。

通过这四个步骤，飞行员可以更好地操纵飞机的姿态。在改变姿态过程中，一个常见错误是，当发觉到偏差时，修正量过大。飞行员需要逐步熟悉飞机，并掌握合适的修正量以达到所需的性能。

5.2.3　四个步骤的应用

在姿态仪表飞行中，这四个步骤可以用来控制俯仰姿态、坡度和飞机的功率。电子飞行显示的精确指示使飞行员能够更准确地执行操纵。

1. 俯仰控制

PFD 上面积最大的是地平仪，在上面能清楚地看出俯仰姿态。由于显示面积很大，可以用它进行很精确的俯仰改变及修正。地平仪上的俯仰刻度以 5° 为增量，使得飞行员的修正能精确到大约 0.5°。在传统地平仪上用来表示飞机的小飞机，在玻璃显示器中被一个"八"字形符号代替了，如图 5.8 所示。"八"字符号的顶部代表机头，它给飞行员提供了更精确的俯仰读数，并且使得飞行员能够进行小量的、精确的姿态改变，达到所需的飞行状态。当没有达到所需的状态时，应参考黄色"八"字符号的顶部来精确地改变俯仰姿态。

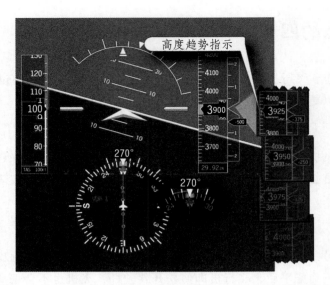

图 5.8 "八"字符号与天地线的关系指示了飞机的俯仰姿态

2. 坡度控制

结合地平仪上显示的横滚刻度，使用横滚指针可以精确地进行坡度控制。

横滚刻度划分成0°、10°、20°、30°、45°、60°，而天地线表示90的坡度，如图5.9所示。其中，45°的刻度与传统地平仪有所不同。除了横滚指针之外，仪表飞行员还会利用转弯率指示器来保持飞机的标准转弯率转弯（3°/秒）。使用标准转弯率转弯可以舒适、安全、有效地完成大多数的仪表飞行机动。

图 5.9 坡度控制刻度线

3. 功率控制

功率仪表（空速表、进气压力表、转速表等）指示了发动机正在产生多大的功率。它们不受颠簸、不正确的配平或操纵力的影响。所有的功率改变都应该参考功率仪表，并交叉检查性能仪表。

从飞行培训一开始就需要学习功率控制，而仪表飞行要求更精确的功率控制。随着经验的增长，飞行员应该熟悉油门的移动量所对应的功率变化量以及空速的改变量，从而达到不同的飞机性能。为了使飞机状态稳定，参考功率仪表进行的功率改变也应同样稳定，避免操纵过量。

使用玻璃显示器时容易遇到的一个常见错误与数字读数的精度有关。精确的数字显示容易使飞行员过分专注于建立一个精确的功率设置上。

操纵仪表和功率仪表是准确地进行姿态仪表飞行的基础。姿态仪表飞行的关键是在地平仪上建立所需的飞机姿态，并在功率仪表上设置所需的发动机输出功率。持续的交叉检查是保持准确飞行姿态的关键。

5.2.4 姿态仪表飞行——"主要仪表和辅助仪表"方法

"主要仪表和辅助仪表"是进行姿态仪表飞行的第二个方法。它是由操纵/功率方法演化而来的。通过利用主要和辅助飞行仪表，并结合操纵和功率仪表，飞行员可以准确地保持飞机姿态。这个方法使用了和操纵/功率方法相同的仪表，然而，它更侧重于最能准确指示飞机当前状态的仪表。四个关键元素（俯仰、坡度、横滚和配平）将在随后详细讨论。

与操纵/功率方法相似，所有对飞机姿态的改变都需要使用地平仪和功率仪表（转速表、进气压力表等）来进行。下面解释如何监控飞机姿态的各个方面以获得预期的飞行状态。

1. 俯仰控制

飞机的俯仰是指飞机的纵轴和外界天地线之间的角度。当在仪表气象条件下飞行时，外界天地线不能用来作为参考，因此使用人工天地线来代替，如图 5.10 所示。能指示飞机姿态的主要仪表就是 PFD 上显示的地平仪。飞机上安装的姿态航向基准系统（AHRS）是姿态显示的数据源，它能够准确地跟踪俯仰、坡度和偏转的微小变化，使 PFD 精确可靠。在初始化时，AHRS 确定了飞机的纵轴和天地线之间的角度。飞行员不需要调节，也无法调节代表着机头的黄色"八"字符号的位置。

图 5.10 飞机的俯仰

2. 直线平飞

在直线平飞中，飞行员需要保持飞机的高度、空速和航向长时间不变。要做到这一点，需要参考三个主要仪表来控制这三个变量。

3．主要俯仰仪表

当飞行员保持高度恒定不变时，主要的俯仰姿态仪表就是高度表。只要飞机的空速和俯仰姿态不变，高度就应该不会变化。

颠簸和注意力不集中都有可能造成高度偏差。当出现偏差时，需要在地平仪上改变俯仰角度。小的偏差用小的修正量，大的偏差用较大的修正量。飞行员应该避免进行大的修正，因为姿态的快速变化可能会导致飞行员空间失定向；应该及时柔和地进行修正，使飞机回到所需的姿态。

飞行员应密切关注 PFD 上的指示，小的偏差不需要大的姿态改变，一个 2.5°的仰角都会产生一个 450 英尺/分钟（FPM）的爬升率。

一个修正高度偏差的经验是建立一个两倍于高度偏差值的升降率，且不要超过 500FPM。例如，如果飞机高度偏差 40 英尺，2×40＝80 英尺，这样大约 100FPM 的下降率可以使飞机可控、及时地回到所需的高度。

除了主要仪表，辅助仪表也能帮助飞行员交叉检查俯仰姿态。辅助仪表能够指示变化的趋势，但它们不能指示精确的姿态。当俯仰姿态出现了偏差，高度正在改变时，升降速度表、空速表和高度趋势带这三个仪表会出现指示，如图 5.11 所示。当高度恒定不变时，升降速度表和高度趋势带不会在 PFD 上出现。当这两个趋势指示器出现时，飞行员应能马上知道飞机的俯仰姿态发生了改变，并且可能需要进行调整。

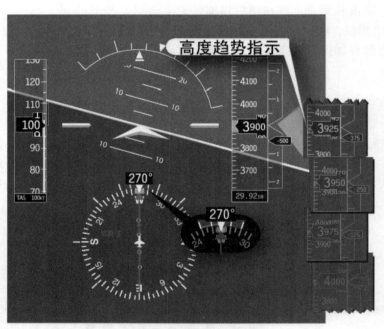

图 5.11　辅助仪表

交叉检查时需要利用这些辅助仪表来更好地进行高度控制。升降速度表和趋势带为飞行员提供了高度变化的方向和快慢信息，这使得飞行员能够在出现大的高度偏差之前，修正好俯仰姿态。如果俯仰姿态减小，则空速表的指示会增加。相反地，当俯仰姿态增大时，飞行员可以注意到空速的下降。

4．主要坡度仪表

在仪表气象条件下飞行时，飞行员能保持预定或指定的航向。在这个过程中，主要的坡度仪表是航向指示器，如图 5.12 所示。航向变化是实时显示的，航向指示器是显示当前磁航向的唯一仪表，它提供的值相当于磁罗盘进行了所有偏差修正后的值。

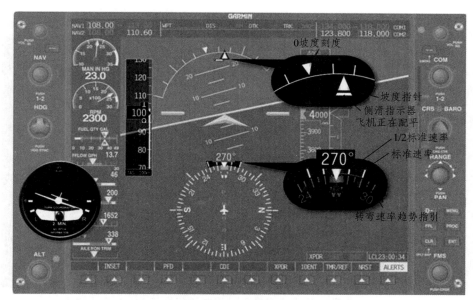

图 5.12　主坡度仪表

当然也有与坡度有关的辅助仪表。转弯率趋势指示器告诉飞行员什么时候飞机在改变航向；磁罗盘对保持航向也很有用，但它在不同的飞行阶段会受到一些误差的影响。

5. 主要偏转仪表

侧滑指示器是偏转的主要仪表，它是唯一能指示飞机的纵轴和相对气流是否平行的仪表。

6. 主要功率仪表

直线平飞的主要功率仪表是空速表，因为功率的主要作用就是在平飞期间保持所需的空速，而其他的仪表都不能提供实时的指示。

使用主要和辅助仪表得到的每个飞行参数是成功掌握姿态仪表飞行的关键。使用"主要仪表和辅助仪表"方法绝不是不重视地平仪和功率仪表，所有的仪表（控制、性能、主要和辅助）都必须综合地运用。

5.3　姿态仪表飞行的基本技能

在学习姿态仪表飞行之初，掌握仪表交叉检查和仪表判读这两个基本技能是非常重要的，它们是仅参考仪表安全操纵飞机的根本。如果没有掌握这两个技能，飞行员将不能精确地保持飞机的姿态。

5.3.1　仪表交叉检查

第一个基本的技能是交叉检查（也称为"仪表扫视"）。交叉检查就是持续观察操纵仪表和性能仪表上的指示。仪表飞行的初学者必须学会观察和判读仪表的各种指示，从而控制飞机的姿态和性能。某些玻璃座舱面板（如 Garmin G1000）的仪表布局可能造成一个或多个性能仪表位于飞行员视线右方的 MFD 上，如图 5.13 所示。

图 5.13　高度带和升降速度带稍微偏向飞行员正前方视线的右侧

交叉检查没有特定的方法，飞行员如何获取必要的信息来操纵飞机是因人而异的；但对于特定的飞行状态，飞行员必须确定哪个仪表能提供最确切的参考信息。经过训练后，飞行员能够快速地发现主要仪表并交叉检查辅助仪表，保持所需的姿态。在仪表飞行期间，飞行员绝不能停止交叉检查仪表。

5.3.2　仪表判读

因为大多数的主要和辅助飞机姿态信息都集中在 PFD 上显示，所以可以使用标准的扫视方法。对备用飞行仪表和发动机仪表的扫视也是很重要的。由于姿态仪表显示尺寸，扫视方法实际上已经简化了，因为地平仪始终在视野范围内。

在辐射式扫视时，飞行员注视地平仪的时间占到了 80%～90%，剩下的时间用于其他仪表的扫视，如图 5.14 所示。

图 5.14　选择性辐射式交叉检查

使用辐射式扫视的方法扫视 PFD 很有效，紧凑的仪表带显示使得眼睛几乎不用移动就可以注视到所需的仪表。不管眼睛朝哪个方向移动，较长的人工天地线使飞行员在视线内随时可以照顾到飞机的姿态。这种天地线的使用减少了因固着于某个仪表而忽略飞机整体状态的可能性。因为姿态显示的尺寸很大，所以当观察 PFD 上别的仪表显示时，始终可以看到一部分地平仪。

1. 开始扫视

从 PFD 中心上的黄色"八"字符号开始扫视。注意俯仰姿态，然后往上看侧滑指示器，通过对齐分成上下两部分的三角形符号确保飞机处于协调状态。该三角形的顶部是坡度指针，而下部是侧滑指示器；如果三角形的下部偏到一边，则蹬这边的方向舵脚蹬就可以消除侧滑，如图 5.15 所示。

注：飞机的航向没有改变，转弯率指示器上没有显示趋势矢量。

图 5.15　坡度指针和侧滑指示器

当检查该区域时，要确保坡度指针在刻度盘上指示所需的坡度数。位于地平仪顶部的坡度刻度应该保持稳定。表示零坡度的倒三角的两边都标有 10°、20°、30°、45°和 60°的刻度。如果没有指示所需的坡度，则应操纵副翼进行适当的修正。核实坡度正确后应回到黄色"八"字符号继续扫视。

向左扫视空速带并核实空速和所需的空速一样，然后回到显示器的中心。向右扫视高度表带，确定正在保持所需的高度。如果没有保持住，则应在地平仪的帮助下进行适当的俯仰姿态调整，来回检查姿态和高度，直到得到所需的高度后，将视线回到显示器的中心。往下转到航向指示器，核实所需的航向。确定航向后，回到显示器的中心。需要注意的是，扫视中也要包括发动机仪表，如果发动机的指示是在旁边的另一个 MFD 上显示，则可能需要针对机型调整扫视方法把这些仪表合并到扫视循环中来。另一个应在扫视中包含的重要部分是位于 MFD 上的移动地图显示。为了帮助增强处境意识和更集中地进行扫视，在 PFD 屏幕的左下角可以显示一个较小的嵌入地图。

2. 趋势指示

玻璃面板显示器对于通用航空业的一个改进就是增加了趋势矢量显示。趋势矢量是在空速带、高度带及转弯率指示器上出现的洋红色线条。如果保持当前的变化率，这些洋红色线条，如图 5.16 所示。能指示在 6 秒后，空速、高度和航向会达到的值。如果相关参数没有变化，数值保持稳定，或者系统的特定部分出现故障，则趋势矢量不会显示，如图 5.17 所示。

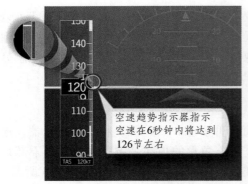

图 5.16　速度趋势指示器

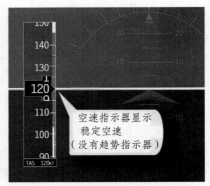

图 5.17　无速度趋势指示的空速表

趋势矢量是仪表飞行初学者非常好的工具。注意力分配较好的飞行员可更容易得知所需参数的微小偏差，并进行相应的小量修正。只要 PFD 上指示出一个洋红色的趋势，谨慎的飞行员就应该进行调整，使飞机重新回到所需的状态，如图 5.18 所示。

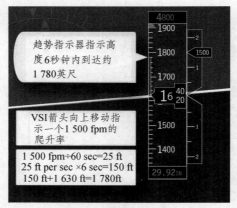

图 5.18　高度趋势指示器

电子仪表的另一个改进就是转弯率趋势指示器。就像空速、高度和升降速度趋势指示器一样，转弯率趋势指示器指示了在 6 秒后飞机的航向变化。在检查航向指示器顶部的同时，可以注意到刻度盘外部左右各有的两个白线条，如图 5.19 所示。这两对记号分别表示标准转弯率和二分之一标准转弯率。

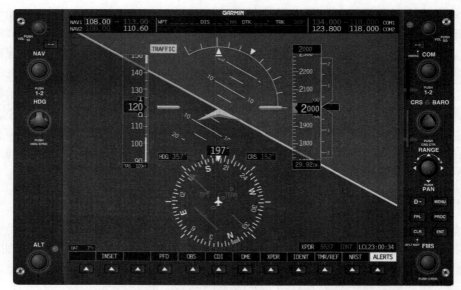

图 5.19　水平状态指示器（HSI）的趋势指示器长度与转弯率成正比

在图 5.20 中，当飞机开始左转时，洋红色的趋势指示器的长度与转弯率成正比。要进行一个二分之一标准转弯率的转弯，就应使指示位于第一个标记处；趋势指示器延伸到第二个记号处时，指示出的是标准转弯率转弯；趋势指示器延伸超过第二个记号时，则指示出一个大于标准转弯率的转弯。趋势指示器显示了飞机在 6 秒后的航向，但最大只能提前指示 24°，即 4°/秒的转弯率。当飞机的转弯率超过 25°/6 秒时，趋势指示器的头上就会显示一个箭头。

图 5.20　HSI 指示器（放大）

当飞机在指定高度改平、在预定航向上改平坡度或稳定空速时，趋势指示器是非常有用的。要柔和地从爬升或下降中改平，可以用升降速度的 10% 作为高度改出提前量。例如，下降率为 500FPM，则在到达预定高度之上 50 英尺时开始改平。

随着飞机接近所需的高度，应调整俯仰姿态，保持趋势指示器和目标高度对准。随着目标高度的接近，趋势指示器逐渐缩短，直到高度稳定下来后消失。不过应注意趋势指示器只是一个辅助工具，不能作为决定俯仰姿态变化的主要方法。

5.4　常见错误

5.4.1　固　着

在刚开始学习使用趋势指示器的时候，对某个仪表过于专注或凝视是一个常见的错误。比如，飞行员最初可能会过分专注趋势指示器，单独参考它来进行调整，而趋势指示器并不是用来保持所需功率或姿态的唯一工具，应该将其与主要和辅助仪表相结合，以更好地操纵飞行。使用空速带显示，飞行员可以看出 1 节以内的空速变化。注意力固着会使人想把空速保持到一个非常精确的程度，但实际上并不需要将空速精确到 1 节的范围内，仪表等级实践考试标准的要求也要宽松得多。关键不是要一直盯着某个仪表，而是读懂它所提供的信息就行了。

5.4.2　遗　漏

另一个仪表飞行的常见错误是仪表交叉检查时漏查仪表。由于 PFD 及相关的组件可靠性较高，再加之备用仪表的位置较偏，飞行员扫视时容易忽略对备用仪表及磁罗盘的检查。飞行员应该持续监视备用仪表，这样才能发现主用仪表系统的故障。通常最容易漏掉的仪表是侧滑指示器。

5.4.3 单 一

在仪表训练初期，依靠单一的仪表来监控飞机状态是非常普遍的现象。当飞行员认为某个仪表的重要性高过了其他仪表时，就开始单一地参考那个仪表。比如，从一个 180°的转弯中改出横滚时，需要参考航向指示器、侧滑指示器和高度表。一旦飞行员漏掉了侧滑指示器，飞机就容易产生不协调。而这种错误如果不加以改正，就有可能演变成一种习惯。

6 飞机的基本飞行机动——使用机械式仪表

6.1 介 绍

仪表飞行的技术根据飞机的类别、级别、性能和仪表的不同而不同，因此具体的操作程序和技术需要针对机型进行调整。在学习飞行机动之前，应先参看飞行员操作手册或飞机飞行手册（POH/AFM）中提供的推荐程序、性能数据、工作极限和飞行特性，以便进行更好的练习。

本章所述的飞行机动都是假设使用单发螺旋桨的小型飞机，有可收放式起落架和襟翼以及常见的仪表面板。除仪表起飞之外，所有的机动飞行都可以在"部分仪表"条件下进行，即陀螺姿态仪和航向指示器不工作，或被人为盖住。

6.2 直线平飞

6.2.1 俯仰控制

飞机的俯仰姿态是飞机的纵轴和实际天地线之间的角度。平飞时，飞机的俯仰姿态随着空速和载重的变化而变化，而一般在小型飞机上进行训练时不考虑载重的因素。平飞时，一个俯仰姿态对应着一个速度。低速巡航时，平飞姿态的机头较高，如图 6.1 所示。高速巡航时，平飞姿态的机头较低，图 6.2、图 6.3 给出了在正常巡航速度时的姿态指示。用来帮助控制飞机俯仰姿态的仪表有地平仪、高度表、升降速度表和空速表。

图 6.1 以慢速巡航速度平飞时的俯仰姿态和空速

图 6.2　以快速巡航速度平飞时的俯仰姿态和空速　图 6.3　以正常巡航速度平飞时的俯仰姿态和空速

1. 地平仪

地平仪给出了俯仰姿态的直接指示。通过操纵升降舵可以得到所需的俯仰姿态，同时，地平仪上的小飞机也会相对于人工天地线上升或下降。这和通过外部目视观察，参考实际天地线来抬高或压低机头，调节俯仰姿态的方法是一致的。然而，除非已经建立好了所需的平飞姿态，并且空速稳定不变，否则无法知道地平仪所指示的平飞是否是真正的平飞（高度表、空速表指示不变，升降速度表指零）。如果起飞前在地面上正确地校准了地平仪的小飞机，当飞行员完成爬升改平动作时，则小飞机基本能够显示出正常巡航速度下的平飞姿态。如果有必要进一步对小飞机进行校准，则在校准时，必须使用其他的俯仰仪表保持好平飞。

可以用以下方法练习仅使用地平仪来进行平飞的俯仰控制。依次将地平仪小飞机机翼水平条向上或向下移动至 0.5 倍、1 倍、1.5 倍水平条厚度处并保持。0.5 倍、1 倍、1.5 倍水平条厚度的上仰姿态如图 6.4 ~ 6.6 所示。

图 6.4　平飞的俯仰修正，半个条宽　　　图 6.5　平飞的俯仰修正，一个条宽

116

图 6.6　平飞的俯仰修正，一个半条宽

飞行教员可以演示这些标准的俯仰调整，并将地平仪上的指示和飞机相对于实际天地线的位置进行对比。

参照仪表进行平飞修正时，俯仰姿态变化量通常要比目视飞行时小很多。如果飞机在平飞时已经正确配平，那么进行这些标准俯仰变化的升降舵移动量和操纵力都是非常小的。要确定到底需要多大的升降舵操纵力，可以照着以下几点来做：

首先，过分紧握操纵杆会使得难以察觉到操纵力的变化，所以在仪表训练的初期阶段，通常需要有意识地让自己在放松的状态下学习飞机操纵。

其次，施加柔和而有效的操纵力以改变俯仰姿态。经过训练，飞行员可以进行这些小量俯仰调整，将小飞机固定在地平仪的各个俯仰刻度上不动。

最后，在平飞时正确地配平飞机后，一旦感觉到杆力，可暂时松杆。如果松杆后飞机自动保持平飞，这说明飞机已经稳定了，遇上颠簸的情况除外。仪表飞行训练初期最难的问题之一是，即使没有任何操纵的需求，也难以抑制移动操纵杆的冲动。

2. 高度表

当功率恒定时，任何偏离平飞的飞行状态（颠簸气流中除外）都是由俯仰变化造成的。因此，如果功率恒定，高度表能间接地指示飞机平飞时的俯仰姿态。由于飞机平飞时高度应该保持不变，所以如果偏离了既定高度，意味着需要进行俯仰修正。例如，如果飞机高度增加，就需要顶杆减小姿态，如图 6.7、图 6.8 所示。

图 6.7　使用高度表来解释俯仰姿态时，高度高意味着机头俯仰姿态高

图 6.8　高度增加后的俯仰修正——压低机头以修正高度误差

在不使用地平仪保持平飞时，高度表指针的移动速率和它的移动方向一样重要。平飞出现过大的俯仰偏差会造成高度相对快速的变化，轻微的俯仰偏差引起缓慢的变化。因此，如果高度表指针向顺时针方向快速移动，我们就认为当前姿态高出平飞所需姿态很多；相反地，如果指针缓慢地向反时针方向移动，那么当前姿态就稍低于平飞所需姿态，如果要重新获得所需高度，需要的俯仰调整就小。由于在地平仪交叉检查中要检查高度表，飞行员将学会如何根据地平仪指示的俯仰变化量来判断高度表指针的移动速率。

为了在未装备地平仪的飞机上练习精确控制俯仰，可通过目视参考自然天地线来做出小的俯仰变化，然后注意高度表的变化率。在高度表上能得到稳定的最慢变化率所对应的俯仰变化量，然后练习通过正确地判读并控制指针的移动速率来少量调整俯仰。

飞行教员可以设置一个过量的机头下俯偏差（通过高度表指针的快速移动可以指示出）来演示不正确的修正方法所造成的后果。由于想急于修正偏差，学员可能会冲动地做出大的俯仰调整，这就不可避免地会造成操纵过量。当指针慢下来后，再向相反方向移动，最后会造成一个过大的机头上仰偏差，结果造成握杆太紧、盲目操纵和操纵过量。正确的修正动作是缓慢、柔和地操纵飞机，这样反而能使飞机更快地回到所需的姿态。

当察觉到俯仰误差时，应该迅速地采取修正措施，但是操纵力要轻。改变姿态有两种不同的方法：① 改变姿态以停止指针移动；② 改变姿态以回到所需的高度。

当高度表指示出现偏差时，施加足够大的升降舵操纵力以减小指针移动的速率就行了。如果指针移动速率减小过快，可以减小一些操纵力以使指针继续缓慢地移动。当指针缓慢移动时，表明飞机的姿态已接近平飞姿态，这时再稍微多施加一点操纵力以制止住指针移动的趋势就行了。如果飞机平飞时，指针反向移动，则说明飞机已经过了该平飞姿态。由于空速的变化将会导致所给操纵力的效应改变，所以需要柔和减轻操纵力并继续交叉检查。接下来，再根据标准的俯仰变化对应的高度表指针移动变化率来操纵升降舵，使得飞机回到所需的高度。

根据经验，如果误差小于 100 英尺，则使用半个刻度进行修正，如图 6.9、图 6.10 所示；如果误差超过 100 英尺，则使用一个刻度进行修正，如图 6.11、图 6.12 所示。首先，只使用高度表来练习改变飞机的高度，然后再结合地平仪练习。

118

图 6.9　高度误差，小于 100 英尺

图 6.10　俯仰修正，小于 100 英尺——降低半个条宽来修正高度误差

图 6.11　高度误差，超过 100 英尺

图 6.12　俯仰修正，超过 100 英尺——初始修正量一个条宽

3. 升降速度表（VSI）

升降速度表和高度表一样，提供了俯仰姿态的间接指示，它是一种趋势和速率仪表。作为一种趋势仪表，它直接地显示飞机的初始升降运动，但是颠簸造成的俯仰变化显示却不明显。为了保持平飞，要结合使用高度表、地平仪和升降速度表。注意从零位开始的任何上升或下降的指针趋势，并柔和地在升降舵上施加操纵力。随着指针回零，减轻修正的操纵力。如果操纵柔和，指针会实时缓缓地回中，高度表显示很小的（或没有）高度变化。作为一种速率仪表，使用时需要考虑升降速度表的滞后特征。

滞后指在俯仰改变后，指针达到一个稳定的指示之前出现的延迟。滞后和速度及俯仰变化量成正比。如果俯仰变化量不大，而且变化柔和，则指针将以最小的延迟移动到与俯仰改变相对应的位置，然后在爬升或下降中空气动力平衡时稳定下来。如果俯仰变化量大，而且变化突然，则会造成指针移动不稳定，反向指示，并且会在指针稳定前造成长时间的延迟（滞后）。当由于在颠簸条件下飞行而造成指针移动不稳定时，飞行员要注意不要追逐指针。当俯仰改变时，不同飞机的空速表指示延迟性会有很大差别，这是因为当俯仰姿态改变后，不同飞机加速或减速所需要的时间各不相同。由于仪表的结构和工作原理的原因，延迟是不能感知的。如果俯仰变化量小，并且操纵柔和，则空速表的显示将不会有延迟。

当使用升降速度表作为一种速率仪表，并结合高度表及地平仪来保持平飞时，飞行员应该清楚高度偏差值已经预示了所需要采取的升降率修正值。根据经验，在改变飞机姿态时，升降速度变化率大约是高度误差的两倍。例如，如果高度偏差 100 英尺，则回到所需高度的升降率应该大约为 200 英尺/分钟（FPM）；如果偏差超过 100 英尺，则修正应该相应地大些，但是不能超过所给空速和形态下飞机的最佳爬升率或下降率。

升降率偏差大于 200FPM 就被视为操纵过量。例如，如果试图改变高度 200 英尺，则升降率超过 400FPM 就表明操纵过量。

当回到一个高度时，升降速度表是主要的俯仰仪表。由升降速度表校准的误差，即使飞机平飞时，升降速度表可能会指示爬升或下降。如果该仪表不能被调校，那么当用升降速度表作俯仰控制时，要考虑到此误差。例如，如果平飞时指针指示下降率为 200FPM，则把 200FPM 作为零位。

4. 空速表（ASI）

空速表用来间接地指示俯仰姿态。在非颠簸条件、功率恒定和稳定的俯仰姿态下，空速是保持不变的，如图 6.13 所示。如果俯仰姿态降低，空速就会增加，则应该抬升机头，如图 6.14 所示。如果俯仰姿态升高，空速就会减小，则应该压低机头，如图 6.15 所示。空速变化快速表明俯仰变化大，空速变化缓慢表明俯仰变化小。

图 6.13　恒定功率加恒定俯仰姿态等于恒定速度

速度增加 ◄─────────── 俯仰姿态降低

图 6.14　恒定功率加俯仰姿态降低等于速度增大

速度减小 ◄─────────── 俯仰姿态增大

图 6.15　恒定功率加俯仰姿态增大等于速度减小

　　平飞中的俯仰控制要求飞行员通过交叉检查和仪表识读来获得控制俯仰姿态所需的仪表信息。忽略交叉检查技巧的个体差异，所有的飞行员在任何给定的机动动作中都应该使用能提供最佳信息的仪表。除此之外，飞行员还应该检查其他仪表，以帮助主用仪表保持在所需指示上。

　　如前所述，主仪表能对特定的机动飞行提供最恰当的信息，它的指示通常应该保持恒定不变。例如，平飞时哪个仪表是俯仰控制的主仪表？这个问题涉及具体飞机、气象条件、飞行员经历、操作条件及其他因素。一方面，对于高性能飞机而言，一旦发现姿态发生变化就应该马上采取措施。另一方面，对低速飞机仪表相当熟练的飞行员而言，可能更依赖于高度表来获得主俯仰信息，尤其是过多地依赖地平仪而造成不能获取必要的精确姿态信息的时候。使用高度表还是地平仪来作为主仪表取决于哪种仪表最有助于控制姿态。在本书中，高度表通常被认为是平飞时的主俯仰仪表。

6.2.2　坡度控制

　　飞机的坡度是飞机机翼和天地线之间的角度。为保持直线平飞，飞机的机翼应该保持和天地线相平行（飞机在协调的飞行中）。用于控制坡度的仪表有地平仪、航向指示器和转弯侧滑仪，如图 6.16 所示。飞机向左倾斜，地平仪和转弯侧滑仪指示了该坡度。航向指示器通过罗盘刻度的顺时针旋转来指示左转弯。

图 6.16　用于坡度控制的仪表

1. 地平仪

地平仪直接、实时显示坡度的任何变化，因此，它是一个直接指示器。在标准的地平仪上，坡度通过小飞机与人工天地线之间的角度来表示，并由仪表顶部的坡度刻度指针显示。在标准的三英寸仪表表面，通过参考小飞机，小的坡度不易于发现，尤其是当稍微斜向一侧或改变座位位置时。

相对于小飞机而言，刻度指针能更好地指示坡度。如果忽略进动误差，在直线、协调的飞行过程中出现的微小的坡度能通过刻度指针即时显示出来。坡度指针如图 6.17 所示，或者以 30°为增量。

图 6.17 中描绘的仪表有一个刻度指示器，其移动方向与小飞机的坡度方向相同。在这个例子中，飞机左坡度 15°。地平仪的进动误差是普遍的、可预知的，但是地平仪明显的优点在于扫视中可以同时看到俯仰姿态和坡度指示。虽然许多地平仪都有进动误差，但由于它能快速地显示飞机姿态，所以相对于其他仪表而言，它更为直观有效。

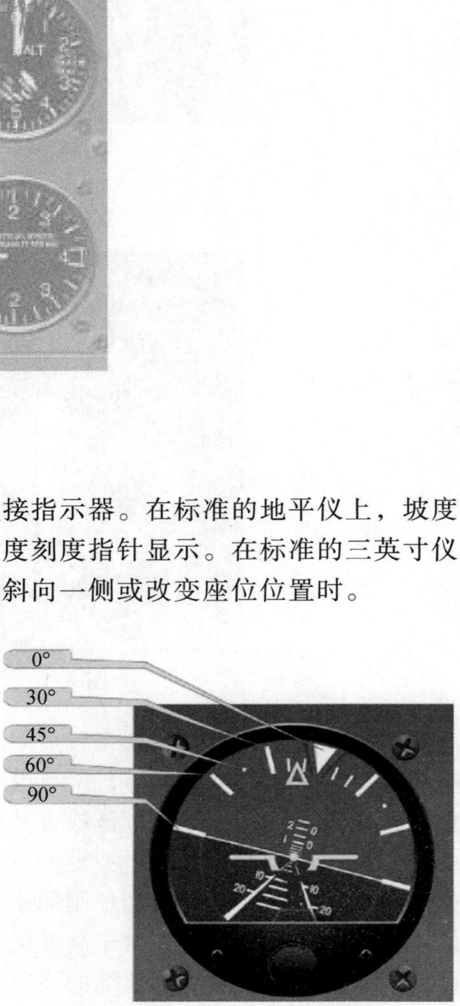

图 6.17　用地平仪识读坡度

2. 航向指示器

协调飞行中飞机的坡度间接地显示在航向指示器上，因为坡度会引起转弯并且使航向出现变化。在空速相同的情况下，航向指示器快速移动则表明坡度大；反之，慢速移动则表明坡度小。飞行员要记住航向指示器移动的快慢和地平仪坡度之间的关系。由于地平仪的进动误差，飞行员需要精确地检查航向信息以保持直线飞行。

当从航向指示器上发觉飞机出现从直线飞行偏离时，使用的飞机转弯坡度不应大于需要转过的航向角度。在任何情况下，都应将坡度限制在标准转弯率对应的坡度范围内。使用更大的坡度要求很高的熟练水平，一般会造成操纵过量和不稳定的坡度操纵。

3. 转弯协调仪

转弯协调仪上的小飞机间接指示了飞机的坡度。当飞机在直线飞行时，小飞机处于水平状态。如果小飞机和其中一条标准转弯率刻度线对齐，则表明飞机在以 3°/秒的速率形成向左或向右的坡度。此现象可以在直线平飞刚刚形成坡度时看到。尽管没有转弯，转弯协调仪还是会指示横滚运动。相反地，向右或左蹬舵造成飞机瞬时绕其立轴（没有横滚运动）转动，会导致转弯协调仪指示转弯。当转弯稳定且坡度不再变化时，转弯协调仪的校准转弯率刻度线指示 3°/秒的转弯率。转弯协调仪之所以能够显示横滚和转弯参数是因为它的电动陀螺仪有一个安装角度。目前通用航空中的自动驾驶使用该仪表用来确定横滚和转弯信息。转弯结束后，通过协调副翼和方向舵操纵使小飞机水平以回到直线平飞状态。在交叉检查中也要检查小飞机，即使有很小的偏差，也必须进行修正。当该仪表用于保持直线飞行时，操纵动作必须要柔和。

转弯侧滑仪的小球实际上是个单独的仪表，通常位于小飞机的下面，因为这两个仪表是同时使用的。这个小球指示了转弯的协调性。如果小球偏离中心，表明飞机处于内侧滑或外侧滑状态。也就是说，如果协调仪的小飞机斜向左边，而小球位于右边，那么飞机为外侧滑，如图 6.18 所示；如果小飞机斜向右边，而小球偏离中心向右边，那么飞机为内侧滑，如图 6.19 所示。如果机翼水平并且飞机配平正确，则小球将保持在中心，飞机将直线飞行。如果小球不在中心，则表明飞机配平不正确。

使用正确的配平保持直线平飞时，需要注意小球移动的方向。如果小球在中心的左边且左翼低，则应蹬左舵使小球回到中心以修正内侧滑，同时对右副翼施加必要的压力以使机翼水平，在使小球回中的同时交叉检查航向指示器和地平仪。如果机翼水平且小球从中心偏离，则飞机为外侧滑，应注意小球移动的方向，并通过与修正内侧滑一样的方法来修正外侧滑。使小球回中（左小球/左方向舵，右小球/右方向舵），必要时使用副翼控制坡度，并重新配平。

仅参考转弯协调仪来配平飞机时，操纵副翼使小飞机水平，蹬舵使小球居中。先施加操纵力来保持这些指示，然后利用配平来逐渐地减轻这些操纵力，直到这些操纵力被完全消除。如可用，则可使用副翼配平以减轻副翼操纵杆力。在配平飞机的同时，应尽量参照所有可用的仪表保持使机翼水平的姿态。

4. 转弯侧滑仪（指针和小球型）

转弯侧滑仪不像转弯协调仪那样提供 3 个指示（横滚、转弯和配平），它只提供 2 个指示：转弯速率和配平。虽然转弯侧滑仪指针只提供转弯的指示，但当它与横滚指示器（如航向指示器或磁罗盘）配合使用时，可以间接指示飞机姿态。和转弯协调仪一样（从横滚中稳定后），当转弯侧滑仪的指针和校准标志成一条线时，飞机处于 3°/秒的标准转弯。

转弯坡度指示器的小球提供了和转弯协调仪的小球相同方式的重要配平信息，图 6.18、图 6.19 给出了 2 种仪表的比较。

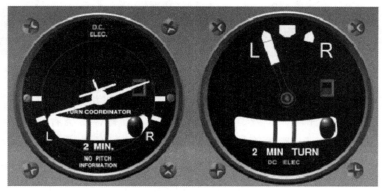

图 6.18　外侧滑指示

图 6.19　内侧滑指示

5. 功率控制

在合适的机翼迎角下，功率产生的推力克服重力、阻力和惯性确定了飞机的性能。

由于功率的变化会引起空速或飞机高度的变化，所以改变功率时必须考虑它对高度及空速的影响。在空速一定的情况下，由功率决定飞机处于平飞、爬升还是下降状态。如果在直线平飞中增加功率且空速保持恒定，则飞机会爬升。如果在空速保持恒定的同时减小功率，则飞机会下降；如果高度保持恒定，则一个功率对应相应的一个空速。

高度和空速之间的关系决定了是改变俯仰姿态还是改变功率。如果空速不在所需值，则在决定改变功率之前，应先检查高度表，因为高度和空速是可以互相转换的。飞行员可以通过压机头降低高度来增加空速，或者通过抬机头减小空速，增加高度。如果高度大于所需的高度且空速低，则可以仅仅通过改变俯仰姿态使飞机回到所需的高度和空速，反之亦然，如图 6.20 所示；如果空速和高度都高或者都低，则需要同时改变俯仰姿态和功率以使飞机回到所需的空速和高度，如图 6.21 所示。

图 6.20　速度小，高度高——降低俯仰姿态

图 6.21　速度大，高度高——降低俯仰姿态并减小功率

如果在直线平飞中改变空速，则必需协调俯仰姿态、坡度和功率以保持高度和航向恒定。在直线平飞中通过改变功率来改变空速时，单发、螺旋桨驱动的飞机有容易绕着所有的运动轴偏转的趋势。因此，为了保持高度和航向恒定，应该施加与功率变化成正比的各种操纵力。当增加功率来增加空速时，俯仰姿态会增大，所以随着空速的增加，应该适当向前稳杆。当功率增加时，飞机趋于向左偏转和横滚，应该蹬右舵、压盘来保持方向（对于右转螺旋桨飞机而言）。在这些变化之前，要有准备地加快交叉检查仪表，这会随着飞机的类型、扭矩特征、功率大小和有关速度变化的不同而不同。

124

6．功率设置

如果预先就知道在直线平飞时各种空速所对应的所需功率，功率控制和空速改变将变得很容易。因此，改变空速的常用程序是：使用比目标空速所对应的功率更大或更小的功率设置，以快速地增速或减速到目标速度，然后再调整功率为与目标速度对应的功率。（对于较小的速度变化，或者飞机加速或减速较快时，就没必要使用过大功率或者过小功率。）

例如，保持 120 节的正常巡航速度需要 23 inHg 的进气压力，而保持 100 节空速需要 18 inHg 的进气压力图 6.22 ~ 6.24 说明了直线平飞时，将空速从 120 节减小到 100 节的过程。

图 6.22　直线平飞（正常巡航速度）

图 6.23　直线平飞（空速正在减小）

图 6.24　直线平飞（速度减小后稳定）

功率减小之前的仪表指示如图 6.22 所示。基本姿态已经在地平仪上建立并保持，俯仰姿态、坡度和功率控制的信息分别在以下主要仪表上显示：

高度表——主要俯仰姿态；

航向指示器——主要坡度；

空速表——主要功率。

辅助的俯仰和坡度仪表如图 6.23 所示。需要注意的是，进气压力表（或转速表，如果螺旋桨是定距的）本来是辅助的功率仪表，但是当功率减小至大约 15"时（小功率时），进气压力表就成为了主要的功率仪表。经过训练后，通过感觉油门杆的移动、声音的变化和杆力的变化，再简单地看一下功率仪表，就能够快速准确地设置功率。

随着推力的减小，要加快交叉检查，并准备好蹬左舵、带杆和压盘。俯仰坡度仪表能实时地显示一个高度和航向的偏差。随着技术的熟练，飞行员会更好地进行交叉检查，理解并控制变化，使航向和高度不产生偏差。在天气平稳和操纵技术适当时，随着空速减小，应该逐渐地增加飞机的俯仰姿态以保持高度。简要来说，有效的扭矩控制就是使用方向舵来抵消偏转。

在功率减小过程中，高度表是主要的俯仰姿态仪表，航向指示器是主要的坡度仪表，进气压力表暂时是主要的功率仪表（该例中，当油门在 15 inHg 时）。随着飞机的减速，应该配平好飞机，以消除操纵力。当空速接近所需的 100 节时，需要将进气压力增加至大约 18 inHg，此时进气压力表就变成了辅助功率仪表，而空速表再次成为主要功率仪表，如图 6.24 所示。

7. 直线平飞中的空速改变

在直线平飞中，练习改变空速是提高飞行员三种基本仪表技能的极好方法。同时，在直线平飞中练习改变空速还可以让学员体会一些可能发生的常见错误。

我们已经学会了在光洁形态（最小阻力条件）下如何操纵飞机，通过练习在起落架和襟翼收上和放下过程中改变速度，可以进一步提高交叉检查和飞机操纵的熟练性。在做该练习时，一定要遵守 POH/AFM 中规定的起落架和襟翼操作的空速限制。

对于某些飞机，在起落架和襟翼放出过程中，需要使用较大的姿态变化来保持直线平飞。起落架放出后，机头趋向于下俯。当襟翼放出后，升力瞬间会增加，随着襟翼放出量的增加，阻力会显著增加。

操纵技术根据每架飞机的升力和阻力特性的不同而不同。因此，具备对不同空速、起落架和襟翼形态所对应的功率调定和配平变化的知识，会使仪表交叉检查更容易。

例如，假设在一个直线平飞中，空速指示 120 节，功率为 23 inHg（2 300 转/分钟，RPM），起落架和襟翼收上。该机型最大放起落架速度为 115 节，最大放襟翼速度为 105 节。空速减小后，在起落架和襟翼完全放出的情况下，同样高度的直线平飞需要 25 inHg 的进气压力（2 500RPM）。可以用下列方法将空速减小至 95 节，并放下起落架和襟翼：

（1）因为在全阻力形态下，需要使用大功率，所以应保持 RPM 在 2 500。

（2）减小进气压力到 10 inHg。随着空速减小，应加快交叉检查速度。

（3）由于迎角的增大和扭矩的减小，需要重新配平飞机。

（4）在 115 节放起落架。机头可能会有下俯趋势，飞机减速加快。增大俯仰姿态以保持高度，并配平以消除带杆力。如果在 105 节放全襟翼，那么交叉检查、仪表判读和飞行操纵都必须快速完成。如果先稳定住起落架放下后的姿态，再放襟翼，就可以让该过程变得更为简单一些。

（5）由于 18 inHg 的进气压力可以使飞机在起落架放下的情况下保持 100 节水平飞行，因此，要柔和增加至该功率，直到空速表显示接近 105 节，然后重新配平好飞机。此时，飞机处于直线平飞状态，在地平仪显示为大约两个半小格的抬头姿态。

（6）操纵襟翼，同时增加功率至预定值（25 inHg）以获得所需空速，按需配平飞机以保持高度和航向。此时，飞机保持 95 节空速作直线平飞，在地平仪显示为大约一个小格的低头姿态。

如果在飞机姿态变化很大的情况下，飞行员都能够合理地运用俯仰、坡度、功率和配平操纵飞机，并能够保持高度和航向稳定不变，则表明其直线平飞技术已经成熟。

6.2.3　配平技术

在所有飞行阶段，正确的配平是柔和、精确地操纵飞机的重要技术。通过减轻所有的操纵力可以轻松地保持给定高度和其他参数不变，飞行员可以把更多的精力用在驾驶舱的其他工作中。

正确配平飞机的方法是：先操纵飞机建立所需姿态，然后配平飞机以消除操纵力，使飞机在没有操纵的情况下，也能保持该姿态。通过向转弯侧滑仪的小球偏离中心的方向蹬舵让小球回中，然后进行方向舵配平，可以使飞机保持协调飞行。在多发飞机上，功率的不平衡是另外一个影响协调飞行的因素。因此，应尽可能平衡各台发动机的输出功率，以保持协调飞行。

在大多数情况下，改变姿态、功率或形态都需要调整配平。但是，单独使用配平来改变飞机的姿态会造成飞机的操纵不稳定。先操纵、后配平可以最大程度地获得柔和、精确的姿态变化。因此，使用正确的配平，有助于柔和地操纵飞机。

6.2.4　直线平飞中的常见错误

1. 俯　仰

俯仰偏差通常是由下列原因造成的：

（1）地平仪的小飞机的俯仰位置设置不准确。从爬升状态初始改平之后，检查地平仪并对小飞机进行必要的调整来得到正常巡航速度对应的平飞姿态。

（2）交叉检查和对俯仰姿态仪表的判读不够。例如，当空速指示偏小时，飞行员误认为是由于机头姿态高造成的速度偏小，进而向前顶杆，却没有注意到功率过小是造成空速小的原因。在进行操纵之前，应加快对包括所有相关仪表指示的交叉检查。

（3）解锁地平仪时，飞机不在平飞状态。在拉出锁定旋钮之前，必须检查高度表和航向指示器及空速的指示，确保飞机处于该巡航速度下的直线平飞状态。

（4）不正确地理解实际空速和地平仪的关系。

（5）修正俯仰姿态不及时。有些飞行员喜欢得过且过，或者是害怕修正过量，当高度表指示有 20

英尺误差时，不愿意去修正。如果认为自己会修正过量，就应该减小修正量并找出修正过量的原因。如果认为无所谓，则误差将会进一步增大。

（6）追升降速度指针进行修正。可以通过正确地交叉检查其他俯仰姿态仪表，也可以通过不断地从整体上去理解仪表特点来改正这个习惯。

（7）修正高度偏差时，俯仰变化量过大。试图通过很大的俯仰姿态改变来快速修正高度偏差，结果修正过量，反而导致更大偏差。

（8）未能保持已建立的俯仰修正，这个常见错误和交叉检查及配平不正确有关。例如，为了修正高度误差而改变俯仰姿态后，飞行员容易放缓交叉检查速度，等着飞机稳定在新的俯仰姿态上。正确的做法是，为保持姿态，继续保持正常的交叉检查并配平消除操纵力。

（9）交叉检查过程中注意力固着。例如，修正航向后，飞行员容易专注于坡度操纵而忽略俯仰姿态上的偏差。类似地，当改变空速时，通常会不必要地长时间凝视功率仪表。功率设置上的小偏差造成的后果远不如高度和航向的大偏差严重，飞机不会因为飞行员盯着进气压力表看而改变速度变化的快慢。

2. 航　向

航向偏差通常是由下列原因造成的：

（1）不检查航向指示器，特别在改变功率或俯仰时。

（2）由于误判航向而导致向反方向进行修正。

（3）没有注意和记住预选航向。

（4）对航向的变化率和坡度之间的关系没有概念。

（5）在改变航向时修正操纵过量，特别在功率变化期间。

（6）因为知道要改变航向而提前蹬舵，而对航向的控制不太熟练。

（7）对小的航向偏差不作修正。除非将航向的零误差作为目标，否则飞行员会容忍越来越大的偏差。修正 1°偏差所花的时间和注意力比修正 20°偏差少得多。

（8）修正时使用的坡度不合适。如果用 20°的坡度去修正一个 10°的航向偏差，在坡度尚未建立之前，飞机就将转过所需航向，导致需要作另外一个反向修正。不要因为修正方法的错误将当前偏差进一步扩大。

（9）对造成航向偏差的原因没有引起注意，从而重复修正同样的偏差。例如，由于飞机没有配平好，造成带左坡度而引起飞机向左转。飞行员不断地进行转弯修正，而忽略了配平不当是造成转弯的真正原因。

（10）未正确地调定航向指示器或没有解锁。

3. 功　率

功率偏差通常是由下列原因造成的：

（1）不知道各种空速和飞机形态下对应的功率设置和俯仰姿态。

（2）粗猛使用油门。

（3）当调整功率改变速度时，油门杆操纵的提前量不够。例如，在平飞时减速，特别是在起落架和襟翼放下的情况下，如果加油门的提前量不够，飞机将减速至预期速度以下，导致额外的功率调整。操纵油门的提前量取决于飞机对功率改变的反应快慢。

（4）改变空速时，注意力固着于空速表或进气压力表，造成空速和功率控制不稳定。

4. 配　平

配平偏差通常是由下列原因造成的：

（1）由于座椅或方向舵脚蹬位置调整不正确，导致不能正确地感知舵量。

（2）对配平装置的工作不清楚，各种机型的配平装置不同。多数飞机的配平是与期望方向一致的，但由于飞机的不同，也有可能出现一些与期望相反的方向上的配平。

（3）配平的使用顺序错误。配平不应用于代替操纵盘（杆）和方向舵的操纵，而是在飞机姿态稳定时用于减轻操纵力。随着技术的熟练，当操纵力出现时，飞行员本能地就会去配平并消除操纵力。

（4）配平操纵过量。这会导致使用配平时间过长，应该少量多次地使用配平。

（5）不清楚造成配平变化的原因。对与基本仪表技术有关的基本航空动力知识缺乏理解，造成飞行员总是滞后于飞机。

6.3　直线爬升和下降

6.3.1　爬　升

在给定的功率设置和装载条件下，只有一个姿态对应最有效的爬升率。POH/AFM 中的性能数据给出了确定该爬升姿态的空速和爬升功率，详细地描述了空速的使用和爬升率之间的对应关系，包括恒速或者恒定上升率。（航向和配平控制与直线平飞中讨论的一样。）

1.进　入

要从巡航速度进入一个恒速的爬升，应带杆使地平仪上的小飞机上升到与爬升速度相对应的上仰姿态，该姿态会因机型的不同而不同。建立该爬升姿态时，带杆动作要柔和。随着飞机减速，操纵力会发生变化。可以在改变姿态的同时加油门至爬升功率，也可以在爬升姿态已经建立，空速接近于爬升速度之后再加油门。如果飞机柔和地从平飞转为爬升，升降速度表会实时显示一个向上的趋势并继续缓慢地移动，最后稳定在与速度和姿态相对应的上升率上。进入爬升的主要和辅助仪表如图 6.25 所示。

以爬升速度进入恒速爬升，首先，把航速度减至爬升速度，接下来的进入方法就和以巡航速度爬升一致，只不过应该在带杆的同时加油门，以爬升速度进入爬升，虽然只依靠部分仪表，但控制起来却更准确、更容易。

图 6.25　进入恒速爬升

一旦飞机在一个恒定的速度和姿态上稳定下来，空速表就成为俯仰姿态的主要仪表，但航向指示器还是坡度的主要仪表，如图 6.26 所示。飞行员应监控作为主要功率仪表的转速表或进气压力表以确保正在保持一个合适的爬升功率设置。如果对于所选的功率设置、爬升姿态是准确的，空速将稳定在所需的速度上；如果空速小了或大了，应适当地进行少量的俯仰姿态修正。

图 6.26　稳定恒速爬升

进入恒定爬升率爬升的方法与从爬升空速进入恒速爬升所用的方法非常相似。在加油门至与升降率相对应功率的同时，带杆使地平仪小飞机上仰至与预期空速和爬升率相对应的爬升姿态。随着功率增加，空速表成为俯仰姿态操纵的主要仪表，直到升降速度接近所需值。当升降速度指针稳定时，升降速度表成为俯仰姿态操纵的主要仪表，空速表成为功率操纵的主要仪表，如图 6.27 所示。

图 6.27　恒定上升率稳定爬升

必须迅速、精密地协调俯仰姿态和功率修正。例如，如果升降速度正确，但空速小，则应增加功率。随着功率增加，必须稍微地降低小飞机位置以保持升降速度不变。如果升降速度高，空速小，则应稍微地降低小飞机位置并注意空速的增大变化以决定是否也有必要改变功率，如图 6.28 所示。熟悉大致的功率设置对保持最少量的俯仰姿态和功率修正是非常有帮助的。

图 6.28　速度小，垂直速度大——减小俯仰姿态

2. 改　平

从爬升改平并保持高度，需要在到达所需的高度之前开始改平动作。爬升率因飞行员的技术不同，提前量会有所不同。如果飞机正在以 1 000FPM 的爬升率爬升，在改平过程中，飞机仍然以逐渐减小的上升率在上升，通常使用升降速度的 10% 的提前量（500FPM/50 英尺提前，1 000FPM/100 英尺提前）在预计的高度上改平。

要想以巡航速度改平飞，则飞行员需柔和、稳定地向前顶杆至所需姿态。在地平仪显示出俯仰姿态变化的同时，升降速度指针将缓慢移动至零，高度表指针会比升降速度指针移动更慢，空速表会显示增速，如图 6.29 所示。

图 6.29　以巡航速度改平飞

当高度表、地平仪和升降速度表显示平飞时，随着空速的增加，必须持续地改变俯仰姿态并操纵扭矩。当速度接近于巡航速度时，减小油门至巡航功率。收油门的提前量取决于飞机的加速性。

要想以爬升空速改平飞，则飞行员需要压低机头至该平飞空速对应的俯仰姿态。随着俯仰姿态的降低，减小油门至该空速对应的功率。如果功率的减小与俯仰的变化成比例，则空速将保持恒定。

6.3.2　下　降

在各种空速和姿态下，通过减小功率、增加阻力并压机头至一个预定的姿态都可以进行下降。空速最终将稳定在一个恒定值上。在进入阶段，只有一个可以提供实际的姿态参考的飞行仪表，它就是地平仪。假设没有地平仪（如在部分面板下降期间），空速表、高度表和升降速度表将显示变化值，直到飞机以恒定的姿态减速至一个恒定的空速。在操纵过程中，需要正确地使用操纵力和配平以及交叉检查和判读来控制飞机。

1.　进　入

不管有无地平仪，下述进入下降的方法都是可行的。首先，在保持直线平飞的同时减小空速到选定的下降空速，之后进一步减小油门至预定功率。在调整功率的同时，应顶杆以保持空速恒定，并配平飞机。

在进行恒定空速下降期间，空速的任何偏差都需要对俯仰姿态进行调整。进行恒定下降率的下降时，其进入方法也是相同的，但升降速度表就成了俯仰姿态控制的主要仪表（在它接近所需的下降率稳定后），并且空速表成了功率控制的主要仪表。在进行修正时，俯仰姿态和功率必须配合调整，如图6.30所示。

图 6.30　恒定空速下降，空速大——减小功率

2.　改　平

从下降改平应该在达到所需的高度之前开始。提前量取决于下降率和操纵技巧。如果提前量太小，除非改平动作很迅速，否则飞机会飞过所选的高度。假设飞机以 500FPM 的下降率下降，并且速度高于正常下降速度，则提前量应为目标高度以上 100~150 英尺。在开始改平时，加油门至平飞时的巡航功率，如图 6.31 所示。由于空速增加时飞机有抬头趋势，所以应顶杆以保持该下降率，直到高于目标高度大约 50 英尺，然后柔和地调整俯仰姿态至目标空速对应的平飞姿态。

图 6.31 改平飞时速度大于下降速度

保持速度不变从下降改平飞，应在高于目标高度大约 50 英尺时开始。在带杆至平飞姿态的同时，需要加油门以保持速度恒定，配平好飞机并继续交叉检查保持平飞，如图 6.32 所示。

图 6.32 以下降速度改平飞

6.3.3 直线爬升和下降中的常见错误

常见错误是由下列原因造成的：

（1）在进入爬升时，俯仰姿态操纵过量。在不确定姿态和功率之间的对应关系时，使用了过大的俯仰调整。在仪表培训期间，一个最难养成的习惯就是抑制住急于修正的冲动，冲动地修正反而会造成飞行姿态不稳定。在改变姿态时，需要克服粗猛操纵的倾向，学会柔和少量地施加操纵力，对变化的结果要快速地交叉检查，当仪表显示预期结果时，继续保持操纵力。小的俯仰姿态变化可以很容易地控制、停止和修正，大的变化操纵起来就比较困难。

（2）在速度、功率或姿态变化期间或进入爬升或下降期间，不加快对仪表的检查速度。

（3）无法保持新的俯仰姿态。例如，想抬机头到正确的爬升姿态，由于操纵过量，俯仰姿态进一步增加，造成空速减小。操纵杆力的变化是随着空速改变而改变的，必须加快仪表的交叉检查速度并及时调整操纵力。

（4）不配平操纵力。除非飞机已配平，否则无法确定操纵力的改变是由航空动力变化引起的还是由飞行员自己造成的。

（5）无法学会使用正确的功率设置。

（6）在做出俯仰姿态或功率调整之前，不能有效地交叉检查空速和升降速度。

（7）由于交叉检查空速和高度表指示缓慢，慢速改出时，俯仰姿态和功率配合不好。

（8）无法通过其他俯仰控制仪表交叉检查升降速度表，从而造成盲目追升降速度。

（9）不能根据爬升率或下降率来决定改平的提前量，造成超过或未到所需的高度。

（10）由于加油门至巡航功率时未能向前稳杆保持下降姿态，导致从下降改平飞时，机头上仰过多。

（11）改平飞后未能正确识读直线平飞的仪表指示。应加快交叉检查直到肯定飞机已经建立了直线平飞状态。

6.4 转 弯

6.4.1 标准转弯率转弯

标准转弯率转弯可以使飞行员在2分钟内做一个完整的360°或3°每秒的转弯。虽然一直是3°每秒，但是随着空速增加，标准转弯率转弯需要更大的坡度。使用副翼和方向舵向所需转弯方向进入协调的水平转弯。飞行员通常会以较猛的动作形成转弯。在初期培训转弯期间，要在快速交叉检查和判读的基础上施加操纵力。在没有监控到仪表指示变化的情况下过快地操纵飞机只会带来更多的修正。

经验上来说，要确定标准转弯率转弯所要求的大约坡度，使用真空速的15%。一个确定该量的方法是先把空速除以10，然后加上所得值的一半。例如，在100节时，需要大约15°的坡度（100÷10 = 10，10 + 10÷2 = 15）；120节时，需要大约18°的坡度来进行标准转弯率转弯。

在进入转弯时，使用地平仪来建立大约的坡度，然后检查转弯侧滑仪上的小飞机，或坡度指示器，建立并保持标准转弯率转弯。通过使用转弯协调仪的小飞机作为主要的坡度参考和地平仪作为辅助坡度仪表来保持该转弯率转弯的坡度，如图6.33所示。当转弯协调仪指示为标准转弯率转弯时，注意地平仪上的坡度刻度所给的准确坡度。

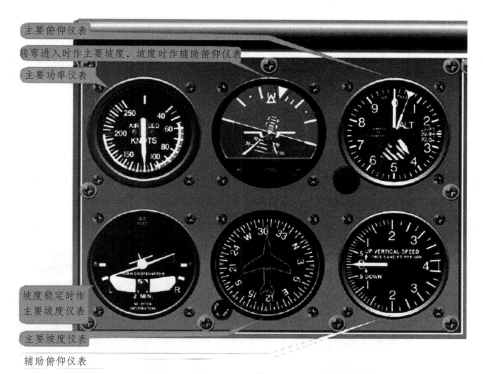

主要俯仰仪表

转弯进入时作主要坡度，坡度时作辅助俯仰仪表

主要功率仪表

坡度稳定时作
主要坡度仪表

主要坡度仪表

辅助俯仰仪表

图 6.33　标准转弯率转弯，恒定空速

在进入转弯时，随着坡度增加，垂直升力分量减小，飞行员应检查高度表、升降速度表和地平仪以进行有必要的俯仰姿态调整。如果保持空速不变，空速表成为功率的主要仪表，随着阻力的增大，必须调整油门。随着坡度的建立，飞行员应配平在俯仰姿态和功率改变期间施加的操纵力。

要回到直线平飞，应向与转弯相反的方向协调操纵副翼和方向舵。努力做到使用和进入转弯相同的速率退出转弯，这样就能准确预计转弯改出的提前量，尤其是在部分仪表机动飞行时。

开始转弯改出时，地平仪成为主要的坡度仪表。当飞机大约水平时，与在直线平飞中一样，航向指示器成为主要的坡度仪表。这时要进行功率、俯仰姿态和配平的调整，因为垂直升力分量和空速出现了变化。在这个转弯过程中，飞行员应该检查小球，特别是如果使用操纵力保持而没有配平的时候。

一些飞机在转弯期间特别稳定，在飞机保持在已建立的姿态时，只需要稍微一点配平调整就可以松开杆飞行；其他飞机在转弯时，需要持续地、快速地交叉检查和操纵来修改坡度过大的趋势。由于在转弯期间，俯仰姿态、坡度和空速偏差的内在关系，飞行员必须快速交叉检查以防止出现积累误差。

6.4.2　转至预定的航向

只要飞机处于一个协调的坡度中，它将继续转弯，这样就必须在达到预定航向之前提前转出。提前量由于转弯率、坡度和改出速度关系的不同而有所改变。对于小量的航向变化，使用一个不超过转弯角度的坡度，以所用坡度值的一半值提前改出。例如，如果在改变航向期间使用了 10°的坡度，则在到达所需航向之前 5°开始改出横滚。对于大的航向改变，由于标准转弯率转弯的坡度随着真空速而变化，所以提前量也有所变化。

飞行员应练习使用坡度的一半作为提前量直到能确定一个精确的提前量。如果进入横滚和退出横滚的速率是一致的，则适合于特定的横滚改出的精确提前量是可以确定的。

6.4.3 计时转弯

计时转弯是使用钟表和转弯协调仪在给定时间内以一个特定值来改变航向的转弯。例如，在标准转弯率转弯（3°/秒）中，飞机在 15 秒内转了 45°；在二分之一标准转弯率转弯中，飞机在 30 秒内转了 45°。

在进行计时转弯之前，应该校准转弯协调仪以确定它指示的精确性，如图 6.34 所示。建立一个如转弯协调仪指示的标准转弯率转弯，当钟表的长秒针经过一个校准点（12、3、6 或 9）的时候，检查航向指示器上的航向。在保持指示的转弯率不变的同时，注意每隔 10 秒指示的航向变化。如果飞机在该间隔内转弯超过或少于 30°，则对转弯协调仪的小飞机有必要分别进行更大或更小的偏转来获得标准转弯率转弯。在每个方向上的转弯期间校准了转弯协调仪之后，应注意修正的偏转量，并在所有计时转弯期间都要考虑上。

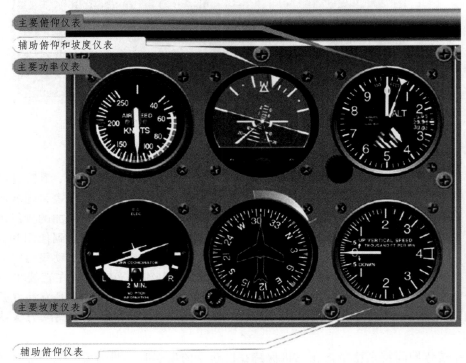

主要俯仰仪表
辅助俯仰和坡度仪表
主要功率仪表
主要坡度仪表
辅助俯仰仪表

图 6.34 转弯协调仪校准

在进行计时转弯时，使用与实施转至预定航向转弯相同的交叉检查和操纵技术，除非用航向指示器替换了钟表。转弯协调仪的小飞机成为坡度操纵的主要仪表，高度表成为俯仰姿态操纵的主要仪表，空速表成为功率操纵的主要仪表。当钟表的秒针经过一个校准点时，开始进入横滚，保持转弯在校准的标准转弯率指示上（或对于小的航向变化，用二分之一标准转弯率），当计算的秒数结束时，开始改出横滚。如果进入横滚和退出横滚的速率是一样的，则计时中不需考虑进入和改出所花的时间。

利用全部仪表面板练习计时转弯，并利用航向指示器来检查转弯精确性。如果在没有陀螺航向指示器时进行转弯，在转弯完成时使用磁罗盘来检查转弯精确性，要考虑到罗盘的偏离误差。

6.4.4 磁罗盘转弯

在大多数的小型飞机上，只有磁罗盘是不依赖于其他飞机仪表和动力源的方向指示仪表。由于它有被称为罗盘误差的工作特性，飞行员倾向于只是使用它来作为设置航向指示器的一个参考，但是如果了解了磁罗盘的特点，就可以完全使用它来进行飞机转弯以修正和保持航向。

当转弯到磁罗盘航向或当使用磁罗盘作为调整航向指示器的参考时，记住以下的点：

（1）如果航向朝北，开始一个向东或西的转弯，罗盘指示滞后，或指示一个向反向的转弯。

（2）如果航向朝南，开始一个向东或西的转弯，罗盘指示超前于转弯，指示一个比实际转弯大的转弯。

（3）当航向朝东或西时，向任一方向转弯，罗盘指示都是正确的。

（4）如果航向朝东或西，加速引起一个向北转弯的指示；减速引起一个向南转弯的指示。

（5）如果保持向北或向南的航向，俯冲、爬升或改变空速都不会引起误差。

如果坡度在 15°和 18°之间，当转弯至向北或向南的航向时，要用的提前量或滞后量随着转弯位置的纬度变化，并且大约等于转弯位置的纬度。当转向朝北的航向时，改出横滚的提前量必须包含纬度改变的度数，加上通常从转弯改出的提前量。在转向一个朝南航向期间，保持转弯直到罗盘越过朝南航向的纬度数，减去正常改出横滚提前量，如图 6.35 所示。

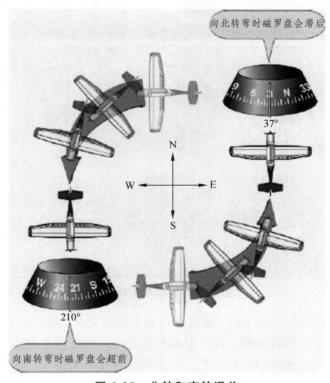

图 6.35 北转和南转误差

例如，当从一个东向的方向转至北向时，纬度是 30°，当罗盘读数是 37°（30°加上 15°坡度的一半，或适合于横滚改出速率的值）时开始改出横滚。当从一个东向方向转弯至南向时，磁罗盘读数为 203°（180°加上 30°减去坡度的一半）时开始改出横滚。当做一个从朝西方向的相似的转弯时，开始改出横滚的合适点是：转向北向为 323°，转向南向为 157°。

当从一个朝北的方向转向一个朝东或朝西的航向时，在到达朝东或朝西指示之前的大约 10°至 12°开始改出横滚。当从一个朝南的方向转向一个朝东或朝西的航向时，在到达朝东或朝西指示之前的大约 5°开始改出横滚。当转向其他航向时，提前量或滞后量必须内推导出。

姿态或空速的突然改变和由此造成的罗盘卡不稳定移动使得飞行员对仪表进行准确的判读特别困难。

飞行员要熟练地进行磁罗盘转弯，要依赖于对罗盘特性知识的了解、柔和的操纵技巧和准确的坡度和俯仰操纵。

6.4.5　大坡度转弯

为了在常规飞机上进行仪表飞行训练，任何大于标准转弯率的转弯都称为大坡度转弯，如图 6.36 所示。从正常转弯变成大坡度转弯的准确坡度是不重要的。重要的是要学会使用那些超过通常在仪表上使用的坡度来操纵飞机。练习大坡度转弯不只是能增加对基本仪表飞行技术的熟练程度，还能够对仪表飞行条件下意外进入的不正常飞行姿态进行柔和、快速和自信的改出。

图 6.36　大坡度左转弯

随着坡度的增大，飞机操纵的空气动力效应会出现显著地变化。虽然用于大坡度转弯的转弯进入、保持和改出的技术原理和小坡度转弯的一样，但要和这些变化成正比地快速交叉检查、判读和操纵。

进入大坡度转弯和小坡度转弯的方法一样，但是随着转弯越来越大，应准备快速交叉检查。由于产生了大的垂直升力分量，俯仰操纵通常是这种机动最难的方面之一。

除非实时注意到并修正增大的俯仰姿态，否则垂直升力的减小会引起高度表、升降速度和空速指针的快速移动。坡度变化率越快，升力的变化越突然。如果交叉检查快到足以注意到需要对俯仰姿态进行实时改变，柔和、稳定的拉杆力将保持高度恒定。

随着坡度的加大，需要逐渐增加拉杆力。随着垂直升力的减小和机翼载荷的增大，最终达到一个临界点，在该点上带杆只会进一步使转弯半径变小，而不能抬机头。

飞行员如何辨认坡度过度和低俯仰姿态呢？飞行员又怎样去修正它们呢？不管怎么施加拉杆力，如果观察到高度表指针或升降速度指针快速往下移动，同时空速增大，则表明飞机正在俯冲盘旋，如图 6.37 所示。这时应立即使用柔和、协调的副翼和方向舵操纵力减小坡度，保持或稍微减轻升降舵操纵力，加快对地平仪、高度表和升降速度表的交叉检查速度。如果空速快速增加，则应减小功率。当升降速度趋于向上的时候，高度表指针将随着垂直升力的增加而缓慢移动。当抬机头时，如果升降舵变得有效，则应保持地平仪上所示的坡度并柔和地调整升降舵操纵力使达到适合于保持坡度的高机头姿态。如果在进入大坡度转弯时俯仰姿态操纵跟不上，则应立即改出横滚到直线平飞并分析可能的原因。开始先训练小坡度转弯，领会所需的姿态变化和操纵力反应，随着交叉检查和操纵技术越来越快速、准确，应增加坡度训练。

图 6.37　俯冲盘旋

必要的用来保持空速不变的功率随着坡度和阻力的增加而增大。训练时，飞行员要领会适于特定坡度的功率调定，并在不过分注意空速和功率仪表的情况下进行调节。

在大坡度转弯的训练期间，和其他任何飞行机动一样，首先要注意最重要的任务目标，保持俯仰姿态相对不变，这样可以有更多的时间用于交叉检查和仪表判读。

从大坡度转弯改出到直线平飞期间，必须和空气动力的变化成正比地协调升降舵、功率操纵与坡度操纵，必须减轻拉杆力和减小功率。大坡度转弯中有关的常见误差与本节以后讨论的误差一样。

注意：除非飞行员对三种基本的仪表飞行技术有相当的熟练程度，否则误差就会越大、越难以分析和修正。

6.4.6　爬升和下降转弯

进行爬升和下降转弯时，要结合在直线爬升和下降中所使用的技术及各种转弯的技术。必须考虑空气动力因素对升力及功率操纵的影响来决定功率调定，必须加快交叉检查和判读的速度来操纵坡度和改变俯仰姿态。

6.4.7　在转弯期间改变空速

在转弯期间改变空速可有效地加强三个基本仪表技术的熟练程度。由于该机动包含所有操纵分量的同步改变，所以要合理地进行机动，要求快速交叉检查和判读，还要柔和地操纵。

转弯期间改变空速也有助于在更复杂的机动飞行中，涉及姿态和功率变化时，增强对仪表使用的信心。俯仰姿态和功率操纵技术与在直线平飞的空速改变期间使用的操纵技术一样。

一个给定转弯率必需的坡度和真空速成正比。因为是标准转弯率转弯，所以坡度必须和空速变化成正比变化来保持转弯率恒定不变。在空速减小期间，减小坡度并增加俯仰姿态来保持高度和标准转弯率转弯。

在转弯过程中，应该保持高度表和转弯协调仪指示恒定不变，高度表成为主要的俯仰姿态控制仪表，转弯协调仪的小飞机成为主要的坡度操纵仪表。在空速变化的同时，进气压力表（或转速表）是主要的功率操纵仪表。随着空速接近新的指示，空速表成为主要的功率操纵仪表。

转弯中改变空速有两种方法。第一种方法，在转弯建立后改变空速，如图 6.38 所示。第二种方法，在进入转弯的同时开始改变空速。第一种方法更简单些，但不管使用何种方法，随着功率减小，都必须尽快交叉检查。随着飞机减速，飞行员应检查高度表和升降速度表上不可避免的俯仰姿态变化和坡度仪表达到所需的坡度改变。如果转弯协调仪的小飞机指示出所需偏转的偏差，则应调整坡度。

图 6.38　在转弯时改变空速

调整俯仰姿态以保持高度。当接近所需的空速时，地平仪成为功率操纵的主要仪表，这时应调节进气压力表（或转速表）以保持所需的空速。配平在机动的这个过程中是重要的，它用来减轻操纵力。

在操纵技术特别好之前，频繁交叉检查地平仪是必须的，它可防止操纵过量和提供适合于改变空速的大致坡度。

6.4.8　转弯的常见错误

1．俯　仰

俯仰错误通常是由下列过错造成的：

（1）在转弯进入和改出期间注意力只集中在坡度操纵上。如果横滚进入转弯需要 5 秒，随着开始坡度操纵，应检查俯仰姿态仪表。如果坡度操纵力和坡度变化率一致，则飞行员将逐渐感受到姿态改变所需的时间。在这期间，检查俯仰姿态、功率和配平，还有坡度，控制整个姿态而不是每次一个方面。

（2）随着垂直升力分量的改变，无法理解或记住改变俯仰姿态的必要性，从而在进入过程中造成相应的高度损失。

（3）在必需改变俯仰姿态之前改变俯仰姿态。该过失和交叉检查缓慢及进入速度太快特别相似。这个误差出现在转弯进入期间过早无意识地施加了拉杆力。

（4）俯仰姿态改变操纵过量。这个过失通常和上面的误差同时出现。

（5）在横滚改出期间，随着垂直升力分量的增加，无法正确地调整俯仰姿态，造成改出到目标航向时会增加相应的高度。

（6）在转弯进入和随后的转弯改出（如果转弯持续时间长）期间，未配平。

（7）改出横滚后，未保持直线平飞的交叉检查。这个错误通常出现在一个完美的转弯之后。

（8）在进入和改出期间坡度变化率不稳定，通常是由未能使用与升力变化一致的交叉检查俯仰姿态仪表造成的。

2. 坡　度

坡度和航向错误通常是由下列过错造成的：

（1）操纵过量，造成在进入转弯时坡度过大，超越或未达到目标航向，还有过大的俯仰姿态、空速和配平误差。

（2）过于注重单个坡度仪表。例如，要改变航向90°，在建立一个标准转弯率转弯后大约20秒，没有交叉检查航向指示器，因为3°/秒转弯，所以将不会转到接近提前量的点直到时间足够之前。在时间合适时，应进行选择性的交叉检查，只检查那些需要检查的仪表。

（3）紧随转弯改出，未检查天地线条的移动。在地平仪显示平飞的时候，如果航向指示器显示航向有变化，那么飞机正在转弯。如果小球在中心位置，则表明姿态陀螺进动了；如果小球没有在中心位置，则飞机可能以左侧滑或右侧滑转弯。踩方向舵使小球回中，检查地平仪和航向指示器，如果航向继续改变，则应止住航向改变，并重新配平。

（4）无法使用正确的坡度得到对所需的航向改变量。为了改变航向10°而横滚进入一个20°的转弯通常会超越目标航向，应使用与所需的航向改变量相适应的坡度。

（5）未记住飞机正在转至的航向。这个过失很可能在匆忙的机动时出现。

（6）由于误解航向指示器或混淆罗盘上的位置点造成转弯方向错误。飞行员应以最小角度的方向转弯至给定的航向，除非有特定的原因要向与之相反的较大角度方向转弯。学习领会罗盘刻度盘，要对方位的八个主要点的位置形成思维图像。对航向改变的快速计算可以使用很多方法。例如，从305°航向转弯至110航向，飞行员应左转还是右转可以得到最短的路线距离呢？305减去200，加上20，得到305°的相反方向125°，因此，应该向右转弯。同样的，要计算小于180°航向的反方向时，应加200然后减20。使用100和10的倍数比加或减180计算快多了，因此，上述建议的方法可以节省时间和免除混淆。

（7）当判读仪表的坡度信息时，未检查转弯协调仪的小球。如果横滚速度减小到零，则转弯协调仪的小飞机只指示方向和转弯率。除非小球在中间位置，否则不应设想转弯是由坡度引起的。

3. 功　率

功率和空速误差通常是由下列过错造成的：

（1）随着俯仰姿态的改变，没有交叉检查空速表。

（2）功率操纵不稳定。这可能是由下面几项原则造成的：油门摩擦控制不正确、油门调定不准确、追逐空速读数、突然或过量操纵的俯仰坡度变化或未重新检查空速以注意功率调节的效果。

（3）俯仰姿态和坡度变化与油门操纵协调不好，并与交叉检查缓慢或不理解与转弯有关的空气动力因素相关联。

4. 配　平

配平误差通常是由下列过错造成的：

（1）由于交叉检查和判读缓慢，未认识到需要改变配平。例如，进入转弯的速度太快，以至于交叉检查太快从而造成交叉检查困难和判读混淆，同时引起操纵杆上的力过大。

（2）不理解配平和姿态/功率变化的关系。

（3）追逐升降速度指针。操纵过量导致操纵力大，并阻止了对要配平的操纵力的感觉。

（4）功率改变后，无法配平。

5. 磁罗盘转弯期间的误差

除上面讨论的过错之外，还应该注意下列与磁罗盘转弯相联系的过错：

（1）错误地理解或计算提前量和滞后量。

（2）在横滚改出期间，过分地专注于罗盘。在飞机处于直线平飞、非加速飞行之前，读取指示的航向是不必要的。因此，改出横滚之后，在检查转弯的精确性之前，应交叉检查直线平飞。

6.5　接近失速

在各种飞机形态上训练接近失速的改出可以给飞行员建立自信，能够使他们在意外的情况下，有能力操纵好飞机。应该从直线飞行和小的坡度练习接近失速，目的是为了训练接近失速的识别和改出。

在失速改出训练之前，选择一个安全的高度、没有空中交通冲突的区域、适合的天气和可用的雷达活动咨询服务。

飞行员可在下列形态上来完成接近失速：

（1）起飞形态——应该从平飞接近离地速度时开始在迎角增加的同时使用动力来产生失速的迹象。

（2）光洁形态——应该在平飞中从减小的空速开始，如航线空速。在迎角增加的同时应该使用动力来产生失速的迹象。

（3）进近或着陆形态——在合适的进近或着陆空速开始。应该柔和地增加迎角来产生失速的迹象。

当失速警告装置发生警告或出现空气动力征兆时，应通过柔和地减小迎角和使用最大功率或用POH/AFM推荐的程序来改出失速。改出完成后应该没有过大高度损失，并应在预定的航向、高度和空速上完成。

6.6　非正常姿态和改出

非正常姿态是指在正常仪表飞行中不要求的飞机姿态。非正常姿态可以由许多的情形造成，如颠簸、空间失定向、仪表失效、混淆、过分专注于驾驶舱其他任务、粗心地交叉检查、仪表判读错误或操纵飞机不熟练。因为非正常姿态在仪表飞行中（培训除外）不是有意要做的机动，它们通常是非预期的，无经验或训练不够的飞行员对非预期的非正常姿态的反应通常是本能的，而不是明智的、有准备的。而这些本能的反应通常是粗猛的操作，毫无目的性，并且在颠簸、过大的速度或在低高度情况下是非常危险的。然而，通过训练，快速、安全地从非正常姿态中改出的技术是可以掌握的。

在交叉检查中当察觉到非正常姿态时，不应首先考虑飞机为什么为处于非正常姿态，而应考虑如何将飞机从当前的状态尽快地回到直线平飞状态。

6.6.1 识别非正常姿态

作为一般惯例，任何时候发觉到仪表移动或指示的速率与基本仪表飞行操纵不符，应该想到飞机可能处于一个非正常姿态，同时加快交叉检查的速度来证实姿态、仪表误差或仪表故障。

高俯仰姿态可以通过以下现象显示出来：高度表指针的移动速率和方向，升降速度指针速率和空速指针速率，同时立即参看地平仪（极端姿态除外）的指示，如图 6.39 所示；低俯仰姿态由相同的仪表显示，但是方向相反，如图 6.40 所示。

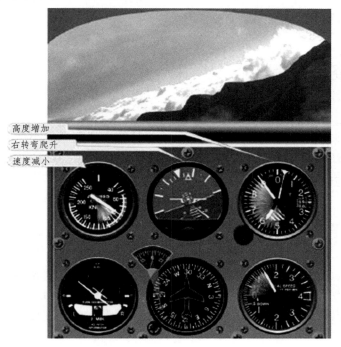

图 6.39　非正常姿态——机头高

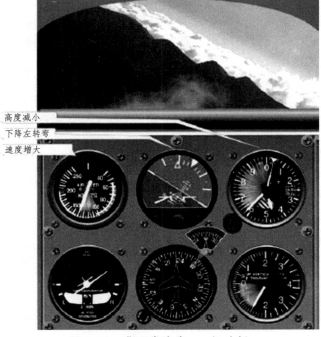

图 6.40　非正常姿态——机头低

6.6.2 从非正常姿态的改出

当飞机处于中度非正常姿态时，飞行员通常通过在地平仪上建立平飞指示来重新定位。然而，如果地平仪是可溢出型的，则飞行员不应依赖这种仪表，因为这可能超过它的翻转极限或它可能由于机械故障而失效。如果地平仪是非溢出型的仪表，并且工作正常，则可能引起小于 5° 的俯仰姿态和坡度误差，并且在极端姿态下仪表指示的判读将非常困难。出现非正常姿态时，飞行员应该开始进行 POH/AFM 中规定的推荐改出程序。如果 POH/AFM 中没有规定推荐的程序，则应该通过参考空速表、高度表、升降速度表和转弯协调仪来进行改出。

6.6.3 大仰角姿态

如果空速正在降低，或低于所需的空速，则应增加功率（如必要，与观察到的减速率成正比），向前顶杆压低机头防止失速，盘舵一致改平坡度，同时让转弯协调仪的小球回中。所有的修正几乎是同时进行的，但应按上述顺序进行。空速表和高度表指针会先反向移动，然后稳定下来，指示飞机的平飞俯仰姿态。当小飞机处于水平位置，转弯协调仪的小球居中时，意味着飞机处于平飞状态。

6.6.4 大俯角姿态

如果空速正在增加，或高于所需的空速，则应减小功率以防止空速和高度损失过大。通过参考转弯协调仪，盘舵一致地改平坡度，使飞机回到直线飞行状态，之后柔和地带杆至平飞姿态。要想柔和、熟练地改出，所有的改出动作应该同时协调进行。不过，在训练初期，应按照上述顺序进行系统练习，以增强改出的主动性和自信心。

注意：对于低俯仰姿态，飞行员本能的反应是向后拉杆。

因为初始改出动作所需操纵量可能会很大，所以当初始改出动作完成后，应继续快速交叉检查以防操纵过量。如果高度表和空速表指针的移动速度减缓，则表明姿态正在接近平飞；如果指针先停止然后反向移动，则表明飞机已经飞过了平飞姿态。当空速表、高度表和转弯协调仪的指示稳定下来后，应将地平仪纳入交叉检查的范畴。

应该检查地平仪和转弯协调仪来确定坡度，然后盘舵一致地改平坡度。小球应该回中，如果没有回中，外侧滑和内侧滑的感觉容易加剧失定向并阻碍改出。如果从指定的高度 [如果在仪表飞行规则（IFR）下飞行，则由教员或空中交通管制（ATC）指定] 进入非正常姿态，在直线平飞稳定后，回到原来的高度。

6.6.5 非正常姿态的常见错误

与非正常姿态相关的常见错误包括以下几点：

（1）不能正确地配平飞机。当受到驾驶舱的干扰后，由于操纵杆力过大，造成飞机无意间进入非正常姿态。

（2）驾驶舱混乱。找航图、记录本、计算机等会严重地分散飞行员在仪表上的注意力。

（3）交叉检查缓慢及注意力过于集中。当发觉到仪表偏差时有想要修正的冲动，但却是盯着看结果，飞行员需要通过足够的训练来提高快速辨别仪表的技术。

（4）通过感官感觉来尝试改出，而不是视觉。在第 1 章——人为因素——中已经对失定向进行了讨论，指出了相信仪表的重要性。

（5）不具备基本的仪表技术。所有在基本仪表技术中出现的错误，在非正常姿态改出中将变得更为严重，直到该基本的技术被完全掌握。

6.7　仪表起飞

具有仪表起飞能力能使飞行员在低能见度、下雨、低云底高或夜晚不辨方向的条件下离场时，有足够的熟练使用飞行仪表的信心。如果突然从"目视"飞行转为"仪表"飞行，则可能会引发严重的失定向和飞机控制问题。

根据机型不同，仪表起飞的技术也不一样，但下面描述的方法无论对单发飞机或多发飞机、前三点式飞机或后三点式飞机都适用。

将飞机的前轮或尾轮对齐跑道中心线，锁定尾轮（如果有尾轮锁定机构的话），用力踩刹车以避免准备起飞时飞机缓慢移动。将航向指示器的指针调定在离公布的跑道向最近的 5°刻度处，使得起飞过程中很小的航向变化也能被即时察觉到。通过给航向指示器解锁之后旋转旋钮并检查航向指示恒定不变来确保航向指示器已解锁（如果仪表有锁定功能）。如果使用的是带有可旋转指针的电子航向指示器，则应旋转指针指向机头位置，即航向指示器的顶部。先加油门至一定的 RPM，然后松开刹车，柔和地加油门至起飞功率。

在起飞滑跑期间，使用方向舵保持航向指示器恒定不变。在多发、螺旋桨驱动的飞机上，也可以使用差动油门来保持方向。通常不能使用差动刹车，除非必须使用时。因为它一般会造成控制过量并延长起飞滑跑距离。一旦松开刹车之后，还必须立即修正航向偏差。

随着飞机加速，要快速地交叉检查航向指示器和空速表。地平仪可能会有轻微的上仰移动。当速度接近飞行速度（大约低于起飞速度 15~25 节）时，柔和地带杆使地平仪达到所需的起飞姿态。对于大多数小型飞机，起飞姿态大约是两个小格。

当飞机离开地面时，飞行员应继续快速交叉检查航向指示器和地平仪，不要粗猛拉杆，在保持所选姿态稳定不变的同时使飞机飞离地面。通过参考地平仪保持俯仰姿态与坡度控制，当航向指示器上指示出偏差时，进行协调的航向修正。交叉检查高度表和升降速度表为正爬升率（高度表指针稳定地顺时针旋转并且升降速度表显示适合于飞机的稳定爬升率）。

当高度表显示一个安全的高度时（大约 100 英尺），收起起落架与襟翼，并通过参考地平仪保持姿态。由于在收放起落架与襟翼时操纵力会变化，除非飞行员正确、快速地发觉俯仰指示，否则有可能会出现操纵过量。飞行员应使用配平消除掉用来保持稳定爬升姿态必要的操纵力，检查高度表、升降速度表和空速以柔和地加速到预期的爬升速度（高度表和空速正在增加、升降速度稳定）。当速度到达预期的爬升速度时，应减小功率至爬升功率（除非 POH/AFM 推荐全功率爬升并配平）。

在仪表起飞的整个过程中，必须要快速地交叉检查和判读仪表，并柔和、主动地操纵飞机。在离地期间，收起落架和襟翼、减小功率及改变操纵力，要求快速地交叉检查、调整操纵力及准确地调整配平。

仪表起飞期间有以下常见错误：

（1）起飞前驾驶舱检查不够。由于匆忙或粗心，飞行员使用仪表起飞时空速表（皮托管堵塞）不工作、陀螺地平仪锁定、操纵上锁及许多其他疏忽的事情。

（2）未正确地对准跑道。这可能是由于刹车使用不正确造成的，使得飞机在对准跑道后缓慢移动，或者由于对准跑道时前轮或尾轮未锁定造成。无论如何，都会造成起飞后的方向控制问题。

（3）未正确使用功率。加油门过快会增加方向控制的难度，所以应该柔和、连续地加油门。

（4）刹车使用不正确。座位或脚蹬调整不正确，脚处于不舒服的位置，常常会引起无意间使用刹车及很大的航向变化。

（5）蹬舵过量。可能是由以下原因造成的：识别航向变化过慢、操纵杆力过大、航向指示器判读错误（向错误方向进行修正）、飞机加速时未相应改变舵量等。如果观察到航向变化，并实时小量蹬舵进行修正，可以减小飞机的偏转趋势。

（6）升空后无法保持姿态。如果飞行员在飞机离地时凭身体感觉做出反应，就会凭着猜测控制俯仰姿态，从而可能使俯仰姿态过大或前推驾驶杆太多。

（7）仪表交叉检查不充分。精力固着在改变配平、姿态、收回起落架和襟翼及改变功率等。当改变仪表指示或施加了某个操纵时，应继续进行交叉检查，特别注意改变的参数。

（8）仪表判读不充分。飞行员未能立即理解仪表的指示，有必要进一步地学习仪表起飞。

6.8   基本仪表飞行样式

飞行样式是最基本的飞行机动，飞行时只参考仪表而不参考外界目视情况，以达到训练基本姿态飞行的目的。飞行样式模拟了在仪表飞行中会遇到的各种机动飞行，如等待航线、程序转弯和进近等。在一定程度地熟练掌握了基本机动以后，可以将这些技术应用到各种不同的机动组合中。下面练习的飞行样式可直接应用于实际的仪表飞行。

6.8.1   跑马场样式

（1）从 A 到 B，直线平飞计时 3 分钟，如图 6.41 所示。在这段距离内，减小空速至适于飞机的等待速度。

（2）在 B 点以一个标准转弯率右转 180°。在 C 点改平坡度，航向和 A 点的航向相反。

（3）从 C 到 D，直线平飞计时 1 分钟。

（4）在 D 点以一个标准转弯率右转 180°，在初始航向时改平坡度。

（5）在初始航向上飞 1 分钟，调整出航边航段以使入航边为 1 分钟。

注意： 该航线练习结合使用钟表和基本的飞行机动。

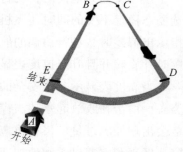

图 6.41　跑马场样式
（整个飞行过程中高度不变）

6.8.2   程序转弯

程序转弯是一种机动飞行，主要有以下作用：
（1）使飞行方向反向。

（2）从一个初始进近定位点或从指定高度下降到一个许可高度（通常为程序转弯高度）。

（3）以足够的距离截获向台航道，使得飞机对准最后进近航道。

程序转弯类型包括 45°转弯、80°/260°转弯和修正角转弯。所有这些转弯距离主机场都不超过 10 海里（NM）。在程序转弯区域的程序转弯高度一般提供最小 1 000 英尺的离地高度（机场的 10 NM 弧以内的区域没有此要求）。转弯可能不得不增加或减小坡度，但不应该超过 30°的坡度。

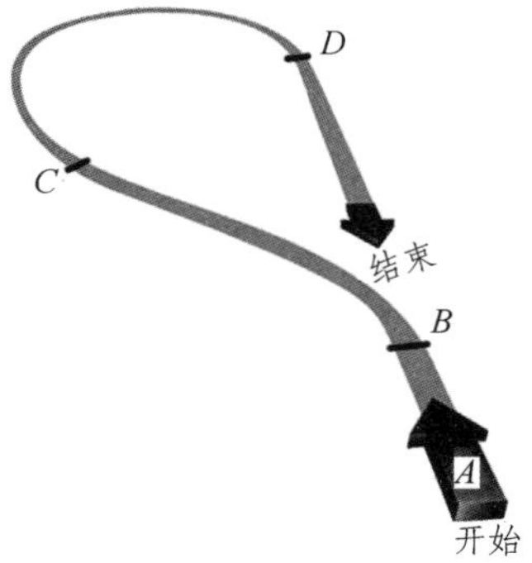

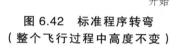

图 6.42　标准程序转弯
（整个飞行过程中高度不变）

6.8.3　标准 45°程序转弯

（1）在 A 点开始计时（通常由进近程序上的一个定位点来确定）。例如，背台顺着 360°航向飞一个给定的时间（在该例中为 2 分钟），如图 6.42 所示。

（2）背台飞 2 分钟后（B 点），使用标准转弯率左转 45°到航向 315°。改平飞后，沿新航向 315°飞行 40 秒，飞机大约将飞到 C 点的位置。

（3）在 C 点，右转 225°（使用标准转弯率转弯）到航向 180°。计时是在无风的环境下进行的，飞行员将在 D 点对准 180°的最后进近航道。在程序转弯中必须考虑风的情况。对风进行补偿可能会引起背台时间、程序转弯航向和/或时间的变化，及向台转弯率的少量变化。

6.8.4　80°/260°程序转弯

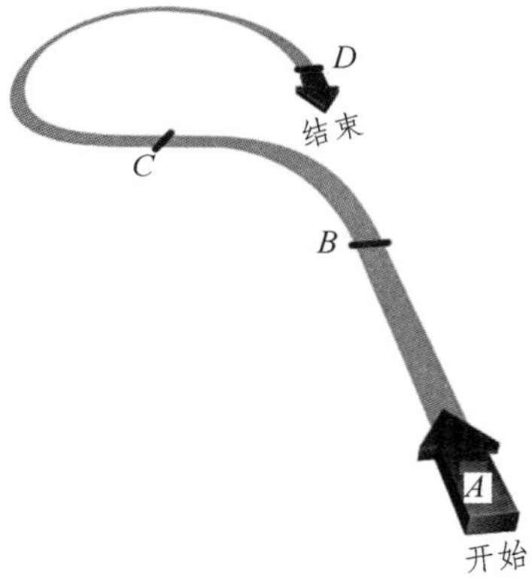

（1）在 A 点开始计时（通常由进近程序上的一个定位点来确定）。例如，背台沿 360°航向飞 2 分钟，如图 6.43 所示。

（2）在 B 点，以标准转弯率左转 80°到航向 280°。

（3）80°转弯到 280°（C 点）结束时，立即右转 260°，在 180°航向（D 点）上，即进入航向的反方向改平坡度。

图 6.43　80°/260°程序转弯
（整个飞行过程中高度不变）

6.8.5　修正角航线

典型的修正角程序转弯有 3 种，分别是 30°、20°和 10°修正角航线。下面以从 360°航向进入为例，分别介绍这 3 种程序转弯的步骤，如图 6.44 所示。

（1）在 B 点（稳定在背台航道上之后），左转：

① 30°至航向 330°，计时 1 分钟；

② 20°至航向 340°，计时 2 分钟；

③ 10°至航向 350°，计时 3 分钟。

（2）在上述相应的时间后（C 点），以标准转弯率右转至：

① 30°修正角——210°至最后航道 180°（D 点）；

② 20°修正角——200°至最后航道 180°（D 点）；

③ 10°修正角——190°至最后航道 180°（D 点）。

通过使用不同的修正角航线，飞行员可以更有效地管理时间。例如，

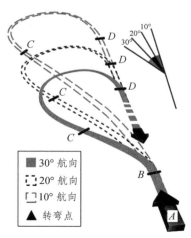

图 6.44　修正角样式
（整个飞行过程中高度不变）

147

3 分钟的 10°修正角航线所需的距离和时间是 30°修正角航线的 3 倍。在选择航线时，应综合考虑包括风、程序复杂性、飞行员准备情况等在内的多种因素。

6.8.6　盘旋进近样式

1. 样式 I（见图 6.45）

（1）在 A 处，开始从 A 到 B 计时 2 分钟，减小空速至进近速度。

（2）在 B 处，向左做一个 45°的标准转弯率转弯。

（3）转弯改出后，计时 45 秒到 C 处。

（4）在 C 处，转弯至初始航向；飞 1 分钟至 D，放起落架和襟翼。

（5）在 D 处，做一个 180°的右转弯，在 E 处，以与初始航向相反的航向改出。

（6）在 E 处，开始以 500 英尺/分钟的下降率下降；当下降 500 英尺以后，直线恒速爬升，收起落架和襟翼。

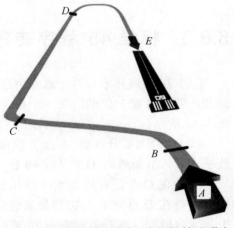

图 6.45　盘旋进近样式 I（假想的跑道）

2. 样式 II（见图 6.46）

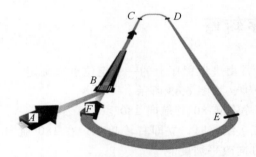

图 6.46　盘旋进近样式 II（假想的跑道）

（1）在 A 处，开始从 A 到 B 计时 2 分钟，减小空速至进近速度。

（2）在 B 处，向左做一个 45°的标准转弯率转弯。

（3）转弯完成后，计时 1 分钟到 C 处。

（4）在 C 处，做一个 180°的右转弯到 D；飞 1.5 分钟到 E，放起落架和襟翼。

（5）在 E 处，做一个 180°的右转弯，在 F 处改平坡度。

（6）在 F 处，开始以 500 英尺/分钟的下降率下降；当下降 500 英尺后，直线恒速爬升，收起落架和襟翼。

7 飞机基本飞行机动——使用电子飞行显示

7.1 介 绍

前面的章节讲述了使用机械式仪表飞行的基础。操纵飞机并保持安全的飞行，需要飞行员使用及判读仪表上显示的信息，并修正偏差。飞行员必须认识到不同飞机及机型可能需要不同的技术。飞机重量、速度和构型改变需要飞行员改变并以相应的技术方法进行姿态仪表飞行。在进行任何飞行机动之前，飞行员必须熟悉飞行员操作手册/飞机飞行手册（POH/AFM）中的所有章节。

第 5 章讲述了基本姿态仪表飞行机动并解释了如何通过判读电子飞行显示（EFD）上显示的指示来执行各种机动飞行。除了正常的飞行机动，本章将讲述使用"部分面板"的飞行。除仪表起飞之外，所有的机动飞行都可以在姿态航向基准系统（AHRS）所显示的全部和部分面板来完成。

7.2 直线平飞

7.2.1 俯仰控制

飞机的俯仰姿态是飞机的纵轴和实际天地线之间的角度。平飞时，俯仰姿态随空速和载荷变化而变化。就训练而言，一般在小型飞机上忽略重量的因素。恒速时，平飞只有一个特定的俯仰姿态。慢速巡航时，平飞姿态的机头是高的，如图 7.1 所示；快速巡航时，平飞姿态的机头是低的。图 7.2、图 7.3 所示为在正常巡航速度时的姿态指示。

主飞行显示（PFD）上直接或间接指示俯仰的仪表是地平仪、高度表、升降速度表（VSI）、空速表（ASI）、空速趋势指示器和高度趋势指示器。

1. 地平仪

地平仪为飞行员提供直接的俯仰姿态指示。EFD 系统上的大尺寸姿态显示极大地增加了飞行员的处境意识。大多数地平仪都在 PFD 屏幕上以整个宽度显示。

图 7.1　平飞时的俯仰姿态和空速，慢速巡航

图 7.2　俯仰姿态减小且空速增大——指示需要增大俯仰姿态

图 7.3　飞机平飞时的不同俯仰姿态（右边）

通过改变升降舵的偏转来控制飞机的俯仰姿态。当飞行员向后带杆使升降舵上偏时，黄色的"八"字符号会随之从人工天地线位置上偏。这是由于 AHRS 组件能感应地球的经度平面和飞机纵轴之间的角度变化引起的。

PFD 屏幕上显示的地平仪代表了外部的目视参考。与目视飞行规则（VFR）下目视参考自然天地线不同，仪表飞行时必须参考 PFD 屏幕上的人工天地线。

在正常巡航速度时，黄色的"八"字符号（飞机符号）的顶部将位于人工天地线上。与传统地平仪不同的是，EFD 地平仪上"八"字符号相对于人工天地线的位置是不能人为调整的。由于位置固定不变，因此"八"字符号的位置总是显示由 AHRS 组件计算出的俯仰姿态角度。

地平仪只显示俯仰姿态，而不指示高度，飞行员不应单独只使用地平仪来保持平飞。重要的是，飞行员需要知道多小的上仰和下俯移位量会影响飞机的高度。知道这个后，飞行员应该练习通过俯仰递增姿态来熟悉不同俯仰姿态角度怎样改变高度。在图 7.4、图 7.5 所示这两种情况中，飞机将缓慢地增加高度。

"八"字符号厚度大约占 5°，它可给俯仰姿态调整提供精确的参考。飞行员必须通过参考地平仪来做出所需的俯仰姿态改变，然后配平任何多余的操纵力。减轻这些操纵力使飞行更稳定，并且会减轻飞行员的工作量。一旦飞机已经配平好并保持平飞，则飞行员必须在改变俯仰姿态时，柔和、准确地操纵升降舵。

图 7.4　不同姿态（1°～5°）的俯仰指示　　　　　　图 7.5　10°姿态的俯仰指示

要掌握好柔和地操纵升降舵，飞行员必须要特别轻地握操纵杆，通常用大拇指和另外两个手指来移动操纵杆。飞行员应该避免用整只手紧握操纵杆，当用整只手紧握操纵杆时，容易施加过大的操纵力，从而会改变飞机的姿态。

练习柔和、小量地向上和向下改变俯仰姿态直到可以进行精确的修正。经过训练，飞行员能够做到以 1°增量来改变俯仰姿态，这样操纵飞机就会很柔和。

掌握升降舵操纵的最后步骤是配平。要柔和地进行姿态仪表飞行，重要的是要配平飞机以消除操纵力。要想做到这一点，需要短时松开驾驶，观察飞机俯仰姿态的变化趋势，再握住操纵杆，操纵飞机回到先前的姿态，根据操纵力的方向进行配平。少量的配平都能引起俯仰姿态的较大变化，所以，有必要耐心多次地调整配平量。

一旦飞机已经配平好，就应尽可能地松开驾驶杆。当在驾驶杆上保持操纵力时，无意中施加到升降舵和副翼的操纵力会使飞机偏离预期的飞行路径。如果飞机在无颠簸的静流区已经配平好的话，那么飞行员即使松开驾驶杆，飞机也能保持平飞很长时间。实际上，配平是在仪表气象条件（IMC）下飞行最难掌握的技术之一。

2. 高度表

当功率恒定时，任何偏离平飞的飞行状态都是由于俯仰变化造成的（颠簸气流中除外）。如果功率恒定，高度表在平飞时会间接指示俯仰姿态。由于飞机在平飞时应该保持高度不变，所以一旦实际高度偏离了预期，就意味着需要改变俯仰姿态。例如，如果飞机正在增加高度，就必须顶杆压机头。

在 PFD 上，当俯仰姿态开始改变时，高度带上的高度趋势指示器会显示出移动方向上的变化量。高度趋势指示器的增长率和高度表数值的变化，能帮助飞行员决定需要多大的俯仰姿态变化来制止住这个趋势。

随着飞行员对某种飞机的仪表越来越熟悉，他（或她）将学会把俯仰姿态变化、高度带和高度趋势指示器联系起来使用。通过把高度带显示和高度趋势指示器连同地平仪一起扫视，飞行员开始形成交叉检查仪表的技能。

3. 部分仪表飞行

将高度表作为主要俯仰仪表的部分仪表飞行是飞行员需要掌握的重要技能。在训练时，只能参考高度带和趋势指示器，不能使用地平仪来控制俯仰姿态。飞行员需要学会通过根据高度带和趋势指示器的变化率来对高度偏差做出修正。当在 IMC 和部分仪表形态下飞行时，飞行员应该避免突然地操纵驾驶杆。对高度变化的突然反应动作会造成大的俯仰姿态变化，从而导致与初始高度的更大偏差。

当飞行员仅仅通过参考高度带和高度趋势指示器来操纵俯仰姿态时，可能会由于使用了大于必要的俯仰姿态修正量而导致操纵过量。操纵过量会造成飞机姿态从高到低，又从低到高地反复变化。飞行员需要进行小量的俯仰姿态修正，才能快速准确地使飞机回到最初高度。

当出现高度偏差时，需要完成两个动作。首先，应柔和地施加操纵力制止指针的移动。一旦高度带停止移动，就应改变俯仰姿态使飞机回到原来的高度。

在部分仪表的仪表飞行时，需要输入小量、准确的操纵量。一旦指针指示移动表示高度出现偏差时，飞行员需要做出小量的操纵输入来止住偏差。快速地操纵会引起上下波动并会增加偏差。这种波动会很快地造成飞行员失定向并开始过分专注高度，从而造成方向操纵和空速操纵失误。

就经验来说，对于小于 100 英尺的高度偏差，使用 1°的俯仰姿态变化，也就是等于"八"字符号高度的 1/5。小量渐增地改变俯仰姿态能体现出飞机的反应，可以防止飞机操纵过量。

需要综合地使用仪表，但出现仪表失效后，飞行员只能依靠有限的仪表飞行。这也就是为什么要进行部分面板飞行训练的重要原因。如果飞行员知道如何独立地使用每个仪表，当其他仪表失效时，仍能稳定地继续飞行。

4. 升降速度表带

升降速度表带提供了对俯仰姿态的一个间接指示，并且提供了对即将发生的高度偏差更为直接的指示。除了趋势信息，升降速度也提供了变化率的指示。通过使用升降速度表带，结合高度趋势带，飞行员对于需要进行多少修正量有一个更好的了解。训练时，飞行员将学习特定飞机的性能，并知道需要多大的俯仰姿态变化来修正特定的变化率。

不像老式的指针式升降速度表，新的玻璃显示器配有即时的升降速度表。系统中老式的组件有滞后的特性；新的玻璃显示器利用数字大气数据计算机，没有延迟。高度变化会立即显示并能很快地进行修正。

升降速度表带用来帮助飞行员确定需要改变多大的俯仰姿态来回到所需的高度。经验表明：变化率是高度偏差的两倍。但是，变化率决不能超过所飞飞机的最佳爬升率或下降率。例如，如果高度离所需高度偏差 200 英尺，那么 400 英尺/分钟（FPM）的变化率就足够使飞机回到最初的高度。如果高度变化为 700 英尺，那么两倍需要 1 400FPM 的改变，但大多数飞机不能采取这样的方法，所以改变不能超过最佳爬升和下降率，最佳的升降率在 500~1 000FPM 变化。

仪表飞行员常遇到的一种错误就是操纵过量。通常认为超过最佳变化率 200FPM 以上为操纵过量。例如，高度表指示出高度偏差 200 英尺，应使用升降速度变化率 400FPM。如果升降速度变化率显示为 600FPM（超过最佳 200），则表明飞行员可能对飞机操纵过量。

当回到所需高度时，主要的俯仰姿态仪表是升降速度表带。如果指示出有任何升降速度的偏差，则应结合地平仪做出适当的俯仰姿态调整。

随着飞机接近目标高度，应减小升降率以更稳定的方式截获高度。通常在离目标高度大约为爬升或下降率 10% 内时开始减小升降率，以便在目标高度改出。这可使得飞行员在所需的高度改平时不会粗猛操纵或由于 G 负荷而感觉不舒服。

5. 空速表（ASI）

空速表是俯仰姿态的一个间接指示。如果功率设置和俯仰姿态恒定，则空速会保持恒定。随着俯仰姿态降低，空速将增加，这时应该抬机头。

随着俯仰姿态增加，飞机的机头将抬高，这将造成迎角及诱导阻力增大。增大的阻力将会减缓飞机的动量，这会在空速表上指示出来。空速趋势指示器将显示 6 秒内空速的变化趋势。相反，如果飞机的机头降低，则迎角和诱导阻力将减小。

当使用空速表作为俯仰姿态仪表时，会有延迟现象。不是与空速表构造相关的延迟，而是一个和动量变化相关的延迟。根据动量的变化率，空速表有时可能不指示俯仰姿态的变化。如果正在使用空速表作为俯仰姿态变化的唯一参考，则它可能不会进行快速修正。然而，如果俯仰姿态变化柔和，现代的玻璃显示器不仅能够指示出 1 节的空速变化，还能够显示空速的趋势。

当通过单独参考飞行仪表进行俯仰操纵时，有必要交叉检查所有的飞行仪表。通过交叉检查所有与俯仰有关的仪表，飞行员可以始终清楚飞机的姿态。

正如前文所述，俯仰姿态的主要仪表是给飞行员提供特定参数相关信息的仪表。当飞机处于水平飞行高度保持不变时，哪个仪表直接显示高度呢？能够显示高度的仪表只有高度表，其他仪表都是辅助仪表，它们能显示高度偏差的趋势，但是不能直接指示高度。

辅助仪表预先告之即将发生的高度偏差。如果进行了有效的交叉检查，则熟练的飞行员能更好地保持高度。

7.2.2 坡度操纵

假设飞机处于协调飞行，也就是说飞机的纵轴和相对气流在一条直线上时，机翼是水平的，PFD 上的地平仪会显示没有坡度。转弯率指示器、侧滑指示器和航向指示器也指示了飞机是否在保持直线（零坡度）飞行。

1. 地平仪

地平仪是 PFD 上唯一能够准确显示飞机坡度的仪表，主要通过地平仪上的横滚刻度来完成。

图 7.6 所示为地平仪显示器的组成部分。注意，该显示的上部是蓝色的，代表天空；底部是棕色的，表示大地，它们之间的白线是天地线。和天地线平行的线是俯仰姿态刻度，它是以 5° 为增量标记的，每 10° 一标注。俯仰姿态刻度一直保持和天地线平行。

蓝色区域的曲线是横滚刻度，刻度顶部的三角形是零指针，刻度上的标识代表坡度，如图 7.7 所示。横滚刻度一直保持相对于天地线相同的位置。

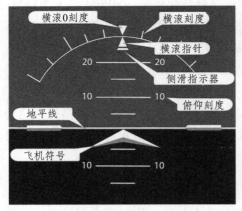

图 7.6　地平仪

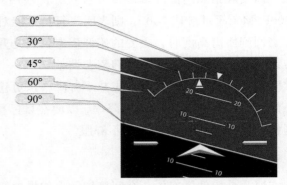

图 7.7　地平仪显示一个 15°的左坡度

横滚指针指示方向和坡度，它与飞机符号是一体的。横滚指针指示了飞机横轴对比自然天地线的角度。如果飞机的纵轴和相对气流在一条直线上，则侧滑指示器显示一个协调的飞行。当横滚指针和侧滑指示器没有完全对齐时，如向右或向左偏转，将造成飞机转向右或向左转弯。因为横滚刻度上有小刻度，所以确定坡度在大约 1°以内是很容易的。如果飞机处于协调飞行，并且横滚的零指针和横滚指针在一条线上，则表明飞机处于直线飞行。

EFD 的一个优势就是消除了进动误差。指针式表的进动误差是由施加到旋转陀螺上的力引起的。新式的仪表系统已经消除了进动误差。

因为地平仪能够显示准确的俯仰姿态和坡度，所有只有需要飞一个特定坡度或俯仰角度时，地平仪才是一个主要仪表。在其他时间，相关的姿态仪表可以考虑作为操纵仪表。

2. 水平状态指示器（HSI）

HSI 是一个 360°旋转的罗盘，用于指示磁航向。HSI 是能够显示准确航向的唯一仪表。磁罗盘可以作为 HSI 失效情况下的备用仪表；然而，由于它不稳定，所以它更多地只能作为一个辅助仪表来使用。

飞行员只有明确了解坡度对应航向的变化关系后，才能控制航向的变化快慢。

非常小的航向变化率表示坡度小，将花更多的时间到达新的航向。较大的航向变化率则表示很快达到新的航向，同时也表示使用了较大的坡度。

3. 航向指示器

航向指示器是一个大的黑色框，有白色的数值指示飞机的磁航向。当这些数值开始变化时，飞行员应该知道飞机不再是直线飞行了。

4. 转弯速率指示器

转弯速率指示器给出了坡度的间接指示。它是一个洋红色的趋势指示器，能够向左和右指示二分之一标准转弯率及标准转弯率的转弯。转弯指示器通过从标准转弯率标志向外延伸洋红色线条，能够指示 4°/秒以下的转弯率。如果转弯率超过了 4°/秒，则洋红色线条不能准确地指示下一个 6 秒的航向，洋红色线条固定不动并且显示一个箭头。这就提醒飞行员飞机已经超过了正常的操纵范围。

5. 侧滑指示器

侧滑指示器是地平仪上被切割的三角形下部的一小部分。这个仪表指示飞机的纵轴是否和相对气流在一条直线上，如图 7.8 所示。

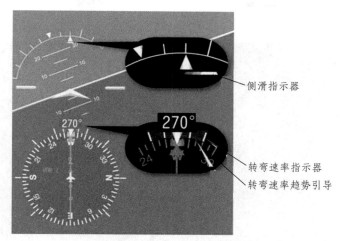

图 7.8　侧滑和转弯速率指示器

当尝试保持直线飞行时，飞行员必须记住要经常交叉检查横滚的零刻度指针和横滚指针。如果航向保持不变，但是横滚指针和横滚的零刻度指针不在一条线上，则表明飞机不是协调飞行，飞行员应该蹬舵进行修正，使飞机协调飞行。

7.2.3　功率控制

在一定的机翼迎角下，功率所产生的推力克服了重力、阻力和惯性力，从而决定了飞机的性能。

功率控制与高度及空速密切相关，因为功率设置的任何变化都会引起空速或飞机高度的变化。在任何给定的空速，功率设置决定了飞机是处于平飞、爬升还是下降。如果在直线平飞中功率增加且空速保持恒定，则飞机将爬升；如果在空速保持恒定的同时功率下降，则飞机将下降；如果高度保持恒定，则施加的功率决定空速。

高度与空速之间的关系决定了是需要改变俯仰姿态还是功率。如果空速不在所需值，在决定改变功率之前，要经常检查高度表。高度和空速是可以相互转换的：可以通过压低机头来将高度转换成空速，或者通过抬机头将空速转换成高度。如果高度高于所需的高度且空速低，则仅仅通过改变俯仰姿态就可以使飞机回到所需的高度和空速，反之亦然，如图 7.9 所示。如果空速和高度都高或者如果都低，则必须调整俯仰姿态和功率使飞机回到所需的空速和高度，如图 7.10 所示。

图 7.9　高度与空速的相互转换

图 7.10　用俯仰姿态和功率调整空速和高度

　　如果在直线平飞中改变空速，则必需协调俯仰姿态、坡度和功率以保持高度和航向恒定。在直线平飞中通过改变功率来改变空速时，单发、螺旋桨驱动的飞机有容易绕着所有的运动轴偏转的趋势。因此，为了保持高度和航向恒定，应该施加与功率变化成正比的各种操纵力。当用增加功率的方式来增加空速时，俯仰姿态会增大，所以随着空速的增加，应该适当向前稳杆。当功率增加时，飞机趋于向左偏转和横滚，应该蹬右舵、压右盘来保持方向（对于右转螺旋桨飞机而言）。在这些变化之前，要有准备地加快交叉检查仪表，这会随着飞机的类型、扭矩特征、功率大小和有关速度变化的不同而不同。

1. 功率设置

　　如果预先就知道在直线平飞时各种空速所对应的所需功率，则功率控制和空速改变将变得很容易。因此，改变空速的常用程序是：使用比目标空速对应功率更小或更大的功率来加快空速的改变，然后再调整为目标空速的对应功率。

　　例如，保持 120 节的正常巡航速度需要 23 inHg 的进气压力，而保持 100 节空速需要 18 inHg 的进气压力。图 7.11 ~ 7.13 说明了直线平飞时，将空速从 120 节减小到 100 节的过程。

　　功率减小之前的仪表指示如图 7.11 所示。基本姿态已经在地平仪上建立并保持，俯仰姿态、坡度和功率控制的信息分别在以下主要仪表上显示：

　　高度表——主要俯仰姿态；

　　航向指示器——主要坡度；

　　空速表——主要功率。

　　辅助的俯仰和坡度仪表如图 7.11 所示。需要注意的是，进气压力表（或转速表，如果螺旋桨是定距的）本来是辅助的功率仪表，但是当功率减小至大约 15"时（小功率时），进气压力表就成为了主要的功率仪表，如图 7.12 所示。经过训练后，通过感觉油门杆的移动、声音的变化和杆力的变化，就能够快速准确地设置功率，而对于功率仪表只需要简单看一下就行了。

　　在功率减小的过程中，要加快交叉检查，并准备好蹬左舵、带杆和压盘。俯仰坡度仪表能实时地显示一个高度和航向的偏差。随着技术的熟练，飞行员会更好地进行交叉检查，理解并控制变化，使航向和高度不产生偏差。在天气平稳和操纵技术适当时，随着空速减小，应该逐渐地增加飞机的俯仰姿态以保持高度。简要来说，有效的扭矩控制就是使用方向舵来抵消偏转。

在功率减小过程中，高度表是主要的俯仰姿态仪表，航向指示器是主要的坡度仪表，进气压力表短时是主要的功率仪表（该例中，当油门在 15 inHg 时）。随着飞机的减速，应该配平好飞机，以消除操纵力。当空速接近所需的 100 节时，需要将进气压力增加至大约 18 inHg，此时进气压力表就变成了辅助功率仪表，而空速表则再次成为主要功率仪表，如图 7.13 所示。

图 7.11　直线平飞（正常巡航速度）

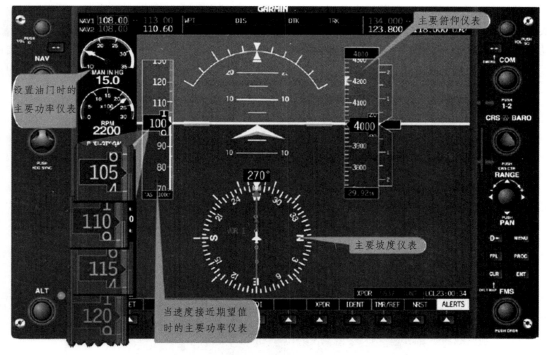

图 7.12　直线平飞（空速正在减小）

图 7.13　直线平飞（减小的空速稳定时）

2. 直线平飞中空速改变

在直线平飞中练习改变空速是提高飞行员三种基本仪表技能的极好方法。同时，在直线平飞中练习改变空速还可以让学员体会一些可能遇到的常见错误。

我们已经学会了在光洁形态（最小阻力条件）下如何操纵飞机，通过练习在起落架和襟翼收放过程中改变空速，可以进一步提高交叉检查和飞机操纵的熟练性。在做该练习时，一定要遵守 POH/AFM 中规定的起落架和襟翼操作的空速限制。

对于某些飞机，在起落架和襟翼放出的过程中，需要使用较大的姿态变化来保持直线平飞。起落架放出后，机头趋向于下俯。当襟翼放出后，升力瞬间会增加，紧接着随着襟翼放出量的增加，阻力会显著增加。

操纵技术根据每架飞机的升力和阻力的特性不同而不同。因此，具备对不同空速、起落架和襟翼形态所对应的功率调定和配平变化的知识，会使仪表交叉检查更容易。图 7.14 所示为交叉检查辅助仪表。

图 7.14　交叉检查辅助仪表

例如，假设在一个直线平飞中，空速指示 120 节，功率为 23 inHg/2 300 转/分钟（RPM），起落架和襟翼收上。该机型最大放起落架速度为 115 节，最大放襟翼速度为 105 节。在空速减小后，起落架和襟翼完全放出的情况下，同样高度的直线平飞需要 25 inHg 的进气压力/2 500RPM。可以用下列方法将空速减小至 95 节，并放下起落架和襟翼：

（1）因为在全阻力形态下，需要使用大功率，所以应保持 RPM 在 2 500。

（2）减小进气压力到 10 inHg。随着空速减小，应加快交叉检查速度。

（3）由于迎角的增大和扭矩的减小，需要重新配平飞机。

（4）在 115 节放起落架。机头可能会有下俯趋势，飞机减速加快。增大俯仰姿态以保持高度，并配平以消除带杆力。如果在 105 节放全襟翼，那么交叉检查、仪表判读和飞行操纵都必须快速完成。如果先稳定住起落架放下后的姿态，再放襟翼，就可以让该过程变得更为简单一些。

（5）由于 18 inHg 的进气压力可以使飞机在起落架放下的情况下保持 100 节水平飞行，因此，要柔和增加至该功率直到空速表显示接近 105 节，然后重新配平好飞机。此时，飞机处于直线平飞状态，在地平仪上显示为大约两个半小格的抬头姿态。

（6）操纵襟翼同时增加功率至预定值（25 inHg）以获得所需空速，按需配平飞机以保持高度和航向。此时，飞机保持 95 节空速作直线平飞，在地平仪上显示为大约一个小格的低头姿态。

7.2.4　配平技巧

配平的操纵是需要训练的最重要的飞行技术之一。配平是指减轻飞行员需要施加到操纵杆上来保持所需飞行姿态的任何操纵力。所要的结果就是飞行员可以把手从操纵杆上松开，而飞机在当前姿态上保持不变。一旦飞机配平到可以松杆飞行，则飞行员能够分配更多的时间来监控飞行仪表和其他飞机系统。

要配平飞机，飞行员需通过操纵保持所需力量，并在保持操纵力的方向上滚动配平轮，然后逐渐松开施加到操纵杆上的操纵力，直到完全没有力量，并监控主要仪表的姿态保持不变。如果飞行达到了所需的性能参数，则飞行员可以轻松地握杆飞行；如果需要额外的配平，则飞行员需再次进行配平步骤。

只要飞机速度改变，飞行就需要进行重新配平。例如，飞机在 100 节直线平飞，增加 50RPM 将导致空速增大。随着空速增加，将会产生额外的升力，飞机将爬升。

如果要保持最初高度，则需要对操纵杆施加向前的力，同时需要向前滚动配平轮来消除任何的操纵力。向前滚动配平轮等于在新的速度上进行配平。只要空速一改变，就需要进行重新配平。保持同一空速，由于不同高度的功率和空气密度不同，操纵力量也会改变，配平需要进行相应的调整。

7.2.5　直线平飞中的常见错误

1．俯　仰

俯仰偏差通常是由下列原因造成的：

（1）地平仪上的黄色"八"字符号（飞机符号）调整不正确。

修正措施：一旦飞机已改平且空速已经稳定，则对俯仰姿态做出小的修正就可以达到所需的状态，修正交叉检查辅助仪表进行确认。

（2）交叉检查和对俯仰姿态仪表的判读不够。

例如，空速指示低，飞行员认为机头俯仰姿态高，向前顶杆而没有注意到功率设置过小才是造成空速减小的原因，如图 7.15 所示。

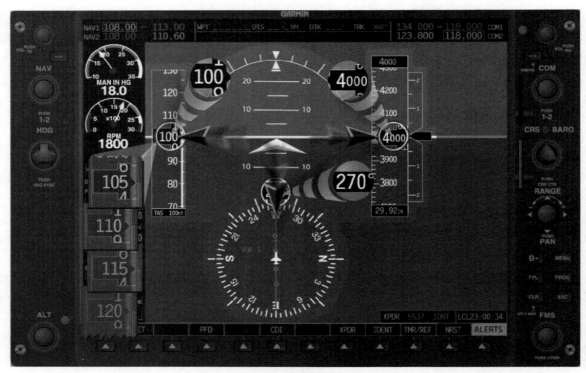

图 7.15 仪表交叉检查不充分

修正措施：加快对所有辅助飞行仪表交叉检查的速度。在施加操纵力之前，应该稳定空速和高度。该例中问题在于功率，而不是机头高，所以飞行员降低俯仰姿态是不恰当的。

（3）接受偏差。

例如，根据直线平飞的实践考试标准，允许的高度偏差范围是±100 英尺。当飞行员注意到高度已经偏离了 60 英尺时，因为高度保持稳定且在标准之内，所以没有进行修正。

修正措施：飞行员应该交叉检查仪表，并且当发觉到偏差时，应该采取迅速的修正措施使得飞机回到所需的高度。飞行员应该预料到高度偏差是肯定会出现的，但一旦偏差出现了，决不能视而不见。

（4）操纵过量——过大的俯仰姿态变化。

例如，飞行员注意到一个高度偏差。为了使飞机快速回到目标高度，飞行员进行了大的俯仰姿态改变，导致姿态不稳定和其他偏差的出现。

修正措施：应该进行小的、柔和的修正使飞机回到所需的高度（0.5°到 2°，取决于偏差的严重程度）。仪表飞行中使用小量的修正来保持飞机的姿态。当在 IMC 下飞行时，飞行员应该避免进行大的姿态改变以避免丧失飞机操纵和空间失定向。

（5）无法保持已修正的俯仰姿态。

需要迅速地进行俯仰姿态改变并保持住以确认修正方法是否正确。大多数情况下，当飞行员作出修正动作后，由于未配平飞机，会导致飞机姿态继续变化。所以，只要进行了俯仰改变，重新调整配平以消除操纵力是非常必要的。快速地交叉检查有助于避免出现偏离所需俯仰姿态的任何偏差。

例如，飞行员注意到一个高度偏差后，改变了俯仰姿态，但是没有调整配平。由于分神，造成飞行员交叉检查速度变慢并开始无意中减小操纵力，结果会导致俯仰姿态改变，很难回到所需的高度。

修正措施：飞行员改变俯仰姿态后应马上配平飞机以消除操纵力，并快速地交叉检查，确认已获得所需的飞机状态。

（6）交叉检查时注意力固着。

由于过分重视某一仪表，或者由于仪表判读困难，导致分配在某一仪表上的时间过多。在交叉检查时，应该对各个仪表花同样的时间，以避免发觉不到其中某个飞机姿态的偏差。

例如，飞行员进行了俯仰姿态修正后，把所有的注意力都放到高度表上来确认俯仰姿态修正是否正确，却没有注意到航向指示器显示飞机在左转弯，如图7.16所示。

修正措施：飞行员应该在交叉检查期间监控所有的仪表，不要过分专注在一个仪表上，以避免飞机出现新的姿态偏离。

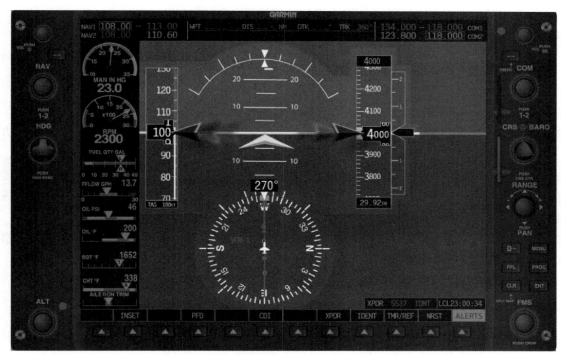

图7.16　飞行员过分专注于俯仰姿态和高度，而忽略了坡度指示（坡度趋势线指向左边）

2. 航　　向

航向偏差通常是由下列原因造成的：

（1）不检查航向指示器，特别在改变功率或俯仰时。

（2）由于误判航向而导致向反方向进行修正。

（3）没有注意和记住预选航向。

（4）对航向的变化率和坡度之间的关系没有概念。

（5）在改变航向时修正操纵过量，特别在功率调定改变期间。

（6）因为知道要改变航向而提前蹬舵，而对舵的控制还不成熟。

（7）对小的航向偏差不作修正。除非将航向的零误差作为目标，否则飞行员会容忍越来越大的偏差。修正1°偏差所花的时间和注意力比修正20°偏差所花的要少得多。

（8）修正时使用的坡度不合适。如果用20°的坡度去修正一个10°的航向偏差，在坡度尚未建立之前，飞机就将转过所需航向，导致需要作另外一个反向修正。不要因为修正方法的错误将当前偏差进一步扩大。

（9）对造成航向偏差的原因没有引起注意，从而重复犯相同的错误。例如，由于飞机没有配平好，造成带左坡度引起飞机向左转。飞行员不断地进行转弯修正，而忽略了配平不当是造成转弯的真正原因。

3．功 率

功率偏差通常是由下列原因造成的：

（1）不知道各种空速和飞机形态下对应的功率设置和俯仰姿态。

（2）粗猛使用油门。

（3）当调整功率改变速度时，油门杆操纵的提前量不够。例如，在平飞时减速，特别是在起落架和襟翼放下的情况下，如果加油门的提前量不够，则飞机将减速至预期速度以下，导致额外的功率调整。操纵油门的提前量取决于飞机对功率改变的反应快慢。

（4）改变空速时，注意力固着于空速表或进气压力表，造成空速和功率控制不稳定。

4．配 平

配平偏差通常是由下列原因造成的：

（1）由于座椅或方向舵脚蹬位置调整不准确，导致不能正确地感知舵量。

（2）对配平装置的工作不清楚，因为各种机型的配平装置不同。多数飞机的配平是与期望方向一致的，但由于飞机的不同，也有可能出现一些与期望相反的方向上的配平。

（3）配平的使用顺序错误。配平不应用于代替操纵盘（杆）和方向舵的操纵，而应在飞机姿态稳定时用于减轻操纵力。随着技术的熟练，当操纵力出现时，飞行员本能地就会去配平并消除操纵力。

（4）配平操纵过量。这会导致配平使用的时间过长，应该少量多次地使用配平。

（5）不清楚造成配平变化的原因。对与基本仪表技术有关的基本航空动力知识缺乏理解，造成飞行员总是滞后于飞机。

7.3　直线爬升和下降

为了获得最有效的爬升率，不同的重量对应不同的俯仰姿态和空速。POH/AFM 包含了所需爬升的速度。这些值是基于最大全重的，飞行员必须知道重量的不同会引起使用速度的变化，飞行员需要在飞行期间进行速度补偿。

7.3.1　进 入

1．以巡航速度进行恒速爬升

从巡航速度进入恒速爬升时，要缓慢、柔和地拉杆使黄色的"八"字符号（飞机符号）的顶尖向上移动至所需的俯仰度数，如图 7.17 所示。保持拉杆力，柔和地增加功率到爬升功率。在开始改变俯仰前或已经建立所需的俯仰姿态后都可以增大功率。

如果想要使用非全功率的爬升，可以使用 POH/AFM 上的特定爬升功率设置。俯仰姿态取决于所飞机型。随着空速减小，需要增加操纵力来补偿保持姿态所需的附加升降舵偏转。利用配平可以消除操纵力。通过有效地使用配平，飞行员将更好地保持所需的俯仰姿态，从而让飞行员能够分配更多的时间去保持对其他仪表的有效扫视。

升降速度表用来监控飞机的性能。如果柔和地带杆建立新的俯仰姿态，升降速度表应该立即开始显示一个向上的趋势，并在俯仰姿态和对应功率稳定后，显示一个稳定的爬升率。

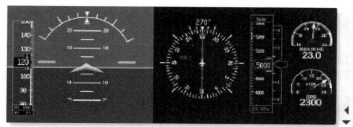

爬升前（平飞）
爬升过程中

主要功率仪表

主要俯仰仪表

主要坡度仪表

图 7.17　以巡航速度作恒速爬升

爬升率将主要取决于当时的重量和大气条件。这要求飞行员知道重量和大气条件是如何影响飞机性能的。

一旦飞机在恒定空速和俯仰姿态上稳定下来，俯仰姿态的主要飞行仪表将会是空速表，并且主要的坡度仪表将会是航向指示器。主要的功率仪表是转速表还是进气压力表取决于不同机型。如果俯仰姿态正确，空速应该缓慢地减小到所需的速度。如果空速有任何的变化，则应进行小量的俯仰改变直到飞机在所需的速度上稳定下来。空速的任何改变都需要进行配平调整。

2. 从已建立的空速上进行恒速爬升

为了进入恒速爬升，首要先完成从巡航速度减小到爬升空速。随着空速减小，应保持直线水平飞行。进入爬升的过程与从巡航速度进入相似，不同之处在于当俯仰姿态增大的同时，功率必须增大，如图 7.18 所示。如果增加姿态后再加油门，由于阻力增加，空速会减小；但是如果先加油门再增加姿态，则会造成速度增加。

3. 恒定爬升率爬升

进入恒定爬升率爬升与恒速爬升非常相似。随着功率增大，柔和地带杆使黄色的"八"字符号抬起至所需的俯仰姿态，而该俯仰姿态对应所需的升降速度变化率。

在初始进入时，俯仰姿态的主要仪表是空速表，当升降速度变化率稳定下来后，升降速度表就变成了俯仰主要仪表，空速表变成了主要的功率仪表。当飞行员发觉与所需升降速度有任何偏差时，需要进行少量的俯仰姿态调整来获得所需的升降速度，如图 7.19 所示。

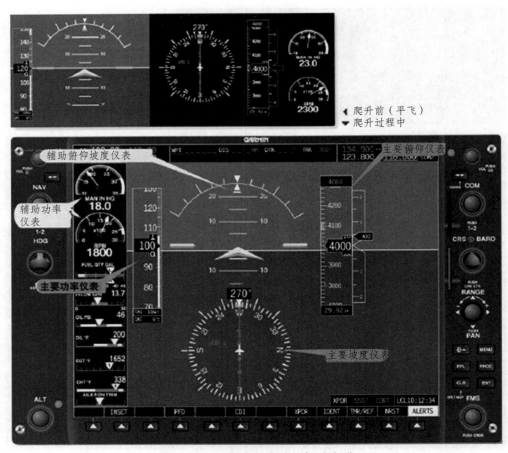

▲ 爬升前（平飞）
▼ 爬升过程中

辅助俯仰坡度仪表

主要俯仰仪表

辅助功率仪表

主要功率仪表

主要坡度仪表

图 7.18　以新建立空速作恒速爬升

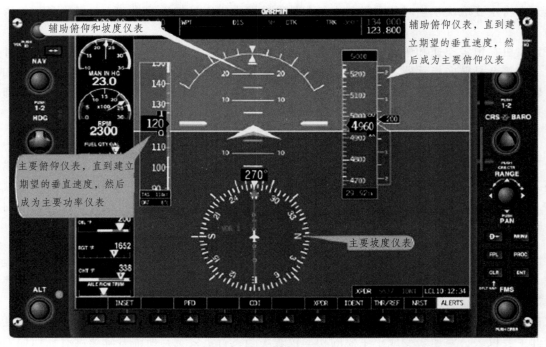

辅助俯仰和坡度仪表

辅助俯仰仪表，直到建立期望的垂直速度，然后成为主要俯仰仪表

主要俯仰仪表，直到建立期望的垂直速度，然后成为主要功率仪表

主要坡度仪表

图 7.19　恒定爬升率爬升

当对性能参数进行修正时，飞行员需要同时对俯仰姿态和功率进行调整，并且协调操纵来保持稳定的飞行姿态。例如，如果升降速度小于所需的速度，但是空速是正确的，则增大俯仰姿态会瞬间增大升降速度。但是，如果没有增加功率，阻力的增加将很快地减小空速。任一变量改变都将引起另一变量随之改变。

如果空速小，俯仰姿态大，则只需减小俯仰姿态就能解决问题。在柔和压机头的同时要判断有无必要减小功率。熟悉该机型的俯仰姿态和功率设置，对获得准确的姿态仪表飞行是很有帮助的。

4. 改 平

从爬升改平需要在达到目标高度之前就开始减小俯仰姿态。如果已经达到目标高度之后才开始改变俯仰姿态，则由于飞机的动量，会造成在从爬升姿态变化到平飞姿态过程中飞机越过目标高度。减小姿态的提前量取决于升降速度的大小，较大的升降速度需要的提前量也更大。一个可吸取的好经验就是以升降速度的 10% 提前改出（提前量为 1 000FPM ÷ 10 = 100 英尺）。

要在所需高度改平，应参考地平仪顶杆至所需的水平俯仰姿态，同时监控升降速度表和高度带。升降速度应该开始减小，而空速应该开始增大。保持爬升功率直到空速接近所需的巡航速度。在空速增加时，继续监控高度表以保持目标高度。在到达巡航速度之前，必须减小功率以防超速，减小功率的提前时间取决于飞机的加速度。空速趋势指示器可以提供帮助信息，它显示了飞机能多快到达目标速度。

要想以爬升空速改平飞，应在顶杆到平飞俯仰姿态的同时减小功率以保持速度。如果俯仰姿态和功率的减少量配合得好，可以保持空速不变。

7.3.2 下 降

通过减小功率，压低机头至低于平飞姿态或增加阻力，则飞机可以以不同的空速和俯仰姿态下降。一旦做出了上述某种改变，空速将最终稳定下来。在过渡阶段期间，唯一能准确显示俯仰姿态的仪表是地平仪。如果不使用地平仪的话（如部分仪表飞行），空速表指示带、升降速度表指示带和高度表指示带将显示变化值，直到飞机稳定在一个恒定的空速和下降率上。

高度表指示带持续显示下降时，应保持俯仰姿态恒定不变使飞机稳定下来。在姿态或空速有任何改变时，需要不断配平以消除所有的操纵力。由于飞机的飞行路径和速度都发生了改变，所以在过渡期间加快扫视速度是非常重要的，如图 7.20 所示。

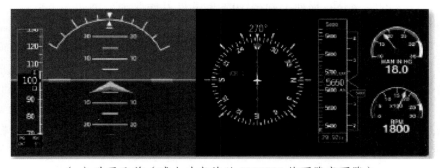

（a）改平飞前（减小功率并以 500FPM 的下降率下降）

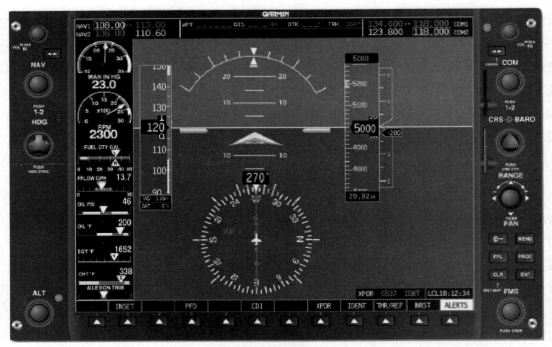

（b）改平飞过程中

图 7.20

7.3.3　进　入

可以以恒定下降率、恒定空速或二者结合进行下降。以下的方法可以在有或无地平仪的情况下完成上述下降。在保持直线平飞的同时，减小功率使得飞机减速到所需的空速。随着飞机接近所需的空速，减小功率到一个预定值。

如果没有在合适的时机减小俯仰姿态，空速将会继续减小并低于所需的空速。空速表带成为俯仰姿态的主要仪表。如果发现与所需速度的任何偏差，则应参考地平仪进行小的俯仰修正，利用空速趋势指示器判断空速是否会增加及增加的快慢程度，要使用好配平以消除操纵力。

恒定下降率下降的进入程序是一样的，只不过升降速度带成为了俯仰姿态的主要仪表。空速表成了主要的功率仪表，当进行一个恒定下降率下降并且保持一个特定空速时，需要协调使用俯仰姿态和功率调整。任何的俯仰姿态改变会直接地影响空速。相反，只要俯仰姿态保持恒定不变，任何的空速改变都会直接影响升降速度。

当从下降改平使回到巡航速度时，在增加俯仰姿态至平飞姿态之前，首先要增加功率到巡航功率。一个确定何时开始改平的经验是：提前下降率10%的高度开始改平。例如，飞机以1 000FPM的下降率下降，在高于平飞高度100英尺时开始改平。如果改变俯仰姿态太迟，除非快速地进行俯仰姿态改变，否则容易低于所需的高度。避免做出任何粗猛的改变，否则会引起操纵问题或空间失定向。当到达平飞俯仰姿态后，使飞机加速至所需的速度。检查空速和高度，调节功率以保持空速。通过交叉检查高度表带来确认飞机是否保持平飞。如果发现偏差，应通过柔和地改变俯仰姿态以回到所需的高度。俯仰姿态的任何变化都需要对功率进行柔和、协调的调整，并检查空速以保持所需的巡航速度。

要以恒定的速度改平，飞行员必须再次确认何时开始增加俯仰姿态到水平姿态。如果仅仅是俯仰姿态在改变，随着飞机的俯仰姿态增大，空速会由于阻力的增大而改变，飞行员就需要柔和、协调地增加功率至一个预定值以保持速度，并且配平飞机以减轻可能施加的任何操纵力。

7.3.4 直线爬升和下降中的常见误差

常见错误是由下列原因造成的：

（1）在进入爬升时俯仰姿态操纵过量。在不确定姿态和功率之间的对应关系时，使用了过大的俯仰调整。在仪表培训期间，一个最难养成的习惯就是抑制急于修正的冲动，冲动的修正反而造成飞行姿态不稳定。在改变姿态时，需要克服粗猛操纵的倾向，学会柔和少量地施加操纵力，对变化的结果要快速地交叉检查，当仪表显示预期结果时，继续保持操纵力。小的俯仰姿态变化可以很容易地控制、停止和修正；大的变化操纵起来就比较困难。

（2）在速度、功率或姿态变化期间或进入爬升或下降期间，未加快对仪表的检查速度。

（3）无法保持新的俯仰姿态。例如，想抬机头到正确的爬升姿态，由于操纵过量，俯仰姿态进一步增加，造成空速减小。操纵杆力的变化是随着空速改变而改变的，必须加快仪表的交叉检查速度并及时调整操纵力。

（4）不配平操纵力。除非飞机已配平，否则无法确定操纵力的改变是由航空动力变化引起的还是由飞行员自己造成的。

（5）无法学会使用正确的功率设置。

（6）在做出俯仰姿态或功率调整之前，不能有效地交叉检查空速和升降速度。

（7）由于交叉检查空速和高度表指示缓慢，慢速改出时俯仰姿态和功率配合不好。

（8）无法通过其他俯仰控制仪表交叉检查升降速度表，从而造成盲目追升降速度。

（9）不能根据爬升率或下降率来决定改平的提前量，造成超过或未到所需的高度。

（10）由于加油门至巡航功率时未能向前稳杆保持下降姿态，导致从下降改平飞时，机头上仰过多。

7.4　转　弯

7.4.1　标准转弯率转弯

前面介绍了直线平飞、爬升与下降。然而，姿态仪表飞行不能单靠直线飞行来完成。一般来说，飞机需要沿着矢量航路、全球定位系统（GPS）航道和仪表进近进行转弯机动飞行。仪表飞行的关键是要柔和均匀地改变俯仰姿态和坡度。仪表飞行应该是个缓慢但有准备的过程，从起飞机场飞到目的地机场，整个过程中没有任何极端的飞行机动。

飞行员应该以标准转弯率转弯到特定的航向。标准转弯率定义为3°/秒的转弯，将在2分钟内产生一个完整的360°转弯。3°/秒转弯不仅使飞行员有充足的时间进行交叉检查飞行仪表，而且避免了飞机的航空动力的急剧变化。机动飞机决不能快过飞行员可舒适地交叉检查飞行仪表的速度。大多数自动驾驶仪设计的程序是以标准转弯率进行转弯的。

1. 建立标准转弯率转弯

要进入标准转弯率转弯，首先应压盘至接近标准转弯率转弯的坡度，然后在地平仪上保持该坡度。经验表明，要确定的坡度常使用真空速的15%。一个简单的方法是空速除以10，然后加上结果的一半。例如，空速在100节时，需要大约15°的坡度（100÷10+5=15）；空速在120节时，需要大约18°的坡度来进行标准转弯率转弯。

飞行员可通过交叉检查位于 HSI 上的转弯速率指示器来确定该坡度是否足够进行标准转弯率转弯。可能需要进行稍微的坡度调整来获得所需的转弯率。该情况下的主要坡度仪表是转弯率指示器，因为目的是为了获得一个标准转弯率转弯。转弯率指示器是能清楚地指示标准转弯率转弯的唯一仪表。飞行员通过交叉检查坡度来确定坡度是否合适，地平仪只用来建立坡度（操纵仪表），不能用作辅助仪表。

如图 7.21 所示随着飞机坡度的形成，升力的垂直分力将开始减小。随着升力的垂直分力减小，必须产生额外的升力来保持水平飞行，这时应带杆以止住任何的高度损失趋势。随着升力增加，也将产生额外的诱导阻力，将引起飞机开始减速。要阻止减速，需要通过增大功率来施加额外的推力。当高度和空速稳定后，利用配平轮来消除任何操纵力。

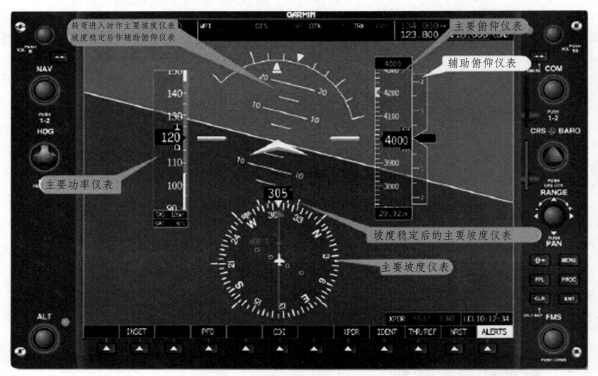

图 7.21　标准转弯率转弯——恒定空速

当从标准转弯率转弯改出坡度时，飞行员必须协调使用副翼和方向舵改出横滚至机翼水平的姿态。为了确定到达所需航向的提前量，改出坡度的速度应该和进入坡度的速度一样。

在改平过程中，地平仪成为坡度的主要仪表。一旦机翼水平，航向指示器就成为坡度的主要仪表。随着坡度减小，如果没有减小俯仰姿态，升力的垂直分力将增加，这时可以通过柔和顶杆并快速交叉检查以保持高度表恒定不变。随着坡度减小，飞行员应该相应地降低俯仰姿态来达到水平俯仰姿态，同时使用配平来消除任何的操纵力。

2. 常见错误

（1）与标准转弯率转弯相关的常见错误是飞行员无法保持与标准转弯率对应的合适的坡度。在转弯期间，主要的坡度仪表是转弯率指示器；但是坡度常常会轻微地变化。如果快速地进行交叉检查，飞行员应该能够减小由于坡度过大或过小造成的误差。

（2）在标准转弯率转弯中的另一个通常会遇到的错误是交叉检查不熟练或不够。在机动飞行期间，飞行员需要快速地交叉检查以发现并修正高度、空速和坡度的所有偏差。

（3）一般来说，注意力固着是姿态仪表飞行的一个主要错误。仪表等级训练的飞行员易于把重点放在他们认为最重要的任务上，把所有的注意力放在转弯率指示器上，忽视了交叉检查。在机动飞行期间，辐射式扫视的飞行方法能很好地使飞行员充分地扫视所有仪表。

7.4.2　转至预定的航向

在飞行训练初期，转弯是飞行员要学会的最基本的机动飞行之一。要熟练地进行姿态仪表飞行，关键是要学会协调地操纵飞机，并在所需的航向上柔和地改出坡度。

通过把所有传统的仪表合并到 PFD 上，在所有的姿态仪表飞行阶段，PFD 使得飞行员能更好地利用所有的仪表。

变大了的地平仪占 PFD 的整个宽度，使得飞行员能更好地保持俯仰姿态控制，同时，引入的转弯率指示器直接位于罗盘上，能帮助飞行员适时地改出坡度到所需的航向。

要确定多大的坡度来改变航向时，一般对于小的航向改变，不要使用一个大于需要改变的总航向度数的坡度。例如，如果需要改变航向 20°，则坡度不要超过 20°。另一个更好的经验是使用总航向改变值的一半，但是决不能超过标准转弯率。标准转弯率转弯对应的坡度会因真空速的不同而不同。

了解上述方法之后，结合计算出的坡度，下一步要做的就是确定何时开始改出横滚。例如，飞机开始从航向 030°转弯至航向 120°。在特定的空速，标转转弯率转弯需要一个 15°的坡度。当航向指示器显示大约 112°时，飞行员开始柔和、协调地改出坡度至所需的航向。必要的计算为：

$$15°（标准转弯率）÷ 2 = 7.5°$$

$$120° − 7.5° = 112.5°$$

利用这个技术，飞行员可以更好地判断是否需要根据坡度对提前量进行修正。

7.4.3　计时转弯

EFD 飞机计时转弯的方法与指针仪表飞机是一样的，需用到的仪表是转弯率指示器和时钟。该机动的目的是提高飞行员仪表扫视技术的熟练程度，进一步增强在没有标准仪表的情况下操纵飞机的能力。

在航向指示器失效的情况下操纵飞机时，计时转弯变得尤其重要，比如 AHRS 组件或磁力计失效。此时，磁罗盘仍可用于导航。使用计时转弯取代磁罗盘转弯的原因是：计时转弯更为简单，磁罗盘转弯需要飞行员考虑各种与罗盘有关的误差，而计时转弯不需要。

在开始转弯之前，应确定转弯率指示器上的标准转弯率指示是否能准确提供 3°/秒的转弯率。要确定它，必须先进行校准：在任一方向上以指示的标准转弯率建立转弯，当罗盘转过一个基准航向时，用数字计时器开始计时，在罗盘转到另一个基准航向时停止计时器计时，然后使机翼水平并计算转弯率。如果已经校准了转弯率指示器且指示正确，90°航向的转弯应该用时 30 秒。如果改变航向 90°所花的时间多于或少于 30 秒，则需要偏转转弯率指示器上的小飞机机翼，使其高于或低于标准转弯率刻度以进行补偿。在一个方向上完成了校准后，需要在反方向上再校准一次。当两个方向上都校准后，应将校准结果应用到所有计时转弯中。

要完成计时转弯，需要确定航向的改变量。如果航向从 120°转到 360°，飞行员应计算两航向之差然后除以 3。上例中，120°除以 3°/秒等于 40 秒。这意味着如果飞机准确保持标准转弯率转弯，改变航向 120°将用时 40 秒。当飞机开始形成坡度进入标准转弯率转弯时开始计时。在转弯期间飞行员应监控所有的飞行仪表，主要的俯仰姿态仪表是高度表，主要的功率仪表是空速表，主要的坡度仪表是转弯率指示器。

一旦计算的时间到了，应开始柔和、协调地改出坡度。只要飞行员进入转弯和改出转弯时，所使用的坡度变化率相同，那么进入转弯和改出转弯所用的时间可以不同包括在计算的时间内。经过训练，飞行员应能在所需的航向上使机翼水平。如果出现任何偏差，则应进行小量修正以建立正确的航向。

7.4.4 磁罗盘转弯

磁罗盘是唯一一个工作时不需要其他动力源的仪表。在 AHRS 或磁力计失效的情况下，飞行员可以用磁罗盘来确定飞机航向。

7.4.5 大坡度转弯

在仪表飞行训练中，大坡度转弯定义为任何超过标准转弯率的转弯。标准转弯率定义为 3°/秒。根据空速不同，3°/秒的转弯率对应的坡度也不一样。随着空速增加，坡度必须增大。与标准转弯率转弯相对应的准确坡度并不重要，正常标准转弯率转弯的坡度范围是在 10°~20°。进行大坡度转弯训练的目的，是为了提高飞行员在大坡度情况下操纵飞机的能力。

训练大坡度转弯将考验飞行员的交叉检查技术，在一个更大的飞行姿态范围下提高对于高度、坡度、速度的控制能力，是仪表飞行的重要技能。

训练大坡度转弯教会飞行员认识和适应快速地改变航空动力，并且有必要加快交叉检查所有的飞行仪表的速度。进入、保持和退出大坡度转弯的程序和小坡度转弯一样。由于速度和相应的其他动力的增加，飞行员需要更加熟练地对仪表交叉检查和判读。

1．科目实施

要进入一个向左的大坡度转弯，应压坡度进入一个协调的 45°坡度左转弯。玻璃显示器相比指针仪表的一个优势在于横滚刻度上有一个 45°的坡度指示。这个在横滚刻度上对应的坡度指针使得飞行员能够准确地压坡度进入所需的坡度而不是指针仪表上接近 45°，如图 7.22 所示。

图 7.22　大坡度左转弯

坡度只要从平飞增加，升力的垂直分力就开始减小。如果升力的垂直分力继续减小，高度表就会出现显著的高度损失，同时升降速度表带及高度趋势指示器也会向下指示。另外，空速会由于俯仰姿态降低而开始增加。在训练大坡度转弯之前，综合扫视仪表的技能很重要。使用所有的趋势指示器、升降速度表、高度表和空速表进行飞大坡度转弯是重要的仪表飞行科目。

为了避免高度损失，飞行员应该缓缓地增加拉杆力来增加俯仰姿态。通常需要的俯仰姿态变化不超过 3°～5°。随着飞行员增加拉杆力，迎角增加，这样升力的垂直分力也增加。当高度表指示出现偏差时，需要调整杆力。在大坡度转弯的初期培训阶段，飞行员容易压过大的坡度。当坡度超过 50°时，就会倾斜过量。随着外侧机翼速度越来越快，外侧机翼与内侧机翼的升力差异将越来越大。

随着坡度越来越陡，超过 45°时，升力的 2 个分量（垂直和水平）将成反比。

一旦坡度超过 45°，升力的水平分力就成为一个更大的力。如果高度继续下降，飞行员施加拉杆力，由于水平分力增加，飞机的转弯半径将开始变小。如果拉杆力继续增加，将会达到一个转折点，这个点上升力的垂直分力损失和机翼的空气动力载荷将阻止机头抬起。俯仰姿态增加只会缩小转弯半径。

单独地参考仪表来成功地进行大坡度转弯的关键是要理解所涉及的空气动力，还要进行快速、可靠的快速检查。任何时候，飞行员应该使用配平来消除操纵力。如果有条件，飞行教员可以演示如何使用配平或不使用配平来进行大坡度转弯。一旦飞机配平，飞行员实际上就可以松开手来完成这个机动飞行。这也提供额外的时间来交叉检查和判读仪表。

当修正高度偏差时，飞行员应该同时监控坡度和俯仰。坡度的调整量最好控制在 5°以内，防止升力的垂直分量变化过大。

在大坡度转弯的改出期间，飞行员应随功率的变化来调整杆力，使飞机回到进入高度、航向和空速。

调整杆力的步骤如下：

（1）转弯观察，以确保空域内没有其他飞机或障碍物。

（2）进行一个 45°的左转弯并逐渐开始增加俯仰姿态大约 3°～5°。

（3）随着坡度超过 30°，增加功率以保持进入的空速。

（4）进行配平以减缓任何的拉杆力。

（5）在所需航向之前大约 20°开始改出大坡度转弯。

（6）向前顶杆，使俯仰姿态到平飞巡航的俯仰姿态。

（7）减小功率至进入转弯的功率设置以保持所需的空速。

（8）尽可能地重新配平飞机或继续进入大坡度右转弯并从步骤（3）继续。

（9）机动完成以后，保持平飞巡航，完成相应的检查单。

2. 非正常姿态改出的保护

非正常姿态是飞行员遇到的最危险的情况。如果没有对仪表判读和飞行操纵进行适当的训练，飞行员可能会加剧非正常姿态，导致一个潜在的致命事故。

指针式仪表要求飞行员在仪表之间扫视来判断飞机姿态。但是有时候这些仪表缺少成功改出所需的必要信息。

EFD 的附加特点帮助了飞行员识别和从异常飞行姿态改出。PFD 在一个屏幕上显示了所有的飞行仪表。每个仪表叠加到一个全屏幕的地平仪显示上。这样的布局，使得飞行员不再需要从一个仪表转移到另一个。

新的非正常姿态改出保护使得飞行员能够快速确定飞机的姿态并进行安全、正确和迅速地改出。在 PFD 上引入大的人工地平仪增强了飞行员的处境意识。这可以使得在所有的仪表扫视时都可以看见地平仪。

PFD 显示的一个问题是：当飞机俯仰变化至正负 90°时，显示器只显示全部蓝色或者全部棕色。

通过 EFD，地平仪设计始终保留了天空和土地的显示部分。这个改进使得飞行员始终知道回到天地线的最快的路线，大大地增强了处境意识。

注：在大约 47°上仰的姿态，天地线开始朝下移动。从这点以后，棕色的部分将保持可见以显示飞行员回到水平俯仰姿态的最快路线，如图 7.23 所示。

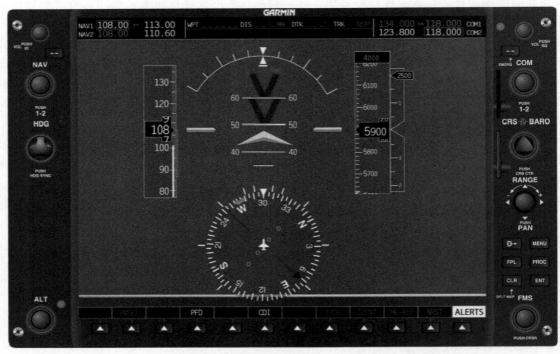

图 7.23　非正常姿态改出保护（注意，棕色的天地线在底部可见）

在大约 27°下俯的姿态，天地线开始朝上移动。从这点以后，蓝色的部分将保持可见以显示飞行员回到水平俯仰姿态的最快路线，如图 7.24 所示。

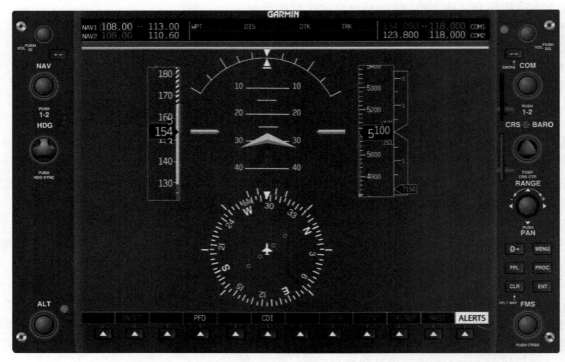

图 7.24　在 27°低头姿态，天地线开始向上移动（注意，蓝色部分在 17°低头姿态保持可见）

飞行员要知道地平仪上的白色线条是天地线。蓝色和棕色的分离线只是一个参考，不应该认为是人工天地线。

另一个重要的进步是非正常姿态改出保护的发展，该保护装入了 PFD 软件，该软件利用 AHRS，能够提供改出的保护。在高机头的非正常姿态情况下，非正常姿态改出保护显示红色的"V"字符号，它指向回到天地线的方向。

这些"V"字符号位于地平仪上部的 50°处。当飞机接近姿态 + 30°时"V"字符号出现。该软件自动地使 PFD 清空其他多余信息，只留下空速、航向、姿态、高度表、升降速度表带和趋势矢量。当俯仰姿态降低至低于 + 25°时，被清空的信息重新显示。

对于低机头非正常姿态，当俯仰姿态超过 – 15°时，"八"字符号显示。如果俯仰姿态继续降低，当机头下俯超过 – 20°时，非正常姿态改出保护清空其他多余信息。当俯仰姿态升高至高于 15°时，被清空的信息重新显示。

另外，坡度极限会激活非正常姿态保护。如果飞机的坡度增加超过 60°，会出现一个延长的横滚指针指示使机翼回到水平的最短方向。在 65°时，PFD 上的信息会重新排列。当坡度减小低于 60°时，所有的信息重新显示。

在图 7.25 中，飞机已经转过 60°。从坡度刻度尾部出现一条连续的白线，该线条指示出回到机翼水平最短的距离。

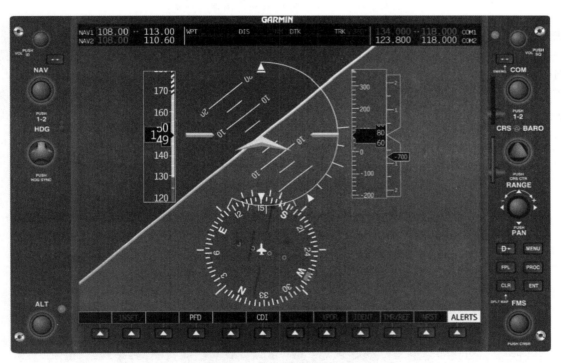

图 7.25　飞机横滚超过 60°

当 AHRS 组件失效时，所有的非正常姿态保护都会失效。AHRS 失效也会导致 PFD 上所有的航向和姿态指示丧失。另外，对自动驾驶仪而言，除了横滚和高度保持功能外，所有其他功能都失效。

下列图表显示了这项技术对于增强处境意识和提高飞行安全的重要性。

图 7.26 显示了 AHRS 及大气数据计算机（ADC）有效输入时的非正常姿态保护。鲜红色的"八"字符号向下指到天地线，指示出一个高机头的非正常姿态，可以很容易地识别和修正。

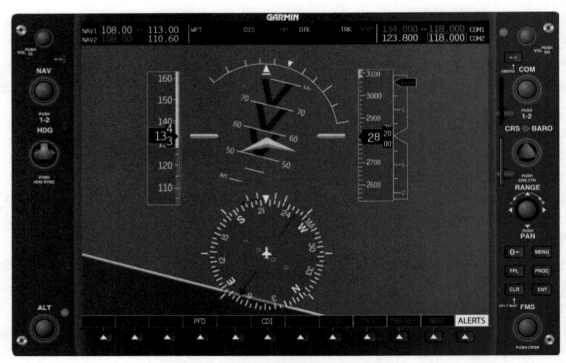

图 7.26　AHRS 有效的非正常姿态保护

　　注：红色的"V"字符号指向需回到水平俯仰姿态的方向。趋势指示器显示了 6 秒内空速和高度的趋势。航向指示器上的趋势指示显示了飞机正在转弯的方向。侧滑指示器清楚地显示了飞机是否处在协调的状态。这些信息帮助飞行员确定飞机处于哪个类型的非正常姿态。

　　在图 7.27 中，显示器显示了与图 7.6 一样的空速；然而，AHRS 组件已经失效了，只有高度表和升降速度表带清楚地指示出飞机处于高机头姿态，侧滑指示器作为关键的一个仪表将不再显示出来。飞机上没有安装备用转弯协调仪供飞行员参考。

图 7.27　AHRS 组件失效

磁罗盘指示出正在保持一个航向,然而它不像转弯协调仪或侧滑指示器那样有用。

图 7.28 表示了 AHRS 和 ADC 失效,不显示飞机的姿态。厂家推荐接通自动驾驶仪保持机翼水平。

图 7.28　AHRS、ADC 失效

当 PFD 上主要的仪表失效后,可用的参考只有备用仪表了。备用仪表包括一个指针式空速表、地平仪、高度表和磁罗盘,没有安装备用的转弯协调仪。

在极度的高机头或低机头姿态及大坡度的情况下,指针式的地平仪有可能翻倒,造成地平仪不可用。

3. 自动驾驶仪的使用

安装于 MFD 屏幕后的转弯协调仪给自动驾驶仪提供信息,转弯协调仪仅仅是为方便自动驾驶仪的横滚模式,而横滚模式就是为了使机翼保持水平。只要转弯协调仪正常工作,这个保护始终可用(如果飞机处于非正常姿态,该保护可帮助飞行员)。

注: 飞行员不能接触到转弯协调仪。这个仪表安装在 MFD 板的后面,如图 7.29 所示。

图 7.29　自动驾驶仪需要来自转弯协调仪的横滚信息

大多数装有 EFD 的飞机都装有自动驾驶仪；然而，飞机购买者可以指定是否要安装自动驾驶仪。在 IMC 条件下，对于一个装有 EFD 的飞机且 AHRS 和 ADC 失效时，要非常小心。

使用自动驾驶仪可以减小工作量，这样飞行员会有更多的时间去监控飞行。使用自动驾驶仪也会降低进入非正常姿态的可能性。

驾驶一个装有 EFD 的飞机而不使用自动驾驶仪会增加工作量，并且在飞行员首次学习使用这个新系统的时候，会使飞行员降低处境意识。

4. 造成非正常姿态的常见错误

下列原因有可能会干扰飞行员的处境意识，并导致进入非正常姿态。

（1）配平技术不正确。如果飞行员停止交叉检查，而未能在稳定平飞时配平好飞机，就可能会因短时的分心导致飞机进入紧急状态。

（2）不能很好地管理驾驶舱资源（CRM）。无法有效地执行所有的单人制机组资源管理职责。造成与 CRM 相关事故的主要原因是因为飞行员无法保持有序的驾驶舱工作。飞行中要用到的物品应该排列有序，能够很容易地拿到。无组织的驾驶舱会引起飞行员因分心而停止交叉检查仪表，时间长了就容易导致飞机进入非正常姿态。

（3）当飞行员认为某个地方出错，或者有偏差出现时，他（她）可能会将注意力固着在某一个仪表上。仪表飞行员需要牢牢记住，交叉检查数个仪表来确定飞行状态永远比检查单个仪表更有价值。

（4）试图通过感官感觉，而不是通过观察来改出飞机状态。本能反应通常会造成修正错误，因为仪表飞行期间出现错觉是常有的事。

（5）基本的姿态仪表飞行技术不好。当飞行员长期不飞仪表进近程序，甚至基本的姿态仪表飞行机动也很久不飞时，技术水平会明显降低。如果飞行员不熟练的话，应避免在 IMC 条件下飞行。在开始 IMC 飞行之前，他们应该让有资格的教员进行指导。

7.5　仪表起飞

学习仅参考仪表飞行的原因，是为了提高飞行员在能见度小于 VFR 时操纵飞机的能力。另外一个需要学习的重要机动科目是仪表起飞。仪表起飞要求飞行员在起飞滑跑期间仅参考飞行仪表而不参考外界来操纵飞机。训练时，仪表起飞与标准转弯率转弯一样在经常使用。

训练仪表起飞的目的是减小眼睛快速地从外界移动到驾驶舱内的飞行仪表，可以减小过渡期间出现的失定向现象。

目前，一种 EFD 系统提供了一种合成视景的显示方式。合成视景是一种由计算机产生的飞机前地形三维显示。该显示器显示了跑道及基于 GPS 地形数据库的地形特征。该显示与视频游戏相似，它产生了一个跑道，飞行员可以沿跑道方向操纵飞机来保持方向控制。只要飞行员沿着计算机模拟的跑道滑跑，飞机将保持在较为真实的跑道上。

不是所有的 EFD 系统都有这种先进的视景系统。对于其他所有的系统，飞行员需要回到仪表起飞的标准程序。每架飞机的仪表起飞因仪表的不同而不同，因此，在使用任何新的设备时要经常训练。

为完成仪表起飞，需要操纵飞机对正中心线并摆正前轮或尾轮。如果飞行员滑行时戴着一个限制视线的装置，可能需要教员的协助。如果是后三点，则应锁定尾轮并用力保持刹车以防止飞机缓慢移动。使用磁罗盘交叉检查 PFD 上的航向指示器，修正罗盘卡上的偏差，调节航向至跑道航向。这使得飞行员能快速地发觉航向的偏差并能够在滑跑期间迅速地采取修正措施。使用 GPS 的全方位选择（OBS）方式时，旋转 OBS 选择器直到指针指向跑道航向，这会增强起飞滑跑期间的处境意识。柔和地加油门以预先产生一定的方向舵方向控制力，松开刹车并继续增加功率至起飞调定。

只要松开了刹车，就需要立即修正航向的任何偏差。应避免使用刹车来控制方向，因为这将增加起飞滑跑的距离，也增加了飞机操纵过量的可能性。

随着飞机加速，应连续地交叉检查空速表和航向指示器。飞机接近抬轮速度时，应柔和地拉杆以增大俯仰姿态到所需的起飞姿态（对于大多数飞机是 7°）。保持俯仰姿态恒定不变，继续交叉检查飞行仪表并使飞机飞离跑道。不要急于拉杆，粗猛拉杆会由于 P-Factor（螺旋桨滑流扭转作用）的影响而朝左转弯，这会使飞机向左偏，使起飞不稳定。

通过参考地平仪保持所需的俯仰及坡度，并交叉检查升降速度表带是否指示正爬升率。注意洋红色的 6 秒高度趋势指示器，趋势显示应该为正。除了颠簸，所有的趋势指示应该是稳定的。如果空速保持稳定值时，应该看不到空速趋势指示。出现空速趋势指示表示俯仰姿态未保持在所需值，因此空速会变化。所需性能是要以恒定的空速及升降速度变化率爬升，此时使用空速表作为俯仰指示的主要仪表。

一旦飞机达到了一个安全高度（大约 100 英尺，如果出现一台发动机失效，则跑道距离不足以用来着陆），在参考空速表与地平仪来保持所需的俯仰姿态的同时，应收起起落架和襟翼。随着飞机形态的改变，需要增加顶杆力来保持所需的俯仰姿态。柔和地增加顶杆力来抵消形态的改变，增加交叉检查的速度。升降速度表带保持恒定的同时，应让空速带和高度带增加，使飞机加速到所需的爬升速度。一旦达到了所需的爬升速度，则应减小功率至 POH/AFM 上的爬升功率调定，配平飞机来消除任何的操纵力。

仪表起飞期间有以下常见错误：

（1）起飞前驾驶舱检查不够。由于匆忙或粗心，飞行员仪表起飞时可能出现空速表（皮托管堵塞）不工作、陀螺地平仪锁定、操纵上锁及许多其他疏忽的事情。对于某些系统，产生 20 节的真空速之前，将不会指示出空速。

（2）未正确地对准跑道。这可能是由于刹车使用不正确造成的，使得飞机在对准跑道后缓慢移动，或者由于对准跑道时前轮或尾轮未锁定造成。无论如何，都会造成起飞后的方向控制问题。

（3）未正确使用功率。加油门过快会增加方向控制的难度，所以应该柔和、连续地加油门。

（4）刹车使用不正确。座位或脚蹬调整不正确，脚处于不舒服的位置，常常会引起无意间使用刹车，引起很大的航向变化。

（5）蹬舵过量。可能是由以下原因造成的：识别航向变化过慢、操纵杆力过大、航向指示器判读错误（向错误方向进行修正）、飞机加速时未相应改变舵量等。如果观察到航向变化，应实时小量蹬舵进行修正，以减小飞机的偏转趋势。

（6）升空后无法保持姿态。如果飞行员在飞机离地时凭身体感觉做出反应，就会凭着猜测控制俯仰姿态。根据配平的情况，飞行员可能使俯仰姿态过大或前推驾驶杆太多。

（7）仪表交叉检查不充分。精力固着在改变配平、姿态、收回起落架和襟翼及改变功率等。当改变仪表指示或施加了某个操纵时，应继续进行交叉检查，特别注意改变的参数。

（8）仪表判读不充分。未能立即理解仪表的指示，有必要进一步学习仪表起飞。

7.6 基本仪表飞行样式

在一定程度地熟练掌握了基本机动飞行后，可以将这些技术应用到不同的组合机动中。

8 直升机姿态仪表飞行

8.1 介　绍

从本质上讲，直升机的姿态仪表飞行其实是用飞行仪表取代直升机上各个基准总和自然天地线的仪表飞行。参考仪表达到某个姿态所需的操纵变化与直升机在目视飞行规则（VFR）下完全相同，飞行员在操纵中的思路也是相同的。基本的仪表训练是达到仪表等级所需的基础。

8.2 飞行仪表

在参考飞行仪表驾驶直升机时，飞行操纵的根本是仪表的正确判读。这一技术在一定程度上取决于你对特定仪表或系统功能的理解，包括其指示和限制（详见第 3 章，飞行仪表）。只要掌握这些知识，飞行员就可以快速地判读仪表的指示，并将该信息立即转化为操纵反应。

8.3 仪表飞行

在仪表飞行过程中，要想既柔和又有效地驾驶直升机，就必须培养 3 种基本技能。它们分别是：仪表交叉检查、仪表判读以及飞机操纵。

8.3.1 仪表交叉检查

交叉检查，有时也叫做"扫视"，即对提供姿态和性能信息的仪表进行连续的逻辑性监视。在姿态仪表飞行中，姿态是依靠参考仪表来保持的。由于人为错误、仪表错误以及在不同大气和载荷条件下直升机的性能差异，很难在建立一个姿态后使其性能在长时间内维持不变。这些变量使得我们有必要不断检查仪表并且对直升机的姿态做出适当的改变。实际的操作技巧绝大程度上取决于安装的是何种仪表，这些仪表安装在何处，还有飞行员的经历以及熟练水平等因素。对这一问题的讨论集中在 6 块基本飞行仪表上，如图 8.1 所示。

图 8.1　6 块基本飞行仪表

首先，为了快速进行交叉检查，飞行员通常会出现直接看仪表而不知道具体需要何种信息的情况。然而，通过熟悉和练习，能够使飞行员在特定飞行条件下的仪表交叉检查具有明确的倾向性。在从一个飞行状态向另一个飞行状态转换时，这些倾向能够为飞行员操纵直升机提供帮助。

当飞行员集中所有精力专注于一块仪表时，会出现称为"视觉固着"的情况。这是人类的自然倾向，想要专心精确地观察一块仪表而通常忽略了其他仪表。视觉固着在一块仪表上通常会导致飞行员对飞机的操纵能力变差。例如，在转弯过程中，交叉检查时有只看转弯侧滑仪而不看其他仪表的倾向。这样通常会因对俯仰和坡度操纵改变而导致掉高度。只用足够的时间了解一块仪表所提供的信息，然后继续看下一块仪表。同样，飞行员也可能对一块仪表过度重视，而忽略了其他获得直升机性能信息所需的多块仪表。这不是视觉固着在交叉检查中的其他仪表上，而是对一块特定的仪表过于注意。

在进行机动飞行时，有时不能预见到姿态改变后出现的重要仪表指示。例如，从爬升或下降状态改平时，飞行员可能因为太集中精力进行俯仰操纵而忘记了航向或横滚信息。这种错误称为疏忽，会导致航向和坡度操纵不稳定。

虽然有这些常犯的错误，但是经过指导和练习后，大多数的飞行员还是能够很好地适应在飞行中参考仪表，很多飞行员发现他们能够更简单、更精确地通过仪表操纵直升机。

8.3.2　仪表判读

各种飞行仪表像是给出了一副可以表示正在发生的情况的画面。没有哪块仪表比其他的仪表更重要，但是，在特定的机动飞行或条件下，提供最相关和最有用的信息的仪表称为主用仪表，那些为主用仪表提供备份和补充的仪表称为辅助仪表。例如，由于地平仪是唯一一块直接提供飞机当前姿态信息的仪表，在任何俯仰或坡度改变时都应被认为是主用仪表。新的姿态建立之后，其他的仪表称为主用仪表，而地平仪通常就变为辅助仪表。

8.3.3　飞机操纵

直升机的操纵是对飞行仪表进行准确判读并将所读内容转换为正确的操纵反应。为了获得所需的飞行轨迹，飞机操纵包括对俯仰、坡度、功率以及配平的调整。

俯仰姿态操纵是控制直升机沿横轴的运动。通过参考俯仰仪表[地平仪、高度表、空速表以及升降速度表（VSI）]判读了直升机的俯仰姿态后，不断进行调整以获得所需的姿态。本章所描述的是大致的俯仰姿态，具体姿态因直升机机型的不同而异。

坡度操纵控制的是横向倾斜的旋翼与水平面之间的角度或直升机沿纵轴的运动。判读直升机与坡度有关的仪表（地平仪、航向指示器以及转弯侧滑仪）后，不断地调节驾驶杆获得所需的坡度。

功率控制是按照相应的油门操纵总距杆。直线平飞时，如果高度偏差大于100英尺，或空速偏差大于10节，应使用总距杆进行修正。如果误差小于这些数值，则飞行员应使用驾驶杆稍作爬升或下降。

为了能够参考仪表操纵直升机，掌握特定直升机在不同载荷构形和不同的飞行条件下所需的大致功率设定值非常重要。

直升机的配平是指使用驾驶杆回中按钮（如果直升机上有此按钮）减小所有可能的杆力。配平还指通过调整脚蹬使转弯侧滑仪的小球回到中间位置。功率有任何改变时都需要脚蹬配平。

适当调整总距杆和驾驶杆的摩擦力有助于减轻飞行员在仪表飞行时的负担。摩擦力应该调整到既要最大限度地避免操纵过量和驾驶杆滑动，又不能过度调整到使操纵受限的程度。另外，许多可进行仪表飞行的直升机都安装了增稳系统或一部自动驾驶仪以减轻飞行员的工作量。

8.4　直线平飞

直线恒速平飞包括保持所需的高度、航向、空速以及脚蹬配平量。

8.4.1　俯仰操纵

直升机的俯仰姿态是其纵轴与水平面的夹角，使用地平仪（如可用）达到所需的俯仰姿态。平飞时，俯仰姿态随空速和重心（CG）的变化而变化。在高度不变并且空速稳定的条件下，俯仰姿态大约是零度。图8.2所示为俯仰操纵中所使用的仪表。

图 8.2　俯仰操纵中使用的仪表——升降速度表、地平仪、高度表以及空速表

1. 地平仪

地平仪为直升机提供直接的俯仰姿态指示。目视飞行时，不断地使用驾驶杆操纵直升机抬头或低头以获得所需姿态。仪表飞行时，使用完全相同的程序向上或向下调整飞机符号到地平仪中仪表天地线的相对位置。

实施操纵后，仪表最终发生改变会有一些滞后，这是操纵直升机时正常的操纵滞后，不应将其与仪表滞后混淆。在进行增速、减速或转弯等机动飞行过程中，地平仪显示的俯仰姿态可能略有误差，通过交叉检查其他俯仰仪表就可以快速判明此类进动误差。

如果在地面上已将飞机符号调整好，则在空中可能不再需要重新调整。以正常巡航速度改平之后，如果飞机符号不在仪表天地线上，则应在使用其他俯仰仪表保持平飞的同时按需调整飞机符号的位置。在以正常巡航速度平飞的条件下，将飞机符号调整好之后，只要保持其位置不变，就可以一直保持精确的俯仰姿态指示。

图 8.3　正常巡航时的初始俯仰修正量为小于等于地平线的宽度

为了保持高度进行首次俯仰姿态修正时，姿态改变不宜过大，而且变化要柔和。首次向上或向下调整的幅度不得大于仪表天地线的宽度，如图 8.3 所示。如果需要进一步调整，通常再移动半个天地线的宽度就足以修正任何偏离所需高度的误差。这种"一个到一个半"天地线宽度的修正通常是平飞姿态的最大俯仰姿态修正量。

修正完成后，飞行员应交叉检查其他俯仰仪表，以便确定俯仰姿态调整是否充分。如果需要进一步修正才能回到高度，或者空速变化超过 10 节，则需调整功率。

2. 高度表

高度表在直线平飞时为直升机提供间接的俯仰姿态指示。由于在平飞时高度应保持不变，如偏离所需高度则表示需要改变俯仰姿态并在必要时改变功率。高度减小时，应增大俯仰姿态并按需调整功率；高度增大时，应减小俯仰姿态并按需调整功率。

高度表变化的速率有助于确定俯仰姿态。高度表变化缓慢表示与所需俯仰姿态之间的偏差很小，而高度表变化迅速则表示与所需俯仰姿态之间的偏差很大。修正要及时，使用的修正量要少。另外，应牢记高度表变化总是要通过两次不同的调整来修正：首先调整姿态使高度表停止变化，然后再调整姿态使直升机柔和回到所需的高度。如果高度减小超过 100 英尺并且空速减小 10 节以上，则应该增加功率并增大俯仰姿态；如果高度增大超出 100 英尺并且空速增大 10 节以上，则应该减小功率并减小俯仰姿态。

高度表指针的移动存在少量滞后，但是，为了切合实际，我们认为高度表给出的是实时的变化指示，也就是说这时俯仰姿态需要立即改变。由于高度表在平飞时提供最恰当的俯仰信息，因此被视为俯仰操作的主用仪表。

3. 升降速度表（VSI）

升降速度表为直升机提供间接的俯仰姿态指示，应将其与其他俯仰仪表一同使用以获得更高的精准度。平飞时仪表指示为零，指针任何偏离零位的移动都表示需要立即改变俯仰姿态使指针回零。在平飞时，始终将升降速度表和高度表一同使用。如果看到升降速度表指针移动，则应立即采取恰当的修正措施使指针回零。如果修正及时，通常高度变化会很小甚至没有变化。如果升降速度表指针不在零位，则高度表会指示高度增加或减小。

升降速度表的指针刚开始是瞬时移动，它指示的是直升机升降运动的趋势。进行修正后，升降速度表的指针需要在一定的时间延迟后才能达到最终的指示位置。这种时间因素通常称为仪表滞后。这种滞后与俯仰变化的速度和幅度成正比例关系。如果采用柔和的操纵技巧并且俯仰姿态调整很小，就能尽可能避免仪表滞后现象，而升降速度表也就更容易判读。

可以先将操纵杆回中立，等俯仰姿态稳定后，再根据其他俯仰仪表的指示重新调整俯仰姿态。这种方法可以最大限度地避免操纵量过大。

升降速度表偶尔会未完全校准。这就可能出现即便直升机在平飞而仪表却指示轻微的爬升或下降的情况。如果不能将仪表完全校准，在使用升降速度表进行俯仰操纵时应考虑到此误差。例如，如果在直升机平飞时，升降速度指示为 100 英尺/分钟（FPM）的下降率，则以此指示作为平飞的基准，与此读数有任何偏差都表示姿态发生了变化。

4. 空速表

空速表为直升机提供间接的俯仰姿态指示。在一定的功率和俯仰姿态下，空速会保持不变。如果空速增加，则表示机头太低，需要增大姿态；如果空速减小，则表示机头过高，需要减小姿态。空速迅速改变表示俯仰姿态变化很大，空速变化慢则表示俯仰姿态变化不大。空速表的指示滞后微乎其微。如果在改变姿态时，在实施操纵与空速改变之间出现一些滞后，很可能是驾驶杆的操纵滞后引起的。通常情况下，无意间的俯仰姿态变化造成的速度偏差也会导致高度变化。例如，由于姿态过小造成的速度增加会导致高度减小，修正俯仰姿态能使空速和高度都恢复。

8.4.2 坡度操纵

直升机的坡度是其横轴与水平面的夹角。在目视飞行中要保持直线航迹，须将直升机的横轴与天地线保持一致。假定直升机处于协调飞行状态，任何从横向水平姿态的偏离都会使直升机转弯，如图 8.4 所示。

图 8.4　用于坡度操纵的飞行仪表——地平仪、航向指示器以及转弯指示器

1. 地平仪

地平仪为直升机提供直接的坡度指示。仪表飞行时，飞机符号和仪表天地线分别代表了实际的飞行姿态和天地线，任何坡度的变化都立即由飞机符号显示。为了正确地判读地平仪，假设自己处于飞机符号的位置。如果配平恰当且旋翼倾斜，直升机就开始转弯。将飞机符号调整到与仪表天地线水平时转弯停止。转弯侧滑仪上的小球应通过恰当的脚蹬配平量始终保持在中间位置。

坡度由地平仪最上方坡度刻度上的指针指示，如图 8.5 所示，无法从飞机符号上观察到的细微坡度变化时可以很容易地通过参考坡度刻度指针确定。

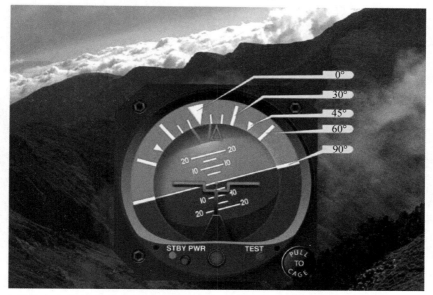

图 8.5　地平仪上方的坡度刻度指示坡度的度数变化（此时直升机向右带有大约 15°的坡度）

俯仰和坡度可同时在地平仪上确定，即使飞机符号不与仪表天地线重合，俯仰姿态仍可通过观察飞机符号与仪表天地线的相对位置获得。

在进行涉及转弯的机动飞行时，地平仪显示的坡度可能略有误差。在进行此类机动飞行时，认真交叉检查其他与转弯有关的仪表就能够立即判断出这种进动误差。通常在改平坡度时能注意到进动现象。转弯完成时，如果飞机符号在水平位而直升机仍在转弯，则应对坡度稍作调整使转弯指针回中并使航向指示器停止转动。

2. 航向指示器

在协调飞行中，航向指示器为直升机提供间接的坡度指示。直升机带坡度时就开始转弯。其横轴在水平位时，直升机保持直线飞行。因此，在协调飞行中，航向指示保持不变时，直升机的坡度为零。偏离所需航向表示直升机带有正在转弯方向的坡度。航向变化缓慢表示坡度不大，航向变化迅速表示坡度很大。如果发现直升机在转弯，则应向相反方向操纵驾驶杆直到航向指示器指示所需航向，同时还要确保侧滑小球在中间位置。在向所需航向修正时，不要使用大于以标准速率转弯时所需的坡度。另外，如果航向修正的度数不大，则应将坡度限制到要修正的度数之内。如果坡度超过此标准，就需要更高超的技巧和精确度才能达到所需的航向。在直线平飞时，航向指示器是坡度操纵的主要参考。

3. 转弯指示器

协调飞行时，转弯侧滑仪指针为直升机提供间接的坡度指示。指针偏离垂直位置表示直升机正在朝着指针偏离的方向转弯。也就是说，如果指针偏左，飞机就向左转。操纵驾驶杆使指针回到垂直位置，就可以使直升机沿直线飞行。要精确判读位置的细微偏差就必须严密观察转弯指针。

飞行员应交叉检查转弯侧滑仪上的小球来判断直升机是否处于协调飞行状态，如图 8.6 所示。如果旋翼在水平位并且脚蹬力恰当地补偿了扭矩，则小球应保持在中间位置。先通过参考其他与坡度有关的仪表使直升机处于平飞状态，然后再用脚蹬配平使小球回中。功率改变后扭矩修正量也会变化，因此，发生此类变化之后总是要检查小球的位置。

图 8.6 协调飞行状态由位于中间位置的小球指示

8.4.3 直线平飞时常犯的错误

直线平飞时，飞行员常犯如下错误：

（1）未保持好高度；

（2）未保持好航向；

（3）进行修正时俯仰和坡度修正量过大；

（4）未保持适当的脚蹬配平量；

（5）未交叉检查所有可用的仪表。

8.4.4 直线平飞时的功率控制

功率设置是通过调整总距并按需控制油门实现的。对于活塞动力的直升机，在进气压力表上观察功率指示；而对于涡轮动力的直升机，在扭矩表上观察功率。[虽然大部分经过仪表飞行规则（IFR）认证的直升机都是以涡轮为动力的，但是本章所述内容仍使用以活塞为动力的直升机，因为大部分训练都是在此类直升机上进行的。]

在任何给定空速下，一定的功率设定值决定直升机的平飞、爬升或下降。例如，在巡航速度下保持巡航功率，直升机就会平飞。如果飞行员增加功率设定值并保持空速不变，直升机就会爬升；反之，如果飞行员减小功率设定值并保持空速不变，直升机就会下降。

如果高度保持不变，则功率决定空速。例如，在一定高度上，巡航功率使直升机保持巡航速度，与巡航功率设定值之间存在任何偏差都会使空速改变。为使空速增加而增加功率时，直升机会抬头并且主旋翼叶片逆时针旋转的直升机会向右偏转，此时的飞行仪表指示如图 8.7 所示；为使空速减小而减小功率时，直升机会低头并且向左偏转，此时的飞行仪表指示如图 8.8 所示。单旋翼直升机上的偏航效应最为明显，旋翼顺时针旋转的直升机则不存在这种效应。为了抵消直升机的这种偏航趋势，需在功率改变时使用脚蹬配平。

图 8.7 直线平飞过程中功率增加时的飞行仪表指示

图 8.8 直线平飞过程中功率减小时的飞行仪表指示

为了在平飞时保持高度和空速不变，必须使俯仰姿态和功率控制协调。高度与空速之间的关系决定是否需要改变功率和/或俯仰姿态。如果高度不变而空速过大或过小，则应调整功率以达到所需速度，改变功率时，应先精确地判读高度表，然后再通过适当的俯仰变化消除高度偏差。如果高度过低而空速过大，或反之，则仅改变俯仰姿态就有可能使直升机恢复所需的高度和空速。如果空速小且高度低，或反之，则有必要同时改变功率和俯仰姿态。

为了在空速改变时更易控制功率，必须了解所飞的直升机机型在各个速度下的大致功率设定值。需改变空速时，将功率调整到保持新的空速所需的大致功率设定值。功率将要达到所需设定值时，在交叉检查过程中应额外观察进气压力表以判断功率调整完成的时机。根据空速的变化调整俯仰姿态使高度不变。在俯仰姿态变化过程中，航向应保持不变。达到所需空速后，将功率调整到新的巡航功率设定值并进一步通过调整俯仰姿态保持高度。正常空速巡航以及从正常空速巡航过渡到慢速巡航的仪表指示如图 8.9、图 8.10 所示。空速稳定在慢速巡航之后，地平仪所示的俯仰姿态大约是零度。

图 8.9　以正常巡航速度直线平飞时的飞行仪表指示

图 8.10　直线平飞过程中空速减小时的飞行仪表指示

　　无论空速变化与否，高度表都是平飞时俯仰的主用仪表。空速改变时高度不应有变化，航向指示器仍为坡度的主用仪表。只要空速改变，进气压力表就暂时成为功率控制的主用仪表。空速达到所需读数后，空速表又重新成为功率控制的主用仪表。

　　为了保持直线平飞，交叉检查时应将俯仰-坡度仪表与功率控制仪表相结合。功率不变时，正常的交叉检查应该足以满足需要。功率变化时，必须加快交叉检查的速度以便有时间检查俯仰-坡度仪表。这样可以对出现的任何偏差立即进行修正。

8.4.5　空速改变时常犯的错误

　　空速改变时，飞行员常犯以下错误：

（1）功率使用不当；

（2）俯仰姿态操纵过量；

（3）未保持好航向；

（4）未保持好高度；

（5）脚蹬配平量使用不当。

8.5　直线爬升（恒速和恒定爬升率）

在任何功率设定值和载荷条件下，只有一个速度能够提供最有效的爬升率。要确定此速度，需要参考所飞直升机机型的爬升数据。飞行员应根据不同的初始爬升空速以及需保持恒速还是恒定爬升率等不同情况，使用不同的技巧。

8.5.1　进　入

当爬升空速小于巡航速度时，要进入恒速爬升，应将功率增加到爬升功率设定值，同时将俯仰姿态调整到大致的爬升姿态。增加功率使直升机开始爬升，因此只需要轻微地向后带杆就能完成由平飞到爬升的姿态转变。飞行员应参考地平仪完成俯仰姿态改变。如果从平飞到爬升时的过渡稳定，升降速度表上的指示会出现迅速的向上趋势然后停止在使空速和姿态稳定的适当速率上。进入爬升的主用和辅助仪表如图 8.11 所示。

图 8.11　进入恒速爬升时的飞行仪表指示

当直升机稳定在一定的速度和高度时，空速表成为俯仰的主用仪表。应严密监控仍然作为功率主用仪表的进气压力表，以便确定当前保持的爬升功率设定值是否合适。以恒速稳定爬升时的主用和辅助仪表如图 8.12 所示。

图 8.12　以恒速稳定爬升时的飞行仪表指示

以恒定爬升率爬升的技巧和程序与上述的恒速爬升非常相似。出于训练目的，一般采用由爬升空速进入恒定爬升率爬升，并使用适合所飞机型的爬升率。一般情况下，爬升率较小的直升机使用500 英尺/分钟的爬升率较为合适；而对于能够以大速率爬升的直升机，则使用 1 000 英尺/分钟的爬升率。

要以恒定的速率爬升，应将功率增加到所需速率对应的大致功率设定值。从开始增加功率直到升降速度达到所需爬升率期间，空速表是俯仰的主用仪表。达到所需爬升率之后，升降速度表即成为俯仰的主用仪表。参考地平仪调整俯仰姿态以保持所需的升降速度。升降速度表成为俯仰的主用仪表时，空速表则成为功率的主用仪表。以恒定速率稳定爬升时的主用和辅助仪表如图 8.13 所示。调整功率以保持所需空速，应将俯仰姿态和功率的修正配合进行。例如，如果升降速度好而空速小，则需要增加功率。随着功率的增加，可能需要稍稍减小俯仰姿态以避免升降速度增加。应小心调整俯仰姿态以免出现调整过量，通常很小的功率修正就足以使空速恢复到所需的指示。

图 8.13　以恒定速率稳定爬升时的飞行仪表指示

188

8.5.2 改 平

达到所需高度之前就必须开始从恒速爬升中改平。虽然改平的提前量因所飞机型和飞行员的技巧而异，但决定提前量最主要的因素是升降速度。根据经验，一般使用升降速度的 10% 作为提前量。例如，如果爬升率是 500 英尺/分钟，则大概在距离所需高度 50 英尺时开始改平。达到提前改平高度时，高度表成为俯仰的主用仪表应将俯仰姿态调整为该速度下的平飞俯仰姿态，并交叉检查高度表和升降速度表以便确定在所需高度改平的时机。如果巡航速度大于爬升空速，则应先保持功率不变，空速达到巡航速度后，再将功率减小到巡航功率设定值。由恒定速率爬升到改平的方法与恒速爬升改平相同。

8.6 直线下降（恒速和恒定下降率）

在所能达到的任何正常空速下直升机都可以下降，但是必须在开始下降前确定空速。下降类型（恒速或恒定下降率）决定下降时所用的技巧。

8.6.1 进 入

如果当前空速大于下降空速，并且需要以恒速下降，则应将功率减小到下降功率设定值并使用驾驶杆保持高度，这样会使直升机减速。直升机达到下降空速时，空速表成为俯仰变化的主用仪表，进气压力表成为功率变化的主用仪表。保持空速不变使直升机下降：以恒定下降率下降时，将功率减小到所需下降率对应的大致功率设定值；以下降空速下降时，在升降速度表达到所需下降率之前，空速表是俯仰变化的主用仪表，达到所需下降率之后，升降速度表就成为俯仰变化的主用仪表，空速表则成为功率变化的主用仪表。下降过程中，应将功率和俯仰姿态的修正配合进行。

8.6.2 改 平

与从爬升中改平相同，下降改平的提前量取决于下降率和操纵技巧。以下降空速改平时，高度提前量大致为升降速度的 10%。在提前改平的高度，应同时将功率增加到能以下降速度保持平飞的设定值。这时，高度表就成为俯仰变化的主用仪表，空速表则成为功率变化的主用仪表。

要以大于下降空速的速度改平，应在达到所需高度之前大约 100 到 150 英尺增加功率。功率设定值应能在平飞时保持所需速度。在距离所需高度大约 50 英尺之前保持升降速度不变，此时，高度表为俯仰变化的主用仪表，空速表为功率变化的主用仪表。恒定速率下降改平的方法与恒速下降改平的方法相同。

8.6.3 直线爬升和下降时常犯的错误

直线爬升和下降时，飞行员常犯如下错误：
（1）未保持好航向；

（2）功率使用不当；

（3）未控制好俯仰姿态；

（4）未保持恰当的脚蹬配平量；

（5）未在所需高度改平。

8.7 转 弯

参考仪表进行转弯时应保持精确的转弯率。本章所描述的转弯是指在转弯侧滑仪上的指示不超过3°/秒标准速率的转弯。真空速决定保持标准速率所需的坡度。根据经验，一般使用空速的 15% 作为标准速率转弯所需的大致坡度。简单的计算方法是将空速除以 10 再加上所得结果的 1/2。例如，要以标准速率转弯，60 节的空速所需坡度大致为 9°（ 60 ÷ 10 = 6，6 + 3 = 9）；80 节的空速所需坡度大致为 12°。

要进入转弯，应向需要转的方向横向操纵驾驶杆，柔和进入并使用地平仪达到大致的坡度。达到标准转弯率时，转弯侧滑仪成为坡度变化的主用仪表，地平仪成为辅助仪表。平飞转弯时，高度表是俯仰变化的主用仪表，空速表是功率变化的主用仪表。以标准的速率进行稳定转弯时的主用和辅助仪表如图 8.14 所示。如果为了保持空速需要增加功率，可能需要少量的向前杆力，因为总距增加时直升机有抬头趋势。按需使用脚蹬配平，将小球保持在中间位置。

图 8.14 以标准速率左转时的飞行仪表指示

要恢复直线平飞，应向转弯相反的方向操纵驾驶杆。改出的速率应与进入转弯时的速率相同。开始改出时，地平仪是坡度变化的主用仪表。与直线平飞时相同，直升机将要改平时，航向指示器变为坡度变化的主用仪表，应交叉检查空速表和侧滑小球以保持所需的空速和脚蹬配平量。

8.7.1 转向指定航向

只要横轴倾斜，直升机就会一直转弯，因此，在达到指定航向之前必须提前改出。改出的提前量因转弯速率和飞行员的技巧而异。

以 3°/秒的速率转弯时，提前量为坡度角的一半。例如，如果以 12°的坡度转弯，提前量为使用坡度的一半，也就是以到预定该出航向的提前 6°作为所需航向的改出点。在未按照特定的技巧确定出具体所需的提前量之前，使用此方法计算。使用坡度在任何时候都不能大于要转的度数。以标准速率转弯时，改出时的速率应与进入时相同。在转弯过程中，飞行员应严密地对俯仰、坡度和功率的主用及辅助仪表进行交叉检查。

8.7.2　计时转弯

计时转弯是指使用时钟和转弯侧滑仪在给定的时间内使航向改变一定的度数。例如，使用标准转弯率时，直升机 15 秒转 45°；而使用二分之一的标准转弯率时，直升机则 30 秒才能转 45°。计时转弯可在航向指示器不工作时采用。

开始计时转弯之前，应校准转弯协调仪以便确定其指示的精度。要进行校准，应先参照转弯侧滑仪以标准速率进行转弯，然后当长秒针通过时钟上的重要位置（12、3、6 或 9）时，检查航向指示器上所指示的航向。在以指示的速率恒速转弯的过程中，每隔 10 秒记录航向的变化。如果直升机在每个间隔的转弯度数大于或小于 30°，则分别需要减小或增大指针的偏转以达到标准转弯率。在两个方向上对转弯侧滑仪进行校准之后，如有修正的偏转量，则应将其记录并在整个计时转弯过程中使用。

除了用时钟代替航向指示器外，计时转弯与指定航向转弯使用相同的仪表交叉检查方法和操纵技巧。转弯侧滑仪上的指针是坡度控制的主要参考，而高度表和空速表分别是俯仰操纵和功率控制的主用仪表。当时钟的长秒针通过一个重要位置时开始进入转弯，将转弯保持在校准的标准速率指示，或为了减少航向变化而采用二分之一的标准速率；到所计算的时间开始改平坡度。如果进入与改出时的速率相同，则在时间计算时不必考虑进入和改出所用的时间。

如果使用整个仪表板进行定时转弯练习，则使用航向指示器检查转弯精度。如果在没有航向指示器的情况下实施转弯，则在转弯完成后使用磁罗盘检查转弯精度，这时需将罗盘偏差考虑在内。

8.7.3　转弯中改变空速

在转弯中改变空速是一种能够提高所有三种基本仪表飞行技巧的有效机动练习。由于此机动需要同时对操纵的所有方面进行改变，因此，圆满完成不但需要快速的仪表交叉检查和判读，而且还需要柔和有效的操纵技巧。

转弯中改变空速与直线平飞改变空速所用的俯仰和功率控制技巧相同。如前所述，一定的转弯率所需的坡度与转弯速度成正比。要以标准速率完成转弯，为了保持转弯率不变，坡度必须与空速的变化成正比。空速减小时，减小坡度并增加俯仰姿态以保持高度和标准转弯率。

高度表和转弯侧滑仪的读数应在整个转弯过程中保持不变。高度表是俯仰操纵的主用仪表，转弯指针是坡度控制的主用仪表。空速变化时，进气压力表是功率控制的主用仪表。空速达到新的指示值时，空速表成为功率控制的主用仪表。

可以使用两种方法在转弯中改变空速：第一种方法是转弯后改变空速，第二种方法是进入转弯的同时开始改变空速。第一种方法更为简单，但是无论使用哪种方法，随着功率的减小，交叉检查仪表的频率都要增加。直升机减速时，检查高度表和升降速度表以判断是否需要改变俯仰姿态，并检查坡度仪表判断是否需要改变坡度。如果转弯侧滑仪的指针偏离所需位置，则需要改变坡度。高度是通过调整俯仰姿态保持的。空速达到所需值时，空速表成为功率控制的主用仪表，通过调整功率保持所需空速，使用脚蹬配平确保机动时飞机处于协调状态。

在达到十分娴熟的操纵技巧之前，飞行员经常交叉检查地平仪能够避免操纵过量并能根据空速变化获得大致合适的坡度。

8.7.4 磁罗盘转弯

使用陀螺航向指示器控制航向非常简单，但是，如果航向指示器失效或直升机上未安装，则需使用磁罗盘作为航向基准。仅使用罗盘进行转弯时，飞行员需要针对增速和减速误差进行提前或滞后调整，这样才能确保直升机在到达所需航向时改平坡度。航向转向正北时，改平坡度的提前量必须包括纬度数加上正常转弯改出使用的提前量。航向转向正南时，保持转弯直到罗盘超过180°加纬度数，再减去正常的改出提前量。例如，在纬度 30°从东向北转弯时，应在罗盘读数为37°时开始改出（30°加 15°坡度的二分之一，或适合改出速率的量）。航向由东向南转时，磁罗盘读数为203°时开始改出（180°加30°再减去坡度的二分之一）。由西开始进行类似转弯时，适当的改出点应分别为向北323°，向南157°。

在仪表气象条件（IMC）下，直升机很少需要也不建议以 30°的坡度转弯，并且被认为这是直升机的异常姿态。但是，它却是一个非常好的提高姿态快速改变时迅速反应能力的机动练习。虽然进入和改出的技巧与其他任何转弯都相同，但是以 30°的坡度转弯时的俯仰却更难控制。这是因为坡度增加时垂直升力会减小。另外，由于垂直升力的减小，飞机就会有高度和/或速度减小的趋势。因此，为了保持高度和速度不变，需要额外增加功率。但是，在仪表指示需要修正之前，不要开始修正。进行此机动时，在高度表和升降速度表上观察是否需要修正，并检查地平仪，然后进行必要的调整。修正完成后，再次检查高度表和升降速度表以确定修正量是否合适。

8.7.5 爬升和下降时转弯

在爬升和下降中转弯时，应将上述的直线爬升、下降和标准速率转弯的技巧相结合。出于练习目的，可在转弯的同时开始爬升或下降。以恒速稳定左转爬升时的主用和辅助仪表如图 8.15 所示。爬升或下降时转弯改平与直线爬升或下降改平相同。要恢复直线平飞，可以先停止转弯再改平，或先改平再停止转弯，也可以将两者同时进行。爬升或下降中转弯时，用脚蹬配平将转弯侧滑仪的小球保持在中间位置。

图 8.15 以恒速稳定爬升左转时的飞行仪表指示

8.7.6 转弯时常犯的错误

转弯时，飞行员常犯如下错误：

（1）未保持所需的转弯速率；

（2）在平飞转弯时未保持好高度；

（3）未保持所需空速；

（4）进入和改出的速率不一致；

（5）向指定航向转弯时改出未使用适当的提前量；

（6）在计时转弯过程中没有准确地计算时间；

（7）在磁罗盘转弯时改出未使用适当的提前量和滞后量；

（8）功率使用不当；

（9）脚蹬配平使用不当。

8.8 异常姿态

任何正常直升机仪表飞行中不需要的机动都是异常姿态。这可能是一个或多个因素综合导致的，如紊流、方向迷失、仪表失效、概念混淆、过分专注驾驶舱职责、交叉检查不认真、仪表判读错误或飞机操纵不熟练等。由于直升机的不稳定性，异常姿态可能非常危险。一旦发现姿态异常，应在尽量保持高度的前提下尽快改为直线平飞。

要从异常姿态改出，飞行员应修正坡度和俯仰姿态并按需调整功率，所有调整几乎是同时进行的。无论有无地平仪，飞行员都必须能够完成改出。如果直升机正在爬升或下降中转弯，则应调整坡度、俯仰和功率，坡度应参考转弯侧滑仪和地平仪修正，俯仰姿态应参考高度表、空速表、升降速度表以及地平仪修正，功率调整应参考空速表和进气压力表。

由于异常姿态改出时使用的操纵量可能比正常飞行时大，因此，在恢复直线平飞过程中需小心操纵。对其他仪表进行严密地交叉检查能够最大限度地避免操纵过量。

异常姿态改出时，飞行员常犯如下错误：

（1）未进行适当的俯仰修正；

（2）未进行适当的坡度修正；

（3）未进行适当的功率修正；

（4）俯仰和/或坡度操纵过量；

（5）功率控制过量；

（6）高度损失过多。

8.9 紧急情况

仪表飞行中出现紧急情况时的处置与在 VFR 飞行中类似。应对紧急情况所作的最好准备应包括对直升机整体以及各个系统的了解、良好的航空知识和判断力。精密的航前计划和完整的航前检查是安全运行的前提。飞行员应该将紧急着陆时的适当着陆地点包括在航路计划中，还应该确保出现紧急情况时，要使用的所有资源（如地图、手册、手电筒以及灭火瓶等）都可用。

出现紧急情况时，首先是操纵飞机，也就是说先将直升机飞行状态控制好，然后确定紧急着陆的地点；再执行应急检查单的记忆项目，随后执行《旋翼飞机手册》（RFM）中的书面项目；以上项目全部完成后，通知空中交通管制（ATC），在最后一个 ATC 指定频率报告紧急情况，如果不能在此频率发送，则使用 121.5 应急频率并将应答机调到应急代码 7700，此代码会在雷达设备上触发警铃或特殊的指示。

在空中出现诸如低油量或电气系统完全失效等非常紧急的情况时，应该尽快着陆。如果出现电气火警，则应关断所有不重要的设备立即着陆。完成安全着陆可能会需要一些主要的电子仪表，如地平仪等。无线电导航失效时，如能继续安全飞行，可以不必立即着陆。这种情况下，应根据实际情况尽快着陆。ATC 可能会为飞机提供到安全着陆区的引导。有关在紧急情况下如何处置的详细内容，请参考《旋翼飞机手册》（RFM）。

8.9.1　自　转

向前直飞自转和自转转弯都应参考仪表进行练习。这种训练能够确保在一发失效时通过及时的修正措施保持对飞机的有效操纵。

要进入自转，应柔和减小总距以保持安全的旋翼转速，并使用脚蹬配平将转弯侧滑仪的小球保持在中间位置。在地平仪上显示的直升机的俯仰姿态应大致为零度。空速表是俯仰操作的主用仪表并应将其调整到推荐的自转速度。航向指示器在向前直飞自转时是坡度控制的主用仪表。转弯自转时，应参考转弯侧滑仪上的指针以保持标准的转弯率。

8.9.2　自转时常犯的错误

自转时，飞行员常犯如下错误：
（1）由于脚蹬配平不当造成进入时不协调；
（2）由于俯仰姿态不合适造成空速控制误差；
（3）向前直飞自转时航向控制误差；
（4）未保持恰当的旋翼转速；
（5）自转转弯时未保持标准的转弯率。

8.9.3　伺服失效

大多数经单人 IFR 飞行认证的直升机都要求安装自动驾驶仪，这极大地减轻了飞行员的工作量。但是，如果一部自动驾驶仪伺服装置失效，则必须恢复对直升机的人工操纵。飞行员工作量增加的多少取决于哪部伺服装置失效。如果驾驶杆伺服器失效，因工作量增加非常大，飞行员可能希望立即着陆；而如果是总距伺服器失效，则有可能继续飞行到下一个合适的着陆地点着陆。

8.10 仪表起飞

为了与具体所飞的直升机机型操作说明中的内容保持一致，应按需对在此所述的程序和技巧进行修改。在训练过程中，如果没有合格的熟练飞行教员指导，不应尝试仪表起飞。

首先应将所操纵飞机地平仪上的飞机符号调整到恰当位置。直升机与跑道或起降点对正时，为了防止装有轮式起落架的直升机向前移动，将停留刹车刹上或使用脚蹬刹车。如果使用停留刹车，则起飞前必须将其松开。总距杆上的摩擦力应既能最大限度地避免操纵过量又能防止操纵杆滑动，所以应避免由于摩擦力过大而限制总距杆移动。

检查所有仪表指示正常后，开始使用总距杆和已确定好的功率起飞。随着功率增加，直升机开始离地，应首先使用脚蹬保持所需航向，同时前推驾驶杆开始增速到爬升速度。起始爬升时，直升机的俯仰姿态在地平仪上的指示应为向下的一格到两格的宽度。离地后的主用和辅助仪表如图 8.16 所示。在增速到爬升速度的过程中，应逐渐将俯仰调整为爬升姿态。达到爬升速度时，应将功率减小到爬升功率设定值并过渡到完全稳定的直线爬升。

图 8.16 一次仪表起飞时的飞行仪表指示

起始爬升中，在达到一定的空速并进入稳定飞行阶段之前，应只使用脚蹬进行少量的航向修正。在整个仪表起飞过程中，仪表的交叉检查和判读必须迅速而精确，对飞机的操纵应有效而柔和。

仪表起飞时，飞行员常犯如下错误：

（1）未保持好航向；

（2）脚蹬使用过量；

（3）未使用所需的功率；

（4）达到爬升空速时未调整好俯仰姿态。

8.11 不断进步的科技

科技的进步使包括直升机在内的所有飞机的仪表不断改进。被称为"玻璃驾驶舱"的电子显示已经日益普遍。无论是主飞行显示（PFD）和多功能飞行显示（MFD）上为飞行员所提供的信息还是其显示的方式都在不断更新。

以下是仪表科技进步的举例。图 8.17 所示为飞机在 3 000 英尺以 100 节的速度直线平飞时的典型 PFD 显示。图 8.18 所示为右转时俯仰姿态为机头向下时的情况。飞行时可使用如图 8.19 所示的动态地图等导航信息或图 8.20 所示的飞机系统信息。

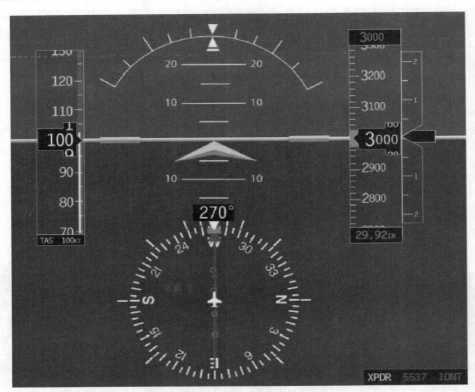

图 8.17　直线平飞时的 PFD 指示

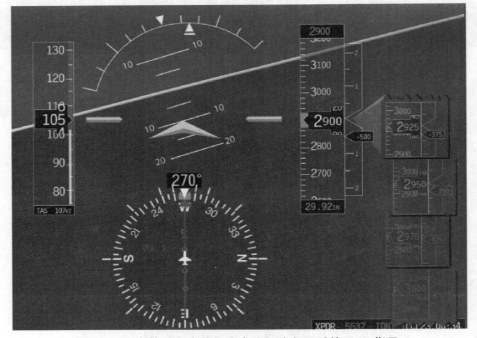

图 8.18　右转过程中俯仰姿态为机头向下时的 PFD 指示

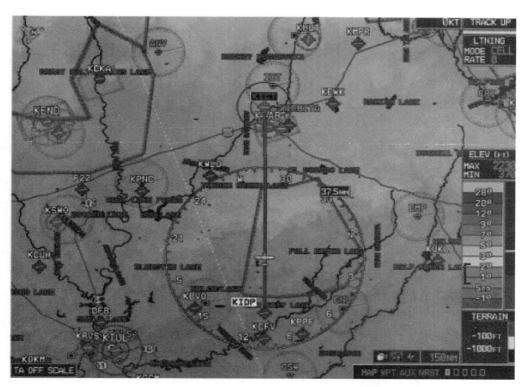

图 8.19 MFD 上移动的地图显示

图 8.20 MFD 上的飞机系统显示

9 导航系统

9.1 介 绍

本章介绍了应用于导航设备的无线电基本原理，同时介绍了在仪表飞行中如何使用这些导航系统来进行操作。该内容为所有的仪表程序提供了大型框架，包括标准仪表离场程序（SIDS）、离场程序（DP）、等待航线以及进近程序。因为这些程序的机动飞行主要包括使用导航系统来进行精确姿态的仪表飞行和精确跟踪。

9.2 无线电基本原理

无线电波是一种带有频率特性的非常重要的电磁波，可以远距离地穿越空间传播（大气层内或外），而且没有太多的损失。天线用来把电流转为无线电波，这样电波就可以穿越空间传播到接收天线，再由接收器把电波转换为电流使用。

9.2.1 无线电波如何传播

所有物质对无线电波都有不同程度的传导性和阻抗性。地球本身是无线电波最大的电阻。电波在接近地表的位置传播时不断消耗能量并在地表产生一定的电压，离天线越远电波的强度越弱。树木、建筑物以及矿床的存在都会对电波的变化程度产生影响。同辐射源的能量一样，辐射能量在高层大气时同样会受到大气分子、水以及灰尘的影响，根据信号频率、设计、使用以及设备局限性的不同，无线电波的传播特性也不尽相同。

1. 地 波

地波沿着地球表面传播。可以这样想象，地波的传播路径好像是一条由地面和电离层包围的隧道或者小巷，而电离层则阻止地波进入外太空。一般来说，频率越低，信号传播越远。

地波主要用于导航，由于日复一日地沿着相同的路径传播，因此地波的传播比较可靠并且是可预见的，并且不会受到太多外界因素的影响。地波频率范围一般从无线电范围中的最低的频率（约为100 Hz）到接近 1 000 kHz（1 MHz）。虽然地波的组成部分中，有一种波超过了上述频率，达到了30 MHz，但是这些较高频率的地波在传播较短的距离后强度就会大大减弱。

2. 天 波

天波的传播频率范围为 1 MHz~30 MHz，最适合用于远程传播。因为这些频率的电波遇到电离层时会发生折射或"弯曲"，这样信号就会从高空返回到地球，所以实际上我们接收到的信号是从很远的距离返回的。在图 9.1 中，飞机使用高频无线电，传送越洋信息时只需要 50 到 100 瓦特的功率。传送天波的频率不会用于导航，因为信号从发射机到接收机的路径相当不固定。此类电波遇到电离层时会"反弹"回来，而这个路径经常会发生改变。

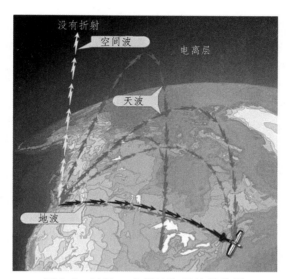

图 9.1　地波、空间波和天波的传播

这主要是由于太阳辐射到电离层的能量总是不同（夜晚/白天、季节不同、太阳黑子活动等），因此天波是相当不稳定的，不适用于导航。

如果用在航空通信上，天波（HF）的可靠程度一般约为 80%~90%。目前高频通信正在逐渐被更为可靠的卫星通信所替代。

3. 空间波

可以穿越电离层，传播频率为 15 MHz 以及大于 15 MHz 的无线电波（最大可达到若干 GHz）可以认为是空间波。大部分导航设备传播信号时使用的都是空间波。频率高于 100 MHz 时，地波或者天波都已经无法继续传播了，但是在到达电离层之前，导航设备 [除了全球定位系统（GPS）] 的信号使用空间波来进行传播，这样电离层对波产生的影响（即造成信号传播错误）就会降低至最低程度。GPS 信号穿越电离层时，造成的传播错误是非常致命的，可以通过 GPS 接收机系统对传播中的错误进行修正。

对于使用者来说，空间波还有另外一个特点。如果发射机与接收机之间有障碍物，那么空间波在传播过程中遇到障碍物时可能会被阻挡。位置以及地形信息错误以及全向信标台（VOR）中螺旋桨/转子组件调制器的错误都是由这种阻挡反射造成的。仪表着陆过程中的折射也是由这种现象造成的，因此建立了 ILS 临界区域。

一般来说，空间波的接收限于视线范围内，但是较低频率传播时在天地线上也会被"弯曲"。VOR信号一般在 108 MHz~118 MHz，相对于电子测距仪（DME）的 962 MHz~1 213 MHz 来说，是一个较低的频率，因此，当飞机从一个 VOR/DME 导航台"飞过天地线"时，一般情况下 DME 将会首先停止工作。

9.2.2　无线电波接收的干扰

　　静电使无线电波发生折射，从而影响通信以及导航信号的接收。较低频率的机载设备[如自动定向仪（ADF）以及远程导航（LORAN）]尤其容易受到静电干扰。使用甚高频（VHF）以及特高频（UHF）可以在很大程度上避免放电噪声效应。如果在导航或者通信无线电频率听到静电噪声时，飞行员需要警惕导航仪表的显示可能会受到影响。下面这些问题都是由沉积静电（P-静电）引起的：

　　（1）完全失去 VHF 通信；

　　（2）磁罗盘读数发生错误；

　　（3）使用自动驾驶时，飞机一侧机翼较低；

　　（4）语音通信时发出尖锐的声音；

　　（5）语音通信时听到类似摩托艇的声音；

　　（6）所有电子设备不工作；

　　（7）甚低频（VLF）导航系统不工作；

　　（8）仪表读数不稳定；

　　（9）发射信号较弱以及无线电接收信号较弱；

　　（10）圣爱尔莫火球。

9.3　传统导航设备

9.3.1　无方向无线电信标台（NDB）

　　无方向无线电信标台（NDB）是地面无线电发射机，向所有方向发射无线电能量。当 ADF 与一台 NDB 配合使用时，可以确定飞机到发射台的方位，指示器可以装配在飞机面板的一个独立仪表上，如图 9.2 所示。ADF 的指针指向 NDB 地面导航台时，可以确定到发射台的相对方位（RB）。相对方位为顺时针从飞机航向到无线电方位线所选取方向之间的度数。飞机的磁航向（MH）为飞机以磁北为基准的机头指向。磁方位（MB）是指以磁北为基准来进行测量，从一个无线电发射台的方向出发或者到一个无线电发射台的方向。

1. NDB 的构成

　　NDB 的地面设备在 190 ~ 535 kHz 的频率范围进行发射。大部分 ADF 也可以调谐到高于 NDB 波段的 AM 广播波段频率（550 ~ 1 650 kHz）。但是，这些频率不会用于导航，因为导航台不可以持续对其进行识别，而且特别容易受到天波传播的影响，尤其是从黄昏到黎明的时候。NDB 导航台可以进行语音发射，经常用于发射自动天气观测系统（AWOS）。飞机必须要保持在 NDB 的操作范围内，其覆盖区域取决于发射台功率的大小。在使用 ADF 指示之前，要先通过收听莫尔斯密码来识别该导航台。NDB 导航台经常使用两个字母或者一个字母-数字组合来表示。

图 9.2　ADF 指示器的
仪表面板和接收机

2. ADF 的构成

机载设备包括两个天线、一个接收机以及一个仪表指示器。"感应"天线（无方向性）接收来自于所有方向的强度基本相同的信号，"环形"天线接收信号的能力要好于垂直方向的天线（双向）的接收能力。ADF 的无线电接收装置对环形辨向天线的输入信号进行处理，其结果是接收全向无线电信号要好过接收单一方向的信号，这样就解决了全向信号不清晰的问题。仪表指示器有 4 种：固定刻度盘 ADF，旋转式刻度盘 ADF，或者带有一个或者两个指针的无线电指示器。固定刻度 ADF [通常也称作相对方位指示器（RBI）]，在该仪表顶端总是显示 0 位置，指针指向台的相对方位（RB）。在图 9.3 中，指针指示的是 RB135°；如果 MH 是 045°，则飞机向台 MB 为 180°。[MH + RB = 到导航台的磁方位（MB）]

注意： 刻度盘上方总是指示 360°，即磁北。本例中相对于导航台的相对方位为向右 135°。如果飞机的磁航向为 360°，那么磁方位（MB）也为 135°。

旋转式刻度盘自动定向仪（ADF）允许飞行员转动飞机当前航向到仪表的顶端位置，这样指针针尖指示的方向就是飞机到导航台的磁方位，针尾指示的是背台方向上飞机磁方位。图 9.4 所示航向为 045°，向台 MB 为 180°，背台 MB 为 360°。本例中，将飞机的磁航向（MH）045°与顶部指标对齐后，磁方位（无风的情况下）等于相对方位（RB），均为向右 135°，即向右转 135°（MH180°）就可以飞向导航台。

图 9.3 固定刻度盘指示器上指示的相对方位（RB） 图 9.4 可动刻度盘指示器上指示的相对方位（RB）

RMI 与移动式刻度盘 ADF 不同，它通过自动旋转刻度盘（通过旋转罗盘来远程控制）来表示飞机的航向。RMI 有两个指针，其中一个用来指示来自于 ADF 或者 VOR 接收机的导航信息。当 ADF 控制指针旋转时，针尖指示的是 ADF 接收机上调谐的到导航台的磁方向。针尾指示的是飞机的磁方位。当 VOR 接收机控制 RMI 的指针旋转时，指针指示的是飞机相对于 VOR 台的径向方位。针尖指向相对于导航台的方位，即在刻度盘上读出的位置。针尾指示飞机当前位于或者正在穿越的 VOR 的径向线。图 9.5 中航向为 005°，向台 MB 为 005°，背台 MB 为 185°。由于飞机磁航向是自动改变的，因此本例中的相对方位（RB）095°即为无风情况下的向台磁方位，也就是向台飞行应飞的磁航向。

图 9.5 无线电磁指示器（RMI）

3. ADF 的作用

ADF 可以用来绘制飞机位置、向台航迹、背台航迹以及切入航向。这些程序主要用于等待航线以及进行非精密仪表进近。

4. 定   位

不考虑飞机的航向或者位置，ADF指针总是指向导航台的位置，因此所指示的RB为飞机航向与导航台之间的相对方位角，从飞机的机头开始顺时针测量。考虑到机头/机尾以及左右指针的指示，从飞机的纵轴来观察ADF刻度盘。当指针指向0°时，机头直接指向导航台；当指针在210°时，导航台为机尾偏左30°的方向；当指针指向090°时，导航台在飞机的右翼尖位置。单独的RB不指示飞机位置。RB必须相对于飞机机头来说，这样才可以确定到导航台的相对位置或者从导航台出发的相对位置。

5. 过   台

当飞机接近导航台时，稍微偏离预定航迹都会引起指针大幅度的偏转，因此，需要立即建立正确的偏流修正角。稍微做出一点航向修正（不超过5°），指针立即会从当前航迹产生一个很大的偏移，直到向翼尖位置稳定转动，或者指针不稳定地左/右摆动。如果正在正切一个导航台，指针指向偏离当前航迹90°的位置，当指针指向翼尖位置或者指向或接近180°位置时，保持最后一次修正的航向不变并开始计时。从第一次指示接近导航台到通过台上空的时间间隔随高度的变化而变化，在低空时只有1~2秒钟，高空时可以达到3分钟。

6. 归   航

可以通过ADF来引导飞机向导航台归航。归航是指使飞机保持在可以使指针直接指向0°RB位置的航向上。在向导航台归航时，首先调谐导航台，识别莫尔斯代码，然后转弯，将ADF方位角指针指向0°RB位置，使用航向指示器进行转弯。当完成转弯后，检查ADF指针，根据当时情况做小范围的修正。

在图9.6中，从起始磁航向050°和一个RB300°开始归航，通过一个60°的左转弯可使RB达到0。向左转弯，在50°减去50°等于360°时改出。之后进行小范围的航向修正，使ADF指0。

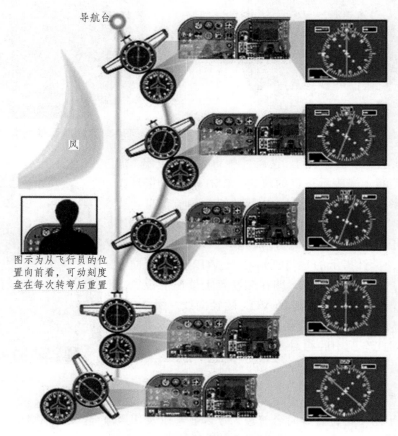

图9.6 ADF在侧风情况下归航

如果没有风，飞机将直飞至导航台。如果有侧风，飞机将沿着弯曲的航迹到达导航台，弯曲的航迹位于直飞航迹的下风侧。

7. 跟踪航迹

不管有无侧风，都可以通过航向来建立航迹，让飞机按预定航线到达或飞离导航台。对航向指示器和指针的描述，其目的是为了让飞机保持恒定的 MB 飞至或者飞离导航台。

跟踪向台航迹，与航向方向一致时，这时的 RB 为 0。保持该航向直到指针发生移动，表明航迹出现了偏离，一般有侧风存在时会发生偏航（指针向左移动表明风从左边来；指针向右移动表明风从右边来）。如果方位指针的变化速度非常快，但是航向不变，则表明侧风很强或者马上接近导航台或者两者兼有。如果指针读数发生明显的改变（2°~5°），则应按指针偏转的方向来转弯以切入起始的 MB。切入角的度数必须大于偏流角，否则因为风的作用力，飞机将缓慢地偏离。如果重复进行上述操作，到导航台的航迹将为弧形，并且与直线航迹作比较的话，距离也会有很大程度的增加。切入角取决于偏流、飞机速度以及距离导航台的距离。最初切入航迹时，标准做法是将 RB 加倍。

例如，如果当前航向等于航迹方向，指针指向 10°向左，则向左转弯 20°，两倍于起始 RB。图 9.7 所示为截获 RB 时的切入角。保持航向，直到指针向相反方向偏转 20°，即指针偏转值等于切入角的大小（在本例中为 20°）。切入航际后，应使用一个正确的偏流修正角来使飞机的 RB 度数与偏流相等，这样就保证了飞机沿预定航迹飞行。飞行员应根据指针读数提前进行改出，以避免飞过预计航迹。向向台航迹方向转弯 10°，这样，飞行员在向台航迹上并带有 10°向左的偏流修正角。

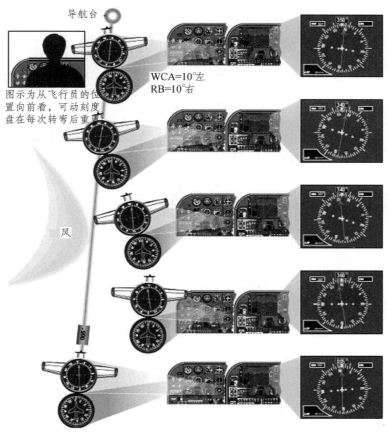

图 9.7 ADF 跟踪向台航迹

注：在图 9.7 中，飞机接近导航台时，偏流为 10°向左，RB 为 10°向右。如果这些值不发生改变，则飞机将在此航迹上直接飞向导航台。如果飞行员观察到出现偏航，则应再次进行转弯回到初始的切入航向。如果飞机已经切入预定航路，则应再向向台航迹方向转 5°，以 15°的修正角继续向台飞行。如果 10°的偏流修正过大的话，飞行员需转弯与预定航线相平行，借用风的力量使飞机回到预定航道上。当指针再次指 0 时，应用一个减小的偏流修正角迎风修正偏流。

跟踪背台航迹时，使用相同的原则：指针向左移动表明风从左边来，指针向右移动表明风从右边来，应按指针偏转的方向对风进行修正。唯一一个例外就是，当正要转弯建立风修正角时，方位指针向相反的方向偏转。跟踪向台航迹过程中，当用转弯来建立风修正角时，指针的偏转读数会减少；而跟踪背台航迹过程中，指针偏转读数会增加。切入航迹与跟踪背台航迹如图 9.8 所示。

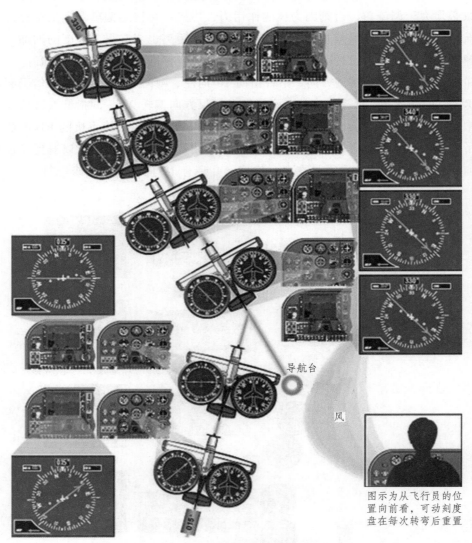

图 9.8　ADF 截获并跟踪背台航迹

8. 截获方位线

ADF 定位以及跟踪程序也适用于切入一个特定的向台或背台磁方位。切入向台方位 355°时，可以使用以下步骤（见图 9.9）：

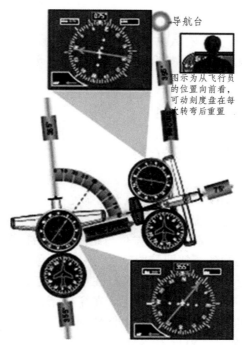

图示为从飞行员的位置向前看，可动刻度盘在每次转弯后重置

图 9.9　方位线截获

（1）与预计向台方向相平行，从而确定相对于导航台飞机的位置。在本例中，将飞机调至航向 355°，注意台位于飞机的右前方。

（2）确定指针从机头位置偏转的读数。在本例中，指针的相对方位为偏离飞机的机头位置向右 40°。从切入飞行的经验来说，将这个相对位置的角度增加一倍就是切入角的度数（80°）。

（3）飞机向着预计磁方位转弯，切入角的度数（如上述两例中所示）为两倍的起始相对方位的度数（40°），或者本例中的 80°。因此，从起始磁方位 355°向右转弯 80°，或者转向 075°磁方位（355° + 80° + 075°）。

（4）保持切入航向 75°，直到指针从 0 位置向左偏转与切入角 80°相同的读数（减去方位正在改变时的速率的提前量）。

（5）向左转 80°，相对方位应为 0（在无风条件下且对 ADF 指针移动速率做适当补偿），同时，磁方位应为 355°，这样就表示飞机以合适的切入角切到了预计航线。

注：该例中，当飞机位置距离导航台或者航路点越近，ADF 指针移动速率或者任何一个方位指针的移动都会越快。

切入一个背台磁方位与向台切入方法相同，只需将指针的 180°位置替换为 0 位置。

9. ADF 的工作误差

下面列出一些飞行员在进行 ADF 导航时可能会发生的差错，以帮助飞行员避免出现相同的错误：

（1）调谐不正确，导航台识别错误。许多飞行员都会飞错导航台。

（2）只注意 RMI 伺服系统出现的故障或者忽视警告旗。

（3）完全被动向台，而忽视了主动向台的航迹跟踪。单纯依靠 ADF 指示器，而不配合航向指示器一起使用。

（4）无法按照适当的步骤来定位以及跟踪航迹，定位能力差。

（5）如果匆忙开始定位程序，经常会造成切入角计算错误。由于忘记所使用的航线切入角，造成飞过或者飞不到预计的磁方位。

（6）不能保持所选航向。任何航向改变都会伴随着 ADF 指针的改变。在做任何切入之前，必须对仪表进行读数。

（7）不清楚 ADF 的限制以及会影响 ADF 使用的相关的因素。

（8）由于飞行员不懂或者无法辨认导航台远近，飞机在接近导航台时，航迹修正过大（单纯追随 ADF 指针的移动）。

（9）不能调定航向指示器，无法使其与磁方位保持一致。

9.3.2　甚高频全向信标台（VOR）

作为主要的导航设备（NAVAID），VOR 主要为民航飞行提供导航服务。VOR 地面导航台以磁北方向为基准，向飞机发射方位信息，提供 360 条向 VOR 台或者从 VOR 台出发的航线。同 DME 一起安装的 VOR，我们把它称为 VOR/DME，提供方位与距离的相关信息。

从导航台出发的航线叫做径向线。飞机接收到的 VOR 信息不会受到飞机姿态或者航向的影响。径向线可以想象成车轮的轮辐，任何时候飞机都可以在一条特定的线上飞行。例如，在图 9.10 中，飞机在位置 A（航向 180°）向台，在 360°的径向线上，在穿越导航台之后，飞机为背台，在 180°径向线上时，为位置 A1。飞机 B 正在穿越 225°径向线。同样的，只要在导航台周围任一点，飞机都可以位于一条特定的 VOR 径向线上。另外，VOR 在 RMI 上总是指示一条航线，引导飞机飞向 VOR 导航台，而 ADF 却相反，它的指针指向导航台，指示的是从飞机到导航台的相对位置。在上面的例子中，ADF 指针在位置 A，将径直指向前方，在 A1 时，指向飞机 180°位置（机尾），在 B 位置时，指向飞机的右侧。

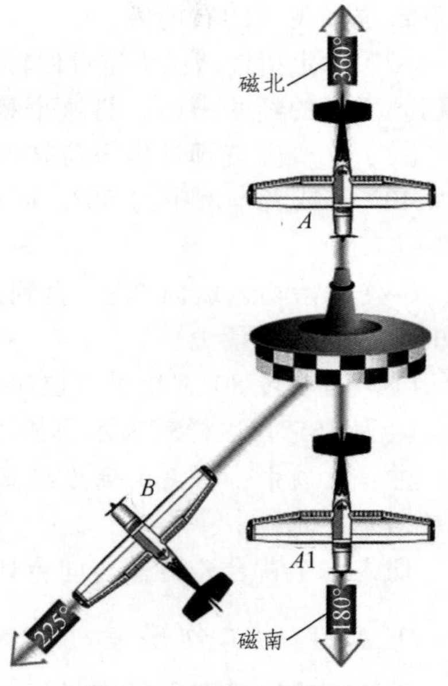

VOR 接收机测量并表示相关的信息，来指示到达导航台或者从导航台出发的方位。除了 VOR 传播的导航信号之外，摩尔斯密码的信号也同时进行传播以识别该导航设备，同时通信时的语音信息、气象信息还有其他相关信息也可以同时传播。

根据设备的使用情况对 VOR 进行分类。标准 VOR 设备输出功率约为 200 瓦特，根据飞机高度、设备分类、设备的位置、设备使用区域内的地形状况以及其他相关因素来确定最大使用范围。在特殊高度之上或者超过距离限制时，会受到其他 VOR 设备信号的干涉，信号变弱从而变得不可靠。一般情况下在正常仪表飞行规则（IFR）下的最低高度，该信号的覆盖能力至少为 40 海里。VOR 的精确度和有效工作范围会在航行通告（NOTAM）中列出，并在机场使用细则中的导航设备章节也有介绍。

1. VOR 组成

地面设备包括 VOR 地面导航台，该设备为一个较小、较矮的建筑物，顶上装配了一个白色的圆形平台，平台上面安装了 VOR

图 9.10　VOR 径向线

天线以及玻璃纤维的锥形塔，如图 9.11 所示。该导航台包括一套自动监控系统，监控器自动关闭故障设备并打开备用发射机。一般来说，来自于地面导航台信号的误差在 1°范围内。

VOR 设备可以通过收听莫尔斯电码或者声音来进行识别，或者同时依靠两种方法。VOR 可以用来做陆空通话而不受导航信号的干扰。VOR 设备在 108.0～117.95 MHz 频率波段内进行操作，使用 108.0～112.0 MHz 十分位为偶数的频率，以避免与 ILS 航向道使用的频率发生冲突，ILS 航向道使用十分位为奇数的频率。

机载设备包括两个天线、一个接收机还有一台仪表指示器。接收机有一个频率钮来选择从 108.0 ～ 117.95 MHz 的任何一个频率。开/关音量控制可以打开导航接收机并控制语音音量。音量对接收机的操作没有影响。飞行员在使用导航仪表之前，可以收听导航台识别码。

VOR 仪表指示器所包含的基本组件如图 9.12 所示。

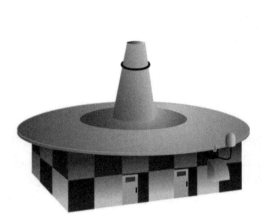

图 9.11　VOR 发射机（地面站）

图 9.12　VOR 指示器仪表面板

2. 全方位选择器（OBS）

飞行员通过调谐 OBS 旋钮来选择预计航线，直到航线与航线指标刻度保持一致或者与航向框显示保持一致。

3. 航道偏离指示器（CDI）

偏离指示器由仪表面盘以及铰链式偏离杆组成，偏离杆可以在仪表面盘上水平移动。当飞机在所选择的径向线上或者反方向时，偏离杆指向中间位。在偏离杆灵敏度正常的情况下，当整个偏离杆偏离中间位置指向刻度盘的另一侧时，表明飞机偏离航迹 12° 或者多于 12°。中圈的外侧范围为偏离航迹 2°，每一个点代表额外的 2°。

4. 向/背台指示

不管所选择的航迹如何，向台/背台指示器都会指引飞机向着或者背着台进行飞行。该指示器无法指示飞机是向着导航台飞行还是从导航台出发的（也就是说，飞机的向背台指示与航向无关）。

5. 故障警告旗或者其他信号强度指示器

该设备可以是一个"OFF"旗，用来指示一个可用的或者一个不可靠的信号。如果信号强度足够强，可以获得可靠的仪表指示，这时将不显示该警告旗。反过来说，如果信号强度不够强，可能在TO/FROM 框中显示空白或者 OFF。

该 VOR 仪表指示器也可以是一个水平状态指示器（HSI），通过配合航向指示器以及 CDI 进行工作，如图 9.13 所示。将来自于 VOR/航向道（LOC）或者 LORAN 或者 GPS 的导航信息联合使用时，再加上飞机的航向信息，可以就飞机的位置以及方向提供一个直观的显示。这样会减少飞行员的工作量，尤其在切入航迹、反航道进近或者进入等待航线的时候（详见第 3 章"飞行仪表"中的操作特征）。

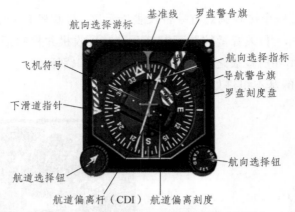

图 9.13 典型的水平状态指示器（HSI）

6. VOR 的作用

VOR 不能计算飞机的航向，只能确定相对于导航台来说飞机的方位，并且不管机头指向哪一方，指示都是相同的。调谐 VOR 接收机到所选 VOR 地面导航台的相应的频率，提高音频音量，识别可以听到的导航台的信号。然后，旋转 OBS 使 CDI 指针居中，读取指标下方或者上方的航道指示。在图 9.12 中，显示航道 360°TO，但在图 9.14 中，航道为 180°TO。后面显示飞机（航向不确定）此刻在 360°径向线上的任意一点（从导航台发出的径向线），飞越导航台或者非常接近导航台的情况除外，如图 9.14 中显示。由于导航台天线的辐射方式以及可变信号强度弱并且不断发生变化，因此导航台上空信号的强度弱，接收不到充足的信号，从而造成该区域的信息混乱。

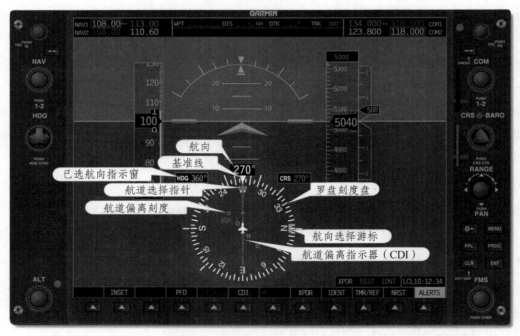

图 9.14　电子飞行仪表面板上的飞行员主飞行显示（PFD）上的 HSI 图示
（本图仅标注了与 HSI 相关的指示）

图 9.15 中 CDI 指示 180°，意味着飞机在导航台 180°或者 360°的径向线上。TO/FROM 指示器可以解决具体位于哪根径向线的问题。如果 TO 指示器指示，则飞机在 180°径向线。FROM 指示则表示飞机在当前导航台的径向线上。CDI 从中间位置开始移动，如果以一个相对恒定的速率来移动，则表明飞机正在移动或者正在偏离 180°/360°的径向线。如果指针快速移动或者摆动，则指示快速接近导航台通道

（飞机正在接近导航台）。为了确定飞机相对于导航台的位置，转动 OBS 直到方框显示 FROM，随后使 CDI 指针居中，这样指标就指示飞机所在的 VOR 径向线。向台（朝向导航台）航迹与径向线方向相反。

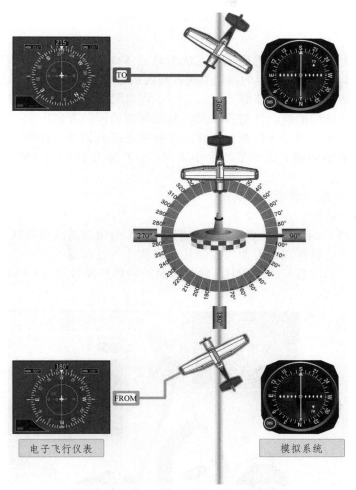

图 9.15　CDI 示意图（右图为有指针的 CDI，左图为电子飞行仪表上的 CDI）

如果调定 VOR 为预计航迹的反方向，则 CDI 将指示相反的感应方向。为了修正指针的偏移，需向指针偏离的相反方向转弯修正。为了避免出现这种反方向辨向，可以将 VOR 调定使其与预计航道保持一致。

一台 NAVAID（助航设备）可以帮助飞行员确定飞机的径向线位置，但是还需要另一台 NAVAID（助航设备）来锁定更为精确的目标，即飞行员在这条径向线上的具体位置。

7. 向/背台飞行

为了跟踪导航台，需转动 OBS 直到出现 TO，然后将 CDI 定中。指标指示要飞的航道。如果 CDI 离开中间位置向左移动，则应跟着指针的移动来向左修正航线，开始进行 20°的修正。

当在指标指示的航线上飞行时，指针向左偏移表明有来自于左边的侧风分量。如果修正的量使指针回到中间位置，则应将向左的航线修正量减少一半（半角原则）。如果 CDI 向左或右移动，则应缓慢操作，下次重复该操作时使用更小的航向修正量。

保持 CDI 在中间位置，这样可以使飞机向台飞行。当向台飞行时，指标上的 OBS 值是不会发生变化的。如果向导航台归航，则 CDI 指针会不时地回到中间位置，应使用指标下方的新的航线来确定飞机航向。到达导航台时，归航航迹的形状为弧形，跟 ADF 归航一样。

在 VOR 径向线上背台飞行时，首先应该使 CDI 指针居中，然后根据出现的 FROM 指示来确定飞机相对于导航台以及预计航线的位置。可以通过飞越导航台或者建立切入航向来截获航迹。使用 OBS 进入指标下方的预计径向线的磁航线时，保持切入航向直到 CDI 位置定中，然后使用导航台跟踪程序，在特定的径向线上背台飞行。

8. 航道截获

如果不在预计航线上飞行，则首先应确定飞机相对于 VOR 导航台以及要飞航线的位置，之后建立切入航向。使用以下步骤来切入预定的航线（或者向台或者背台），如果没有预先转到平行于预计航线的航向而是直接转到切入航向，则步骤（1）~（3）可以忽略：

（1）转至平行于预计航线的航向，与将要飞的航线保持相同的方向。

（2）确定将要切入的径向线与飞机当前所在的径向线之间的偏差（205° – 160° = 045°）。

（3）切入角为两倍的偏差值，这个值不会小于 20°也不会大于 90°（45° × 2 = 090°）。切入航向，205° + 090° = 295°）

（4）旋转 OBS 到预计航线或者向台航道。

（5）将飞机转至切入航向。

（6）保持该航向直到 CDI 定中，表明飞机在航线上。（当接近航线中心线时，不能以恒定速率来靠近，通过不断练习，飞行员可以学习如何控制转弯来防止飞过航道）

（7）调整飞机到相应的所选航线的 MH，然后按照航线程序向台或背台飞行。

航道截获如图 9.16 所示。

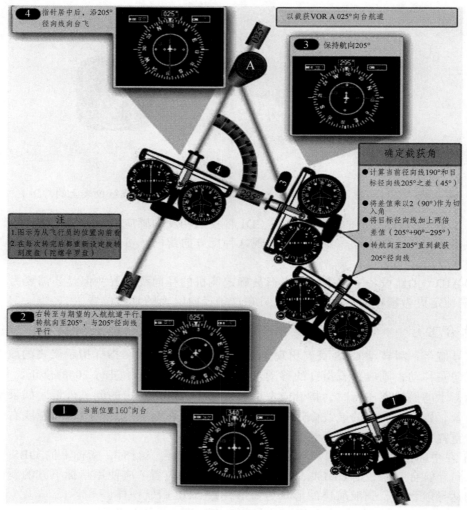

图 9.16　航道截获（VOR）

9. VOR 工作误差

典型的由飞行员造成的 VOR 误差包括：

（1）调谐时或者识别导航台时不认真。

（2）没有检查接收机的准确度/灵敏度。

（3）定位时转向错误的方向。飞行员不是通过参考航向而目视观察位置时，很容易发生这种错误。

（4）没有检查指示器的指示（TO/FROM），尤其在反向切入时，会出现向反方向错误地修正。

（5）在航迹切入时没有与预计航线平行。若没有进行该步骤，则定位到预计径向线时可能会发生混淆，导致按照飞行员认为的航线的左边或者右边来修正，而修正飞机位置时应该参考径向线/航线来确定飞机的相对位置。

（6）切入时，飞过或者无法到达径向线。

（7）跟踪过程中，尤其在接近导航台时，修正量过大。

（8）无法正确判断过台。VOR 接收机没有装配 ON/OFF 旗，通信以及导航功能合装的无线电台（NAV/COM）使用语音发射时，可能会造成仪表上 TO/FROM 摆动（与飞越导航台时发生的状态相似）。在做出决策之前，应读取接收机上所有信息——TO/FROM、CDI 以及 OBS。在无线电发射过程中，不要只读取一台 VOR 的信息，应该交叉检查。

（9）追踪 CDI，导致被动向台而不是主动向台。航向控制时没有考虑风修正，容易导致偏差的发生。

10. VOR 的精确度

VOR 的有效性取决于飞行员对地面设备以及机载设备的使用方法是否适当以及飞行员的判断是否正确。

VOR 的精度一般在正负 1°范围内。有些 VOR 可能出现短暂的故障警告或者航道指针摆动。更有一些导航台，通常在多山地区，飞行员可以偶尔观察到航道指针发生短暂的消失，与"接近导航台"时的指示类似。飞行员飞过不熟悉的航线时，要对这些异常现象保持警惕，尤其是在通过 TO/FROM 指示器来确定正确过台时。

当有些螺旋桨飞机处于特定的转速或者直升机处于特定的转子速度时，会造成 VOR CDI 的摆动，最大时可达到 ±6°。通常对 RPM 值作轻微的改变就可以消除这种摆动现象。飞行员在报告一个 VOR 导航台或者飞机设备的异常工作状况之前首先要对这种摆动现象进行识别检查。

11. VOR 接收机的精确度检查

随着 OBS 的旋转，CDI 指针从中间位移到任何一侧的最后一个点，通过对度数的变化进行观察，可以确定 VOR 系统对航道的灵敏度。所选择的航道应该不超过任何一侧的 10°或者 12°。另外，在 IFR 飞行之前 30 天内需要对一些 VOR 设备的精确度以及其他一些相关的文件进行检查。为了遵守这个规定并保证机载设备的顺利操作，飞行员可以使用以下方法来检查 VOR 接收机的精确度：

（1）使用 VOR 测试设备（VOT）或者对额定无线电维修站发射的信号进行辐射测试；

（2）经批准的机场表面的检查点；

（3）经批准的空中检查点。

12. VOR 测试设备（VOT）

在地面时，用户在 VOT 的附近通过使用局方的 VOT 发射的一个测试信号来确定所使用的数据的准确性以及 VOR 接收机的精确度。这是一种较为简便的方法，VOT 的位置已经在机场使用细则中进行了公布。其识别方法有两种：一种为连续的点，另一种为连续的音调。可以从当地的飞行服务台（FSS）获得有关单独测试信号的信息。可以使用机载 VOR，但是严格来说该设备的使用范围只限于这些由机场使用细则或者相关附件中特别批准的高度/区域。

使用 VOT 服务时，应在 VOR 接收机上将频率调谐到 VOT 的 108.0 MHz。当 CDI 定中时，OBS 读数应该为 0，TO/FROM 指针指示 FROM，或者 TO/FROM 指示显示 TO，OBS 读数为 180°。当使用 VOR 接收机来操纵 RMI 时，在任一 OBS 调定值上指示 180°。

相关额定无线电维修站的辐射式 VOT 提供的服务与局方 VOT 信号一样，检查方式也大体与 VOT 相同，但是还是存在一点差别。

该频率一般批准使用 108.0 MHz，但是维修站不允许连续发射 VOR 测试信号。飞机的所属人或者操纵者必须在与维修站进行协商后，才能发射测试信号。维修站负责人必须在飞机的飞行日志或者其他永久性记录本上书面记录发射信号的精确度以及信号发射日期。

13. 批准的检查点

空中以及地面检查点包括批准的发射信号，可以在机场表面的特定点进行接收或者当飞机在机场附近上空时，发射信号在某些特定地标的上空可以接收。这些检查点的位置已经在机场使用细则中进行了公布。

地面检查点的误差应在 ±4°，空中检查点的误差应为 ±6°，若没有对误差原因进行修正，就不可以进行 IFR 飞行。在对 VOR 接收机进行检查时，不要使用厂商维修卡片提供的数据之外的数据进行 VOR 接收机检查。

如果飞机安装了双系统 VOR（除天线外每个组件都独立于其他），则可以使用一个系统来检查另一个。将两个系统调至相同的 VOR 地面设备并注意显示的到该导航台的方位，两个系统指示之间最大允许的差异在 4°。

9.3.3 测距仪（DME）

当与 VOR 系统联合使用时，DME 可以帮助飞行员确定飞机的准确地理位置，包括向台或背台方位以及距离。飞机 DME 发射询问性质的无线电频率（RF）脉冲，随后被地面设备的 DME 天线接收，信号触发地面接收机设备来回答提问的飞机。

机载 DME 设备测量从飞机发出询问信号到飞机接到地面回复脉冲所使用的时间。这个测量的时间转换成从导航台开始的距离并以海里进行表示。

一些 DME 接收机通过监控飞机相对于地面导航台的位置改变的速率来提供以节为单位的地速。只有在向台或背台飞行时地速值才会精确。

1. DME 的组成

局方通过对甚高频导航频率进行配对规范，从而建立了 VOR/DME、ILS/DME 以及 LOC/DME 这些导航设备。DME 使用超高频波段的频率，范围在 962 MHz 到 1 213 MHz 之间。当选择了指定的 VOR/DME、ILS/DME 以及 LOC/DME 时，飞机的接收设备可以自动对 DME 进行调谐，从而保证飞行员可以接收到来自信号源提供的方位以及距离信息。某些飞机 VOR 与 DME 接收机是独立的，必须分别调谐到相应的导航设备。这些机载设备包括一个天线和一个接收机。

DME 接收机上飞行员操作的部分包括：

（1）频道（频率）选择器。

大部分 DME 有一个相关的 VHF 无线电通道，也可能会配备一个选择器电门，飞行员可以选择接通 DME 的 VHF 无线电。DME 以及它的频率选择器使用相关的 VOR/DME 导航台的频率。

（2）开/关/音量电门。

DME 识别码是莫尔斯电码，有时候音调会高过相关的 VOR 或者 LOC 的音调。每听到 3 次或者 4 次 VOR 或者 LOC 识别码后，可以听到一次 DME 识别码。如果每 30 秒只能听到一个识别码，则 DME 工作正常，但是相关的 VOR 或者 LOC 可能有问题。

（3）方式电门。

方式电门在距离（DIST）或者以海里为单位的距离、地速以及到达导航台的时间之间进行选择。可能有一个或者更多的 HOLD 功能，可以允许 DME 保持与在电门放在保持位置之前所选导航台之间的通道。这点对于进行 ILS 进近时没有配备 DME 但是附近有 VOR/DME 的机场很重要。

（4）高度。

一些 DME 可以对斜距误差进行校正。

2. DME 的功能

DME 用来确定飞机与地面 DME 发射机之间的距离。与其他甚高频/超高频导航设备（VHF/UHF NAVAID）相比，DME 是非常精确的。可以使用距离信息来确定飞机位置或者飞一个与导航台距离恒定的航线，我们把它称为 DME 弧。

3. DME 弧

很多仪表进近程序（IAP）都使用 DME 弧。这里提供的这些用来截获并保持这些弧的飞行程序以及飞行技巧，适用于任何一个提供 DME 信息的机场。这样的机场可以配备或者不配备提供最后进近指引的设备。

飞行中使用 DME 弧时，可采用以下步骤，如图 9.17 所示。

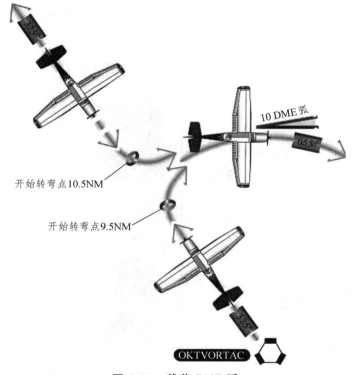

图 9.17　截获 DME 弧

（1）在 OKT325°径向线上向台飞行，频繁检查 DME 海里读数。

（2）地速 150 节或者更小时，0.5 海里的提前量就可以满足；在 10.5 英里时开始转向弧。地速较高时，应适当使用更大的提前量。

（3）继续转弯约 90°。无风状况下转弯改出航向为 055°。

（4）在切入转弯的最后部分，应密切监控 DME。如果已经飞过这条弧（大于 1.0 海里），则应继续保持转弯直到切入弧线；如果还没有飞到这条弧，则应及早改出坡度以便切入弧线。

背台切入 10DME 的程序基本相同，引导点为 10 海里减去 0.5 海里，即 9.5 海里。

在有风情况下，按 DME 弧飞行时，对于飞机相对于导航台的位置要保持清醒的意识。由于风-偏流角总是在变化，因此，风的影响很重要。

在一些情况下，可以利用风来返回预计航迹。由于需不断地进行修正，高空速时飞行员需要花费更多的注意力。

可以通过稍微在弧线内来保持弧，当这条弧向着飞机方向转时，通过保持直线航线来完成切入。当在弧的外侧时，弧会逐渐远离，这需要一个更大的修正。

使用 VOR CDI 来按弧飞行时，应在完成 90°转弯后切弧将 CDI 指针居中。这时会发现飞机航向非常接近偏离杆的左侧或右侧（相对于偏离杆 270°或 90°），该航向读数是画弧时主要的航向信息。这时应调整飞机的航向对风进行补偿并对距离进行修正以保持正确的弧距离。当 CDI 从中间位置偏移 2°~4°时，飞行员需要使偏离杆再次回中，并注意仪表新的航向。

使用 RMI 时，在无风条件下，理论上飞行员可以通过保持 90°或者 270°的相对方位绕机场飞一个圆。在实际操作中，则是飞一系列的短航段。可以通过以下步骤来保持弧，如图 9.18 所示。

（1）当 RMI 方位指针处于翼尖基准处（90°或 270°位置），并且飞机位于预期的 DME 距离，应保持恒定的航向，允许方位指针向翼尖基准后方移动 5°~10°。这会导致 DME 距离稍微增加。

（2）向导航台方向转弯，将方位指针置于翼尖基准前 5°~10°，之后保持航向直到方位指针再次到达翼尖基准后面。继续该程序，使飞机一直保持在接近弧的状态。

（3）如果侧风造成飞机偏离导航台，则应转弯使方位指针指向翼尖基准前方；如果侧风造成飞机偏向导航台，则应转弯使方位指针指向翼尖基准后方。

（4）进行距离修正时，每偏离预计弧半英里，改变相对方位 10°~20°。例如，在无风条件下，如果飞机在弧的外侧 1/2 海里，且方位指针位于翼尖基准点，则应向导航台方向转弯 20°以返回弧的位置。

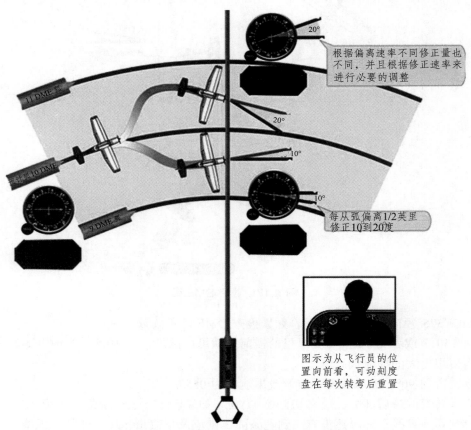

图 9.18　使用 DME 和 RMI 保持弧

在没有 RMI 的情况下，由于没有直接的方位基准，定位会更加困难，但是可以使用 OBS 以及 CDI 来执行该程序以获得方位信息并使用 DME 获得弧距。

4. 切入引导径向线（Lead Radial）

引导径向线是指当飞机位于该径向线时，应该开始从弧转向向台航迹。当从 DME 弧切到径向线时，根据弧的半径以及地速的不同，转弯提前量也会发生变化。对于普通的通用飞机而言，绝大多数进近图上所标注的沿弧飞行速度在 150 节或以下，通常使用 5°以内的提前量。从弧切到径向线与从直线航路切到径向线没有区别。

当使用 RMI 来飞 DME 弧时，应该密切监控方位指针的移动速率，尽快设置将要切入的径向线，并且确定转弯的大致提前量。到达该点时，开始切入转弯。在没有 RMI 的情况下，除方位信息（仅在 OBS 以及 CDI 提供时可用）之外，径向线切入方法大致相同。

从 DME 弧切入到航向道的方法与切入径向线方法大致相同。在标注的引导径向线上（见图 9.19～9.21 中的 LR223°或 LR221°），如果飞行员使用的是一个单套的 VOR/LOC 接收机时，则应调定到航向道频率。如果飞行员配备了双套 VOR/LOC 接收机，一个可以用来提供方位信息，另一个调定到航向道频率。由于这些引导径向线提供 7°提前量，应该使用标准转弯率的一半来转弯直到 LOC 指针开始向中间移动。

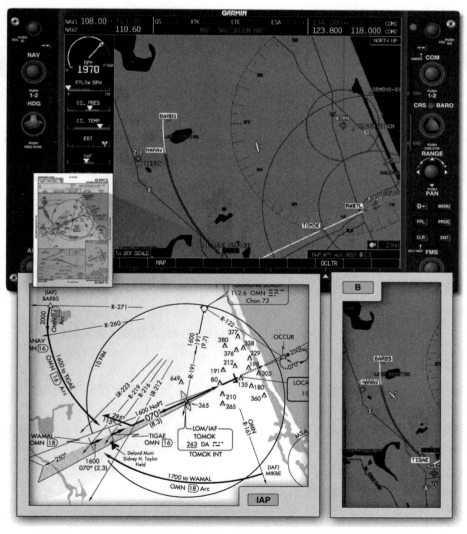

图 9.19　飞机的航向为西南，使用 OMN 16NM DME 弧切入航向道进近

图 9.20　图 9.19 中沿弧飞行的飞机在 TIGAE 点转弯以截获航向道

5. DME 误差

　　相对于 VOR/DME 定位点，DME/DME 定位点（根据两个 DME 台提供的两条线取定飞机的位置）提供更加精确的飞机位置。

　　DME 信号为视距传播，里程读数为从飞机到 DME 地面设备的直线距离，通常称为斜距。斜距是指从飞机的天线到地面台的距离（一条到地面发射机的带有角度的线）。GPS 系统提供从 WP 到飞机的水平测量的距离，因此，在 3 000 英尺以及 0.5 海里，DME（斜距）的读数为 0.6 海里，而 GPS 的距离将显示实际的水平距离。在低高度和/或远距离时误差非常小。当飞机接近机场时，DME 接收机将显示机场上空的高度（以海里为单位），这时误差非常大。当飞机高度高于机场标高每 1 000 英尺，飞机距离地面设备的距离相应增加 1 海里或者大于 1 海里时，斜距误差可以忽略。

图 9.21 飞机沿航向道进近

9.3.4 区域导航（RNAV）

区域导航（RNAV）设备包括 VOR/DME、LORAN、GPS 以及惯性导航系统（INS）。RNAV 设备可以计算飞机的位置、实际航迹、地速并向飞行员提供当前所需要的重要信息。这些信息可以使用距离、交叉航迹误差以及到达所选航迹或航路点（WP）的预计时间等形式来表现。另外，RNAV 设备安装必须经过批准才可以在 IFR 条件下使用。应该经常查阅飞行员操作手册/飞机飞行手册（POH/AFM）以确定安装了什么设备、经过批准的、可以进行操作的设备的使用细节。一些飞机配备的设备可能允许多个 RNAV 输入源，从而能够提供更为精确可靠的导航。

1. VOR/DME 区域导航

VOR RNAV 使用机载计算机根据当前 VOR/DME 系统产生的信息生成一个航路点，如图 9.22 所示，A 值表示距 VOR/DME 的距离，B 值表示从 VOR/DME 到航路点的距离，角度 1（VOR 径向线到航路点的方位）为驾驶舱控制面板上调定的值，角度 2 为从 VOR/DME 到飞机的方位，由 VOR 接收机测量。机载计算机持续比较角度 1 与角度 2，并且确定出 C 边的距离（以海里为单位）和角度 3（飞机到航路点的磁航线），这些都作为引导信息在驾驶舱内显示。

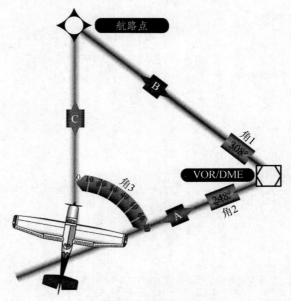

图 9.22　RNAV 计算

2. VOR/DME RNAV 的组成

虽然由于生产商不同，RNAV 驾驶舱仪表显示也不一样，但是大部分的 RNAV 都与飞机 CDI 相连，带有一个电门或者旋钮来选择 VOR 或者 RNAV 指引。通常有一个灯或者指示器来让飞行员知道是否选择了 VOR 或者 RNAV。在图 9.23 中，RNAV 包括航路点（WP）、频率、使用方式、航路点径向线、距离、DME 距离、地速以及到台的时间。

图 9.23　机载 RNAV 组成

机载 RNAV 接收机发生了明显的改变。原来的 RNAV 接收机对 VOR 和/或 DME 的数据进行计算，这种方式现在一般不用了。如今的 GPS 接收机，如 GNC300 以及 Bendix King 公司的 KLS 88 LORAN，根据机载数据库和飞机的位置信息来计算航路点。

大部分 VOR/DME 区域导航系统（RNAV）具有以下机载控制器：

（1）关/开/音量控制以选择所使用的 VOR/DME 台的频率。

（2）方式选择电门用来选择 VOR/DME 方式，配合带角度的航线宽度偏离（标准 VOR 操作）或者线性交叉航迹偏离（标准为 CDI 满偏角度表示 5 海里）。

（3）在 RNAV 方式下，直飞到航路点使用 ±5 海里线性交叉航迹偏离。

（4）RNAV/APPR（进近模式）使用 ±1.25 海里线性偏离作为 CDI 满偏刻度。

（5）航路点选择控制。一些组件允许储存不止一个的航路点，这样的控制允许飞行员从储存的数据中选择任何一个航路点。

（6）数据输入控制。这些控制允许使用者输入航路点的数字或者识别码、VOR 或者 LOC 频率、航路点径向线以及距离。

DME 地速只有在 VOR/DME 方式直接向台飞行或背台飞行时才会精确，但是在 RNAV 方式下 DME 地速读数在任何航段上都是精确的。

3. VOR/DME 在 RNAV 的作用

VOR/DME RNAV 系统的先进性在于机载计算机可以在任何时候定位航路点，只要飞机在 VOR 以及 DME 设备的接收范围内。一系列的航路点组成了 RNAV 航路。除了已经公布的航路外，只要经过 ATC 许可，在 IFR 条件下可以在任何一个 RNAV 航路飞行。RNAV 改航点以及标准终端进场航路（STAR）都记录在 DP 与 STAR 的手册里。

飞行员还可以使用 VOR/DME RNAV 进近程序图。

注意：在 VOR/DME RNAV 图中，航路点的识别框包含以下信息：航路点名称、坐标、频率、识别码、径向线距离（机场到航路点）以及设备的标高，起始进近定位点（IAF）、最后进近定位点（FAF）以及复飞点（MAP）都有标注，如图 9.24 所示。

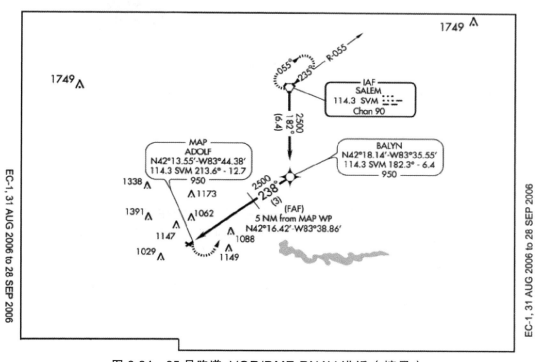

图 9.24　25 号跑道 VOR/DME RNAV 进近（摘录）

在航路上飞行或者在 IFR 下执行进近时，飞机上安装的 RNAV 设备必须经过局方批准方可在 IFR 下进行操作。

垂直导航（VNAV）方式提供垂直方向指引，某些设备还可以提供水平指引。在开始下降的那一点和下降结束时的那一点之间，RNAV 设备根据其地速计算下降率；在一些设备中，在 GS 指引器上显示垂直指引信息。在仪表进近过程中使用这种类型的设备时，飞行员必须明白所提供的垂直指引信息不是非精密进近的一部分。除非 ATC 有其他指令，否则飞行员必须遵守并执行公布的非精密进近高度。

使用 RNAV 飞到一个航路点时，使用以下程序（见图 9.25）：

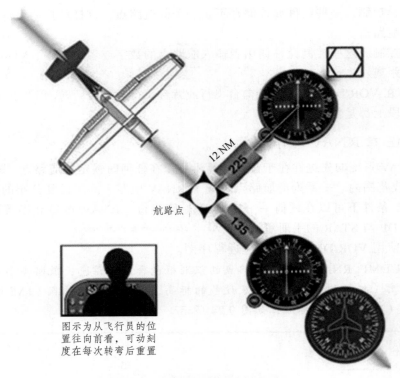

图示为从飞行员的位置往向前看,可动刻度在每次转弯后重置

图 9.25　飞机/DME/航路点的关系

（1）选择 VOR/DME 频率；

（2）选择 RNAV 方式；

（3）选择通过航路点的 VOR 径向线（225°）；

（4）选择从 DME 到航路点的距离（12 海里）；

（5）检查并确认所有输入，使 CDI 指针居中并且向背台指标指示 TO；

（6）操作飞机对风进行修正并保持 CDI 指针居中；

（7）CDI 指针将指示偏离航线的距离，每一点代表 1 海里，DME 读数表示到航路点的距离（以海里为单位），地速为接近航路点的速度读数（节），到台的时间（TTS）为到达航路点的时间读数。

4. VOR/DME RNAV 误差

该系统的局限性在于其接收能力。公布的进近程序已经经过测试，保证不会发生问题。下降/进近到机场时，距离 VOR/DME 台不可能特别远，因为距离过远的话，在进近过程中飞机可能下降至低于该设备的可接收高度。

9.3.5　远程导航（LORAN）

LORAN 系统是航空史上曾经使用的基于地面发射机的网络结构，用来提供精确的远程导航。从该站发出的信号按照无线电频率脉冲（以 100 kHz 为中心）进行周密的顺序安排。在这个频率上，信号作为地波可以传播相当远的距离，可以提供精确的导航信息。机载接收机监控所选范围内的所有台，然后测量信号之间的到达时间差（TD）。从每组地面台发出的时间差（TD）相同的所有点指示每个位置并连成一条位置线（LOP），两个或者多个 LOP 的交叉点就可以确定飞机位置，然后计算机将已知位置转换成经度纬度坐标。

LORAN 首次投入使用后军用飞机上的控制面板如图 9.26 所示。

图 9.26　LORAN 首次投入使用后军用飞机上的控制面板
（接收机另外安装，重量超过 25 磅，大小为 LORAN 全集成接收机的 6 倍）

如果接收的信号足够良好，LORAN 为非常精确的导航系统。随着全球导航卫星系统的引进以及推广，如美国的 GPS 等，LORAN 的使用有所减少，但是由于其精确度高，LORAN 的使用又开始得到重视。迄今为止，新的罗兰系统仍处于研发阶段，未在现有航空器上推广使用。

9.4　先进技术

9.4.1　全球导航卫星系统（GNSS）

全球导航卫星系统是使用卫星组提供带有时间以及距离信息的高频信号，然后由接收机接收，如图 9.27 所示。接收机从不同的卫星接收多种信号，之后使用三角测量法确定位置。

图 9.27　一种典型的单机 GPS（GNS480）接收机及其显示面板

当前 GNSS 有三种：GPS，该系统主要用于美国；俄罗斯的 GNSS（GLONASS）；Galileo，适用于欧洲系统。

（1）GLONASS 是由 24 个卫星组成的网络结构，可以由任何一个 GLONASS 接收机来获取信息，允许使用者来精确确定位置。

（2）Galileo 是由 30 个卫星组成的网络，可以持续发射带有时间以及距离的高频无线电信号，可以由 Galileo 接收机来获取信息。

（3）GPS 于 1992 年开始使用，有 24 颗卫星，目前发展到 30 颗。

9.4.2　全球定位系统（GPS）

GPS 为一种基于卫星的无线电导航系统，通过发射一个信号由接收机进行接收，随后确定在地球任何一个角落的精确位置。接收机跟踪多个卫星并确定相应的测量方法，随后计算出使用者的位置，如图 9.28 所示。

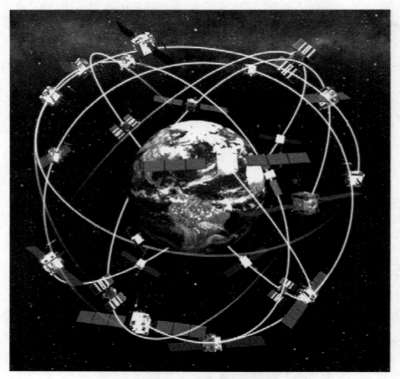

图 9.28　典型的 GPS 卫星阵

美国国防部（DOD）负责发展 GPS 导航技术并在基于空间的定位、速度以及在时间系统方面推广 GPS 的使用。DOD 负责 GPS 卫星阵的运行并且持续监控卫星以保证正常运行。GPS 系统允许使用地心坐标并参考 1984 年的 DOD 世界大地测量系统（WGS-84）来确定飞机的位置。卫星导航系统不受天气影响并可以提供全球导航覆盖，完全能满足民航的特殊要求，成为海洋空域以及某些远程区域主要的导航方式。在国内航路、终端操作以及某些 IAP 的 IFR 导航中，可以使用相应的并经过批准的 GPS 设备作为辅助导航方法。导航值，如到一个航路点的距离、方位以及地速，可以根据飞机当前的位置（经纬度）以及下一个航路点的位置来进行计算。当两个航路点之间的大圆航线的预计航线发生了线性偏航时，由 GPS 提供航线导航。

美国之外的其他国家可能没有批准在 IFR 中使用 GPS。美国之外的其他国家在使用 GPS 之前，飞行员要保证 GPS 已经经过该国批准。

1. GPS 的构成

GPS 包括 3 个不同的工作元素：空间、系统控制以及使用者。

空间元素包括超过 30 颗的导航卫星，该卫星阵被称为"星座"。GPS 卫生星座由 24 颗卫星组成，其中 21 颗为工作卫星，3 颗为备用卫星。24 颗卫星均匀分布在 6 个轨道平面上，即每个轨道面上有 4 颗卫星，在地球之上约 11 000 英里，在每个平面内相互间隔 60°角来覆盖全球。GPS 的"星座"发射为随机码、时间信号以及数据信息，飞机设备经过处理来获得卫星位置以及数据信息。通过对每个卫星的精密位置进行了解并使用卫星上的自动时钟来精密的匹配时间，飞机的接收机/处理器可以准确地计算接收机获得每个信号的到达时间，因此可以确定飞机的位置。

控制因素包括地面 GPS 监控以及控制站的网络，从而保证卫星位置以及时钟的准确性。GPS 当前有 5 个监控站、3 个地面天线以及一个主控制站。

使用者元素包括机载天线、接收机/处理器，可以为使用者提供定位、速度以及精确定时。在 IFR 条件下 GPS 所使用的设备必须符合技术标准（或其他等同效应的文件），达到适航设备安装要求，获得 IFR 条件下操作许可，遵守相应的 POH/AFM（飞行员操作手册/飞机飞行手册）或者飞行手册附件来进行操作。

在 IFR 条件下飞行时，需要不断更新 GPS 数据库来支持相应的操作（例如，航路、终端以及仪表进近）。飞机 GPS 导航数据库包含许多航路点，这些航路点所在的地理区域都应已经获得批准，可以将 GPS 导航用于 IFR 操作。飞行员从数据库选择预计航路点，并且实际飞行中可能会增加用户指定的航路点。

在进行 GPS/WAAS IFR 操作之前，飞行员必须回顾相应的 NOTAM 以及航空信息。

2. GPS 的功能

GPS 操作基于一个空间卫星群，将这些卫星作为基准点进行广泛搜索以及三角测量。接收机使用的数据至少由四个高于模糊角（可以使用卫星的高于天地线的最低角）的卫星来提供。

飞机 GPS 接收机使用无线电信号传播时间来计算到卫星的距离。每个卫星发射一个特定的编码，被称为一个航线/捕获（CA）编码，带有的信息包括卫星位置、GPS 系统时间、发射数据的准确性以及完好性。了解了信号传播的速度（约每秒钟 186 000 英里）以及准确的传播时间，信号从发出时间开始所传播的距离就可以计算出来。该方法计算出来的距离被称为虚拟距离，因为它并不是直接来测量距离，而是对时间直接进行测量间接得到距离值。除了了解卫星的距离，接收机还需要了解卫星在空间中的精确位置以及相关的星历表。每个卫星发射关于精确轨道位置的信息，GPS 接收机使用该信息来建立卫星的精确位置。

使用计算的虚拟距离以及卫星提供的位置信息，GPS 接收机/处理器使用几个卫星的三角测量并经过数学计算来确定具体位置。GPS 接收机需要至少四个卫星来生成三维位置（经度、纬度以及高度）并得出相应的时间信息。GPS 接收机通过使用已知的飞机的经纬度并且将这些信息与接收机配备的数据库中的信息做比较，最后计算出导航相关的数值（到一个航路点的距离以及方位、地速等）。

GPS 接收机通过接收机自动完整性监控（RAIM）设备来核实 GPS 卫星阵发射的信号的完整性（可用性），从而确定卫星是否提供了模糊信息。RAIM 至少需要 5 个卫星或者 4 个卫星以及一个气压式高度表通过压力来辅助探测完整性是否异常。如接收机要正常工作，RAIM 就需要 6 个卫星（或者 5 个卫星和一个气压辅助探测）来隔离一个模糊的卫星信号并将它从导航计算中移除。

一般来说，RAIM 信息有两种：一种显示为没有足够的卫星可以使用来提供给 RAIM 信息，另一种类型显示为 RAIM 已经探测到了潜在的错误但是不在当前飞行阶段范围内。RAIM 不工作时，飞行员就不能保证 GPS 位置的准确性。

飞机在仪表飞行规则（IFR）下使用 GPS 导航设备来进行航路飞行、终端运行以及某些仪表进近程序时，必须根据飞行情况配备已经经过批准的可行的备用导航设备。从航路到目的地机场以及任何一个所要求的备降机场，飞行过程中必须安装必要的电子设备来接收所有来自地面设备的信息，并保证这些设备的可操作性，还要保证用于航路的必要的地面设备的可操作性。如果 GPS 接收机使用 RAIM 来监控信息的完整性时，不需要对备用导航设备进行监控。当 GPS 设备失去了 RAIM 能力时，需要对备用导航进行实时监控。当预计将要失去 RAIM 能力时，必须依靠其他批准使用的设备来进行飞行、推迟离场或者取消飞行。

3. GPS 备用系统

对于已经获得 IFR 航路以及终端运行许可的 GPS 系统，在下列情况下可以用作 ADF 以及 DME 接收机的备用系统：

（1）在 DME 定位点上方确定飞机位置。包括在 24 000 英尺 MSL（FL240）或者以上高度使用 GPS 导航时的航路操作。

（2）DME 弧的飞行。

（3）沿 NDB/罗盘定位器进行向/背台飞行。

（4）确定飞机在 NDB/罗盘定位器上方时的位置。

（5）确定飞机在定位点上方的位置，该定位点由一个 NDB/磁指示器与一个 VOR/LOC 进行交叉定位。

（6）在 NDB/磁指示器上方等待。

4. GPS 作为 ADF 或者 DME 的备用

使用 GPS 作为 ADF 或者 DME 的备用设备，须遵守以下限制要求：

（1）设备的安装必须满足相关的适航要求，同时必须按照 POH/AFM（飞行员操作手册/飞机飞行手册）的相关条例或附件进行操作。

（2）必须至少提供航路的 RAIM 来保证这些操作的完整性已经达到要求。

（3）操作中使用的航路点、定位点、交叉点以及机场所在地必须从 GPS 机载数据库中获得。数据库必须保持最新状态。当不能从数据库中获取所要求的位置时，ADF 和 DME 不允许将 GPS 作为备用设备。

（4）当 RAIM 将要发生故障或已经发生时，必须使用相应的程序。这种情况下需要其他许可的设备或者要求飞机配备可操作的 NDB 以及/或者 DME 接收机。否则飞行必须改航、延迟、取消或者在 VFR 条件下飞行。

（5）当在终端区域跟踪 GPS 航道指引时，CDI 必须调到终端灵敏度（1NM）。

（6）当需要在备用机场实施非 GPS 进近程序时，如果该非 GPS 进近需要飞行员依靠 DME 或者 ADF，那么飞机必须按需配备 DME 或者 ADF 电子设备。

（7）只要不把 GPS 作为主要的仪表进近导航源来使用，就可以在 ADF 和/或 DME 的航图中参考 GPS。

注：以下提供的说明并不针对任何一个特殊飞机的 GPS 系统。对于特定系统的说明，参见 POH/AFM（飞行员操作手册/飞机飞行手册），或者附件，或者与系统生产商进行联系。

5. 确定飞机在 DME 定位点上方时的位置

（1）核实飞机 GPS 系统完整性监控设备的工作情况正常，并且显示良好的完整性。

（2）如果在机载数据库中通过 5 字代码识别到一个定位点，选择这个定位点作为现有航路点，或者将建立了 DME 定位点的设备作为现用 GPS 航路点。当使用该设备作为现用航路点时，唯一可以接受的设备为 DME 设备（用来作为 DME 定位点进行标注）。如果该设备不在机载数据库中，则不允许这样操作。

（3）如果通过 5 字代码进行识别的定位点不在 GPS 机载数据库中，或者如果没有指定该定位点，则选择建立了 DME 定位点的设备，或者另一个指定的 DME 定位点作为现用 GPS 航路点。

（4）在选择指定的定位点作为 GPS 现用航路点的情况下，当 GPS 系统指示现用航路点时，表明飞行员在这个定位点上方。

（5）如果选择提供 DME 的设备作为现用 GPS 航路点，当现用航路点的 GPS 距离等于标注的 DME 值并且飞机在相应的方位或航道时，表明飞行员在定位点的上方。

6. DME 弧的飞行

（1）核实飞机 GPS 系统完整性监控设备的工作情况正常，并且显示良好的完整性。

（2）从机载数据库选择提供 DME 弧的设备作为现用 GPS 航路点。唯一可接受的设备为提供该 DME 弧的设备。如果该设备不在机载数据库里，则不允许执行这个操作。

（3）通过参考 GPS 距离而不是 DME 的读数来保持在弧上的位置。

7. 沿 NDB/罗盘定位器进行向/背台飞行

（1）核实飞机 GPS 系统完整性监控设备的工作情况正常，并且显示良好的完整性。

（2）从机载数据库选择 NDB/罗盘定位器所用设备作为现用航路点。如果航图上标注了磁指示器，并且定位点的名字相同，则使用定位点而不是罗盘定位器的设备作为现用航路点。

（3）选择并在适当的航路上进行引导到现用航路点或者离开现用航路点。

8. 确定飞机在 NDB/罗盘定位器上方时的位置

（1）核实飞机 GPS 系统完整性监控设备的工作正常，并且显示良好的完整性。

（2）从机载数据库中选择 NDB/罗盘定位器设备。当使用 NDB/罗盘定位器时，该设备必须已标注于图上，并且该信息必须已经储存在机载数据库中。如果设备信息没有储存在机载数据库中，则飞行员不允许使用该设备作为航路点来进行操作。

（3）当 GPS 系统显示已经到达现用航路点时，表明飞机在 NDB/罗盘定位器上方。

9. 确定飞机在与 VOR/LOC 航路相交的 NDB/罗盘定位器定位点上的位置

（1）核实飞机 GPS 系统完整性监控设备的工作正常，并且显示良好的完整性。

（2）NDB/罗盘定位器交叉定位的定位点由 5 字代码显示。飞行员必须选择已经命名的定位点或者提供交叉定位的 NDB/罗盘定位器设备来建立定位点作为现用 GPS 航路点。当使用 NDB/罗盘定位器时，该设备必须已标注于图上，并且该信息必须已经储存在机载数据库中。如果设备没有存储在机载数据库中，则飞行员不允许使用设备提供的航路点来进行操作。

（3）如果选择指定的定位点作为现用的 GPS 航路点，当 GPS 系统指示飞越该航路点时，表明飞机在这个定位点上方。

（4）当选择 NDB/罗盘定位器设备作为现用 GPS 航路点时，若飞机在非 GPS 导航源所提供的航迹上飞行，GPS 到现用航路点的方位与航图上标注的 NDB/罗盘定位器方位相同时，表明飞机在该定位点之上。

10. 在 NDB/罗盘定位器上等待

（1）核实飞机 GPS 系统完整性监控设备的工作正常，并且显示良好的完整性。

（2）从机载数据库中选择 NDB/罗盘定位器设备。当使用 NDB/罗盘定位器时，该设备必须已标注于图上，并且该信息必须已经储存在机载数据库中。如果设备信息没有储存在机载数据库中，则飞行员不允许使用该设备作为航路点来进行操作。

（3）选择非连续性方式（如"HOLD"或者"OBS"）并且根据 POH/AFM（飞行员操作手册/飞机飞行手册）或者附件来选择相应的航线。

（4）根据 POH/AFM（飞行员操作手册/飞机飞行手册）或者附件，使用 GPS 系统进行等待。

11. 使用 GPS 进行 IFR 飞行

进行飞行前准备时，必须保证 GPS 工作正常，并且已经批准将当前数据库用于此次飞行。必须根据局方批准的 POH/AFM（飞行员操作手册/飞机飞行手册）或者飞行手册附件来进行 GPS 操作。机组成员必须全面熟悉飞机上安装的特殊的 GPS 设备、接收机操作手册、POH/AFM（飞行员操作手册/飞机飞行手册）或者飞行手册附件。不同于 ILS 或者 VOR 的基本操作，接收机显示给飞行员的信息以及这些设备的功能有很大的不同。由于这些差异的存在，在 IFR 条件下使用不同品牌的 GPS 接收机，甚至同一品牌的不同类型接收机之前，飞行员都要彻底了解这些特定接收机的安装及操作程序。在尝试使用这些设备进行 IFR 飞行之前在 VFR 条件下使用这些设备，会帮助进一步熟悉这些设备。

当使用 GPS 作为导航的辅助方法时，所要求的飞行前准备应该包括检查与 IFR 飞行相关的 NOTAM。对于特别要求 GPS 航空信息的机场，飞行员可能在起飞前简令过程中会从自动飞行服务台（AFSS）获得 GPS RAIM 可用信息。获得 GPS RAIM 航空信息分为 3 个小时的不同阶段：预计进场时间（ETA），预计进场时间前一小时到预计进场时间后一个小时，对于特殊机场需要 24 小时特殊期限。在预计进场时间前一小时到预计进场时间后一个小时提供 RAIM 信息，除非飞行员有特殊时间要求。如果执行一个公布的 GPS 离场，则飞行员应该要求提供离场机场的 RAIM 预测。一些 GPS 接收机可以预测 RAIM 的可用性。飞行员应该保证飞行航路、终端操作、目的地机场的仪表进近以及备降机场/直升机场所要求的地面导航设备以及相关的飞机设备在 ETA 的可操作性。如果所要求的地面设备以及装置不可用，则需要更改航路或重新进行计划、取消或者在 VFR 下飞行。

除了需要从 GPS 接收机处理或者获取信息之外，以与传统 NAVAID 相同的方式来完成飞行计划。根据产品说明将离场航路点、DP、航路、STAR、预计进近、IAF 以及目的地机场输入到 GPS 接收机。起飞前，还需要输入其他额外的信息，如 ETA、燃油计划以及风信息等。

当 GPS 接收机打开时，机器进行内部测试并开始工作。当接收机开始工作时，使用者通过选择一个航路点或者一系列的航路点来生成航路，核实数据并选择现用飞行计划。生产商不同，接收机的使用程序也有很大不同。GPS 是一个复杂的系统，两种不同样式的接收机之间相同点很少。熟悉如何操作飞机上的设备是飞行员的责任。

GPS 接收机提供相关的导航信息，例如，航迹、方位、地速以及距离。使用以上信息计算从飞机当前的经纬度到下一个航路点的位置，提供两个航路点之间的航线指引。飞行员可以了解飞机在地面上的的实际航迹。只要飞机的航线与到航路点的方位相匹配（通过选择正确的飞机航向），飞机就会直飞到航路点。

12. GPS 仪表进近

在美国境内有 GPS 重叠进近（标题上带有"或者 GPS"）以及 GPS 单独进近（见图 9.29）的混合型设备。

注：在美国境外使用 GPS 仪表操作必须获得该国相应机构的批准。

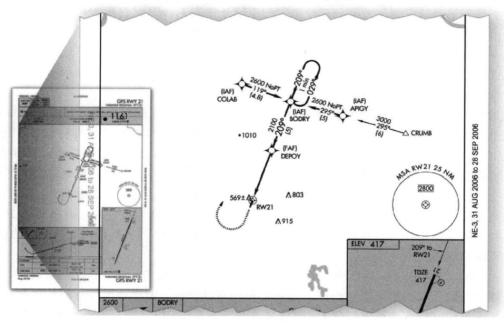

图 9.29　一种 GPS 单独进近

当执行这些仪表进近程序时，不要求地面设备 NAVAID 的可操作性，相关飞机的电子设备不需要安装，不要求可操作性、打开或者监控；但是推荐持续监控备用导航设备（如果可用）。

在尝试进行仪表气象条件（IMC）下飞行时，飞行员应该对 GPS 进近程序有一个基本的了解，在目视气象条件下（VMC）练习 GPS 仪表进近程序直到彻底熟悉设备（接收机以及其他安装设备）所有方面。

必须从相关的 GPS 数据库获取所有 IAP，该数据库由生产商或者获得批准的其他机构提供。当 RAIM 灵敏度不适用，并且 CDI 灵敏度不能自动更改到 0.3 海里时，进近中点对点飞行就不能保证与公布的进近程序一致。在一些接收机上，人工调定 CDI 灵敏度时，RAIM 灵敏度不能自动更改。有些现存的非精密进近程序不能进行编码与 GPS 配合使用，所以我们不能沿这些程序所示路线飞行。

当要求使用 GPS 进近时，如果 ATC 已经批准则使用 GPS 标题，如"GPS RWY 24"或者"RNAV RWY 35"。使用生产商推荐的程序时，从 GPS 接收机数据库中选择预计的进近程序以及相关的起始进近定位点。飞行员从一个起始进近航路点（IAWP）或者支线定位点（除非已经明确清除否则可以使用该点）开始完整进近过程。随意在中间进近定位点加入进近时，不能保证安全的越障高度。

如果在飞行计划中已经做出了进近计划，则 GPS 接收机将提供一个"预位"的显示牌，显示到机场/直升机场基准点还有 30 海里的直线距离。飞机位于 30 海里范围内，进近模式应该"预位"，因此接收机将从航路 CDI（±5 海里）以及 RAIM（±2 海里）的灵敏度更改到 ±1 海里终端灵敏度。当 IAWP 在 30 海里内，一旦进近模式预位并且飞机在 30 海里范围时，CDI 灵敏度将发生更改。IAWP 不到 30 海里之内一点时，CDI 灵敏度将不能更改，即使进近提早预位也要等到飞机在 30 海里内才可以更改。终端 CDI 灵敏度在机场/直升机场基准点 30 海里范围内根据接收机 CDI 以及 RAIM 不能确定支线航路越障高度，因此，接收机应该总在不迟于显示 30 海里的时候处于"预位"状态。

执行等待航线，并且一旦实行重叠进近（如程序转弯等）操作时，飞行员应该特别注意 GPS 接收机的准确操作。这些程序可能要求人工干涉，飞行员通过接收机停止航路点排序并且在机动飞行完成后重新设置 GPS 自动导航排序。可能会在飞行航路中不止一次出现相同航路点并且连续出现[如起始进近航路点（IAWP）、最终进近航路点（FAWP）、程序转弯时的复飞航路点（MAWP）]。飞行员必须要谨慎操作以保证接收机已经给相应程序上的航路点进行了排序，尤其当跳过一个或者多个飞越航路点时（如果没有执行程序转弯，则选择 FAWP 而不是 IAWP）。为了在适当的位置按航路点顺序开始 GPS 自动排序，飞行员需要按顺序一次或多次从上空飞过相同的航路点。

当接收引导到最终阶段时，大部分接收机操作手册建议在 FAWP 时将接收机置于非顺序模式并人工调定航线。一旦飞机被引导至最终进近航线，但是该航线没有任何一个与跑道对齐的航段上，这样操作会提供一段延长的最后进近航线，必须保持指定的高度直到已经在公布的进近航段上建立航线。必须考虑 FAWP 之外的航路点上或者梯级下降定位点上所要求的高度。为了在正确的位置开始下降，可能需要计算到 FAWP 的距离。

如果进近模式预位，当飞机位于 FAWP 2 海里范围内时，进近模式将被激活，此时 RAIM 和 CDI 的灵敏度也会变为进近模式。从距 FAWP 之前 2 海里开始，全刻度的 CDI 灵敏度将从 ±1 海里逐渐变为到 FAWP 时的 ±0.3 海里。此时如果 CDI 指针不居中，其偏移量将会随灵敏度的变化而相应地增大，导致即使飞机在以正确的航向截获航向道，飞行员也会觉得飞机离预计航线越来越远。如果数字航迹偏移信息（交叉航迹误差）在进近模式下可用，将帮助飞行员在上述情况下正确定位。如果在 2 海里灵敏度开始更改之前将飞机稳定在五边进近航迹上，将有助于防止在灵敏度减小时出现 CDI 的显示问题。如果飞行员要求提供或者接受雷达引导，将导致飞机在 FAWP 2 海里范围内切入到五边进近航迹，所以并不推荐这样做。

在进近过程中，对 GPS 接收机进行不正确的输入会造成很严重的后果。在一些情况下，一个不正确的输入可能会导致接收机断开进近模式。进近过程中对自动选择的灵敏度进行超控将取消进近模式显示牌。如果进近模式没有在距 FAWP 2 海里之前预位，在距 FAWP 2 海里时进近模式将不能被激活，设备将出现故障旗。在这种情况下，RAIM 以及 CDI 灵敏度不会下降，飞行员不能下降到最低下降高度（MDA），而是应该飞向 MAWP 并执行复飞。应该检查进近激活显示牌和/或接收机来保证进近模式在到达 FAWP 之前已经激活。

GPS 复飞时要求飞行员按从 MAWP 到进近程序的复飞段的顺序来进行。飞行员必须对飞机上安装的 GPS 接收机非常熟悉，并且只能在 MAWP 之后开始采取相应的动作。如果在 MAWP 之前启动复飞程序，会导致 CDI 的灵敏度马上改变为终端灵敏度（±1 海里），并且接收机将继续导航至 MAWP 点。通过 MAWP 之后接收机将不能再按顺序执行复飞程序。到达 MAWP 之前不要转弯。如果复飞没有被激活，则 GPS 接收机将显示五边进近航迹的延长线，沿航线距离（ATD）将从 MAWP 开始增加直到穿越 MAWP 之后人工开始排序。

如果复飞后的第一个航迹是通过一条航线而不是直飞到下一个航路点，则需要飞行员额外采取动作来设定航线。在这个飞行阶段，熟悉所有要求的输入内容非常关键。

13. 离场和仪表离场程序（DP）

为了执行公布的 IFR 离场以及 DP，GPS 接收机必须调至 CDI 终端灵敏度（±1 海里），并且导航航路必须存储在数据库中。接收机应该自动提供终端 RAIM。（终端离场 RAIM 可能不可用，除非航路点为激活飞行计划的一部分而不是直飞到第一目的地。）DP 的某些航段可能需要飞行员的一些人工干预，尤其是当雷达引导至某一航线或者需要通过切入一条特定的航线飞至某航路点时。数据库可能不包括从各条跑道开始的所有的过渡航路或者离场航路，并且一些 GPS 接收机没有在数据库中储存 DP。以 70 节或以下速度执行直升机离场程序是很必要的，因为直升机离场程序以及复飞程序使用的是 20：1 的地面越障余度（OCS），这个数值是固定翼飞机 OCS 的两倍。转弯区域也是基于该速度。如果复飞后的第一个航迹是通过一条航线而不是直飞到下一个航路点，则需要飞行员额外采取动作来设定航线。在这个飞行阶段，熟悉所有要求的输入内容非常关键。

14. GPS 误差

通常 GPS 操作过程中需要 30 颗卫星，GPS 的卫星阵可以在全世界范围内连续使用。如果使用的卫星数量少于 24 颗，则在某些地理区域，GPS 导航可能不可用。飞机在被高地形包围的山谷区域或者在 GPS 天线被飞机结构所屏蔽（例如，当飞机压坡度时），可能会失去 GPS 信号。

某些接收机、收发机、移动无线电以及部分接收机可能会造成信号冲突。一些 VHF 的发射可能会造成"谐波干扰"。当监控接收机信号质量数据页面时，飞行员可以通过重新部署周围部分接收机、改变频率或者关掉造成冲突的可疑的仪器来隔离冲突。

GPS 位置数据可能会受到设备性质以及多种地理因素的影响，通常可能会造成少于 100 英尺的误差。卫星原子钟、接收机/处理器、信号被障碍物反射（多航路）、电离层以及对流层延迟以及卫星数据发射误差都会造成小的位置差错或者瞬间失去 GPS 信号。

15. 系统状态

由 GPS 卫星来发布传输 GPS 卫星的状态作为部分数据信息。美国海岸警卫队导航信息服务可以提供 GPS 状态信息：（703）313-5907，或者登录网站 http://www.navcen.uscg.gov/。另外，通过 NOTAM 系统也可以了解卫星状态。

GPS 接收机通过接收机自动完整性监控（RAIM）设备来核实 GPS 卫星阵发射的信号的完整性（可用性），从而确定卫星是否提供了模糊信息。至少一颗卫星，除了导航要求的那些，必须要在接收机的范围内来执行 RAIM 功能，因此，RAIM 需要至少 5 颗卫星在范围内或者四颗卫星以及一个气压式高度表（气压辅助）来探测完整性是否有异常。接收机可以这样使用：RAIM 需要 6 个卫星（或者 5 个卫星和一个气压辅助探测）来隔离一个模糊的卫星信号并将它从导航计算中移除。

在接收机之间 RAIM 信息会稍微发生变化，但是有两种最常用的类型：一种显示为没有足够的卫星可以使用来提供 RAIM 完整性监控，另一种类型显示为 RAIM 已经探测到了潜在的错误但是不在当前飞行阶段范围内。RAIM 不工作时，飞行员就不能保证 GPS 位置的准确性。

选择可用性（SA）是人为降低 GPS 精确性一种措施。这种办法用来防止非特许用户使用精密 GPS 定位数据。SA 在 2000 年 5 月 1 号停止使用，但是许多 GPS 接收机仍然设计假设可以使用 SA。基于 ICAO 附件 10 中的性能数据的新的接收机可以利用 SA 的停止使用，而不需要在性能范围外来进行操作。

16. GPS 精通

尝试在仪表气象条件（IMC）下进行 IFR 飞行之前，飞行员在目视气象条件下（VMC）应该使用 GPS 进近，直到彻底精通设备（接收机以及安装的设备）的所有方面的信息。飞行员必须对以下项目进行练习：

（1）练习使用接收机自动完整性检测（RAIM）预测功能；

（2）插入一个改航点（DP）到飞行计划中，包括按需调定终端 CDI 灵敏度以及离场时终端 RAIM 的可用状况（一些接收机没有 DP 或者 STAR）；

（3）对目的机场进行分析；

（4）分析并执行重叠进近（尤其是程序转弯以及弧）；

（5）选择一个进近之后更改到另一个进近；

（6）分析并执行"直接"复飞；

（7）分析并执行"航路"复飞；

（8）进入、飞行以及退出等待航线，尤其在等待航线第二个航路点重叠进近时；

（9）分析并从一个等待航线执行一条"航路"飞行；

（10）分析并在使用雷达指引到一个中间航段时执行进近；

（11）RAIM 故障所要求的动作指示，在 FAWP 之前以及之后都有显示；

（12）分析 VOR 的径向线以及到 VOR 的距离（经常在离场指示中使用）。

9.4.3 差分全球定位系统（DGPS）

差分全球定位系统（DGPS）通过测量变数的更改来提供卫星定位修正，从而改进全球导航卫星系统（GNSS）的精确性。

因为多样接收机接收卫星的相同设置会产生相似的误差，在已知位置安装基准接收机可以准确计算出它在理论上的位置之后与导航卫星信号提供的计算值进行比较。两个信号之间的测量差异为误差，通过提供基准信号修正来对误差进行修正。

由于卫星系统输入的准确度不同也会增加这个误差。广域增强系统（WAAS）以及局域增强系统（LAAS）就是差分全球定位系统的两个例子。

9.4.4　广域增强系统（WAAS）

WAAS 用来改进 GPS 信号的精确度、完整性以及可用性。WAAS 允许 GPS 作为航空导航系统从起飞到 I 类精密进近过程中使用。国际民航组织（ICAO）已经确定了星基增强系统（SBAS），日本以及欧洲都在建立相似的系统来配合 WAAS 的使用。EGNOS、欧洲同步卫星导航系统以及 MSAS、日本多功能运输卫星（MTSAT）卫星增强系统，其结果类似于 GPS，会产生一个全球无缝连接的导航能力，会带有非常高的精确度、可用性以及完整性。

与传统的地面导航设备不同，WAAS 将覆盖一个更为密集的服务区，在这里可以纵览连接到 WAAS 网络的广域地面基准台。通过这些台来监控 GPS 卫星信号从而决定卫星时间以及星历表修正。在网络中的每个台都传播相关的数据到广域主台，在这里对修正信息进行计算。准备好的修正信息通过一个地面上联被上联到一个同步卫星（GEO），之后在广播覆盖区域在 GPS 以及 WAAS 接收机的相同频率上进行发送，如图 9.30 所示。

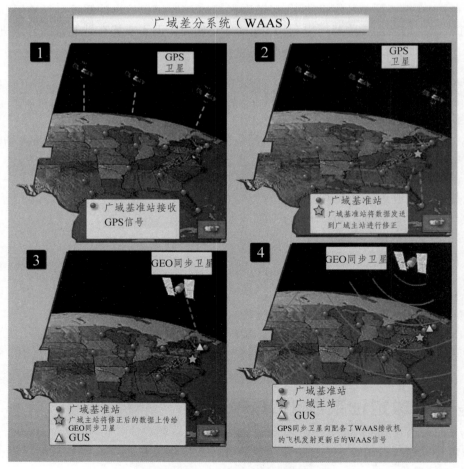

图 9.30　WAAS 卫星示意图

除了提供修正信号，WAAS 还给飞机的接收机提供额外的计算方法，通过范围内一个额外的 GPS 卫星有效地改进 GPS 信号的可用性。通过实时监控来改进 GPS 信号的完整性，并且通过提供不同的修正来减少误差进而改善准确性，如图 9.31 所示。因此，性能经过改进之后可以在进近程序上充分使用 GPS/WAAS 下滑道。

WAAS 接收机支持所有基本的 GPS 进近功能并且提供额外的功能，其中最关键的是不依赖于地面设备或者气压设备而生成一个电子下滑道。这样就避免了几个问题的发生，例如，低温效应，不正确的高度表调定或者缺乏当地高度表气压源等。一种新型的、可以为精密进近提供垂直引导进近程序，已经得到了发展，并结合卫星导航在航空中使用。

这些新的程序被称为垂直引导进近（APV），包括目前使用的通过气压垂直导航的 LNAV/VNAV 程序。

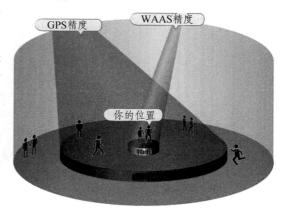

图 9.31　WAAS 卫星示意图

9.4.5　局域增强系统（LAAS）

LAAS 为使用 GPS 基准设备的地面增强系统，该设备位于 GPS 正在提供服务的机场范围内。它具有一个基准的接收机，可以测量 GPS 卫星虚拟距离，还可以计时或者重新发送信号。配备了相应设备的飞机在安装了 LAAS 的机场进行着陆时可以执行 I 类或者更高级别的进近，如图 9.32、图 9.33 所示。

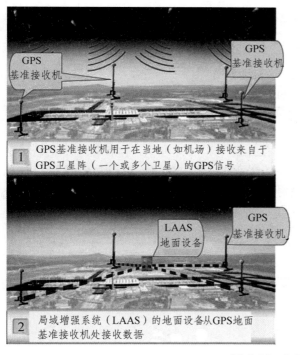

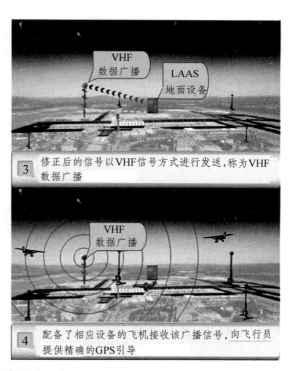

图 9.32　LAAS 示意图（一）

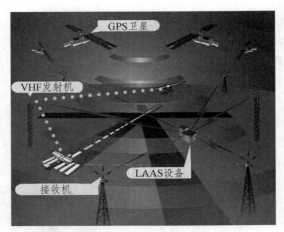

图 9.33　LAAS 示意图（二）

9.4.6　惯性导航系统（INS）

惯性导航系统（INS）可以精确导航，不需要从飞机外进行任何输入，完全是自备式的。INS 由飞行员起始开始工作，并向系统输入飞机起飞前在地面的准确位置。INS 与飞行中预计的航路点铰链在一起。

1. INS 的构成

INS 可以看做是一种单机导航系统，尤其当飞机上有多个独立装置时。机载设备包括一个加速计（测量加速度），再加上时间，可以计算出速度，并配有陀螺仪来测量方向。

INS 最新的版本被称为惯性基准系统（IRS），它使用激光陀螺仪以及更加强大的计算机，因此加速计不再需要与真北进行校准。由于修正重力以及方向误差需要增加额外的计算，但是计算机系统可以处理由此所增加的工作量。随着加速计以及陀螺仪被铰链到机身，而不是像传统方式那样相对于水平方向以及真北方向将其安装在一个装置上保持固定，这些更新的系统有时被称为铰链系统。

2. INS 误差

INS 的主要误差为随着时间的推移，位置的准确性降低。INS 通过准确的位置输入来计算位置，该位置随着加速计以及陀螺仪提供的速度以及方向输入持续发生变化。加速计以及陀螺仪的误差非常小，但是随着时间的增长，这些误差可能会发生累计。

在飞越北大西洋 4～6 小时之后，INS/IRS 显示的最小误差在 0.1～0.4 海里。体积较小价格较低的设备的误差可能在 1～2 海里/小时。对于导航设备来说这个精确度已经足够了，可以与 GPS 联合使用并更新。带有一个 INS/IRS 组件的导航设备与 GPS 配合使用可以解决误差问题并且可以弥补两个系统的缺点。GPS 工作时会一直保持精确性，但是可能会出现短期或者周期性的中断。由于惯性导航系统（INS）可以不断进行更新，保持很好的精确度，并且在 GPS 失去信号的那段时间可以持续以良好的精确度来工作。

9.5　仪表进近系统

大部分用于仪表飞行规则（IFR）下的航路以及终端操作的导航设备，例如，VOR、NDB 以及 GPS 可能也会被批准来执行 IAP。在美国境内使用的最普遍设备为仪表着落系统、简单方向设备（SDF）、航向道定位设备（LDA）以及微波着陆系统（MLS）。这些系统可以独立于其他导航系统单独进行操作。在这方面发展了许多新系统，如 WAAS 和 LAAS。而且还发展了另外一些系统用于特殊操作。

9.5.1 仪表着陆系统（ILS）

ILS 系统为特定的跑道提供航道以及高度指引。ILS 系统用来执行精密仪表进近程序或者精密进近，如图 9.34 所示。该系统由以下部分构成：

（1）航向道，沿着跑道的中心线延长线提供水平（左/右）指引。

（2）下滑道（GS），向着跑道接地点通常为 3°坡度，提供垂直（上/下）指引。

（3）信标台，沿着进近航路提供距离信息。

（4）进近灯，用于从仪表到目视飞行的过渡阶段。

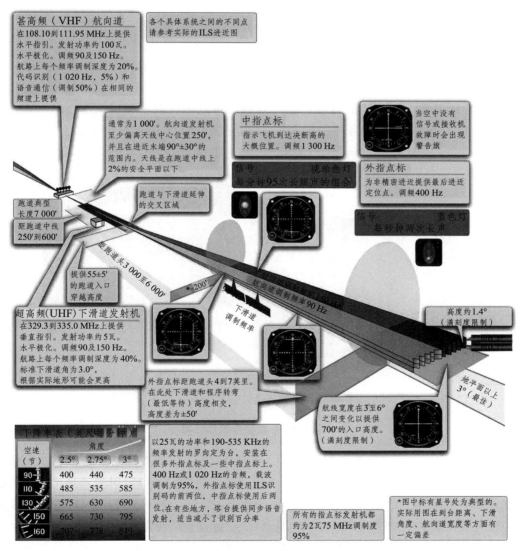

图 9.34 仪表着陆系统

以下辅助设备虽然不是该系统的指定组件，但是可以用来增加安全性以及可用性：

（1）罗盘定位器提供从航路导航台到 ILS 系统的过渡，协助完成等待程序，跟踪航向道，识别信标台位置并为 ADF 进近提供 FAF。

（2）如果在进近程序中具体说明，DME 位于 GS 发射机旁边，提供准确的接地点的距离信息或者与另一设备配合使用（VOR 或者单机）。

ILS 进近根据机场设备以及飞行员的经验水平被分为不同类型的进近。Ⅰ类进近，进近高度高于接地点不少于 200 英尺。Ⅱ类进近，高度高于接地点不少于 100 英尺的进近。没有决断高度限制时，Ⅲ类进近提供最低高度值。飞行员仅需要持有仪表等级，飞机配备相应的机载设备来执行Ⅰ类进近、Ⅱ类进近和Ⅲ类进近需要飞行员、地面设备和空中设备有特殊的运行许可。

ILS 由以下几部分构成：

1. 地面构成

ILS 需要使用很多地面设备。这些设备作为 ILS 设备的一部分，同时也作为另一个进近的一部分。例如，罗盘定位器可能会用作 NDB 进近。

2. 航向道

航向道（LOC）地面天线位于机场仪表跑道中心线的延长线上，离场跑道的末端，这样可以防止碰撞冲突。这些装置发射一束沿着跑道的中心线向着中指点标（MM）和外指点标（OM）的信号以及一束沿着跑道中心线但是方向相反的信号。它们被分别称之为正航道和反航道。航向道在 108.1～111.95 MHz（十分位为奇数）发射信号提供航道指引，其范围从距离天线 28 海里的下滑道到跑道入口，高度范围为从天线的标高到其上 4 500 英尺以内，如图 9.35 所示。

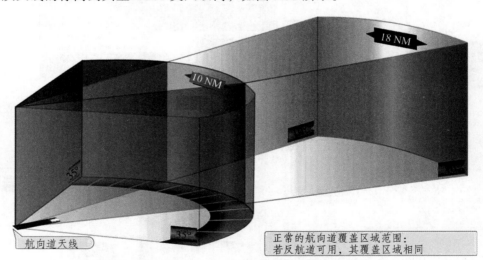

图 9.35　航向道信号覆盖区域

航向道的宽度指的是沿五边航迹上的任一点，从"全-左"（CDI 指针完全偏向左边）到"全-右"（CDI 指针完全偏向右边）范围之间的角度偏移。可以通过收听固定间隔发射的三字代码来识别每个航向道设备。ILS 的识别码由"I"来表示（两个点）。例如，在 Springfield，Missouri 发射 ILS 航向道识别码 ISGF。航向道在频率上包括一个语音识别与 ATC 设备配合使用发布进近以及着陆指示。

航向道宽度非常窄，通常为 5°。这就需要指针高度敏感，因此，当飞机到中心线任何一侧为 2.5°时，指针发生全偏转。高灵敏度可以对着陆跑道进行准确定位。保持偏移不超过 1/4 刻度时，飞机将与跑道保持对齐。

3. 下滑道（GS）

下滑道是指那些生成信号，接收并显示地面设备发射方式的系统。下滑道为一条带坡度的直线，当在接近 FAF 的高度与下滑道相切时，飞机可以开始沿着下滑道下降，一直到跑道接地区。下滑道设备放置在一个距跑道进近端约 750～1 250 英尺的建筑物内，据跑道中心线的侧向距离约为 400～600 英尺。

GS 设备生成下滑道的原理在本质上与它旁边工作的航向道一样。下滑道的发射角通常调定在天地线以上 2.5°～3.5°，因此在跑道标高之上大约 200 英尺的地方与 MM 相交，在跑道标高之上约 1 400 英尺的地方与 OM 相交。如果以正常的最大下滑道角度进近时，不能满足最低超障余度的要求，在跑道长度允许的情况下，可以将下滑道设备安装在距跑道进近端更远的位置，或者将下滑道角度增加到 4°。

与航向道不同，下滑道发射机仅在正航道最后进近的方向上发射信号。系统不对反航道进近提供垂直引导。下滑道轨迹厚度约为 1.4°。在距离接地点 10 海里的位置处，其垂直距离约为 1 500 英尺；随着飞机越来越接近接地点，该垂直距离会相应地逐渐减小；在接地点处减小至几英尺。

4. 信标台

ILS 系统通常使用两个 VHF 信标台：外指点标和中指点标，如图 9.36 所示。第三个信标台——内指点标，用于 II 类进近。信标台也可以在 ILS 反航道上用来指示 FAF。

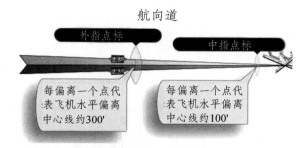

图 9.36　航向道接收机的指示与飞机的偏离距离

外指点标位于航向道的正航道方向上，距离机场 4～7 英里，用来指示位于航向道上且高度正确的飞机截获下滑道的位置。中指点标距离着陆跑道入口大约 3 500 英尺，在正航道的中心线上，飞机沿下滑道进近到达该点时，其高度应为接地区标高以上 200 英尺。内指点标（IM）安装在正航道中指点标与着陆跑道入口之间，用于在 II 类 ILS 进近过程中指示沿下滑道进近的飞机已经到达决断高度。如果安装了反航道指点标，则它用来指示反航道的 FAF。

5. 低功率的 NDB

低功率的 NDB 在美国又称为罗盘定位器，通过 ADF 接收机来接收信号并显示。当与 ILS 正航道配合使用时，该低功率的 NDB 设备可与外指点标和/或中指点标安装在同一位置上。外指点标的识别码由对应的 LOC 三字识别码中的前两个字母组成。例如，在 Dallas/Love 机场（DAL）的外指点标，识别码为"DA"。DAL 的中指点标通过最后两个字母"AL"来识别。

9.5.2　进近灯光系统（ALS）

ILS 的进近以及下降被分为两个较为明显的阶段：仅使用无线电指引的仪表进近阶段以及目视阶段。飞行员目视观察地面跑道环境对于保持参数的精确度以及安全很重要。在仪表进近中，尤其当云幕较低/能见度较差时，最重要的阶段应当是飞行员到达某一位置点时，必须做出决定是着陆或者执行复飞。随着跑道入口的逐渐接近，目视下滑道的参考灯光由一组变得各自分离。在这一点上，应通过参照跑道接地区域标示来继续进近。ALS 在接地点提供的灯光有很强的穿透力，光线可以传播足够远以保证目视过渡的安全性并且提供方向性信息、距离信息以及下滑道信息。

飞行员必须迅速目视识别 ALS，在进近开始之前就要知道 ALS 的类型，这点很重要。在任何仪表飞行之前，飞行员必须检查仪表进近图以及机场使用细则尤其是目的地机场的灯光设备的类型。能见度下降时，快速定位到一个陌生的跑道可能会比较困难，尤其在盘旋进近到一个低标准灯光设备的机场时，或者到一个较大的终端机场，周围的城市灯光以及地面设备灯光可能会影响对机场灯光的识别。最常用的 ALS 系统如图 9.37 所示。

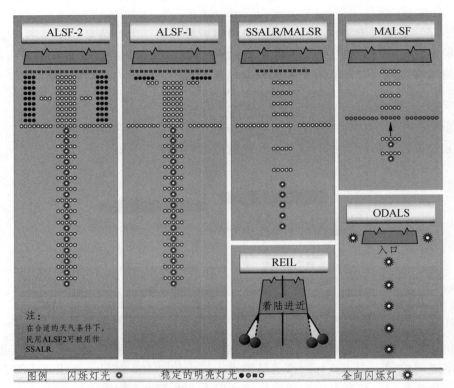

ALS——装有顺序闪光灯的进近灯光系统
SSALR ——装有跑道对准指示灯的简化短距进近灯光系统
MALSR ——装有跑道对准指示灯的中强度进近灯光系统
REIL——跑道头识别灯
MALSF ——装有顺序闪光灯（以及跑道对准灯）的中强度进近灯光系统
ODALS ——全向进近灯光系统

图 9.37　精密进近和非精密进近的进近灯光系统类型

许多大型机场都安装了高密度的顺序闪光灯系统。闪光灯包括一系列的闪耀的蓝-白脉冲灯，按顺序沿着进近灯闪耀，看上去好像是在向机场移动的光球，通常每秒钟沿着跑道方向闪烁两次。

跑道末端识别灯（REIL）可以帮助飞行员快速主动地识别仪表跑道的进近末端。系统包括一对同步闪光灯，水平安装在跑道入口的每一侧，面向进近区域。

在进近到跑道过程中，目视进近坡度指示器为飞机提供目视下滑指引信息。标准的 VASI 包括一系列的排灯来提供目视下滑道航迹，为飞机在进近区域内提供安全的越障高度。正常的 GS 角为 3°；但是，为了越障这个角度最高可以达到 4.5°。在配有 ILS 的跑道上，VASI 角一般是 GS 角。飞机左右航迹的修正参考主要是跑道灯光。标准的 VASI 安装设备包括任一种 2-，3-，4-，6-，12-，或者 16-个灯组件，分别为下风方向以及上风方向的排灯。一些机场为长体飞机提供三排灯 VASI，对于同一条跑道，这种灯可以提供两个目视下滑道。截获第一个下滑道与标准 VASI 提供的是一样的，第二个下滑道比第一个高出 25%，适用于长体飞机。

VASI 的基本原理主要是基于红色与白色的颜色区别。每个灯发射一个光柱，在上方是白色的部分，下方为红色。当飞机高于下滑道时，飞行员可以看到两排白色灯。降低飞机高度，远排灯会从白色变成粉色最后变成红色。当位于正常下滑道时，飞机处于远近两排灯之间，因此可以看到近排灯为白色，远排灯为红色。当飞机低于下滑道时，两排灯都为红色。飞机移动到下滑道，近排灯从红色变为粉色最后变为白色。飞机低于下滑道时，所有灯显示醒目的红色信号，表明可能没有达到安全越障高度。标准两排 VASI 灯如图 9.38 所示。

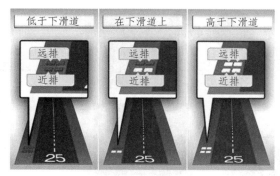

图 9.38　标准的双排 VASI

9.5.3　ILS 机载设备

ILS 系统的机载设备包括航向道接收机、GS、信标台、ADF、DME 以及相应的仪表显示器。

典型的 VOR 接收机也可以是一个航向道接收机，带有普通的调谐以及显示设备。一些接收机有单独的功能选择电门，但是大部分转换都会根据频率在 108 MHz ~ 111.95 MHz 之间时十分位是否为奇数来在 VOR 与 LOC 之间自动转换；否则，使用相同的旋钮和电门来调谐 VOR 以及航向道频率。当飞机在 VOR 径向线上时，CDI 指示"在航道上"。

虽然一些 GS 接收机单独进行调谐，但是当调谐航向道时，通常 GS 可以自动调谐到适当的频率。108.10 ~ 111.95 MHz 波段之间有 40 个航向道频道，每一个都和一个相应的 GS 频率配成一对。

当航向道指示器也包括 GS 指针时，仪表经常可以被称为交叉指针显示器。交叉水平方向（航向道）以及垂直方向（GS）指针可以自由移动，用标准 5 个点的偏移来指示飞机在航向道以及下滑道上的位置。

当飞机在下滑道上时，指针为水平。由于下滑道比航向道要窄得多（最大幅度为 1.4°），因此航路校准时指针对飞机的偏移非常敏感。GS 截获时建立适当的下降率，非常小的修正就可以保证飞机位置的准确性。

当有足够的电源来驱动指针时，指示器上的航向道以及 GS 警告旗会从视线中消失。当不稳定的信号以及接收机出现故障时会出现故障旗。

飞行员通过一个低频的声音来识别已经达到 OM，连续的以 2 次/秒的频率出现，并且出现一个紫色/蓝色信标灯。飞行员可以通过一声短谐的嘟嘟声来识别 MM，并且频率更快，每分钟 95 次，并有一个琥珀色信标台灯。通过一个较高声调的声音来识别已经达到 IM（如果安装），连续的以每秒 6 次的频率出现，并有一个白色的信标灯。反航道信标（BCM）（如果安装）可以通过一个高声调的谐音来识别，两个点以每分钟 72 ~ 75 次的速率出现，并且有白色的信标灯。在大部分组件上，信标台接收机灵敏度可以在高与低之间选择。较低灵敏度位置提供更明显的位置指示，飞行员可以在进近过程中使用；较高灵敏度位置会提前提供一个信号，提醒飞行员飞机已经接近信标台位置。

9.5.4 ILS 的作用

不管飞机的位置或者航向如何，航向道指针通过偏转来指示飞机在航向道中心线的左侧还是右侧。虽然旋转 OBS 将 LOC 向台航道置于航道指标下方很重要，但旋转 OBS 对航向道指针没有影响。无论是向台航道或者背台航道，航道指示都有方向性，如图 9.39 中的飞机 C、D、E 所示。

在反航道向台飞行或在航道上背台飞行时，除非飞机正在使用反向识别功能的指引，否则对航向进行修正时要与指针的偏移方向相反，通常称为"飞离指针"，如图 9.39 中的飞机 A、B 所示。除非对于特定跑道已经公布了反航道进近程序，并且该进近经 ATC 批准，否则进近时不能使用反航道信号。

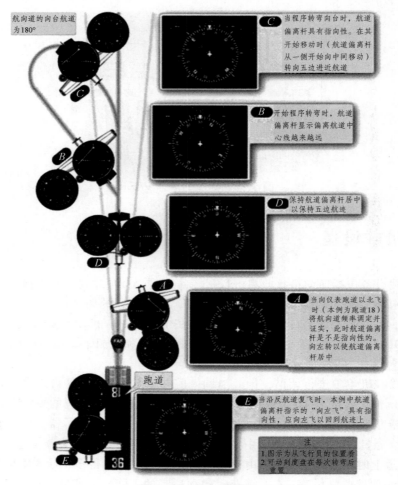

图 9.39　航向道指示

一旦飞行员已经到达航道中心线，就应保持向台航迹。当 CDI 离开中间位置时，修正量不要太大，并且应该随着航道的变窄相应地减小。当飞机到达 OM 时，应该正确建立偏流修正量，从而很好地完成精确的进近。

从 OM 到 MM 的这段下降过程对飞行员的技术要求最为严格，当飞行员保持在航向道时，需要适当的俯仰姿态来保持适当的下降率并调整推力，以保持适当的空速，同时必须检查高度表并准备过渡到目视下降或者准备复飞。飞行员通过观察 CDI 和下滑道指针指示以及飞机偏离航向道和下滑道中心线三者之间的关系，掌握精确的仪表修正技术，完成 ILS 进近。

GS 指针的偏移指示飞机相对于下滑道的位置。当飞机高于下滑道时，指针向下偏移；当飞机低于下滑道时，指针向上偏移，如图 9.40 所示。

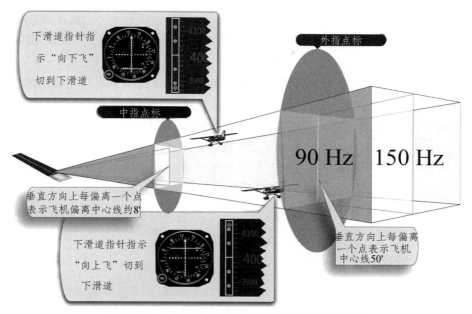

图 9.40　GS 接收机指示与飞机的偏离示意图
[左侧为有指针的仪表（传统仪表）指示，右侧为 Garmin PFD 的指示]

9.5.5　ILS 误差

下面列举了 ILS 及其相关的组成部分可能会产生的一些误差。航向道和下滑道信号遇到坚硬物体时，都会形成空间波，从而产生波动。

（1）反射。对于处于进近过程中的飞机，地面车辆或者其他飞机在低于 5 000 英尺 AGL 活动时都可能影响信号的传播。

（2）假航道。除了预期航道，GS 设备不可避免地会在较高的垂直角度上产生其他航道。这些假航道形成的最低角度约为 9° ~ 12°。如果飞机保持某一恒定高度沿 LOC/GS 航道飞行，当飞越不同的假航道时，将会观察到 GS 指针的旋转并出现 GS 警告旗。如果飞机沿某条假航道进近，要么会导致混乱（GS 指针反向指示），要么需要以极大的下降率下降。但是，只要严格按照进近图上规定的高度进近，飞行员就不会遇到这些假航道。

1.　信标台

信标台发射机的极低功率以及定向天线，确保了稍微离开发射机一点距离就接收不到信号。信号接收的问题通常都是因为机载接收机没有打开或者接收机的灵敏度不正确造成的。

为了降低重量以减少成本，一些信标台接收机没有自带电源，而是使用其他航空无线电设备的电源，通常是 ADF。由于这个原因，在一些飞机上，为了使信标台接收机能够工作，必须将 ADF 放在开位，但是这一操作不要求用警告牌警示。另一个问题可能是由"高/低/关"三位开关引起的，这个开关既用来打开接收机，也用来选择接收机的灵敏度。通常，"测试"功能只能测试信标台的指示灯工作情况，因此，在有些飞机上，除了飞越一个信标台发射机，观察信号是否已经被接收并显示出来外（例如，听过台声音和目视观察过台灯光），没有别的可行办法可以帮助飞行员确定信标台接收机已经打开。

2.　操作错误

（1）飞行员对 ILS 地面设备的基本原理没有清楚的认识，尤其是对各航线尺度的差异了解不够。

由于 VOR 接收机也会在航向道上使用，因此在跟踪或截获航向道或者 VOR 径向线时，飞行员有时会错误地认为两者使用的方法是一样的。实际上，航向道的 CDI 灵敏度比 VOR 高很多，反应也快很多。

（2）在过渡到 ILS 时，由于没有做好计划，仅仅从单个接收机而不是所有可用的机载设备处获取信息，从而导致失定向。应尽可能使用所有的可用资源，单台接收机可能会发生故障。

（3）由于出现（1）中提到的错误，飞行员可能会在航向道上失定向。

（4）航向道切入角不正确。航向道切入角太大通常会导致飞机转弯改出过晚，因而有可能导致失定向。在截获航向道时，应尽可能在指针刚有移动迹象时，就立即转向航向道所示航向。如果在 ILS 向台航道上安装有 NDB，则 ADF 接收机会是极佳的辅助定向设备。

（5）一味地追赶 CDI 和下滑道指针，尤其是当飞行员在飞行前没有充分地准备过该进近时。

9.5.6　简易定向设备（SDF）

与 ILS 航向道类似，SDF 能够提供最后进近航迹。SDF 航路可以与跑道五边延长线一致，也可以不一致，航路宽度可能比标准 ILS 航向道要宽一些，因而精确度要低一些。可用的偏离航路指示限制在航路中心线两侧各 35°范围内。距航路中心线任何一侧 35°～90°的仪表指示由于不能被控制，所以不应加以考虑。

SDF 必须在其作用扇区内提供足够的信号强度，以使典型配置的飞机能够正常运行，该扇区从 SDF 天线系统的中心开始延伸到 18 海里，覆盖的水平区域为距中心线两侧各 10°，垂直区域为天地线以上 7°。SDF 的最后进近航迹与跑道中心线的延长线之间的夹角不能超过 30°。飞行员必须留意这个夹角，因为进近航迹起始于 SDF 的天线位置，所以如果过跑道入口后继续进近，则飞机将会位于 SDF 的偏移位置而不是在跑道中心线的延长线上。

SDF 发射机发射的信号将航线宽度分别根据需要确定为 6°或 12°，以提供最大限度的可飞性及最佳的进近航路质量。SDF 使用三字识别码，在识别码前没有像 LOC 的识别码那样在前面有个字母"I"。例如，Lebanon、Missouri 的 SDF 识别码为 LBO。

9.5.7　航向信标式定向设备（LDA）

LDA 在适用性和精确度方面可以与航向道相媲美，但它不是 ILS 的组成部分。LDA 航线宽度在 3°～6°，因此可以提供比 SDF 设备更为精确的进近航路。某些 LDA 配备了 GS。LDA 航路不与跑道中心线延长线一致，但是当跑道中心线延长线与 LDA 航路之间的夹角小于 30°时，可以公布直线进近的最低标准。如果夹角超过了 30°，就只能公布盘旋进近的最低标准。LDA 的识别码为 3 字代码，代码前有字母"I"。例如，Van Nuys、California 的 LDA 识别码为 I-BUR。

9.5.8　微波着陆系统（MLS）

MLS 能够精确地引导飞机对正跑道中心线和下降。该系统提供方位、标高以及距离信息。水平和垂直方向上的指引可以显示在传统的 CDI 上，也可以显示在驾驶舱的多功能显示器上；距离信息在 DME 指示器和驾驶舱的多功能显示器上都能显示，如图 9.41 所示。

系统功能可以分为 5 方面：进近方位、坡度方向、进近标高、范围以及数据通信。MLS 地面设备的标准形态包括方位台，执行以上所描述的功能。除了提供方位导航指引，地面台还发射基本数据、着陆系统操作的直接相关信息以及地面设备性能的咨询数据。

进近方位引导：方位台使用 5 031~5 091 MHz 频率范围内 200 个通道中的一个，发射 MLS 角以及数据。通常设备位于距离跑道尽头 1 000 英尺的地方，但是在位置的选择上又有一定的灵活性。例如，直升机机场的方位发射机可以设置在标高发射机旁边。在标准状态下，方位的覆盖范围在跑道中心线两侧沿水平方向至少可以延伸 40°，15°仰角，从机场标高处向上至少延伸 20 000 英尺，水平延伸范围至少为 20 海里。

MLS 要求独立的机载设备来接收并处理信号，目前有些民航飞机上配备了这种设备。MLS 具有数据通信能力，而且飞行员可以通过该设备收听关于发射系统状况的信息

图 9.41　MLS 覆盖范围的三维显示图

以及其他相关数据，例如，天气、跑道数据等。MLS 发射一个可以收听的 4 字识别码以字母 M 开头，使用莫尔斯密码以每分钟至少 6 个的速率来发射。MLS 系统可以自我监控，并发射关于系统操作状态的地空数据信息。在日常维护或者紧急维修时，就无法接收到编码识别码，这时只有少数几个系统可用。

9.6　所需导航性能

RNP 是一种导航系统要求，指在特定的水平偏离范围被限定的空域，只允许具备 RNP 批准的飞机运行。不断增长的交通流量提高了对空域能力的要求并强调对空域的最佳利用。考虑到这些因素，再加上当前航空业对导航系统精确度要求不断提高，对直飞航路和航迹保持的精度都提出了更高的要求，进而对导航性能提出了更高要求。RNP 是指特定空域操作时导航性能准确性的要求，它可以包括性能以及功能需要，这些通过 RNP 的类型来决定。这些标准适用于设计者以及生产商、航空电子设备的安装者、服务提供商以及设备使用者。最低航空系统性能规定（MASPS）提供了有关空域发展的信息以及改进导航性能所需要的操作程序，如图 9.42 所示。

RNP 的类型决定了在特定的某个区域内横向以及纵向上总的系统误差（TSE）。考虑到导航系统误差（NSE）、计算误差、显示误差以及飞行技术误差（FTE），在任何单独飞行的任何阶段，在 95% 的飞行时间内 TSE 不能超过指定的 RNP 值。RNP 综合了 ICAO 手册（Doc 9613）中特定精确度要求的精确度标准、操作标准以及性能标准，从而使 RNAV 系统达到未来交通管制的要求。RNP 关键的功能在于为飞行的飞机提供飞行路径，这些航路都是可以预计的或者可以重复的，并且可以达到所要求的精确度水平。关于 RNP 的大部分信息在后续章节有详细介绍。

RNP 也可以用来作为空域、航路以及程序（包括离场、进场以及 IAP）的描述要求。这些描述要求适用于一个特殊的进近程序或者较大范围的空域。RNP 用于指定空域内的导航性能，包括可用的基础设备（助航设备）以及飞机的实际性能。

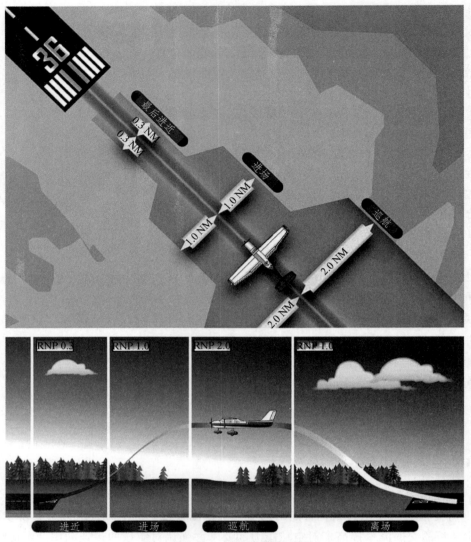

图 9.42　所需导航性能

RNP 的类型用来说明空域对导航的相关要求。以下为 ICAO RNP 的类型：RNP-1.0，RNP-4.0，RNP-5.0 以及 RNP-10.0。通过飞机的实际性能以及相关的导航基础设施所能提供的服务水平来获得所要求的性能。从广义上来说：

飞机的能力 + 服务水平 = 进入条件

在这个公式里，飞机的实际能力是指适航证明和操作许可（包括电子设备、维修、数据库、人为因素、飞行员程序、训练以及其他相关因素）。服务水平是指 NAS 基础设施包括公布的航路、空间信号的性能和可用性以及空中交通管理。对上述内容进行综合考虑后，这些因素会提供一个飞行框架。这个飞行框架包括所需要的飞行信息（空域、程序、航路等）。RNP 的级别是指到航路中心线的实际距离，为满足飞机与障碍物的间隔，这个距离必须保持。虽然其他局方指定的 RNP 级别会用于特殊操作，但是目前支持 3 种 RNP 级别标准：

（1）RNP 0.3——进近；

（2）RNP 1.0——离场、航站；

（3）RNP 2.0——航路。

RNP 0.3 代表指定航路中心线任何一侧 0.3 海里的距离内，仪表进近的最终进近航段要求特殊的性能。以 RNP 级别为例，目前，0.3RNP 级别为正常 RNAV 操作中的最低级别。有些使用特殊程序的航空公司经过批准可以使用级别低于 RNP 0.3 的 RNP，但是这些级别必须要遵守批准的操作规定（OpsSpecs）。对于有能力使用特殊类型 RNP 的飞机设备，必须在 95% 的总飞行时间内保持其导航性能。

9.7 飞行管理系统（FMS）的原理及其作用

飞行管理系统（FMS）本身不是一个导航设备。它是一个关于自动操作的系统，用来管理机载导航设备。FMS 可能执行其他机载系统的管理任务，但是这里只讨论它的导航功能。

FMS 是连接机组以及驾驶舱系统的一个界面。FMS 可以认为是一个计算机，配有一个大规模的数据库，其中包含机场和助航设备位置的相关数据、机场性能数据、航路、交叉点、DP 以及 STAR。FMS 也可以用来接收并储存大量的用户指定航路点，飞行航路包括离场、航路点、进场、进近、备降机场等。FMS 可以快速定位指定航路，从飞机当前位置到世界上的任何一点，执行飞行计划的计算结果，并向机组显示所有的航路图像。

FMS 也可以用来控制（可选）VOR、DME 以及 LOC NAVAID，然后从这些系统接收导航数据。FMS 计算机可以用来接收惯性导航系统（INS）、远程导航（LORAN）以及 GPS 导航数据。FMS 可以用作机载导航系统的输入/输出设备，因此，FMS 系统在机组与导航系统之间起桥梁作用。

开始时，机组定位飞机位置、离场跑道、DP（如果可用）、航路点（定义航路）、进近程序、使用的进近以及到备降机场的航路。这些可以人工输入，也可以通过储存的飞行计划方式或者从另一台计算机上生成飞行计划，通过磁盘或者电子方式传输到 FMS 计算机，机组通过控制/显示组件（CDU）输入基本信息，如图 9.43 所示。图中，左侧的 Universal UNS-1 控制并整合其他所有系统；中间的 Avidyne 和右侧的 Garmin 通常为全集成系统。尽管在小型通用飞机上一般不用 Universal CDU，但 CDU 与单机系统的性能差异在逐年缩小。

图 9.43　通用航空中典型的显示和控制组件

一旦开始飞行，FMS 计算机就接通相应的导航设备，读取径向线/距离信息，或者接通两个 NAVAID，获取更多准确的距离信息。FMS 之后显示飞机的位置、航迹、所需要的航向、地速以及相对于预计航线的位置，它提供的位置信息会更新惯性导航系统（INS）。对于飞行时间较长的飞机来说，FMS 可以为 HSI、无线电磁指示器（RMI）、液晶驾驶舱导航显示、平视显示器（HUD）、自动驾驶仪以及自动油门系统输出信息。

9.8 平视显示器（HUD）

HUD 是一种显示系统，通过投射将导航信息以及大气数据（相对于进近基准速度的空速、高度、左/右以及上/下 GS）显示在一个位于飞行员与风挡之间的透明屏幕上，同时也可以显示其他信息，包括相对于机头的跑道目标。HUD 帮助飞行员在进行进近时看到必要的信息，同时也可以看到风挡外面，这样视线就不会在面板以及外界之间转换，几乎所有需要的数据信息都可以显示在显示器上。

9.9 雷达导航（基于地面的）

雷达的工作原理通过在一个特定的方向发射一个 RF 能量脉冲。回波遇到目标时返回或者脉冲弹回的这个过程所经历的时间被精确记录，从而可以确定脉冲传播距离以及目标回波，并在雷达屏幕上以"到这个目标的距离以及方位"这样一种方式进行显示。在监控条件下，雷达发射机必须具备向空域发射极高电磁能量的水平，而相应的雷达接收机必须可以探测到非常小的回波信号。

雷达显示系统给管制员提供地图形雷达显示，上面显示雷达探测范围内所有飞机的雷达回波。通过电子生成的范围标志以及方位显示设备，管制员可以根据雷达设备给每个雷达目标进行定位，或者根据一个雷达目标来定位另一个。

另一个设备，视频-绘图组件会生成一个实际的航路或者机场地图并在雷达显示设备上进行显示。使用视频绘图功能时，管制员不仅仅要注意目标飞机，还要注意这些目标相对于跑道、导航设备以及该区域内的危险的地面障碍物的位置。因此这时的雷达成为一个 NAVAID，同时也是保障空中间隔最为重要的方法。

在显示屏上可能会显示十二个或者更多的目标，初级监控雷达系统不能识别一个特定的雷达目标，并且如果距离很远时在"看"较小的目标上有很大困难——尤其在雷达与飞机之间阵雨或者雷雨的情况下更为困难。这个问题可以通过空中交通管制雷达信标系统（ATCRBS），有时被称为二级监控雷达（SSR）来解决，并且需要使用飞机上的应答机。地面设备作为一个询问装置，安装了信标天线，因此可以随着监控天线进行转动。询问装置发送一个编码的脉冲序列，随后飞机上的应答机开始工作。应答机通过发送一个预先选择的编码序列将其返回到地面设备，从而对编码序列进行回答，提供一个较强的返回信号以及飞机识别码，同时还有其他数据（如飞机高度）等。

9.9.1 雷达导航的作用

ATC 使用的雷达系统为航路监控雷达（ARSR）、机场监控雷达（ASR）、精密进近雷达（PAR）以及机场表面探测设备（ASDE）。位于塔台或者机场中心的监控雷达，在雷达显示系统上，对方位以及当前目标信息进行 360°扫描。该信息单独使用或者与其他导航设备联合使用来控制空中交通。

ARSR 为远程雷达系统，该雷达主要设计来覆盖大面积区域，当航路在两个终端区域之间时，提供飞机的相关显示。当飞机在 ARSR 覆盖范围内时，ARSR 可以向空中交通管制中心（ARTCC）的管制员提供雷达服务。在一些例子中，ARSR 可以向 ARTCC 提供终端雷达服务，类似于进场雷达控制，但是通常会有更多其他的限制。

ASR 用来提供相对来说比较小的覆盖区域，主要在机场周围区域内。通过观察在雷达示波器上的飞机精确定位，ASR 可以迅速对终端区域交通做出处理。机场配备了已经经过批准的监控雷达进近程序时，可以使用非精密仪表进近。ASR 提供到最后进近航路的雷达指引，进近过程中向飞行员提供方位信息。除提供到跑道的距离信息以外，还提供最低下降高度 MDA、下降时机以及飞机何时在最低下降高度 MDA 上等信息。最后进近时，如果飞行员需要，可以提供每一海里的推荐高度。

图 9.44　平视显示器（HUD，上图）和下视显示器（HDD，下图）

精密进近雷达（PAR）作为着陆设备之一，显示距离、方位以及高度信息，但不负责给飞机排序或者调配飞机间隔。PAR 设备可以作为主要的着陆设备或者可以用来监控任一种类型的进近。两个天线用在精密进近雷达（PAR）的阵相中，一个用来扫描垂直方向的飞机，另一个用来扫描水平方向。范围限制到 10 英里，水平方位为 20°，坡度为 7°，只覆盖了最后进近区域。管制员的显示屏幕可以分为两个部分：上半部分为高度以及距离信息，下半部分为方位以及距离信息。

管制员使用精密进近雷达系统向飞行员提供与方位以及高度有关的高精确度导航指引。飞行员获得应飞的航向，指引他们到达机场，并且保证飞机与跑道中心线延长线保持一致。飞机开始下降后，在切入下滑道之前约 10 ~ 30 秒，飞行员将被告知将要开始下滑道航线切入。仅当飞行员要求时才提供公布的决断高（DH）。如果观察到飞机高于或者低于下滑道，则会通过"稍微"或者"很大"这类词来向飞行员提供一个相对合适的偏离程度，飞行员可以通过调整飞机的下降率或者上升率来回到下滑道。根据飞机标高也可以发布趋势信息，通过使用"快速"以及"缓慢"等词进行修正（例如，"明显高于下滑道，快速下降"）。每一英里至少提供一次到达接地点的距离。如果管制员观察到飞机的方位开始超过指定的安全区域限制以及/或者高度，并且继续在上述限制以外操作时，除非飞行员可以看到跑道环境（跑道、进近灯等），否则飞行员将得到指令开始执行复飞或者飞一个特定的航线。向飞行员提供方位以及高度的导航指引直到飞机到达公布的决断高度（DA）/决断高（DH）。管制员提供咨询航道以及下滑道信息，直到飞机通过着陆跑道入口，在这一点时也会提醒飞行员是否偏离了跑道中心线。完成进近后，雷达服务自动终止。

机场表面探测设备：该雷达设备是特别设计来探测机场表面所有主要的活动，包括飞机以及地面交通，并且在塔台的雷达指示器控制台上显示完整的图像。使用该设备来扩大塔台人员的目视观察范围，包括跑道上或者滑行道上的飞机以及/或者地面车辆的活动情况。

9.9.2 雷达限制

（1）对于民航相关工作人员来说需要认识到雷达服务的限制，而且对于不在 ATC 控制下或者雷达上无法看到的飞机，ATC 的管制员不可能一直发布关于这类飞机的交通咨询信息。

（2）无线电波的特点是可以以一条连续的直线进行传播，除非遇到不正常的大气现象（如逆温现象）时，会发生"弯曲"；遇到密度较大的物体（如厚云、降水、地面障碍物、山体等）时，会折射或者削弱；或者被较高的地形等屏蔽。

（3）初级雷达辐射量在遇到密度较大的物体时，会被返回并且会显示在操作者屏幕上的这个区域，因此，会在相同范围内屏蔽飞机的信号并且削弱或者完全消除更大范围内目标的显示。

（4）如果被高山屏蔽或者由于地球表面的凹陷而使飞机低于雷达波束时，屏幕上可能不会看到相对高度较低的飞机。

（5）飞机的反射面的数量将决定雷达回波的大小，因此，相对于体积较大的商业喷气机或者军事轰炸机，在初级雷达上较小的轻型飞机或者表面平滑、采用流线设计的喷气战斗机更难识别。

（6）ARTCC 雷达以及许多 ASR 都可以使用 C 模式提问，并且如果飞机配备了相应的设备，该雷达可以向管制人员显示飞机的高度信息。但是，相当一部分 ASR 没有 C 模式显示功能，因此，高度信息必须由飞行员来提供。

10 空中交通管制系统

10.1 介 绍

本章内容包括在仪表飞行规则（IFR）下的通信设备、通信程序和空中交通管制设施和服务。

10.2 通信设备

10.2.1 导航/通信（NAV/COM）设备

民用航空飞行员使用 118.000 ~ 136.975 的甚高频（VHF）频率区间与 ATC 进行通信。为了充分利用 ATC 系统，飞机上安装的无线电设备以 25 kHz 作为频率间隔（如 134.500、134.575、134.600）。如果 ATC 分配了飞行员无法选择的通信频率，飞行员应要求一个备用频率。

图 10.1 所示为一典型的无线电面板布局，左边是一部通信收发机，右边是一部导航接收机。大多数无线电设备都允许飞行员使用一个工作频率来发送和接收信号，并同时可以储存一个或多个频率，这称为单工工作方式。也可以通过在 122.1 MHz（在通信无线电上选择）发送信号，在 VHF 全向信标（VOR）频率上接收信号（在导航无线电上选择），与某些自动飞行服务基站（AFSS）进行通信联系，这被称为双工工作方式。

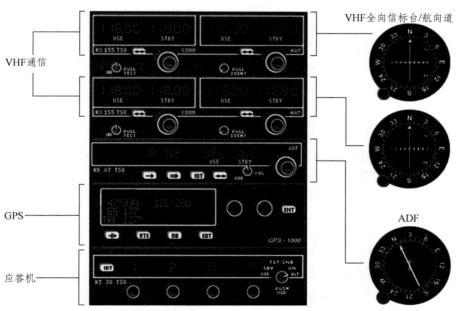

图 10.1 典型的导航/通信（NAV/COM）装置.

飞行员利用音频面板（见图 10.2）调节所选择的接收机的音量，或设置需要的发射机。音频面板上的接收机可以选择"客舱扬声器"和"耳机"两个位置（有些设备可能还有一个"关"位）。在使用手持话筒和客舱扬声器时，取放话筒会分散注意力，因此建议使用耳机和吊杆话筒以获得清晰的通信。应将话筒靠近嘴唇以减少驾驶舱内的环境噪声对与管制员之间的通信的影响。耳机将接收到的信号直接传送到耳内，这样，环境噪声就不会干扰飞行员对收到信息的理解。吊杆式话筒、头戴式耳机和按压通话开关如图 10.3 所示。

图 10.2　音频面板

图 10.3　吊杆式话筒、头戴式耳机和按压通话（PTT）开关

　　转换发射机选择电门 COM1 和 COM2 将同时改变发射机和接收机的频率，该操作仅在飞行员想监听一个频率而在另外一个频率发送时才使用。例如，在一部接收机上收听自动终端信息服务（ATIS），而通过另一部接收机与 ATC 进行通信联系。使用该面板的另外一种情况是：监控导航接收机以确认识别码是正确的。

　　大多数的音频开关面板还包括一个信标台接收机。所有的信标台都使用 75 MHz 的频率进行发射，所以没有频率选择电门。

　　图 10.4 所示为一越来越普遍使用的 NAV/COM 无线电设备，它包括一部全球定位系统（GPS）接收机和一部通信收发机。借助于其导航功能，该设备可以确定飞机是否穿越了空域边界或某一位置点，并可以在无线电通信设备上自动选择飞越该位置时的相应的通信频率。

图 10.4　GPS-通信（GPS-COM）组合式设备

10.2.2　雷达和应答机

　　飞机的金属结构能反射能量，这被称为一次回波。ATC 雷达显示主回波的能力有局限性，但它显示二次回波（应答机对地面咨询信号的反馈）的功能则被应用于许多自动功能上。

　　应答机是一部雷达信标发射/接收器，安装在仪表板上。雷达天线旋转时，ATC 信标发射器连续发送咨询信号。应答机接收到咨询信号后，向地面基站发送应答编码并显示在管制员雷达屏幕上。每次应答机接收和应答雷达咨询时，应答机面板上的一个应答灯光会闪亮。应答机编码由 ATC 指定。

　　当管制员要求飞行员"识别"并且按压了识别按钮后，管制员的屏幕上雷达回波信号被增强以便于准确识别飞机。在收到管制员要求后，飞行员短时按压识别按钮可以启动该功能。飞行员最好能口头证实已更改了编码或按压识别按钮。

　　一次雷达回波仅能显示雷达天线到目标之间的距离和方位；如果飞机安装了编码高度表或盲发编码器，利用二次雷达回波，就可以在管制员雷达屏幕上显示高度和 C 模式（高度报告）。无论在何种情况下，当应答机的功能电门在 ALT 位置时，都会向管制员发送飞机的压力高度。调节高度表的气压设置不会影响管制员对飞机的高度读数。

　　在管制空域飞行时，必须将应答机设置在 ON 位。

10.3　通信程序

　　清晰的通信对仪表飞行安全至关重要，这就要求飞行员和管制员使用双方都能理解的术语。这些术语在航空信息手册（AIM）中的飞行员/管制员词汇表中能够找到。AIM 每两年修订一次，所以应该定期查阅。ATC 许可和指令中包含大量的字母和数字，图 10.5 所示为相关的语音读法。

Character	Morse Code	Telephony	Phonic (Pronunciation)
A	·—	Alfa	(AL-FAH)
B	—···	Bravo	(BRAH-VOH)
C	—·—·	Charlie	(CHAR-LEE) or (SHAR-LEE)
D	—··	Delta	(DELL-TAH)
E	·	Echo	(ECK-OH)
F	··—·	Foxtrot	(FOKS-TROT)
G	——·	Golf	(GOLF)
H	····	Hotel	(HOH-TEL)
I	··	India	(IN-DEE-AH)
J	·———	Juliett	(JEW-LEE-ETT)
K	—·—	Kilo	(KEY-LOH)
L	·—··	Lima	(LEE-MAH)
M	——	Mike	(MIKE)
N	—·	November	(NO-VEM-BER)
O	———	Oscar	(OSS-CAH)
P	·——·	Papa	(PAH-PAH)
Q	——·—	Quebec	(KEH-BECK)
R	·—·	Romeo	(ROW-ME-OH)
S	···	Sierra	(SEE-AIR-RAH)
T	—	Tango	(TANG-GO)
U	··—	Uniform	(YOU-NEE-FORM) or (OO-NEE-FORM)
V	···—	Victor	(VIK-TAH)
W	·——	Whiskey	(WISS-KEY)
X	—··—	Xray	(ECKS-RAY)
Y	—·——	Yankee	(YANG-KEY)
Z	——··	Zulu	(ZOO-LOO)
1	·————	One	(WUN)
2	··———	Two	(TOO)
3	···——	Three	(TREE)
4	····—	Four	(FOW-ER)
5	·····	Five	(FIFE)
6	—····	Six	(SIX)
7	——···	Seven	(SEV-EN)
8	———··	Eight	(AIT)
9	————·	Nine	(NI-NER)
0	—————	Zero	(ZEE-RO)

图 10.5　字母发音表

与飞行员通信时，ATC 管制员应遵守《空中交通管制手册》。该手册向管制员提供了不同情形下应使用的标准术语。这对飞行员有利，因为处在某一种通信情形和方式下，飞行员能预期管制员在这种情形下的下一步通信用语；而管制员则要应对多种通话风格，因为飞行员的经验、熟练程度和专业能力各不相同。

飞行员应学习 AIM 中的例句，细听其他飞行员的通信，并在与 ATC 通信时学以致用。飞行员应要求清晰的 ATC 许可和指令。必要时，使用明语以确保理解，并让管制员以同样的明语回答。管制员和飞行员之间密切配合才能确保仪表飞行安全。

10.4　通信设施与部门

管制员的主要职责是保证在仪表飞行规则（IFR）下飞机的安全间隔。ATC 部门包括机场交通管制塔台（ATCT）、终端雷达进近管制（TRACON）和航路交通管制中心（ARTCC）。

10.4.1　ATC 塔台

在塔台管制室有几名管制员负责指挥一次仪表飞行。他们有专门的放行席位，在机场使用细则上和起飞机场的仪表进近图上可以找到相关的频率。如果没有专门的放行席位，则由地面管制负责这项任务。在最繁忙的机场，需要滑行前许可，在机场使用细则上可以找到滑行前许可频率。飞行员应在预计滑行时间前 10 分钟之内申请滑行许可。

飞行员需要对 ATC 许可指令向放行席位管制员进行复诵。要逐字记录仪表飞行许可比较困难，但管制员会让飞行员在回答"准备抄收"后才开始发布，并按照某种格式发布。ATC 许可的格式是：许可限制（通常是目的地机场）；航路，包括所有的离场程序；初始高度；频率（离场管制）和应答机编码。除应答机编码外，飞行员在启动发动机前就知道大多数的内容。抄收 ATC 许可的一个小窍门是按 C-R-A-F-T 顺序记录。

假设一份从华盛顿州的西雅图至加州的萨克拉门托的 IFR 飞行计划，经由 V-23 航路，飞行高度 7 000 英尺。飞机从西雅图-塔科马（SEA-TAC）机场向北起飞，通过监听 ATC 许可频率，飞行员可以知道发布给向南飞行航班的离场程序。许可限制是目的地机场，所以字母 C 后写下"SAC"，字母 R 代表航路，写下"SEATTLE TWO-V23"，因为离场管制向其他的航班发布了该离场程序。A 后面写"7"，F 后面写 SEA-TAC 机场进近图的离场管制频率，在 T 后面留下空格：应答机编码由计算机生成，很少提前确定。然后，呼叫 ATC 许可频率并报告"Ready to copy（准备抄收）"。

当管制员发布许可时，检查与已经写下的内容之间的区别，如果有变化，则将该项划去并写上更改的内容。一般变化很小，而且大部分许可在按话筒前已记录下来了。当然，速记 ATC 许可可以避免记录冗长语句。

飞行员应有离场程序（DP）的详细文本内容或程序图（如果可用），并在接收许可前做过分析，提前知道使用哪个离场程序。如果某个离场程序中已包括一个高度或一个离场管制频率，则 ATC 许可就不会再有这些内容。

最后接收的 ATC 许可代替所有之前的许可。例如，如果 DP（离场程序）是"爬升并保持 2 000 英尺，预计在 6 海里时在上升。"但在联系离场管制员时收到一个新的许可："爬升并保持 8 000 英尺"取消了其中 2 000 英尺的限制。这种规则适用于终端和航路管制中心的空域。

在从管制中心的计算机收到进程单（见图 10.6）之前，如果飞行员报告准备抄收 IFR 许可，会被告知"clearance on request（许可在申请中）"，管制员在收到进程单后会开始联系。可以利用这段时间来滑行和作起飞前检查。

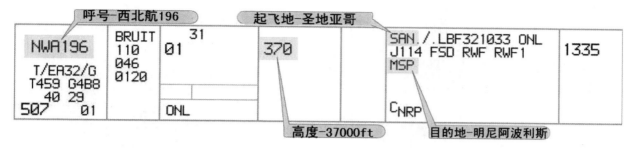

图 10.6 飞行进程单

本场管制员负责从地面延伸到机场标高之上的 2 000 ~ 3 000 英尺的周围地区和使用跑道内的飞行。在某些指定的 IFR 塔台，本场管制员还有引导的职责。在目视飞行规则（VFR）塔台，从终端雷达部门接收进场的 IFR 航班后，则本场管制员不能提供引导。本场管制员也与雷达管制员协调本区域的航班。尽管塔台控制空域延伸到机场标高以上、3 000 英尺以下，塔台经常将 3 000 英尺附近的范围交给雷达管制员用以调配其他飞机。因此，当飞机飞进塔台管制空域时，飞行员不需要主动联系塔台管制员，而由 ATC 负责协调指示。

离场雷达管制员一般与管制塔台位于同一地点工作，但也可能另在他处。塔台管制员只有在离场管制员发布放行后才会发布起飞指令。

10.4.2 终端雷达进近管制（TRACON）

TRACON 是起飞机场和空域、航路结构的连接纽带，所以也被当作是终端部门。终端空域一般从雷达设施水平延伸 30 海里，垂直延伸 10 000 英尺，但是它的范围变化很大。终端雷达设施的空域被划为数个扇区，每个扇区有一个或几个管制员，并且分配了单独的无线电频率。所有的终端管制部门都是进近管制，除非另外说明 [如 Contact departure on 120.4（联系离场管制 120.4）]，都可以呼叫成"Approach"（进近）。

终端雷达天线位于或靠近机场。图 10.7 所示为一典型的雷达设备。终端管制员分配的高度可以低于公布的程序高度，即最低引导高度（MVA）。这些高度未公布时，飞行员不能使用，但会显示在管制员一方，如图 10.8 所示。但是当飞行员被分配到一个过于低的高度时，他在下降前应向管制员证实。

飞行员接受 ATC 许可后并报告准备起飞时，塔台管制员联系 TRACON 以获得放行许可。离场管制员在有空域让飞机加入离场程序时，才允许塔台管制员发布起飞许可。飞行员必须等待放行指令。收到起飞许可后，管制员密切观测该离场飞机。所有管制员需要的信息都在离场进程单上或显示在电脑屏幕上，飞行员无需向管制员重复地面 ATC 许可中的内容。收到塔台管制员指令后，与管制单位简短建立联系。终端管制部门的计算机会在探测到分配的编码后跟踪应答机。正因为如此，在收到起飞指令前应答机应保持在"待命"位置。在管制员雷达屏幕上显示的飞机是一个带有数据块的光标，该光标随飞机移动。数据块包括飞机识别信息、机型、高度和空速。

图 10.7 雷达和信标组合式天线

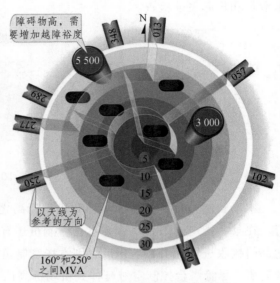

图 10.8 最低引导高度图

TRACON 管制员使用机场监视雷达（ASR）来探测主目标，使用自动雷达终端系统（ARTS）来接收应答机信号；但在管制员的屏幕上这两者是组合在一起的，如图 10.9 所示。该图为空中交通管制单位管制员的雷达显示示意图。该图显示的是 ARTSⅢ型设备（自动雷达终端系统），对雷达屏幕上显示的符号作了相应的注释。下图为塔台工作人员使用的数字式明亮雷达指示器塔台设备（DBRITE）的屏幕显示示意图。它能直观地向塔台管制员显示机场监视雷达信号，信标台信号，以及从 ARTSⅢ接收到的数据信息等。该示意图对雷达屏幕上显示的符号也作了相应的注释。

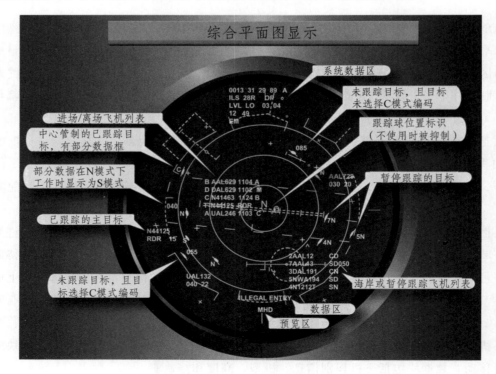

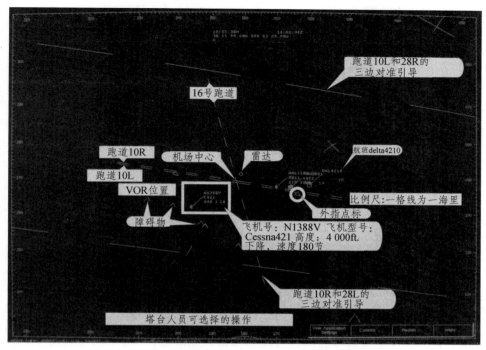

图 10.9

使用 ASR-3 型设备的管制单位，降水在雷达回波上的显示并不随强度不同而不同，管制员必须根据飞行员报告和飞行员的经验来向其他飞机提供信息以避开恶劣天气。使用 ASR-9 型设备时，管制员可以选择多至 6 级强度的屏幕显示。轻度的降水不需要采取避让措施，但中度、重度或极重度都要求飞行员采取相应避让预案。除降水外，飞行员还应考虑温度。即使是轻度降水，温度在 – 20 ℃ ~ + 5 ℃ 时也容易产生飞机结冰。高空层的雷达回波会妨碍飞机数据块的读取，管制员只会在飞行员要求下来观察高高度的天气。对前方天气状况有疑虑时，飞行员可以询问管制员。小型飞机应避免在强度 3 级或以上的天气飞行。

10.4.3　塔台航路管制（TEC）

在许多地方，完全可以在终端空域中实施仪表飞行。在相关航图中可以找到这些 TEC 航路，低于 10 000 英尺高度飞行的飞机都能运行。预计使用 TEC 的飞行员在飞行计划的备注栏中应填写这些特定内容。

终端雷达管制单位的自动雷达设备提供的另一个颇有价值的服务是最低安全高度警告（MSAW）。该设备根据当前的飞行轨迹，预测飞机在两分钟以后的位置，如果预计的飞行航迹上遭遇特殊地形或障碍物时，管制员将发布安全警示。在非精密进近时，过大的下降率也会触发这类警告。

10.4.4　航路交通管制中心（ARTCC）

ARTCC 管制单位负责保持航路结构上 IFR 飞行器之间的安全间隔。管制中心雷达 [航路监视雷达（ARSR）] 使用与终端雷达相同的基本技术获取和跟踪应答机回波，如图 10.10 所示。

图 10.10　航路管制中心雷达显示

　　早期的中心雷达将天气显示成斜线（轻度降水）和字母 Hs（中度降水）。由于管制员不能探测到高层的降水，飞行员应警惕在机载雷达上显示成中度降水的区域。新型的雷达将天气按浓度分成 3 级蓝色的显示，管制员可以选择要显示的天气级别。高强度的天气显示会让管制员读取飞机数据块比较困难，所以飞行员不要期望 ATC 会一直观察天气。与终端空域相同，航路管制空域也划分成不同的扇区，大多数航路管制空域按高度分为高空和低空扇区，每个扇区有专门的管制员和特定的无线电频率，几乎每个管制中心都有遥控发射/接收器网络，如图 10.11 所示。在相关航图的背面能找到所有的中心管制频率，如图 10.12 所示，在航路图上也可以找到该频率。

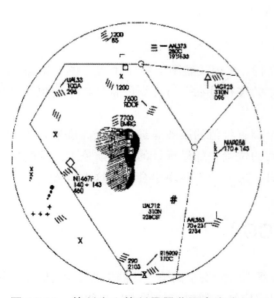

图 10.11　管制中心管制员屏幕图高空扇区

图 10.12　管制中心列表

254

每个 ARTCC 的管制空域跨越几个区域，当从一个偏远通信点附近飞向另外一个通信点时，能在不同的频率听到相同的管制员。

10.4.5　进近/离场管制中心

大多数有仪表进近的机场并不位于终端雷达空域内，当飞向或飞离这些机场时，飞行员可直接联系管制中心管制员。从一个有塔台管制的机场起飞时，塔台管制员会发布指令联系合适的管制中心管制员；在从一个没有管制塔台的机场起飞时，ATC 许可应包括诸如"进入管制空域时前，在 126.5 上联系休斯敦中心。"之类的指令。在进入管制员的最低引导高度 MVA 前，飞行员对地形间隔负责。仅听到"雷达识别"并不代表解除了飞行员的这种责任。

如果离场航迹的障碍物要求高于标准爬升梯度（200 英尺/海里）爬升，则管制员会通知飞行员。但是越障仍然是飞行员的职责，飞行员应检查机场使用细则上列出的起飞机场以确定离场航迹上是否有树木或线缆。如有疑问，应向管制员询问所需的爬升梯度。

在这些情形下，一个常用的许可指令是"When able, proceed direct to the Astoria VOR...（可行时，允许直飞到 Astoria VOR 台...）""when able"的意思是指飞行员利用机载设备提供的引导、可用的信号等信息，能够直接导航飞至该航路点。如果以这种方式引导 VFR 飞行，飞行员仍然对地形和越障负责。使用标准爬升梯度爬升时，飞机在离起飞跑道末端 2 海里以后才能安全转弯 [高于地面高（AGL）400 英尺]。当航路管制中心管制员发布航向、一条直飞航路或者"direct when able（可行时直飞...）"时，管制员对地形和飞机越障负责。

管制中心的另一个常用指令是"Leaving（altitude）fly（heading）or proceed direct when able [在可行时离开（高度），航向×××或直飞...]"在这种情况下，在飞机到达最低 IFR 高度前，飞行员仍然对地形/越障负责。除非飞机能以 VFR 条件爬升，在飞机到达最低 IFR 高度前，管制员不能发布 IFR 指令。

在管制中心管制员的屏幕上，1 海里相当于 1/28 英寸。管制员在离雷达天线数英里外的机场提供进近/离场管制服务时，难以准确估计航向和距离。管制员引导飞机进入五边时，必须将距离范围设置在小于 125 海里以内，从而向飞机提供更精确的航向引导切入五边。因此，在离管制中心雷达天线距离太远时，管制员对飞行的引导较少。

10.5　飞行中避让恶劣天气的 ATC 协助

10.5.1　ATC 雷达天气显示

ATC 雷达系统发射无线电波束，在遇到物体或雨滴、冰雹或雪粒的表面后会反射回雷达天线。反射物体积越大，或它的表面密度越大，回波就越强。雷达气象处理器根据反射率的大小来算出雷达回波强度，以分贝为单位（dBZ）。

ATC 系统无法探测云层。它可以确定降雨区域的强度，但无法确定这些区域（降雪、降雨、冰雹、VIRGR 等）的具体特征。因此，ATC 只能将所有这些显示在 ATC 雷达屏上的天气区域当做"降水"。

ATC 管制部门通过雷达气象处理器来决定降水强度，并以下方式提供给飞行员：

（1）"LIGHT（轻度）" 　　　　　　　　（<30 dBZ）

（2）"MODERATE（中度）" 　　　　　　（30～40 dBZ）

（3）"HEAVY（重度）" 　　　　　　　　（>40～50 dBZ）

（4）"EXTREME（极重度）" 　　　　　　（>50 dBZ）

因为系统不显示"LIGHT（轻度）"降水，所以 ARTCC 管制员也不使用词汇"LIGHT（轻度）"。由于设备的限制，某些 ATC 管制部门无法描述降水区域的地理方位，或降水相对于飞机的方位。由于未知降水的强度级别，所以管制员的表述是"INTENSITY UNKNOWN（未知强度）。"

ARTCC 管制中心使用气象和雷达处理器（WARP）显示从多个 NEXRAD 地址获得的数据链。只有 ARTCC 管制中心使用 WARP 处理器。

实际的天气状况与显示给管制员的状况有时间延迟。例如，在 ARTCC 管制员的降水数据显示会有多至 6 分钟的延迟。当不能使用 WARP 时，可以使用一个备份的系统：窄波带的 ARSR 系统。ARSR 系统能显示两个不同的降水程度级别，向飞行员描述成："MODERATE"（中度）（30～40 dBZ）和 "HEAVY to EXTREME"（重度至极重度）（>40 dBZ）。

ATC 雷达系统不能探测乱流。通常，当降雨或降水的强度增加时会产生乱流。带有大降雨量/降水率的乱流比小降雨量/降水率的乱流情况要更严重。即便是晴空天气，在接近对流性天气活动时也会有乱流。雷暴天气是一种对流性天气活动，伴有强烈或严重的乱流。在离雷暴 20 海里范围内，因为乱流的严重度可能远远超过它的降水程度的表现，飞行时应更加小心谨慎。

10.5.2　协助避让恶劣天气

ATC 的首要职责是保证飞机间隔和发布安全警示。根据任务的优先性、雷达限制条件、空中交通密度、频率的拥挤程度和工作量的不同，ATC 还提供其他的服务。受上述因素的限制，管制员适当发布气象或箔条云带区域等信息，并在飞行员要求下，协助避让降水区域。飞行员应对气象咨询信息有所反应，确认收到咨询，必要时，向 ATC 要求改变航路：

（1）要求偏离航路，声明偏出原航路的方向、偏离度数和偏航距离；

（2）要求改变高度；

（3）要求航路协助以避让受影响的区域。由于 ATC 雷达系统不能探测云层和乱流，所以这种协助并不能保证飞行员不会遭遇到对流性天气活动带来的危险。如果要绕过降水区域，则飞行员应向管制员表明要绕飞的距离。在飞机能恢复正常导航时通知 ATC。

IFR 飞行员只有在得到 ATC 许可后才能偏离指定的航路和高度。由于危险的对流性气象条件发展迅速，所以飞行员应提前计划偏离航道。要考虑到 ARTCC 雷达显示的降水数据有多至 6 分钟的延迟，而雷暴发展速度可超过每分钟 6 000 英尺。在遭遇到危及飞行安全的气象条件时，如果必须立即偏离 ATC 指令而来不及从 ATC 获得允许，则飞行员可以采取紧急措施。

通常，当天气影响到空中交通流量时，它也给管制员带来更大的工作量。应尽早申请偏离航路以及要求其他的服务，这样，也能及早获得管制员的许可。在绕飞天气活动时，向管制部门申请的内容应包括：

（1）从哪一个点开始偏航；

（2）偏离的航路和偏航范围（方向和距离）；

（3）准备恢复到原航路的点；

（4）飞行条件（IMC 或 VMC）；

（5）飞机是否安装工作的机载雷达；

（6）必需的进一步偏航。

在很大程度上，ATC 能提供的协助取决于管制员可利用的气象信息，但由于危险天气瞬息万变，管制员能得到的降水信息可能也很有限。

由于航路区域的交通没有终端区拥挤，面对危险天气时，飞行员总能更快得到 IFR 指令或绕航许可，也有更大的自由度。在终端区域，由于存在交通密度、ATC 的协调因素、复杂的进离场航路和密集的机场等，使得问题更加显得紧迫。因此，在终端区域，管制员很难都满足所有因天气而绕飞的要求。尽管如此，飞行员应及时将观察到的危险天气通知管制员，并报告是否需要避让。

在某些特定区域，飞行员报告的飞行状况有助于判断气象条件的性质和范围。这些报告通过无线电和电子方式向其他飞行员发布。飞行员向 ATC 提供适当的飞行状况报告信息应包括：

（1）乱流；

（2）能见度；

（3）云顶云底高；

（4）危险天气的状况，如结冰、冰雹和闪电等。

10.6 进近管制中心

进近管制部门是终端 ATC 部门，它向终端区飞机提供进近管制服务，包括进离场的 VFR 和 IFR 飞机以及某些情况下航路上的飞行。另外，在有 ILS 或 LDA 进近模式的平行跑道机场，进近管制部门还要监视进近飞行。

10.7 进近管制设备

精密跑道监视仪（PRM）：过去数年，随着机场应用新技术，允许缩小平行跑道的距离间隔。这种技术设备叫精密跑道监视仪（PRM），包括最新的雷达、高分辨率的 ATC 显示设备和具备 PRM 认证的管制员，如图 10.13 所示。

图 10.13　用于 PRM 的高分辨率 ATC 显示设备

1. 精密跑道监视（PRM）雷达

PRM 使用单脉冲二次监视雷达（MSSR），该雷达带有电子扫描天线。由于 PRM 没有扫描率的限制，所以它比传统的系统有更高的更新率（快 0.5 秒），在目标的准确性、分辨率和航迹预测等方面都有所提高。使用该系统可提供对安装 SSR 设备的飞机的查询、跟踪、处理以及显示，其显示范围可以高达 30 英里范围和海拔 15 000 英尺，并生成视频和音频警告以提示管制员采取修正措施。

2. PRM 的优点

PRM 比较典型的优点是与双边进近配合使用，该进近是与中心线间隔 3 000 ~ 4 300 英尺（大多数情况）的双边同时进近模式，如图 10.14 所示。一块"非进入区域（NTZ）"隔离平行跑道两边的最后进近航迹，由两名管制员监控每次进近。该系统的跟踪软件不仅能向 PRM 监控管制员提供视觉和听觉警告，还能提供飞机识别、位置、速度、投影位置等信息。

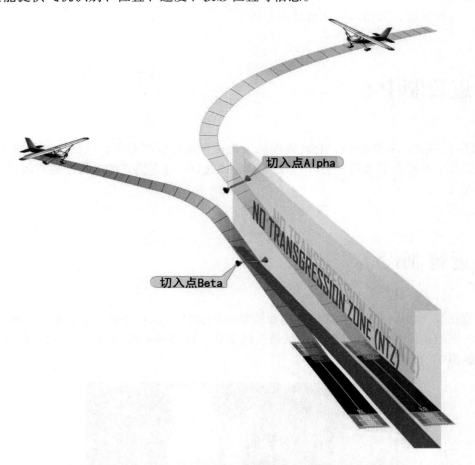

图 10.14　使用 PRM 时的飞机管理（注意不可穿越区 NTZ 和如何保持飞机间隔）

10.8　管制顺序

如果飞行员准备充分，记录了尽可能多的频率，当不能按原计划飞行并有备份的计划时，IFR 系统应是灵活可靠的。飞行员应熟悉在飞行计划航路上的所有设施和服务（见表 10.1），总能清楚知道最近的 VFR 条件飞行区域，并随时准备好在飞行条件变坏时飞向该区域。

表 10.1　ATC 部门、服务和无线电呼号

联系单位	描　述	频　率
机场咨询区 "[AFSS 名称]RADIO"	AFSS 人员向在机场 10 英里范围内的飞行员提供交通咨询信息	123.6 MHz
UNICOM "[机场名]UNICOM"	在无管制塔台或 AFSS 部门时，提供机场咨询信息	在机场使用细则的城市名下面，在扇区图的机场数据部分也有
航路交通管制中心（ARTCC） "CENTER"	保持 IFR 飞机之间以及 IFR 飞机和已知 VFR 飞机之间飞行间隔的航路雷达部门。在管制工作量允许时，中心也向 VFR 飞机提供交通咨询	在机场使用细则和仪表航路图上都有标注
进近/离场管制 "[机场名]APPROACH" （或者另外说明）	位于终端雷达管制部门，负责指挥主要机场（B 级空域内）的 IFR 飞机的进离场	在机场使用细则中列出，在扇区图的通信表和终端区域图上也有标注
自动终端信息服务 （ATIS）	连续播放 ATC 管制员制作的录音带，包括风向风速、温度、高度表拨正值、使用的跑道和进近方式以及其他对飞行员有用的信息	在机场使用细则中的城市名下标注，在扇区图的机场数据部分和通信表以及终端区域图中也有标注
放行许可 "[机场名]CLEARANCE"	管制塔台席位，负责向 IFR 飞行发送离场许可	在仪表进近程序图中列出
共用交通咨询频率 （CTAF）	CTAF 向区域内的飞行员提供的单一频率，用以联系管制部门和/或向其他飞行员播报飞机位置和意图	在机场使用细则中列出，在扇区图的机场数据块（以蓝色或洋红色为背景的白色字母 C）中也有列出。在没有塔台管制的机场，CTAF 频率是 122.9，也叫做"MULTICOM"频率
自动飞行服务站（AFSS） "[管制部门名称]RADIO"	使用远距离通信端口（RCO）和地面通信端口（GCO）向飞行员提供信息和服务	在机场使用细则和扇区图的城市名下面有标注并单独列出了 AFSS 频率。在扇区图中，标注在 VOR 上，如果是远距离，则标注在单独的方块内
地面管制 "[机场名]GROUND"	在有塔台管制的机场，负责管制飞机滑进和滑出跑道的席位	在机场使用细则的城市名下标注
飞行中危险天气咨询服务 （HIWAS）	在选择的导航台上（NAVAID）连续播放危险天气预报，无通信功能	在 VOR 频率框内用黑圈内的白色字母 H 表示。在机场使用细则的机场列表中，"Radio Aids to Navigation（无线电助航）"部分也会标注
MULTICOM "[机场名]TRAFFIC"	供飞行员在未安装无线电设备的机场使用。飞行员须执行 AIM 中规定的自主通告程序	122.9 MHz，机场使用细则中，122.9 即为 CTAF 频率；在扇区图中 122.9 后的深色背景上白色字母 C 表示 CTAF
塔台 "[机场名]TOWER"	"本场"管制员，负责跑道上和机场周围的 B 级、C 级或 D 级空域的飞行管制	在机场使用细则中的城市名下标注，在扇区图和终端区域图中的机场数据块下和通信表中都有标注
航路飞行咨询服务（EFAS） "FLIGHT WATCH"	提供飞行中气象信息	122.0 MHz （当地时间 0600-2200）

对于管制塔台的机场进离场，一次典型的 IFR 飞行应按以下顺序充分利用 ATC 管制部门：

（1）ATIS：完成飞行前准备，听取当前状况和正在使用的进近方式。

（2）放行许可：在滑行前获得离场 ATC 许可。

（3）地面管制：注意当前飞行是 IFR 规则，接收滑行指令。

（4）塔台：完成起飞前检查，接收起飞指令。

（5）离场管制：应答机识别后，塔台管制员指令飞行员联系离场，建立雷达识别。

（6）ARTCC：离开离场管制区后，飞机被移交到航路管制中心，它负责协调飞机进入航路。飞行员可能要与几个 ARTCC 部门联系，在他们之间协调管制移交。

（7）EFAS/HIWAS：在离开 ATC 频率前，与管制员协调，获得航路气象信息。

（8）ATIS：在离开 ATC 频率前，管制员协助飞机获得 ATIS 信息。

（9）进近管制：区域管制中心将飞机移交到进近管制，飞行员获得进一步指令和信息。

（10）塔台：允许进近后，飞行员可以联系塔台管制；飞机着陆后，塔台管制员将取消该次飞行计划。

ATC 系统是一个很成熟的系统，很少出现意外。一次航班飞行时，相邻扇区的管制员或与相邻的区域管制中心的管理员通过电话或计算机协调管制移交。由不同的管制部门负责的空域之间如果有管制边界时，管制移交的边界和高度由双方管制部门管理层协商，并以协议函形式确定。飞行员无法在所有航空管理局的文件中获得此信息，因此，飞行员很有必要注意航路图中的移交点。每次移交一个航班到另一个管制部门时，管制员都知道飞机的高度和位置，因为这是移交程序的一部分。

11　IFR 飞行

11.1　介　绍

本章讨论的是在仪表飞行规则（IFR）下的飞行，它介绍了飞行计划的原始资料，与仪表飞行有关的条件和 IFR 飞行每一阶段所使用的离场、航路和进近程序。本章的结尾有一个 IFR 飞行的举例，在这个例子中，用到了许多本章讨论的程序。

11.2　飞行计划情报原始资料

以下原始资料供给飞行员在仪表飞行规则（IFR）下做飞行计划时使用：

航图汇编：

（1）IFR 航路图；

（2）区域图；

（3）机场图。

局方发布：

（1）AIM；

（2）机场使用细则；

（3）飞行计划的航行通告汇编。

飞行员也应该在飞行员操作手册/飞机飞行手册（POH/AFM）中查到与所飞飞机有关的飞行计划信息。

回顾所有列出的飞行资料内容将有助于飞行员确定每次飞行参考哪些资料。随着飞行员对这些飞行资料越来越熟悉，做飞行计划也会越来越快，越来越简单。

11.2.1　机场使用细则

机场使用细则包含有与 IFR 飞行有关的机场、通信和助航设备信息，也包含有其高频全向信标（VOR）接收机检查点和航路交通管制中心（ARTCC）频率，还包含有各种对飞行重要的特殊通告，例如，着陆和避让程序（LAHSO）、民用航空使用军用空域、持续供电设备和特殊飞行程序。

在大型终端区和航路飞行环境中已经建立了首选航路来帮助飞行员计划飞行航路，减少航路更改，可通过使用联合航路对空中交通进行有秩序的管理。机场使用细则列出了高空和低空的首选航路。

11.2.2 航行通告汇编（NTAP）

NTAP 包含对飞行安全至关重要的当前航行通告（NOTAM）的飞行资料，也包含影响其他已列出运行资料的补充数据，还包含最近的飞行数据中心（FDC）NOTAM。实际上它是一种规章，用来建立飞行限制、修正航图或公布的仪表进近程序（IAP）。

11.2.3 飞行员操作手册/飞机飞行手册（POH/AFM）

POH/AFM 包含操纵限制、性能、正常和应急程序和飞机的其他各种操纵信息。飞机的制造商已做了相当多的试飞实验，收集并证实了飞机手册中的信息。飞行员应该参考它来获得与计划飞行相关的信息。

11.3 仪表飞行规则（IFR）飞行计划

正如 CCAR-91 部规定的，除非已经申请了一个 IFR 飞行计划（见图 11.1），否则不能在 IFR 条件下的控制空域内飞行。飞行员应该在预计离场时间前至少 30 分钟申请 IFR 飞行计划，以防止从 ATC 接收离场许可指令时可能出现的延误。

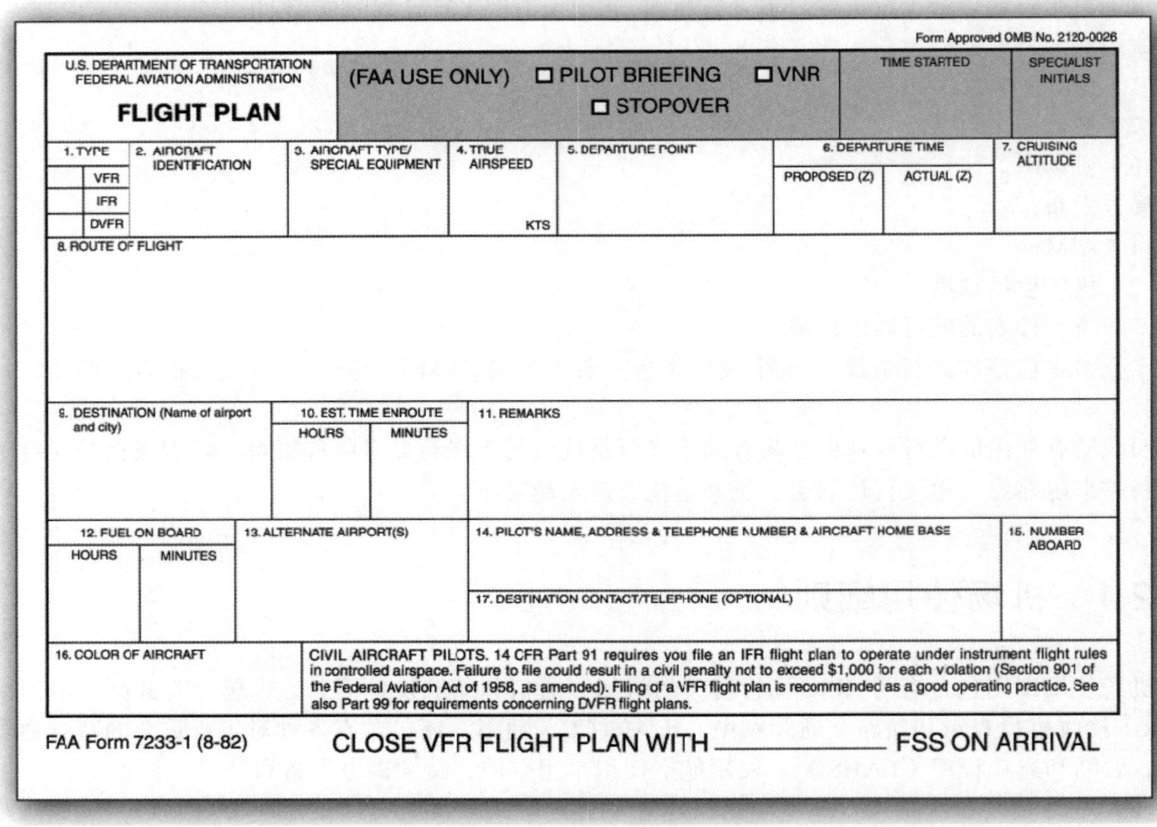
Form Approved OMB No. 2120-0026

U.S. DEPARTMENT OF TRANSPORTATION
FEDERAL AVIATION ADMINISTRATION
FLIGHT PLAN

(FAA USE ONLY) ☐ PILOT BRIEFING ☐ VNR ☐ STOPOVER | TIME STARTED | SPECIALIST INITIALS

1. TYPE: VFR / IFR / DVFR | 2. AIRCRAFT IDENTIFICATION | 3. AIRCRAFT TYPE/ SPECIAL EQUIPMENT | 4. TRUE AIRSPEED KTS | 5. DEPARTURE POINT | 6. DEPARTURE TIME: PROPOSED (Z) / ACTUAL (Z) | 7. CRUISING ALTITUDE

8. ROUTE OF FLIGHT

9. DESTINATION (Name of airport and city) | 10. EST. TIME ENROUTE: HOURS / MINUTES | 11. REMARKS

12. FUEL ON BOARD: HOURS / MINUTES | 13. ALTERNATE AIRPORT(S) | 14. PILOT'S NAME, ADDRESS & TELEPHONE NUMBER & AIRCRAFT HOME BASE | 15. NUMBER ABOARD

17. DESTINATION CONTACT/TELEPHONE (OPTIONAL)

16. COLOR OF AIRCRAFT

CIVIL AIRCRAFT PILOTS. 14 CFR Part 91 requires you file an IFR flight plan to operate under instrument flight rules in controlled airspace. Failure to file could result in a civil penalty not to exceed $1,000 for each violation (Section 901 of the Federal Aviation Act of 1958, as amended). Filing of a VFR flight plan is recommended as a good operating practice. See also Part 99 for requirements concerning DVFR flight plans.

FAA Form 7233-1 (8-82) CLOSE VFR FLIGHT PLAN WITH ________ FSS ON ARRIVAL

图 11.1 飞行计划表格举例

11.3.1　在飞行过程中申请 IFR 计划

IFR 飞行计划可以在空中的不同条件下申请，包括：

（1）在进入管制空域 IFR 条件飞行前，在管制空域外的飞行。

（2）在管制空域内 VFR 飞行，但是预计在航路上会出现 IFR 气象条件。

任一情况中，可以直接向 ARTCC 申请飞行计划。

直接向 ARTCC 申请的飞行员报告当前的位置和高度，并且一般只提交给 ARTCC 的飞行计划信息。

注意：交通饱和常常会阻止 ARTCC 人员通过无线电接受飞行计划。在这种情况下，建议飞行员联系最近的 AFSS 来申请飞行计划。

11.3.2　取消 IFR 飞行计划

任何时候，飞行员在 VFR 条件下飞行时可以通过向管制员或空对地通信台宣布"取消我的 IFR 飞行计划"来取消 IFR 飞行计划。在取消 IFR 飞行计划后，飞行员应该改变到相应的空地频率、指定的应答机编码和 VFR 高度/飞行高度层。

当 IFR 飞行计划取消后，ATC 间隔和信息服务（包括雷达服务，如适用）就中止了。如果需要 VFR 雷达咨询服务，则飞行员必须特别请求。

当按照 IFR 飞行计划飞到一个有正在运行的塔台的机场时，着陆后，飞行计划会自动地取消。

11.4　许　可

ATC 许可允许飞机在管制空域内指定的空中交通条件下飞行，目的是为了保持与已知飞机之间的间隔。

11.4.1　举　例

当 ATC 发布了一个航路相关的指令时，将会指定一个合适的穿越高度来确保越障高度，直到飞机到达一个有高度信息的定位点、航路点或航路。穿越高度确保了到航路点的 IFR 越障高度，通过此高度飞机可进入公布的航路。

一旦申请了飞行计划，ATC 将宣布相应的许可指令，例如：

"Cessna1230 Alpha 允许经 Crossville 径向线 055，Victor 18 至 Skyline 机场，保持 5 000。在 1330 前没有起飞，则该指令失效，需重新申请。"

或者更复杂的指令，例如：

"Cessna1230 Alpha 允许经 Victor 77 到 Wichita Mid-continent 机场，起飞后左转，直飞 Oklahoma 市 VOR。在 Oklahoma City 径向线 277 西边等待，回到航线上之前，在等待航线内爬升到 5 000。保持 5 000 到 CASHION 交接点，爬升并保持 7 000。离场管制频率将是 121.05，应答机 0412。"

放行可能发布下面的"缩写指令"，其中包含一个离场程序（DP）：

"Cessna1230 Alpha，允许按照计划飞至 La Guardia，RINGOES 8 离场 Phillipsburg 过渡，保持 8 000。离场管制频率将是 120.4，应答机 0700。"

这个指令可以速记如下：

"CAF RNGO8 PSB M80 DPC 120.4 SQ 0700."

这个 DP 指令中包含的信息利用指令速记简缩语（参见附录）。飞行员在接收指令之前应该知道指定的导航设施的位置、航路以及点到点的时间。

DP 使得飞行员能够在申请 IFR 飞行计划之前研究并理解离场的详细信息。它提供了建立通信和设置导航设备的必要信息，以便飞行员在请求 IFR 许可之前就已经做好准备。

一旦接受了许可，飞行员就应该遵照 ATC 指令执行。如果飞行员认为其他方案更可行，或者由于飞机设备限制或其他的因素使其无法按接收的指令飞行时，可以请求另一个指令。

如果飞行员不能完全理解许可指令或该指令对飞行安全有影响时，飞行员应请求证实或修改。如果 ATC 发布了一个可能会造成飞行员违背规则或可能使飞机处于危险状态的许可指令，飞行员应该要求纠正该指令。

11.4.2　许可间隔

ATC 通过 IFR 许可向飞行员提供与其他 IFR 飞机之间的间隔，该间隔包括：

（1）垂直——通过指定不同的高度；

（2）纵向——通过控制相同航路上的飞机时间间隔；

（3）横向——通过指定不同的飞机航迹；

（4）通过雷达——包括上述所有信息。

ATC 不为以下飞机提供间隔：

（1）管制空域之外。

（2）有 IFR 许可指令：

① 在"VFR 条件"下特定的爬升或下降。

② 在 VFR 条件下的任何时候。因为不受管制的 VFR 飞行可能在相同的空域内飞行，所以除指定航向和高度外，ATC 有时候会发布调速指令来保持必需的间隔。例如：

"Cessna30 Alpha，减速到 100 节。"

接收到调速指令的飞行员应将飞机的速度控制在目标速度的 ±10 节范围内。如果由于某种原因飞行员不能接受速度限制，则飞行员应该告知 ATC。

有时，ATC 也可能使用目视间隔方法来保持飞机的安全间隔，即要求看到其他飞机的飞行员保持目视间隔或跟随飞机。例如：

"Cessna30 Alpha，和那架飞机保持目视间隔，爬升至 7 000 并保持。"

当飞行员接受了保持目视间隔或跟随另一架飞机的指令后，那就表示如果需要的话，飞行员可采取机动飞行以保持安全间隔，同时也确定了飞行员对避让尾流负责。

如果未被雷达识别，ATC 将依赖位置报来协助飞行员保持合适的间隔。通过飞行员的报话，管制员监视着每架飞机的进程。ATC 必须结合飞行员的报告来提供飞行间隔。因此，每个飞行员报告的准确性会影响到整个飞行进程和在该区域内做 IFR 飞行的所有其他飞机的安全。

11.5　离场程序（DP）

仪表离场程序是预先计划好的仪表飞行规则（IFR）程序，它提供了从航站区域到相应的航路的越障高度，并为飞行员提供了安全地从机场离场并过渡到航路网络的路线。当 DP 可用时，鼓励在 CCAR-91 部下运行的飞行员申请飞 DP。

DP 有两种类型：以文本印刷或图表印刷的越障离场程序（ODP）和总是以图表方式印刷的标准仪表离场（SID）。所有的 DP，不论是文本的还是图表的，都可能以传统方式或 RNAV 标准来设计。RNAV程序在标题处标注有 RNAV，例如，SHEAD TWO DEPARTURE（RNAV）。

11.5.1　标准仪表离场

标准仪表离场（SID）是供飞行员/管制员使用的空中交通管制（ATC）程序，它以图表的方式提供越障高度和从航站区域到相应的航路的过渡路线。SID 设计的主要目的是提高系统的效率和减少飞行员/管制员的工作量。在飞 SID 之前，必须接收到 ATC 许可指令。

要重点记住下面几点：

（1）在 DP 程序有效的区域进行 IFR 飞行的飞行员可能会收到一个含有 DP 的 ATC 许可指令。使用 DP 要求飞行员至少有已获批准的 DP 的文字说明。

（2）如果飞行员没有预先印好的 DP 或由于某种原因不想使用 DP，则他或她应该告知 ATC。如果不想使用 DP，则可以在飞行计划的备注栏注明"NO DP"，或口头通知 ATC。

（3）如果飞行员已经接受了指令中的 DP，则必须遵照执行。

11.5.2　雷达管制离场

从交通拥挤区域中的机场 IFR 离场时，飞行员一般会接收到离场管制的雷达引导来导航。如果起飞后立即雷达引导离场，通常在起飞前飞行员就会被告知所飞的初始航向。倘若在离场期间双向无线电通信失效，则该初始航向信息是至关重要的。

雷达离场通常是简单的。起飞后飞行员根据塔台指令在指定的频率上联系离场管制，离场管制证实雷达识别并给出航向、高度和爬升指令，使得飞机快速、安全地飞出航站区域。飞行员应按照指定的航向和高度飞行，直到管制员告之其飞机相对于离场许可中的航路位置关系，或管制员让其联系下个频率，或被告知"恢复自主导航"。

离场管制会将飞机引导至某个导航设施，或者离场指令中适当的航路位置，或将飞机移交给另一个有更远雷达监视能力的管制员，如图 11.2 所示。

雷达控制离场并不减轻作为责任机长的飞行员的责任。依照 ATC 指令，在起飞前准备好进行导航，检查并正确地调谐导航接收机。在雷达管制的同时，监控仪表确保持续定位至指令中指定的航路并记录到达指定检查点上空的时间。

11.6　航路程序

由于计划航路、空中交通环境和 ATC 机构的不同，航路程序会有所变化。一些 IFR 飞行从离场到进场都受雷达监控，而有一些飞行则完全依赖于飞行员自主导航。

在 ATC 没有权限管制的地方，ATC 不会发布 IFR 许可指令，也不会管制飞行，飞行员也不能保证与其他飞机的间隔。

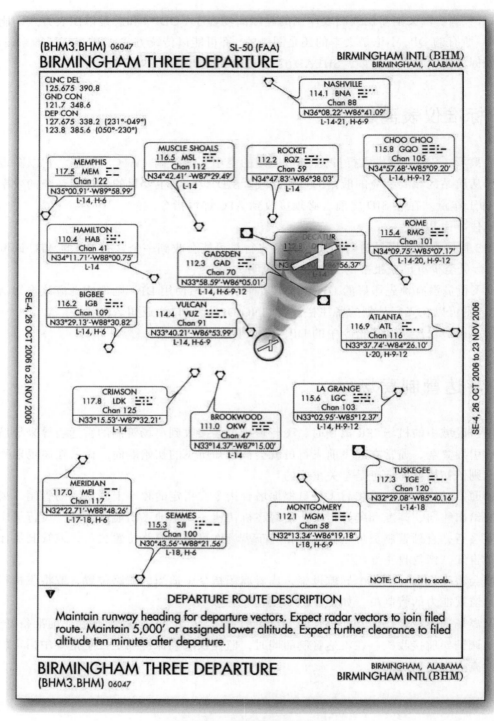

图 11.2　离场程序（DP）

11.6.1　ATC 报告

所有飞行员需要给 ATC 报告未预报的天气情况或其他与飞行安全有关的信息。在管制空域进行 IFR 飞行的每架飞机的责任机长应该尽可能快地把飞行中的任何导航、进近或通信设备故障报告给 ATC，包括：

（1）VOR 或 ADF 接收机失效；

（2）仪表着陆系统（ILS）接收机完全或部分失效；

（3）空地通信故障。

责任机长报告中应包含以下内容：① 飞机识别号；② 受影响的设备；③ 飞行员在 IFR 条件下飞行时，对飞机运行的影响和可能对交通管制的影响；④ 所需 ATC 援助。

11.6.2　位置报告

在沿着所飞航路上，不管高度多高，在飞越每个强制报告点（在航图上以实心三角形表示）上空时都要求位置报告，以空心三角形显示的报告点仅在 ATC 要求时才需报告。在指定的报告点，当被 ATC 告知飞机正在"雷达监视"中时，飞行员不需进行位置报告。当 ATC 通知"雷达监视丢失"或"雷达服务终止"时，应该恢复位置报告。

位置报告应该包括下面的项目：

（1）识别号；

（2）位置；

（3）时间；

（4）高度或飞行高度层；

（5）飞行计划的类别；

（6）ETA 和下个报告点的名称；

（7）航路上再下一个报告点的名称；

（8）相关的备注。

通过使用航路图中的相应区域管制频率，航路上的位置报告经过管制员和飞行员之间的通信后，转交给相关区域管制员。

在首次联系管制员时就应该发布位置报告，报告点的名称应包含在报告中，以提醒管制员相关位置信息要出现。例如：

"亚特兰大中心，Cessna1230Alpha 在 JAILS 交叉点。"

"Cessna1230 Alpha 亚特兰大中心。"

"亚特兰大中心，Cessna1230Alpha 在 JAILS 交叉点，高度 5 000，预计 1730 到达门罗维尔。"

11.6.3　其他报告

除了所需的位置报告以外，在没有明确请求时，飞行员也应该向 ATC 做以下报告：

（1）无论什么时候：

① 当离开先前指定的高度或飞行高度层到一个新指定的高度或飞行高度层时。

② 当不能以至少 500 英尺/分钟的速率上升或者下降时。

③ 当复飞时 [请求明确的措施（至备降机场、另外的进近等）许可]。

④ 改变平均真空速（在巡航高度），当与飞行计划上申请的平均真空速以 5% 或 10 节（以较大为准）变化时。

⑤ 到达等待定位点或许可的航路点的时间和高度。

⑥ 当离开任何指定的等待定位点或航路点时。

⑦ 只要在管制空域内的任一 VOR、ADF、低频导航接收机失效、批准的 IFR GPS/GNSS 接收机

接收 GPS 异常、ILS 接收机完全或部分失效或空/地通信故障时。报告应该包括飞机识别号、受影响的设备、在 ATC 空域系统进行 IFR 飞行能力的影响以及所需 ATC 援助等。

⑧ 任何与飞行安全相关的信息。

（2）当没有雷达监视时：

① 当离开五边进近向台定位点时（非精密进近），或当离开外指点标或用于代替五边的外指点标的定位点（精密进近）时。

② 任何时候当预达时间比先前提交的时间误差超过 3 分钟时，应报告更正预达时间。

③ 任何飞行员只要遇到未预报的天气情况或危险情况时，都应该把这些报告给 ATC。

11.6.4　计划下降和进近

ATC 进场程序和驾驶舱工作量受天气情况、空中交通密集程度、飞机设备和有无雷达引导等因素的影响。

当在有进近管制服务且公布了两个或多个 IAP 的机场着陆时，在进场之前，将会提供与预计进近有关的信息，或者对于目视进近，将提供引导。这些信息将会在自动航站信息服务（ATIS）上广播或者由管制员广播通知。在某些国家，如果当能见度大于 3 海里，或云底高位于或高于机场任何低空 IAP 规定的最高初始进近高度时，这些信息不会提供。

这些信息的目的是为了帮助飞行员做进场计划；然而，这些信息不是 ATC 指令，并且它们是可以改变的。由于天气、风的变化，跑道关闭等情况，先前接收到的进近信息可能改变。如果飞行员不能实施该进近或要求作另一类进近时，应立即告知 ATC。

如果目的地机场没有工作的塔台，而有自动气象数据广播，则飞行员应该监控自动地面观察系统/自动气象观察系统（ASOS/AWOS）频率来确定当前机场的气象。应该通知 ATC 气象信息已经接收到，并告之 ATC 飞行员的意图。

当确定要实施进近时，飞行员应该在初始进近定位点（IAF）或 IAP 上的过渡航路之前，计划或请求下降到相应的高度。当在过渡航路飞行的时候，飞行员应该保持最后指定的高度直到 ATC 给出指令"允许进近"。飞行员可以申请更低的高度使过渡航路高度接近在初始定位点所需的高度。ATC 使用高度指令信息中"由飞行员自己决定"的惯用语时，飞行员可以开始以任意的下降率下降，并且可以在任意中间高度暂时改平。然而，一旦离开了某个高度，在没有指令的情况下再回到那个高度是不允许的。当 ATC 没有使用"由飞行员自己决定"的术语或者没有任何的下降限制时，应在收到许可后才能迅速地下降。

以最佳的下降率下降到高于指定高度 1 000 英尺，然后以 500 ~ 1 500FPM 的下降率下降至指定的高度。

在一些国家的规章中，在任何时候只要当飞行员不能保持至少 500FPM 的下降率时，就应该通知 ATC；如果需要在中间高度改平，也要告知 ATC，除非在通过 10 000 英尺平均海平面（MSL）改平，或者高于机场标高 2 500 英尺需要减速时。

11.6.5　标准终端进场航路（STARS）

对于在交通拥挤的区域进场的飞机，通过建立标准终端进场航路，可简化指令的发布程序。STAR 所起的作用和离场飞机的 DP 类似，如图 11.3 所示。要记住 STAR 的以下几点：

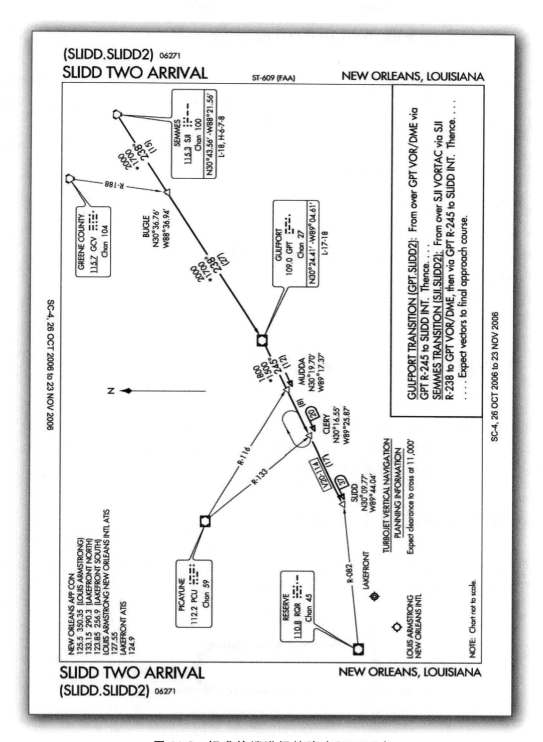

图 11.3　标准终端进场航路（STARS）

（1）所有 STAR 与目的地机场的 IAP 图表都包含在航图中，AIP 里也有 STAR 程序。

（2）如果目的地机场已公布 STAR，只要当 ATC 认为适当时，都会给飞行员发布一个含有 STAR 的指令。要接受该指令，飞行员必须有相应的航图。

（3）飞行员有权接受或拒绝发布的 STAR。如果不愿意使用或不能使用 STAR 时，飞行员可以通过在申请飞行计划的备注部分注明 "NOSTAR" 或口头告知 ATC。

（4）如果接受了指令中的 STAR，则飞行员必须遵照执行。

11.6.6　代替不工作或不可用的组成部分

基本的 ILS 地面组成部分是航向道、下滑道、外指点标、中指点标和内指点标（当安装时）。可用磁指示器或精密雷达来代替外指点标或中指点标。在标准 IAP 中批准的测距仪（DME）、VOR 或无方向信标台（NDB）定位点或监视雷达可以代替外指点标。

另外，IFR 许可的全球定位系统（GPS）设备，在不飞 NDB IAP 时，可以替代 ADF 和 DME 设备。在下列情况时，GPS 可以代替 ADF 和 DME：

（1）飞一个 DME 弧；

（2）NDB 向背台飞行；

（3）确定飞机位于 NDB 台上空；

（4）确定飞机位于由 NDB 方位线交叉定位的定位点上空；

（5）在 NDB 上空等待；

（6）确定飞机位于 DME 定位点上空。

11.7　等待程序

根据空中交通流量和气象条件，飞行员可能需要实施等待程序。等待是一个预定的机动飞行，它可以将飞机保持在一个特定的空域内等待 ATC 的进一步指令。标准等待航线为右等待，非标准的等待航线为左等待。当要飞非标准等待航线时，ATC 总是会特别指明左转弯。

11.7.1　标准等待航线（无风）

在没有风的标准等待航线上，飞机沿着规定的入航航迹飞至等待定位点，右转 180°，出航边飞 1 分钟，再右转 180°，然后向台飞至定位点，如图 11.4 所示。

标准航线：右转弯

非标准航线：左转弯

图 11.4　标准等待航线——无风

11.7.2　标准等待航线（有风）

当有风时，不能飞出一个标准的对称等待航线，这时飞行员应该：

（1）除了转弯情况下，对已知风的影响进行修正。

（2）调节出航边的飞行时间以保证入航边飞一分钟（高于 14 000 英尺，1～1/2 分钟）。

以左侧风的等待航迹为例，通过对入航边和出航边进行偏航修正并调整出航边的时间来消除风的影响，如图 11.5 所示。

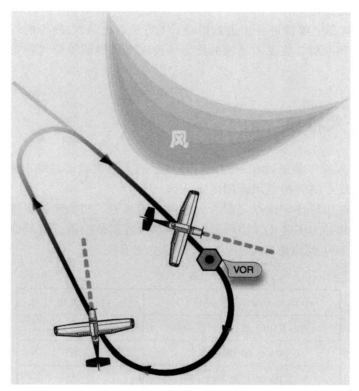

图 11.5　等待航线的偏流修正

11.7.3　等待指令

如果飞机已经到达许可所限制的航路点，但没有接收到飞越该点后的下一步指令，则 ATC 将要求飞行员保持最后指定的高度并依照图示的等待航线开始等待。如果既没有图示的等待航线也没有收到等待指令，则应在飞机接近定位点的航线上加入一个标准的等待航线并尽快申请进一步的许可指令。一般地，如果没有延误的话，ATC 会在预计到达定位点时间前至少 5 分钟发布等待指令。如果航图上没有标出等待航线，则 ATC 指令将指定以下内容：

（1）以 8 个罗盘基本方位（N、NE、E、SE 等）表示的从定位点等待的方向。

（2）等待定位点（如果该定位点作为许可限制点已经在之前的通信中提及，则该定位点可能被省略掉）。

（3）飞机在等待程序上将用到径向线、航道、方位线、航路或航线。

（4）如果要使用 DME 或区域导航（RNAV），则应指定以海里为单位的航段长度（航段长度将以分钟来指定，通常由飞行员请求或管制员认为有必要时）。

（5）如果飞行员要求或管制员认为有必要做左等待时，应指定转弯方向。

（6）预计进一步许可（EFC）的时间和任何其他相关的延误信息。

只要出现以下任何情况时，也要发布 ATC 指令：

（1）确定延误将超过 1 小时。

（2）当必须对 EFC 进行修正时。

（3）在有许多导航台和进近程序的机场区域，指令限制可能未清楚指示将要使用哪个进近程序。在初始联系或其后联系时，进近管制应尽快告知飞行员预计进近的类型。

（4）当云底高和/或能见度位于或低于机场制定的最高"盘旋最低标准"时。必要时，ATC 将报告当前的气象情况和随后的变化。

（5）飞机正在等待航线上等待进一步进近指令，飞行员告之 ATC 报告的气象条件低于适合飞行的最低标准。在这种情况下，ATC 将发布适当的指令，要求飞机继续等待气象条件的改善或者指挥其备降至另一机场。

11.7.4 标准进入程序

AIM 中所给出的进入程序是通过在不同运行环境下的大量实验而总结出来的，应该遵循标准化的程序以确保飞机保持在规定的等待空域范围内。

当需要减速时，应在距等待定位点之前 3 分钟内开始减速。初始穿越等待定位点时，空速应不大于最大等待空速，其目的是为了防止飞出等待空域限制，特别是在附近有其他等待航线时。

所有飞机可以在表 11.1 列出的高度上以最大等待空速等待。

表 11.1

平均海平面高度（MSL）	指示空速
6 000 英尺以下	200
6 001 ~ 14 000 英尺	230
14 001 及以上	265

在以下情况下，对于最大等待空速有特别规定：

（1）从 6 001 ~ 14 000 英尺等待航线上，可能限制最大空速为 210 节指示空速（KIAS）。这种非标准的航线由图标表示。

（2）等待航线的最大空速可能限制在 175KIAS。这种非标准的航线由图标表示。空速限制到 175KIAS 的等待航线一般出现在 IAP 上，只适用于 A 类或 B 类飞机。

（3）如未特别指明，在空军机场的等待航线速度最大为 310KIAS。

（4）如未特别指明，在海军机场的等待航线速度最大为 230KIAS。

（5）如果不能遵照最大空速限制，则飞行员应该告之 ATC。

虽然其他进入程序也许能够使得飞机进入等待航线并保持在保护区域内，但推荐使用平行加入、偏置加入和直接加入的方法加入等待程序，如图 11.6 所示。

（1）平行加入程序。当从扇区（a）的任何位置接近等待定位点时，飞向等待点，到达等待点后转弯至平行于出航边航向并保持 1 分钟，然后做一个大于 180°的转弯飞向等待定位点或切入入航边航迹。

（2）偏置加入程序。当从扇区（b）的任何位置接近等待定位点时，使用偏置加入程序飞至定位点，然后在等待航线（在等待区域一侧）内以 30°偏置角的航

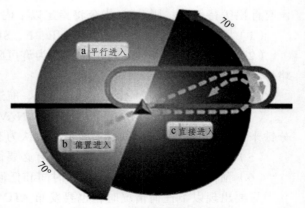

图 11.6 等待航线进入程序

向背台飞行 1 分钟，然后转向等待航线入航边航迹。

（3）直接加入程序。当从扇区（c）的任何位置接近等待定位点时，使用直接加入程序直飞定位点并转入等待航线。

飞行员在进入等待时和等待期间的所有转弯应该按照以下标准执行：

（1）3°/秒；或

（2）30°坡度；或

（3）由飞行指引系统给出的坡度。

11.7.5 时间因素

报告给 ATC 的等待航线进入时间是在定位点上空的初始到达时间。进入等待航线后，在 14 000 英尺 MSL 或以下高度上，初始背台航段飞行 1 分钟；在 14 000 英尺 MSL 以上，飞行 1～1/2 分钟。按需调整出航边的时间，以获得合适的入航边航段时间。飞行员应该在定位点上空或正切定位点时开始出航边计时，以较后出现的为准。如果不能确定正切位置，则当转弯至出航边后开始计时，如图 11.7 所示。

在飞机被允许退出等待空域之前，飞机离开等待定位点的时间必须告知 ATC。以下情况可以离开等待定位点：

（1）当 ATC 发布进一步的航路许可指令或者进近许可指令时；

（2）如 CCAR-91 部所述（对于 IFR 飞行；双向无线电通信失效和责任机长的责任和权限）；或

（3）当 IFR 飞行计划取消后，如果在 VFR 条件下等待时。

11.7.6 DME 等待

DME 等待可使用相同的加入和等待程序，但使用距离（海里）代替了时间值。管制员会指定出航边航段的长度，由 DME 读数来确定该航段末端。

11.8 进 近

11.8.1 遵照公布的标准仪表进近程序

进近图上给出的进近程序可以用来对五边进近航道的对正以及越障高度提供必要的导航指引信息。在某些情况下，可能需要作反向机动或程序转弯；但是，当在下列情况时，不允许使用该程序：

（1）在进近图的平面图的进近航道上出现符号"NoPT"。

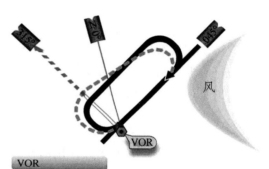

VOR
当 TO/FROM 指示器反转时开始出航边计时

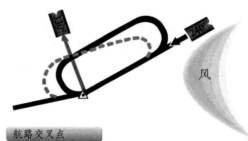

航路交叉点
完成出航转弯后开始出航边计时，
因为无法确定 330° 磁方位的具体时刻

NBD
当 ADF 相对方位等于 90° 减去偏流修正角时，
开始出航边计时

图 11.7 等待——出航边计时

（2）对五边进近航道提供雷达引导。

（3）公布了等待航线来代替程序转弯。

（4）从等待定位点进行一个计时进近。

（5）ATC 特别指明。

11.8.2　仪表进近至民用机场

除非另外批准，当有必要仪表下降至机场时，飞行员应该使用该机场规定的标准 IAP。IAP 绘在 IAP 图里，在 TPP 里可以找得到。

ATC 进近程序取决于航站区域可用的设备、实施仪表进近的类型和当前的气象条件。在进近图上给出了 ATC 设施、导航设施（NAVAID）和相关的适用于各标准仪表进近的频率。与下列各设施有关的标准进近程序，分别由相应的图表单独列出：

（1）无方向信标台（NDB）；

（2）甚高频全向信标台（VOR）；

（3）带有测距仪的甚高频全向信标台（VOR/DME）；

（4）航向道（LOC）；

（5）仪表着陆系统（ILS）；

（6）航向信标式定向设备（LDA）；

（7）简易定向设备（SDF）；

（8）区域导航（RNAV）；

（9）全球定位系统（GPS）。

仪表进近程序 IAP 可以使用两种方法之一来飞：完全自主进近或雷达引导进近。当以完全自主进近方式来飞 IAP 时，飞行员使用仪表进近图上所示的航路和高度来自主导航。完全自主进近能使飞行员在最少的 ATC 协助下从航路过渡到仪表进近，并最终完成着陆。飞行员可以请求该进近方式，但大多数情况下该进近方式只在没有雷达覆盖的区域使用。完全自主进近也向飞行员提供了一种在通信失效的情况下完成仪表进近的方法。

当在雷达引导协助下进近时，ATC 提供航向和高度将飞机引导至五边进近航道的切入点。从该点开始，飞行员恢复自主导航，切入五边进近航道并使用 IAP 图完成进近。与完全自主进近相比，该方法更为简便，并且 ATC 能对进场的飞机排序。在雷达监视下飞行时，飞行员通常可以要求雷达引导至五边进近航道。

1. 进近至有塔台管制，但没有进近管制的机场

当飞机进近至有塔台管制，但没有进近管制的机场时，如图 11.8 所示，ATC 将发布一条包含下列信息的指令：

（1）定位点名称；

（2）要保持的高度；

（3）等待信息和预期的进近许可时间，如适用；

（4）有关进一步通信的说明，包括：

① 要联系的机构；

② 联系的时间和位置；

③ 要使用的频率。

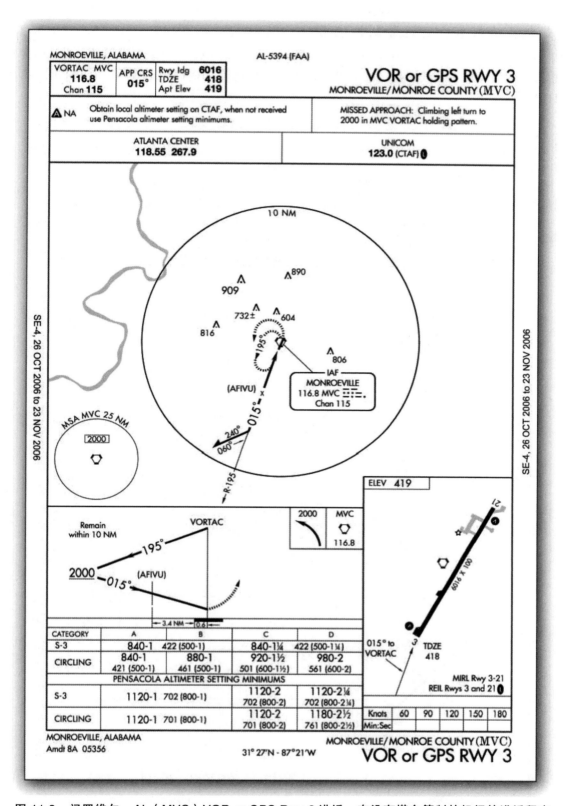

图 11.8　门罗维尔，AL（MVC）VOR or GPS Rwy 3 进近：在没有塔台管制的机场的进近程序

如果 ATIS 可用，则在和塔台初始联系之前，应该监控频率上的信息，例如，云底高、能见度、风向和风速、高度表调定值、仪表进近和使用的跑道；如果 ATIS 不可用，则 ATC 将提供最新报告的气象信息。

2. 进近至有塔台、进近管制的机场

如果批准使用雷达进行进近管制服务，则它可结合公布的 IAP 一起来提供引导。雷达引导可以提供航道引导，加快飞机飞至任一确定的 IAP 上的五边进近航道。图 11.9 显示了一个 IAP 图，有多个可用的 ATC 单位。

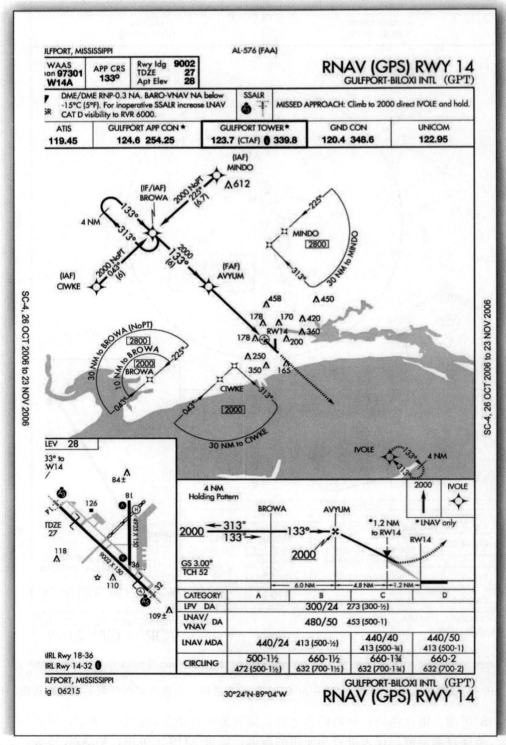

图 11.9　格尔夫波特，MS（GPT）ILS or LOC 跑道 14 进近：　ATC 设施最大可用时的仪表程序图

276

提供该雷达服务的进近管制以下列方式工作：

（1）允许进场的飞机飞至一个定位点，该定位点与所飞航路有适当的垂直间隔。如果需要，提供等待信息。或

（2）当区调和进近管制或两个进近管制机构之间的雷达交接受到影响时，允许飞机飞至机场或定位点，使得在飞机到达定位点之前完成交接。

①　当使用雷达交接时，使用雷达间隔代替垂直间隔将相继进场的飞机移交给进近管制。

②　移交给进近管制后，引导飞机飞至相应的五边进近航道。

（3）如需要，通过使用雷达引导和高度/飞行高度层来调配飞机间隔；不要偏离进近管制的航向指令。

（4）当有必要引导飞机穿越五边进近航道以便调配飞机间隔或由于其他原因时，ATC 通常会告知飞行员。如果飞机即将穿越进近航道并且没有告知飞行员将要被引导穿越五边进近航道时，飞行员应该询问管制员。飞行员不应该在五边进近航道上转至向台，除非已经发布了进近许可指令。该指令通常和切入五边进近航道的最后雷达引导一起发布，雷达引导使得飞行员在五边进近定位点之前把飞机建立在五边进近航道上。

（5）飞机在五边进近时建立航道，并与其他飞机保持雷达间隔后，飞行员应该使用指令（ILS、VOR、NDB、GPS 等）中指定的 NAVAID 作为主要的导航方式来完成进近。

（6）过了五边最后进近定位点之后，飞行员应该直飞机场并完成进近，或执行公布的复飞程序。

（7）当完成着陆或当飞行员被告之转换到非管制机场的频率上（以先出现的为准）时，雷达服务就自动结束了。

11.8.3　雷达进近

在雷达进近中，飞行员从管制员那里接收到航道和高度的引导，而管制员使用雷达监控着飞行的过程。在紧急或遇险情况中，雷达进近是一个非常好的选择。

雷达进近要求的机上无线电设备是一个可用的无线电发射机和接收机。雷达管制员引导飞机对准跑道中心线。管制员继续引导并保持飞机在航道上直到飞行员通过目视参考地面完成进近并着陆。雷达进近有两类：精密进近（PAR）和监视进近（ASR）。

雷达进近服务可以提供给任何请求的飞机，也可以给遇险飞机的飞行员或想加快飞行进程的飞行员提供服务；然而，当 ATC 工作需要或处于异常紧急情况下时，可以使用未被批准的 ASR。飞行员接受 PAR 或 ASR 并不意味着放弃该机场或特定飞机运营商规定的最低气象标准。当报告的气象条件低于制定的最低标准时，由飞行员决定是否做雷达进近。

在局方的机场终端程序汇编（TPP）的抽印页上公布有 PAR 和 ASR 最低标准，如图 11.10 所示。

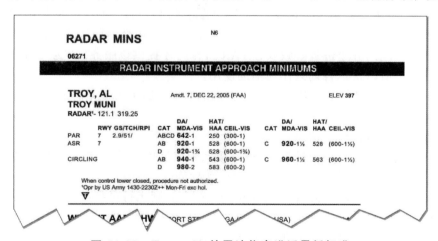

图 11.10　Troy，AL 的雷达仪表进近最低标准

精密进近（PAR）需要管制员给飞行员提供非常精确的方位和标高信息。

管制员给飞行员提供应飞的航向，引导飞机飞至并对准着陆跑道的延长线。在预计切入下滑道大约 10 ~ 30 秒前，飞行员被告知切入下滑道及何时开始下降。只有在飞行员请求时，才提供公布的决断高（DH）。如果观察到飞机偏离下滑道，则管制员通过使用术语"轻微地"或"极大地"来给飞行员提供相关的偏离量，飞行员调节飞机的下降/爬升率使飞机回到下滑道上。管制员也会根据飞机高度来发布有关的趋势信息，可以使用术语"快速地"和"缓慢地"来修正，例如，"远远高于下滑道，快速回到下滑道。"

至少每海里要提供一次离接地点的距离。如果管制员观察到飞机的方位和/或高度即将超出规定的安全区的限制，并且继续超出限制飞行，则管制员将指引飞行员执行复飞或飞向规定的航道，除非飞行员目视能看见跑道（跑道、进近灯等）。

管制员给飞行员提供方位和高度的引导，直到飞机到达公布的 DH。管制员提供航道和下滑道信息，直到飞机过了着陆跑道入口。在跑道入口，管制员告知飞行员与跑道中心线的任何偏离。进近结束后，雷达服务自动终止。

监视进近（ASR）就是进近中管制员只提供方位信息的引导。

管制员给飞行员提供应飞的航向以对准着陆跑道的中心线延长线。因为用于监视进近的雷达信息的精确度远远小于精密进近的精确度，所以进近的准确度不高，并且将使用较高的最低标准。虽然不提供高度引导，但是飞行员将被告知何时开始下降至最低下降高度（MDA）或下降至中间的梯级下降定位点的最小穿越高度及随后到达规定的 MDA。此外，管制员将告知飞行员程序中规定的复飞点（MAP）的位置和五边上飞机距跑道、机场或直升机场每海里对应的位置。

如果飞行员请求，管制员会根据程序规定的下降梯度向飞行员公布每海里推荐的高度，直到飞至 MDA 或高于 MDA 的最后一海里。一般情况下，在飞机到达 MAP 之前，管制员会给飞行员提供导航引导。

雷达进近结束后，雷达服务自动终止。

如果飞行员遇到陀螺半罗盘或其他稳定罗盘不工作或指示不准确的情况时，在雷达管制下，可给飞行员提供非陀螺进近。当出现该情况时，飞行员应通知 ATC 并请求一个非陀螺引导或进近。没有安装陀螺半罗盘或其他稳定罗盘的飞机的飞行员如果想进行雷达引导，也可以请求一个非陀螺引导或进近。飞行员应该以标准转弯率转弯并且在接收到指令后应该立即进行转弯。例如，"右转，""停止转弯。"当进行监视或精密进近时，在飞机转向五边进近后，飞行员将被告知以二分之一标准转弯率转弯。

11.8.4 仪表进近的雷达监控

当气象条件低于 VFR 最低标准、夜航或当飞行员请求时，可以通过 PAR 设施和某些多用途机场（民用和军用）及军用设施的军用服务来监控仪表进近的飞机，并给飞行员发布雷达咨询。只有当 PAR 五边进近航道与导航设施的五边进近一致及在 PAR 工作时才提供该服务。因为飞行员已选择导航设备作为进近的主要设备，所以雷达咨询只作为辅助使用。

在开始五边进近之前，飞行员将被告知雷达咨询的频率。如果由于某种原因，不能提供雷达咨询，将会告知飞行员。

雷达监视的咨询信息包括以下信息：

（1）过最后进近定位点（非精密进近）、过外指点标或过代替外指点标（精密进近）的定位点。

（2）将提供关于高度和/或方位雷达的位置和运动趋势。

（3）如果在复述了咨询后，飞机偏出了 PAR 安全限制，则飞行员将被告知执行复飞，除非建立了目视地面参考。

进近结束后，雷达服务自动终止，如图 11.11 所示。

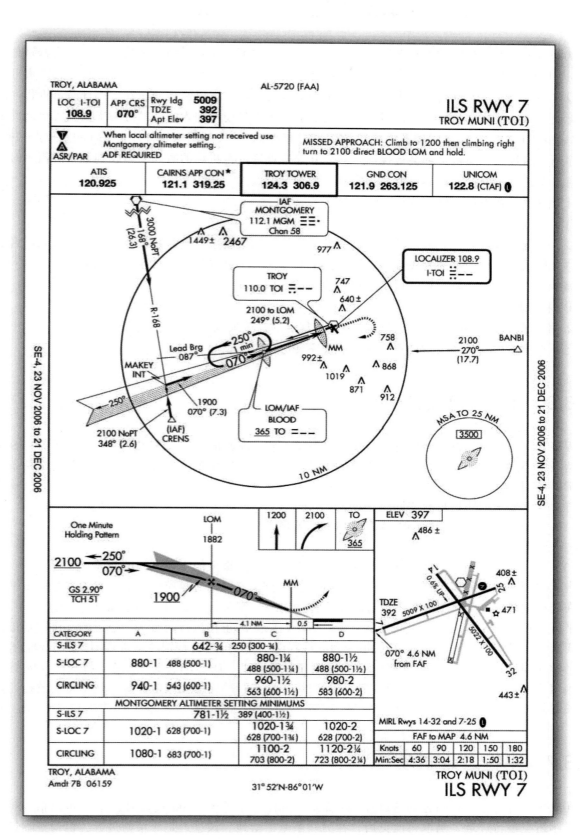

图 11.11　ILS RWY 7 Troy, AL.

11.8.5 从等待定位点的计时进近

从等待定位点的计时进近在多架飞机同时等待进近许可指令时适用。虽然管制员不会特别地说明"计时进近正在进行中"，但是当管制员指定离开 FAF 向台进近的时间（非精密进近时），或离开外指点标或代替向台外指点标的定位点的时间（精密进近时）时，就已经表明正在使用计时进近程序。

管制员可能使用雷达引导飞机至五边进近航道，而不是使用加入等待的方法来调整飞机之间的间隔，以确保飞机按照合适的时间顺序飞越 FAF 和外指点标，或飞越用于代替外指点标的定位点和机场。进近序列中的每一个飞行员都会被提前告知离开等待点进近至机场的时间，当收到该时间指令时，飞行员应该调整飞行路径，以尽可能在指定时间离开定位点。

计时进近可在下述条件下执行：

（1）进近机场有塔台管制。

（2）飞行员和管制中心或进近管制之间保持直接的通信联系直到管制员通知飞行员联系塔台。

（3）如果有不止一个的复飞程序可用，但没有任何一个复飞程序要求使用反航道。

（4）如果只有一个复飞程序可用，则必须满足下列条件：

① 未要求反航道程序；和

② 报告的云底高和能见度大于或等于 IAP 规定的盘旋最低标准的最高值。

（5）当允许进近时，飞行员不应该执行程序转弯。

11.8.6 平行跑道进近

程序允许 ILS 仪表进近至两条或三条平行跑道。平行进近是一个 ATC 程序，可允许平行 ILS 进近至有两条中心线至少间隔 2 500 英尺跑道的机场。当执行平行跑道进近时，飞行员将被告之两条平行跑道都可使用。

符合以下要求的跑道可允许同时进近：

（1）跑道中心线之间的间隔在 4 300～9 000 英尺；

（2）配有五边监控管制员；

（3）要求雷达监控以确保该飞机与在临近的平行进近航道上的飞机之间的间隔。

进近程序图应注明"允许跑道 14L 和 14R 同时进近"，以核实相应的跑道。当被告之同步平行进近正在进行中时，如果飞机有任何故障或不工作的组件，则飞行员必须立即通知进近管制。

平行进近运行要求飞行员提高处境意识。由于与临近的正在执行同时平行进近的飞机非常接近，所以要求飞行员严格遵守所有的 ATC 指令和进近程序。飞行员应该特别注意进近图上的下列信息：进近的名称和编号、航向道频率、向台航道、下滑道截获高度、DA/DH、复飞程序、特别注释/程序、指定的跑道位置和与临近跑道的接近程度。飞行员也需要进行严格的无线电训练，包括持续监控通信和避免长时间、不必要的无线电通话。

11.8.7 平行进近机动

在机场中有两条平行临近的跑道且两条跑道的间距小于等于 1200 英尺时，ATC 可以指令飞行员在一条跑道上进行进近，当取得能见后，在另一条跑道落地。该进近是非精密进近，机动至临近的跑道落地。例如，"允许 ILS 07 号左跑道进近，机动至 07 号右跑道落地。"只要跑道或跑道所需环境可见，飞行员就可以开始平行进近机动。临近跑道的着陆最低标准将基于非精密标准，是单独公布的标准，因此高于原来跑道的精密进近最低标准，但一般会低于公布的盘旋进近最低标准。

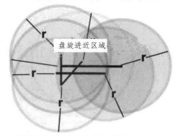

11.8.8 盘旋进近

当有必要在机场上空盘旋、机动着陆时，或当进近图上没有直接进近的最低标准时，应当使用进近图中的"盘旋"着陆最低标准，如图 11.12 所示。

公布在仪表进近图上的盘旋最低标准在盘旋区域上的最小越障高度为 300 英尺。在盘旋进近期间，飞行员应该始终保持目视所要着陆的跑道，并且不要低于盘旋最低标准飞行直到飞机到达五边开始下降着陆。要记住盘旋最低标准仅仅是最低标准，如果云底高允许，可以在接近 VFR 起落航线高度飞行。这可以使飞行更安全，着陆跑道视线更正常。

在制定进近区域大小时，半径随着进近类别不同而变化

图 11.12　盘旋进近区域半径

图 11.13 显示了盘旋进近的着陆航线。当五边进近航道与跑道中心线夹角小于 90°，并且能够很早地能见跑道建立四边航段时，可以飞着陆航线"A"。

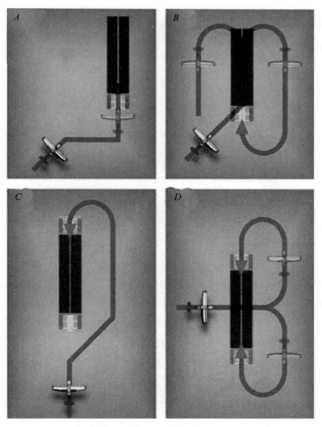

图 11.13　盘旋进近

如果能见跑道太晚而不能飞着陆航线"A"，作图"B"所示盘旋。

如果需要相反方向着陆并且可以及时能见跑道转向三边时，飞着陆航段"C"。

如果能见跑道太晚而不能及时转向三边，则飞着陆航线"D"。

不管飞哪个着陆航线，飞行员都必须操纵飞机保持在指定的盘旋区域内。参见每个 TPP 前 A 节"术语及着陆最小数据"盘旋进近类型说明。

要确定飞哪个着陆航线，取决于飞行员的个人飞行能力和对飞机性能特点的了解。每种情况下，飞行员都必须考虑所有的因素：机场的设计、云底高和能见度、风向和风速、五边进近航道的对准、五边最后进近定位点到跑道的距离和 ATC 指令。

11.8.9　IAP 最低标准

对于任何机场，当天气标准低于公布的 MDA 或 DA/DH 时，飞行员不能继续进近。除非满足以下条件：

（1）飞机的高距比正常，飞机能够以正常的下降率下降着陆至预计跑道。

（2）飞行能见度不低于当前的进近程序规定的能见度；和

（3）飞行员至少可见以下其中一个目视参考：

① 进近灯光系统；

② 跑道入口；

③ 跑道入口标志；

④ 跑道入口灯；

⑤ 跑道头标志灯（REIL）；

⑥ 目视进近坡度指示器（VASI）；

⑦ 接地区或接地区标志；

⑧ 接地区域灯；

⑨ 跑道或跑道标志；

⑩ 跑道灯。

11.8.10　复　飞

每个公布的仪表进近都有明确的复飞程序，该程序能让飞行员在超越障碍物的同时回到航路程序上。程序以文本和图标的方式显示在进近图上。因为当执行复飞时驾驶舱的工作负荷极大，所以在开始进近之前应该学会并掌握复飞。

当开始执行复飞程序时，在调定爬升功率的同时应该建立爬升俯仰姿态，建立爬升构型、转至相应的航向、通知 ATC 正在执行复飞以及请求进一步的许可指令。

如果要在到达复飞点（MAP）之前开始复飞，则必须经 ATC 许可，否则应该继续按照进近图上规定的 IAP 飞行。在开始转弯之前，应保持或高于 MDA/DA/DH 飞至 MAP。

如果在仪表进近中盘旋进近着陆的时候丢失目视参考，则应立即执行相应的复飞程序，进行初始爬升转弯转至着陆跑道，然后切入复飞航道并沿着复飞航道飞行。

飞行员在以下情况下应该立即执行复飞程序：

（1）当飞机低于 MDA、在 MAP 或从 MAP 到接地的任何时间内，只要在不满足低于 DA/DH 或 MDA 飞行的相应要求时。

（2）飞机位于或高于 MDA 盘旋机动期间，只要飞行员不可见跑道及跑道环境；或

（3）当 ATC 指令时。

11.8.11　着　陆

根据 CCAR-91 部，当飞行能见度低于使用的标准 IAP 规定的能见度时，飞行员不能着陆。ATC 将给飞行员提供使用跑道的当前能见度报告。能见度可能是以主导能见度、跑道目视值（RVV）或跑道视程（RVR）的形式来表示的。然而，只有飞行员才能确定飞行能见度是否符合进近图上指示的着陆要求。如果飞行能见度符合进近规定的最低标准，可能继续进近着陆。如果飞行能见度低于进近图上规定的能见度，则无论报告的能见度为多少，飞行员必须复飞。

公布在 IAP 图上的着陆最低标准，是基于正在使用的仪表进近图上相关的部件或目视助航设施完全工作。当工作部件或目视助航设施不工作时，需要更高的最低标准。例如，如果 ALSF-1 进近灯光系统不工作，则 ILS 的能见度最低标准可能会增加四分之一英里。

如果不止一个部件不工作，则选择所有不工作组件当中对应最低标准最高的为最低标准。与航向道最低标准一样，ILS 下滑道不工作的最低标准公布在仪表进近图上。飞行员应查阅"不工作部件或目视助航设施表"（印在每个 TPP 的内封面上）上关于不工作部件对进近最低标准影响的全部说明。

11.9　仪表气象飞行

11.9.1　飞行经验

飞行员在 VFR 和 IFR 条件下飞行时间越多，技术就越熟练。通过在高密度飞机活动的终端区域的飞行，可以增长 VFR 经验。这类飞行可以迫使飞行员在飞机操纵、导航、通信以及其他驾驶舱职责之间分配注意力的技能得到提高。通过夜航可以增长 IFR 的经验，也可以提高对仪表的熟练度和增强仪表飞行的自信心。从夜晚无云、月光照耀的晴空下飞行到夜晚无月光、无自然天地线或无熟悉的地标晴空下飞行的过程，让飞行员学会了相信仪表，最小程度地依赖飞机外部的目视参考。由飞行员自己来决定继续进行 IFR 飞行，或等待更加能接受的气象条件。

1. 近期经历

仪表飞行员的近期经历非常重要。只有他或她满足了 CCAR-91 部的相关规定，才可以在 IFR 或低于 VFR 最低标准的气象条件下作为责任机长，这是最低的要求。

2. 机上设备和地面设施

规章规定了申请 IFR 飞行计划的最低设备要求。由飞行员来负责确定所计划的 IFR 飞行的飞机和导航/通信（NAV/COM）设备的适航性。与飞行驾驶舱的工作量一样，性能极限、附件和设备的大体状况与天气、航路、高度以及与该次飞行有关的地面设施有直接关系。

11.9.2　气象条件

除了气象条件可能影响 VFR 飞行之外，IFR 飞行员必须考虑其他的天气现象的影响（例如，雷暴、颠簸、结冰和能见度）。

1. 颠 簸

飞行中的颠簸可从偶然的轻度颠簸，到引起空速和高度极度偏离而使得飞机操纵困难的重度颠簸。要减小与颠簸相关的危险因素，飞行员必须学习避开颠簸的方法，并且还要学会无意进入颠簸区的处置方法。

在飞行前准备时，应对整个航线的气象情况进行全面分析，避开颠簸区。有许多报告和天气预报可用来帮助飞行员确定有潜在颠簸的区域，包括严重气象警告（WW）、SIGMET（WS）、对流性的SIGMET（WST）、AIRMET（WA）、严重气象预报（AC）、中心气象咨询（CWA）、区域气象预报（FA）和飞行员报告（UA 或 PIREPs）。因为雷暴常常预示着颠簸，所以飞行员要经常注意已知区域和气象预报的雷暴活动。另外，与急流有关的晴空颠簸（CAT）、陡峭地区上的强风和快速移动的冷锋都会预示有颠簸的存在。

飞行员要警惕飞行中出现的颠簸迹象。例如，垂直发展的云、积云、塔状积云和积雨云预示着大气不稳定及可能存在颠簸。静止的荚状云缺少垂直运动，但预示着强烈的山波颠簸。航路中，飞行员可以监控飞行中的危险气象咨询服务（HIWAS）广播得到最新的气象咨询，或联系最近的 AFSS 或航路飞行咨询服务（EFAS）得到最新有关颠簸的飞行员报告。

要避免与强雷暴有关的颠簸，应以至少 20 英里的间隔绕开雷暴单体。颠簸也可能出现在雷暴上方的晴空。要避免颠簸，雷暴顶部的风每增加 10 节，就要高于雷暴顶部至少 1 000 英尺，或绕开雷暴。最后，不要低估雷暴下面的颠簸，不要尝试在雷暴下面飞行。雷暴下面的颠簸和风切变引起的结果可能是灾难性的。

当遇到中度至严重颠簸时，飞机难于操纵，飞行员要集中精神保持仪表扫视，如图 11.14 所示。飞行员应该立即减小功率及减缓飞机的速度至 POH/AFM 上推荐的颠簸穿越速度。使飞机的载荷最小，保持机翼水平，并且应该保持飞机的俯仰姿态恒定不变。允许飞机上下波动，因为操纵飞机追逐恒定的高度只会增加飞机的载荷。飞行员应该将颠簸和高度的波动告诉 ATC 并请求一个高度范围许可。另外，应该保持一个恒定功率，该功率将保持推荐的颠簸穿越空速。

图 11.14　在严重颠簸情况下，仪表扫视会变得很困难

有关颠簸的位置和强度最好的信息源是飞行员报告。因此，应鼓励飞行员熟悉 AIM 上的颠簸报告标准，AIM 也描述了自愿报告颠簸的飞行员报告程序。

2. 结构结冰

在仪表气象条件下飞行的实质是在可见水汽（如在云中）飞行。在温度合适时，这些水汽会冻结在飞机上，造成飞机重量增加、性能降低，及出现无法预测的空气动力特性。理解、避开并尽早识别结冰情况，迅速采取相应措施，是应对该潜在危险情况的关键。

结构积冰指在飞机外部结构上的积冰，分为三种类型：雾凇、明冰和毛冰。冰的形成条件是，空气中有水汽，并且空气必须冷却到 0 摄氏度（32 华氏度）或以下。由于空气动力冷却会导致翼型表面的温度降低，因此即使在环境温度略高于冰点时，也可能会在机体上形成结冰。

当水滴很小并且在接触飞机表面后立即冻住，就会形成雾凇。这类的冰通常在机翼或吊架的前缘区域形成，外表有些粗糙并呈奶白色。

明冰通常由可在飞机表面上蔓延的大水滴或冻雨形成。这是最危险的一种冰，因为它是透明的，很难发现，并且它会改变翼型的形状。

毛冰是明冰和雾凇的混合物，它同时具有这两类冰的危害特性，并且形成速度很快。冰粒裹在明冰里面，形成非常粗糙的积冰。表 11.2 列出了各种冰形成的温度。

表 11.2　冰形成的温度范围

外界大气温度范围	积冰类型
0 °C ～ − 10 °C	明冰
− 10 °C ～ − 15 °C	明冰和雾凇
− 15 °C ～ − 20 °C	雾凇

结构积冰一旦形成，情况就会变得越来越严重。因此，无意间遇到积冰时，飞行员采取措施阻止积冰的加剧就显得尤为重要。不管飞机的防冰或除冰保护程度如何，当务之急应该是马上飞离可见水汽区域。这可能意味着下降至一个低于云底的高度、爬升至一个高于云顶的高度或转弯至另一条航线。如果上述条件不能实现，则飞行员必须飞到一个温度高于冰点的高度。飞行员应该向 ATC 报告积冰情况，如果结冰构成危害的话，应申请一条新航路或一个新高度。有关报告积冰强度的信息可参阅 AIM。

3. 雾

仪表飞行员必须学会对雾的形成进行预判并在飞行过程中及早采取相应的措施。飞行前，密切查看当前和预报的天气情况应该能提醒飞行员雾形成的可能性。对考虑到雾时，飞行员应该计划足够的储备燃油和备降机场。航路中，飞行员应通过 EFAS、ATIS、和 ASOS/AWOS 站的更新气象信息，随时对雾的形成保持警觉。

两种条件将引起雾的形成。空气冷却至饱和或充足的水汽进入空气中直到饱和。在任一情况中，当气温/露点差等于或小于 5°时，雾就会形成。当计划到达一个有薄雾并且气温正在下降的目的地机场时，飞行员应该特别地注意形成雾的可能性。

4. 火山灰

火山爆发形成含有磨屑的火山灰云，严重威胁飞行安全。当离火山爆发有段距离遇到火山灰云时，这些火山灰云比起一般的云不容易辨认。当飞机进入火山灰云时，客舱中的尘粒和烟可能比较明显，经常伴有电气着火的气味。在火山灰云内部，飞机的风挡玻璃上也可能遇到闪电和 St.Elmo 火。火山灰的研磨特性会擦伤风挡玻璃，从而影响飞行员的观察。全静压系统可能会堵塞，引起仪表失效。活塞及喷气动力的飞机都可能遇到严重的发动机损坏。

为避开火山灰，必须尽可能地采取措施。因为火山灰云随风运动，所以飞行员应该计划飞在火山的上风面。目视探测及机载雷达不是避开火山灰云的可靠办法。飞行员目击到火山爆发或遇到火山灰云时，应该立即以飞行员报告的方式发布该信息。国家气象服务负责监控火山爆发，并预测火山灰的传播路线。这些信息以 SIGMET 的方式传给飞行员。

至于对飞行造成的许多其他危害，有关火山的最好信息源来自飞行员报告。

目击到火山爆发或飞行中遇到火山灰的飞行员应该立即通知最近的电台。飞行员也可以使用火山灰移动和扩散预报图：这些图描绘了火山爆发后大气中火山灰云的位置，通常以 6 小时和 12 小时为间隔预报了火山灰集中区的扩散情况。

5. 雷 暴

雷暴集所有的对航空造成危害的气象活动于一体，如图 11.15 所示。颠簸、冰雹、雨、雪、闪电、持续的上升下降气流以及积冰条件都会出现在雷暴中。不要对着的雷暴起飞，对于没有装备雷暴探测装置的飞机，不要在云中飞行或在有可疑雷暴活动的区域夜航飞行。

图 11.15 雷 暴

雷暴的外观与它内部的颠簸或冰雹的严重性没有相互关系。所有的雷暴都被认为是有危害性的，对于顶部高于 35 000 英尺的雷暴，应该认为是有极度危害性的。

机载或陆地的气象雷达通常会反映中到大的降水区域（雷达不能探测颠簸）。颠簸的频率和严重性通常随着雷达反射率的增大而增加，而雷达的反射率与区域中暴雨液态水的含量紧密相关。以 20 ～ 30 英里或更小的间隔来通过强或特强雷达回波区域，并不代表脱离了严重颠簸区。

当在 − 5 ～ ＋5 摄氏度的高度飞行时，飞机遭受雷击的可能性最大。另外，飞机在雷暴附近的晴空飞行也易受电击影响。最好的方法是始终要避开雷暴。

6. 风切变

风切变是指短距离内的风速和/或风向改变。风切变在水平或垂直方向上都可能存在，偶尔会在两个方向上同时出现。风切变可以出现在任何高度上，但起飞和着陆期间遭遇到风切变对飞行的影响最大。风切变一般与雷暴和低空逆温层有关，高空急流和锋面天气也会产生风切变。

如图 11.16 所示，飞机在进行仪表进近时，由顺风变为逆风的风切变导致空速增加，机头上仰，飞机高度上升，从而高于正常下滑道；由逆风变为顺风的风切变会导致相反的结果，使得飞机下沉而低于正常下滑道。

图 11.16　由于遭遇风切变而造成的下滑道偏离

逆风风切变后紧接着出现一个顺风风切变或下击暴流特别危险，因为飞行员已经减小了功率并压低了机头以应对逆风风切变，如果这时出现顺风风切变，由于飞机正处于一个低机头、低功率的形态下，将使得改出非常困难，特别是在接近地面时。这类风切变情形多见于雷暴即将来临的进近中。飞行员应该在进近早期警惕风切变的迹象，并准备好一旦出现风切变指示，就立即复飞。如果遭遇风切变时高度太低，则完全有可能来不及改出。

为了通知飞行员危害性的风切变活动，一些机场已安装了低空风切变警报系统（LLWAS），它由机场中心风指示器和多个周边风指示器组成。管制员可从该系统处得到风差警示（指示产生风切变的可能性），并将这些信息提供给飞行员。下面为一个典型的风切变警报：

"跑道 27 进场，风切变警报，短五边 3 英里处空速减小 20 节，跑道入口风 200/15"

该风切变警告可解释为：管制员正在通知向 27 跑道进近的飞机，在距跑道入口大约 3 英里处，预计会遇到风切变，使得空速减小 20 节并可能遇到颠簸。另外，报告的跑道 27 地面风为 200°、15 节。

当遭遇到风切变时，飞行员应及时向管制员发布飞行员报告，有关风切变飞行员报告的其他信息详见 AIM。

11.10　IFR 飞行

为了举例说明本章介绍的一些概念，图 11.17 给出了一次典型的 IFR 飞行：从阿拉巴马的伯明翰国际机场（BHM）到密西西比的格尔夫波特-比洛克西国际机场（GPT）。这次飞行，所飞 Cessna182 的呼叫号是 N1230A。该飞机装备有两部导航与通信无线电，一个应答机和一个批准用于 IFR 航路、终端以及进近的 GPS 系统。

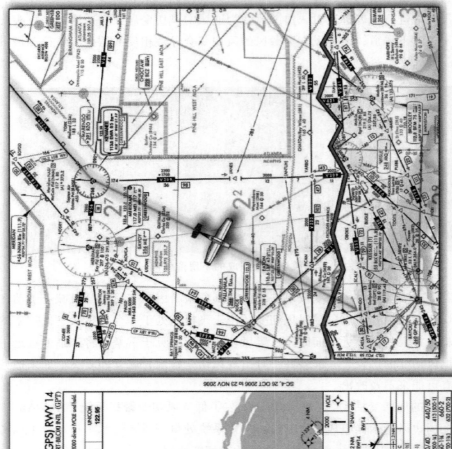

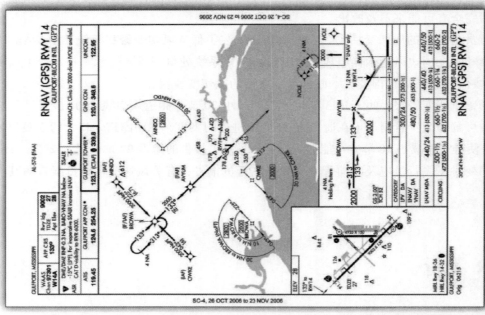

Figure 10-18. *Route Planning.*

图 11.17　航线计划

11.10.1 飞行前

飞行的成功离不开周密的飞行前计划。飞行前应密切关注气象预报并着手制定飞行计划。

气象信息显示：在中西部地区有大范围的低压系统和水汽，引起低云及低能见度，以后几天几乎不会改善。做飞行计划时，要收集所有必要的航图和资料，并核实资料都是最新的，包括航图、进近图、SID、STAR 图、GPS 数据库、机场使用细则、导航记录以及飞机的 POH/AFM。如果飞行不能完全按照计划执行的话，起飞机场、目的地机场及任何可能需要的机场的航图都要准备好。执行此次飞行前，飞行员也要考虑近期飞行经历、飞行熟练程度、健康程度和个人的天气最低标准。

查阅机场使用细则，熟悉离场及目的地机场并查阅 BHM 与 GPT 之间的任何首选航路。接着，预先熟悉适合于该次飞行的进近图及任何的 SID 或 STAR。最后，熟悉航路图上可能的航路，密切关注航路最低安全高度及越障高度。

飞行员在熟悉航图以后，就会对该次飞行做出最好的选择。伯明翰 3 离场至布鲁克伍德 VOR、V209 至基威诺 VOR、使用 GPS 直飞格尔夫波特将是一个合理的航路。4 000 英尺的高度符合所在国家的规章要求并完全满足飞机的性能。

接下来，获取计划飞行的简要气象预报。这提供了起飞机场及目的地机场的气象条件，还有飞行航路中高空的预报风，这时也应该检查 NOTAM。

气象简报员给出的气象预报，确认在 BHM 和 GPT 的预计离场时刻，天气处于或接近最低着陆标准。简报员提供 GPT 的 NOTAM 信息，指出 32 跑道的航向道预计不工作，并且在进一步通知前将 18/36 跑道关闭，同时也需要检查沿着计划航路的临时飞行限制（TFR）。

当接收到气象简报之后，继续做飞行计划并开始将一些初使信息写到领航记录本上，列出沿着航路的每个定位点及距离、频率和高度，并把这些信息合并到一个有序的领航记录本里面，使得飞行中的工作量最小。

接下来，在气象台或计算机上获取计划航路的标准气象简报。当前的预报显示出起飞机场和目的地机场的 IFR 天气条件差并且能见度为四分之一英里：

地面气象观察

METAR KBHM 111 155Z VRB04KT 1/4 SM FG –RA VV004 06/05 A2994 RMK A02 SLP140

METAR KGPT 111 156Z 24003KT 1/4 SM FG OVC001 08/07 A2962 RMK A02 SLP033

温度/露点差较小造成了低能见度及低云底高。随着气温增加，条件会逐步改善。检查航站气象预报证实了该理论：

航站气象预报

TAF KBHM 111156Z 111212 VRB04KT 1/4 SM FG VV004 TEMPO1316 3/4 SM OVC004

FM1600 VRB05KT 2SM BR OVC007 TEMPO 1720 3SM DZ BKN009

FM0800 23013KT P6SM BKN030 PROB40 1012 2SM BR OVC030

TAF KGPT 111153Z 111212 24004KT 1/4 SM FG OVC001 BECMG 1317 3SM BR 0VC004

FM 1700 240 10KT 4SM –RA OVC006 FM0400 24010 5SM SCT080 TEMPO 0612 P6SM SKC

除航站气象预报外，区域气象预报也显示出沿着航路的天气会逐渐改善。因为航站气象预报只提供航站周围 5 英里半径的气象信息，所以检查区域气象预报可以更好地理解沿着航路的整个气象情况以及潜在的危险天气：

LA MS CSTL WTRS

CIG OVC001 – OVC006. TOPS TO FL240. VIS 1/4-3/4 SM FG. SWLY WND. 16Z CIG OVC010 VIS 2 SM BR. OCNL VIS 3-5SM –RN BR OVC009. OTLK... MVFR CIG VIS.

FL

CIG BKN020 TOPS TO FL180. VIS 1-3 SM BR. SWLY WND. 18Z BRK030. OTLK... MVFR CIG.

这时，没有 SIGMET 或飞行员报告，但是有若干的 AIRMET。其中一个是有关 IFR 条件的，一个有关于整个航路上颠簸的，另一个是有关航路北部区域有结冰区的：

WAUS44 KKCI 111150

DFWS WA 0111150

AIRMET SIERRA FOR IFR VALID UNTIL 111800 AIRMET IFR...OK TX LA AR MS AL FL

NON MSL HGHTS DENOTED BY AGL OR CIG.

重新检查格尔夫波特的 NOTAM，证实 32 跑道的航向道在进一步通知之前是不工作的，并且 18/36 跑道是关闭的；如果计划 06 跑道离场，则证实符合离场的爬升限制：

GPT 12/006 GPT LOC OS UFN

GPT 12/008 GPT MIRL RWY 18/36 OS UFN

因为东部的天气很好，就当前天气和 VFR 气象预报来说，Pensacola 地方机场是一个不错的备降场。

METAR KPNS 111150Z 21010Z 3SM BKN014 OVC025 09/03 A2973

TAF KPNS 111152Z 111212 22010KT 3 SM BR OVC020 BECMG 1317 4 SM BR OVC025

FM1700 23010KT 4SM –RA OVC030

FM 0400 25014KT 5SM OVC050 TEMPO1612 P6SM OVC080

如果天气最低标准低于飞行员的个人最低标准，则推迟离场等待天气条件改善是必须的。这个时间可以用来完成导航记录，而导航记录的填写是计划 IFR 飞行的下个步骤，如图 11.18 所示。

FLIGHT LOG								
TIME			DISTANCE	FUEL				
TAKE OFF 1600 C	LANDING		TOTAL 228	REQUIRED 51 Gal			AVAILABLE 87 Gal	
ROUTE (Check Point)	IDENT	MAG CRSE	LEG	ETE		ETE	ALTITUDE	REMARKS
	FREQ		REMAINING		ATE	ATE	GND SPD	
Brookwood	OKW 111.0	230	31 197	+16		16.16	4000 120	3 Gal
Kewanee	EWA 113.8	225	80 117	+40		16.56	4000 120	8 Gal
Mindo		195	110 17	+54		17.50	4000 125	12 Gal
Appr			17 0	+08		17.58		2 Gal
				118	1+58			
Pascagoula Regional	PNS	085	41 0	+35			3000 158	18 Gal

ATIS			
DEPERTURE		ARRIVAL	
INFORMATION		INFORMATION	
CEILING		CEILING	
VISIBILITY		VISIBILITY	
TEMP / DEWPOINT	/	TEMP / DEWPOINT	/
WINDS		WINDS	
ALTIMETER		ALTIMETER	
RWY IN USE		RWY IN USE	
REMARKS		REMARKS	

图 11.18　导航记录

使用 POH/AFM 基于预报的高空温度和巡航压力高度计算真空速、巡航功率和油耗，也要计算重量与平衡并确定起飞和着陆距离。如果气象条件要求在 GPT 的 14 跑道上进行直接进近着陆，将会有侧风。因此，假设用 10 节的侧风来计算着陆距离并确定跑道长度是否足够着陆。通过使用高空风预报及选择 Pensacola 地方机场作为备降机场来确定预计飞行时间和油耗。油箱满的话，可以中途不停止而有足够的燃油飞到目的地机场、备降机场和满足备用燃油的要求。

接下来，查阅地面天气图，它显示了压力系统的位置。天气描绘图显示了 IFR 条件的区域并且可以用来找出天气条件正在改善的区域。这些图提供了当飞行员需要转到 VFR 条件飞行时需要的信息。对于该次飞行，雷达显示出了沿着航路的降水并且最新的卫星云图证实了天气描绘图所显示的信息。

当完成领航记录后，完成飞行计划以准备向飞行服务机构申请，如图 11.19 所示。

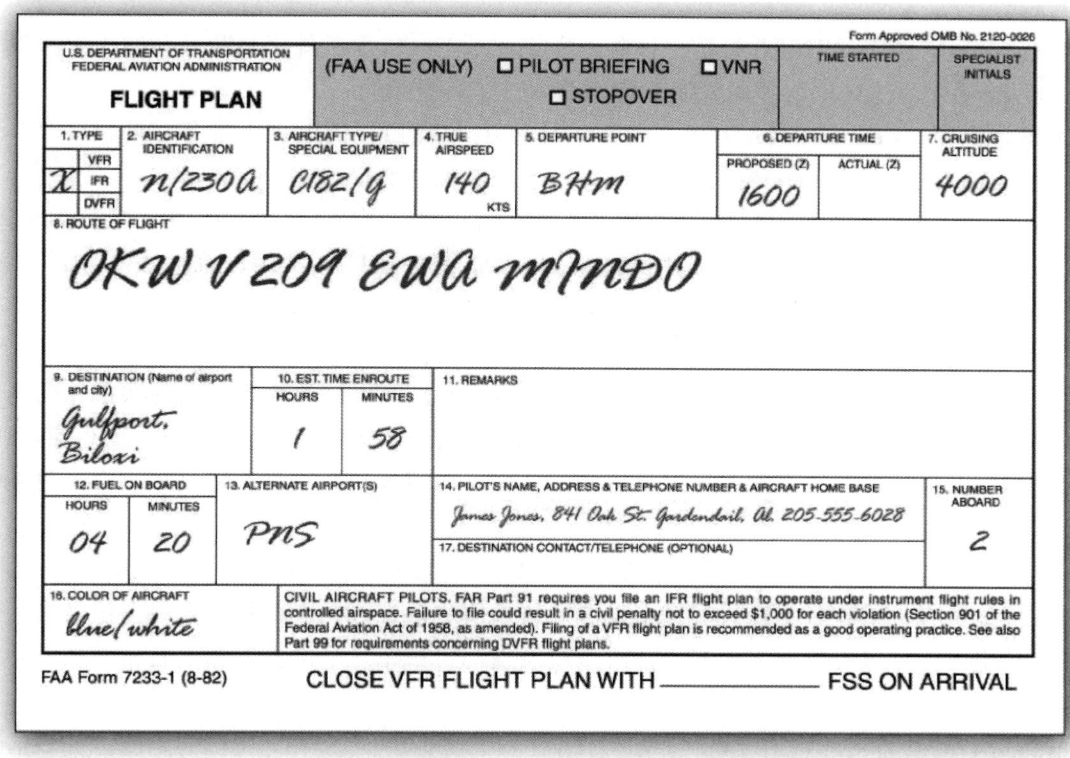
Form Approved OMB No. 2120-0026

U.S. DEPARTMENT OF TRANSPORTATION
FEDERAL AVIATION ADMINISTRATION
FLIGHT PLAN

(FAA USE ONLY) ☐ PILOT BRIEFING ☐ VNR ☐ STOPOVER | TIME STARTED | SPECIALIST INITIALS

1. TYPE	2. AIRCRAFT IDENTIFICATION	3. AIRCRAFT TYPE/ SPECIAL EQUIPMENT	4. TRUE AIRSPEED	5. DEPARTURE POINT	6. DEPARTURE TIME PROPOSED (Z)	6. DEPARTURE TIME ACTUAL (Z)	7. CRUISING ALTITUDE
VFR / X IFR / DVFR	n/230a	C182/G	140 KTS	BHM	1600		4000

8. ROUTE OF FLIGHT
OKW V 209 EWA MINDO

9. DESTINATION (Name of airport and city)	10. EST. TIME ENROUTE HOURS	10. EST. TIME ENROUTE MINUTES	11. REMARKS
Gulfport, Biloxi	1	58	

12. FUEL ON BOARD HOURS	12. FUEL ON BOARD MINUTES	13. ALTERNATE AIRPORT(S)	14. PILOT'S NAME, ADDRESS & TELEPHONE NUMBER & AIRCRAFT HOME BASE	15. NUMBER ABOARD
04	20	PNS	James Jones, 841 Oak St. Gardendail, AL 205-555-6028	2

17. DESTINATION CONTACT/TELEPHONE (OPTIONAL)

16. COLOR OF AIRCRAFT: blue/white

CIVIL AIRCRAFT PILOTS. FAR Part 91 requires you file an IFR flight plan to operate under instrument flight rules in controlled airspace. Failure to file could result in a civil penalty not to exceed $1,000 for each violation (Section 901 of the Federal Aviation Act of 1958, as amended). Filing of a VFR flight plan is recommended as a good operating practice. See also Part 99 for requirements concerning DVFR flight plans.

FAA Form 7233-1 (8-82) CLOSE VFR FLIGHT PLAN WITH ________ FSS ON ARRIVAL

图 11.19 飞行计划表格

呼叫 AFSS 得到最新的气象简报，伯明翰国际机场目前满天云，云高为 700，能见度为 3 英里；格尔夫波特-比洛克西目前满天云，云高为 400，能见度为 2 英里；Pensacola 地方机场作为备降场，持续的报告气象条件为满天云，云高为 2 000，小雨，能见度为 3 英里。

一些飞行员提交的报告表明有轻度结冰情况；然而，所有的报告都在飞行航路的北部，这与早先发布的 AIRMET 一致。飞行员报告没有包含云顶高，但是区域天气预报预报的云顶高达到飞行高度层 240。因为气象条件表现出正在改善的趋势，所以通过使用已完成的表格申请飞行计划。

通过分析最新的最低天气标准以确定是否超过个人的最低天气标准。如果沿着航路没有报告结冰的情况并且温度正在稳定上升，应该不会出现结构积冰。在飞行前要注意皮托加温的工作检查，使得在飞行中遇到轻度结冰的话能立即采取防冰措施。这可能需要回到 BHM 或在到达 GPT 之前的一个中间的机场着陆。在飞行期间，应该不断地进行重新评估。

一旦到达机场后，应进行周密的飞行前检查。快速检查记录本使得所有设备符合 IFR 适航要求，包括在前 24 个日历月内的高度表、静压和应答机测试。另外，记录本显示在前 30 天内已经对 VOR 系统进行了检查。

接通主电门及皮托加温，并且在加热元件过热之前，快速检查加热元件。然后，完成剩下的绕机检查程序。因为这将是个在实际 IFR 条件下的飞行，在绕机检查期间要特别注意 IFR 设备，包括交流发电机皮带及天线。在完成飞行前准备后，整理驾驶舱里的航图、铅笔、纸张和领航记录，使得能快速容易地够到。这时候也要把飞行计划输入到 GPS 中。

11.10.2　离　场

起动发动机后，调谐 ATIS 并将情报抄收到领航记录上。气象条件仍然和最新的气象简报一样，满天云 700，能见度为 3 英里。呼叫管制机构以获取一个许可指令：

"许可发布机构，Cessna1230A IFR 至格尔夫波特-比洛克西，情报 K，准备好抄收。""Clearance Delivery, Cessna 1230A IFR to Gulfport Biloxi with information Kilo, ready to copy."

"Cessna1230A 允许至格尔夫波特-比洛克西，经过伯明翰 3 离场、布鲁克伍德、Victor209 基瓦尼，然后直飞 Mindo、格尔夫波特。爬升并保持 4000。应答机 0321。""Cessna 1230A is cleared to Gulfport-Biloxi via the Birmingham Three Departure, Brookwood, Victor 209 Kewanee then direct Mindo, Gulfport. Climb and maintain 4,000. Squawk 0321."

复述该指令并熟悉 SID。虽然指令中没有给出离场频率，但可以参看 SID 上的频率，列出的南部离场管制频率是 123.8。因为计划要 24 跑道离场，所以要注意在转弯之前要爬升至 2 100 的说明。在调协相应的频率及为离场路线调定了导航设备之后，联系地面管制（注意这是 IFR 飞行）并接收以下指令：

"Cessna1230A，沿滑行道 M 滑行至跑道 24。""Cessna 1230A taxi to runway 24 via taxiway Mike."

复诵该指令及飞机的呼号。在机场图上查看滑行说明之后，开始滑行并检查飞行仪表指示正确。

在 24 号跑道等待点等待并完成起飞前检查单及发动机试车。当准备好起飞时，通知塔台。塔台会给出下面的指令：

"Cessna30A 可以起飞，跑道 24。起飞后注意往西北方向的离场 737 飞机的尾流。""Cessna 30A cleared for takeoff runway 24. Caution wake turbulence from 737 departing to the northwest."

对正跑道后，记录下领航记录上的起飞时间，证实航向指示器和磁罗盘一致，应答机在 ALT 位，打开所有必要的灯、设备和皮托加温装置。开始起飞滑跑。为了避开 737 的尾流，应注意 737 的离地点，让飞机在那点之前起飞离地。

11.10.3　航路中

离场后，直线爬升至伯明翰 3 离场规定的 2 100。在继续爬升至指定的 4 000 英尺高度的同时，从塔台接收到下面的指令：

"Cessna30A，联系离场。""Cessna 30A contact Departure."

回复该指令并按照 SID 指定的频率联系离场管制，报告当前的高度，以便离场管制员对指示高度和编码高度进行检查：

"伯明翰离场，Cessna1230A 穿越 2 700 上升，航向 240."" Birmingham Departure Cessna 1230A climbing through 2,700 heading 240."

离场回复：

"Cessna30A 直飞至布鲁克伍德并恢复自主领航。联系亚特兰大中心 134.05.""Cessna 30A proceed direct to Brookwood and resume own navigation. Contact Atlanta Center on 134.05."

回复该指令，联系亚特兰大中心，使用 IFR 批准的 GPS 设备直飞布鲁克伍德 VOR。在往基瓦尼的航路上，VOR 亚特兰大中心发布下面的指令：

"Cessna1230A，联系孟斐斯中心 125.975。""Cessna 1230A contact Memphis Center on 125.975."

回复该指令并使用飞机呼号和当前高度联系孟斐斯中心。孟斐斯中心回应飞行员：

"Cessna1230A，高度表设定值为 29.87。在你 2 点钟方向离你 6 英里有架 King Air 飞机正在从 5 000 爬升至 1 2000。""Cessna 1230A, Meridian altimeter is 29.87. Traffic at your 2 o'clock and 6 miles is a King Air at 5,000 climbing to 12,000."

即使在执行 IFR 飞行计划时，观察并避开其他的飞机仍然是飞行员的责任。回答孟斐斯中心并告知它们由于 IMC（仪表气象条件）原因未看到那架飞机。

"收到，高度表设定值 29.87.Cessna1230A，IMC，未看到那架飞机。""Roger, altimeter setting 29.87. Cessna 1230A is in IMC negative contact with traffi c."

继续飞行，在领航记录上记录每个定位点的到达时间以监控飞行进程。

在目的地机场获取更新的气象信息并发送飞行员报告，联系服务该区域的 FSS。找到最近的 AFSS，找出最近的 VOR 并检查 VOR 资料框上的频率。在这种情况下，最近的 VOR 是基瓦尼 VORTAC，它列出了一个格林伍德 FSS 的只接收频率 122.1。向孟斐斯请求转换频率，然后尝试在 122.1 上联系格林伍德，同时在频率 113.8 上收听基瓦尼 VORTAC：

"格林伍德，Cessna1230A 正在频率 113.8 上收听，收到请回答。""Greenwood Radio Cessna 1230A receiving on frequency 113.8, over."

"Cessna30A，格林伍德，请讲。""Cessna 30A, this is Greenwood, go ahead."

"格林伍德，Cessna30A 目前在基瓦尼 VORTAC 南 30 英里，4 000 英尺，在去格尔夫波特的途中。请求更新航路天气条件及在 GPT 和 PNS 的当前天气。""Greenwood Radio, Cessna 30A is currently 30 miles south of the Kewanee VORTAC at 4 000 feet en route to Gulfport. Requesting an update of en route conditions and current weather at GPT, as well as PNS."

"Cessna30A，格林伍德，格尔夫波特的当前气象为：满天云，云高 400，能见度为 3 英里，小雨。风是 140/7，高度表设定值为 29.86。航路上的天气大体上是小雨，满天云，云高从 300 至 1 000，能见度在 1~3 英里。Pensacola 的天气要好很多，目前云高为 2 500，能见度为 6 英里。检查 GPT 当前的 NOTAM 得知航向道不工作并且 18/36 跑道已关闭。""Cessna 30A, Greenwood Radio, current weather at Gulfport is 400 overcast with 3 miles visibility in light rain. The winds are from 140 at 7 and the altimeter is 29.86. Weather across your route is generally IFR in light rain with ceilings ranging from 300 to 1 000 overcast with visibilities between 1 and 3 miles. Pensacola weather is much better with ceilings now at 2 500 and visibility 6 miles. Checking current NOTAMs at GPT shows the localizer out of service and runway 18/36 closed."

"收到，Cessna30A 已经抄收了天气信息。我有一个飞行员报告，准备好请抄收。""Roger, Cessna 30A copies the weather. I have a PIREP when you are ready to copy."

"Cessna30A，请讲你的飞行员报告。""Cessna 30A go ahead with your PIREP."

"Cessna30A 是有一架 Cessna182，位于基瓦尼 195°径向线的 30 英里处，4 000 英尺平飞。我现在在 IMC 条件下飞行，感觉舒适。外界温度是零上 1 摄氏度。没有积冰情况。""Cessna 30A is a Cessna 182 located on the Kewanee 195° radial at 30 miles level at 4 000 feet. I am currently in IMC conditions with a smooth ride. Outside air temperature is plus 1° Celsius. Negative icing."

"Cessna30A，谢谢你的飞行员报告。""Cessna 30A thank you for the PIREP."

气象检查和飞行员报告完成后，联系孟斐斯中心：

"孟斐斯中心，Cessna1230A 听你指挥。""Memphis Center, Cessna 1230A is back on your frequency."

"Cessna1230A，孟斐斯中心，收到，联系休斯顿中心 126.8。""Cessna 1230A, Memphis Center, roger, contact Houston Center now on frequency 126.8."

"收到，联系休斯敦中心 126.8，Cessna1230A。""Roger, contact Houston Center frequency 126.8, Cessna 1230A."

"休斯顿中心，Cessna1230A，高度 4 000 英尺。""Houston Center, Cessna 1230A level at 4,000 feet."

"Cessna30A，休斯敦中心，高度表设定值 29.88。""Cessna 30A, Houston Center area altimeter 29.88."

11.10.4 进　场

在格尔夫波特北部 40 英里处，使用第二部无线电通信收听 ATIS 通波。通波中指出天气条件未发生变化，并且当前进近方式是 ILS14 跑道。

休斯顿中心让其联系进近，将飞机移交给格尔夫波特进近管制：

"格尔夫波特进近，Cessna1230A，4 000 英尺平飞，情报通波 T。请求 GPS14 跑道进近。""Gulfport Approach, Cessna 1230A level 4,000 feet with information TANGO. Request GPS Runway 14 approach."

"Cessna30A，格尔夫波特进近，下降并保持 3 000 英尺。""Cessna 30A, Gulfport Approach, descend and maintain 3,000 feet."

"下降至 3 000，Cessna30A。""Descend to 3,000, Cessna 30A."

开始下降至 3 000 并设定进近所需的导航频率。GPS 会自动地从航路模式转到终端模式。这个转变将影响 CDI 的灵敏度。

在第一套导航频率上调谐 VORTAC 的频率 109.0，在 OBS 上设定五边进近航道为 133°。当 GPS 没有信号时，这个设定可以增强飞行员的处境意识。

"Cessna30A，你当前位置离 MINDO 还有 7 英里，在 MINDO 之前保持 3 000 英尺，可以 GPS14 跑道进近。""Cessna 30A your position is 7 miles from MINDO, maintain 3,000 feet until MINDO, cleared for the GPS runway 14 approach."

复诵该指令并集中精力驾驶飞机。在 MINDO，下降至进近图上指定出的 2 000 英尺。在 BROWA，转向五边进近航道 133°。就在五边进近航路点（FAWP）AVYUM 外，GPS 将转到进近模式并且 CDI 将变得更加灵敏。格尔夫波特进近管制发布指令让飞行员联系格尔夫波特塔台：

"Cessna30A，联系塔台 123.7。""Cessna 30A contact Tower on 123.7."

"123.7，Cessna30A。""123.7, Cessna 30A."

"塔台，Cessna1230A在AVYUM外，GPS14跑道。""Tower, Cessna 1230A outside AVYUM on the GPS runway 14."

"Cessna30A 格尔夫波特塔台，现在满天云，云高为600，能见度为4英里。""Cessna 30A Gulfport Tower, the ceiling is now 600 overcast and the visibility is 4 miles."

"可以着陆，跑到14，Cessna30A。""Cleared to land runway 14, Cessna 30A."

继续进近，完成相应的检查单，飞越AVYUM并开始五边下降。在700英尺MSL，可以目视能见跑道。减速并建立飞机外型使其正常地下降着陆。当接地后，格尔夫波特塔台会给出进一步指令：

"Cessna30A在滑行道B左转弯，联系地面120.4。""Cessna 30A turn left at taxiway Bravo and contact ground on 120.4."

"收到，Cessna30A。""Roger, Cessna 30A."

滑行脱离跑道并完成相应的检查单，塔台将自动地取消IFR飞行计划。

12　应急操作

12.1　介　绍

天气的变化、空中交通管制（ATC）、飞机状况、飞行员等因素会随时变化，使得仪表飞行变得难以预测和充满挑战。一次安全的飞行取决于飞行员在控制飞机状态和保持处境意识的同时，能够应对这些不断变化的因素。本章内容讨论了在出现不正常情况和紧急情况时飞行员的识别过程和建议的应对措施。这些事件包括遭遇无法预测的恶劣天气、飞机系统失效、通信/导航系统失效以及飞行员处境意识丢失等状况。

12.2　无法预测的恶劣天气

12.2.1　遭遇突发雷暴

飞行员应避免进入任何强度的雷暴区，但是，在一些情况下，飞行员仍可能遭遇到雷暴。例如，在隐藏有雷暴的大面积云团中飞行时，即使有机载雷暴探测设备，飞行员也难以避免遭遇雷暴。因此，在无意进入雷暴区时，飞行员应有应对措施。雷暴的最小危害都会给飞机带来严重颠簸，飞行员和乘客应系好安全带和肩带，在客舱里还应固定好松散物品。

与所有的紧急情况一样，处理无意进入雷暴的首要步骤是保持飞行状态。由于飞行员工作量增加，必须严密观察仪表。如果飞行员不小心进入雷暴，应保持航迹直接穿越雷暴，而不是绕过去。因为直线航道能让飞机以最短时间穿越雷暴，转弯机动飞行只会增加飞机的结构负荷。

减少推力设定以保持推荐的颠簸穿越速度，在飞行员操作手册/飞机飞行手册（POH/AFM）中对该速度有描述。同时要尽量减少推力的调节，要设法保持飞机水平姿态，允许空速和高度轻微变化。同时，如果使用自动驾驶，应断开高度保持和速度保持模式，因为这也会增加飞机的机动飞行，从而增加飞机结构负荷。

飞机进入雷暴时，会存在结冰危险。应尽快打开飞机上的防冰/除冰设备和汽化器加热（如适用）。在所有高度上的结冰都会发展迅速，并会导致发动机失效和空速指示失效。

在雷暴区中还有闪电，它会造成飞行员短时不能见。飞行员应将驾驶舱灯光开到最亮，集中注意力到飞行仪表上，尽量不目视机舱外。

12.2.2　意外进入结冰区

由于无法预测积冰，飞行员有时即使采取了很多预防措施，仍然会发现飞机处于结冰状态。在可见的水气环境中飞行时，飞行员应密切监控外界大气气温（OAT），预防结冰。

结冰对飞行的影响是逐渐加剧的：推力降低，阻力增加，升力下降，而重量增加，从而造成失速速度变大以及飞机性能严重下降。在某些情况下，机翼前沿可以在 5 分钟内结满 2～3 英寸厚的结冰。对于某些飞机，1/2 英寸的冰就可以减少飞机 50% 的升力，增加 50% 的摩擦阻力。

在可见降水（如降雨或雾滴）中飞行时，气温在 + 02～ - 10°摄氏度时容易产生结冰。探测到结冰后，尤其是飞机没有安装除冰设备时，飞行员应采取下面两个措施之一：离开降水区域或飞至一个温度高于结冰温度的高度。"温暖"高度不一定是更低的高度，良好的飞行前准备应获得降水区域内零度等温线高度层和高于零度等温线高度层的信息。如果无法采取这两种措施，则飞行员应考虑在最近机场着陆。即使有机载防冰/除冰设备，也不能随意在结冰条件中飞行。防冰/除冰设备只是让飞行员有更多脱离结冰条件的时间。飞行员应向 ATC 报告结冰状况，申请新航路或新的高度。向 ATC 报告时，必须要报告飞行类型，并使用以下术语来表述：

（1）Trace（结冰迹象）：可以看到冰。冰的累积速度稍大于融化速度，在一小时内飞行不需接通除冰/防冰设备。

（2）Light（轻度结冰）：如果继续在这种环境中飞行超过一小时，则冰的累积速度会造成问题。间断使用除冰/防冰设备可以除冰或预防冰块累积。使用了除冰/防冰设备后，结冰现象会消除。

（3）Moderate（中度）：冰的累积速度过快，即使在此过程中短时间飞行也有潜在危害，必须使用除冰/防冰设备或改航飞行。

（4）Severe（严重）：冰的累积速度过快，除冰/防冰设备不能减少或消除危害，必须立即改航。

重要的是要及早探测结冰，但是这在夜间飞行时极其困难，可使用手电筒检查机翼上的结冰情况。一旦出现结冰时，应立即采取措施离开结冰条件区域。飞行员可参考 POH/AFM 手册，正确使用防冰/除冰设备。

12.2.3　沉积静电效应

沉积静电，通常称作 P-静电，累积的静电在飞机的尖端部位放电。这种放电过程有时会对仪表飞行员造成影响，严重时会造成飞机的磁罗盘表读数错误、甚高频（VHF）通信完全失效或出现尖锐的啸叫声和圣艾尔莫之火现象（此现象并无太大伤害，但它会影响无线电通信和导航，尤其是对 ADF 等使用较低频率的设备影响较大。），如图 12.1 所示。

图 12.1　圣艾尔莫之火现象（一种放电效应）

飞机在飞行中遇到大气颗粒（如雨滴或雪粒）后产生沉积静电，然后发展成阴极放电。雷暴云中的大气电离层也会产生沉积静电。当阴极电压累积到一定程度时，飞机将它释放出来后会造成电气波动。飞机在降水天气中飞行时，放电会累积。这一般在降雨中出现，降雪也会有相同效应。当静电累积时，飞机的通信和导航系统性能就会逐渐变得不稳定。

为减少沉积静电的危害，飞行员应确保飞机的静电刷工作可靠。在仪表飞行前应替换有破损或缺失的静电刷（一种安装在飞机操纵面上的静电刷，能释放飞行中积累的静电，从而防止静电累积和形成"圣艾尔摩之火"现象。），如图 12.2 所示。

12.3　飞机系统失效

周密的飞行前检查可以防止飞机系统故障，预防飞机在飞行中进入紧急状态。飞行员作仪表飞行规则（IFR）飞行时，除了检查在目视飞行规则（VFR）飞行前应检查的项目外，应特别注意交流发电机皮带、天线、静电刷、防冰/除冰设备、皮托管和静压孔等部位。

滑行中，检查所有飞行仪表的工作状况和精度，另外，在试车时，检查气源系统的参数和工作状况，在起飞进入 IFR 条件前确保所有的系统能正常工作。

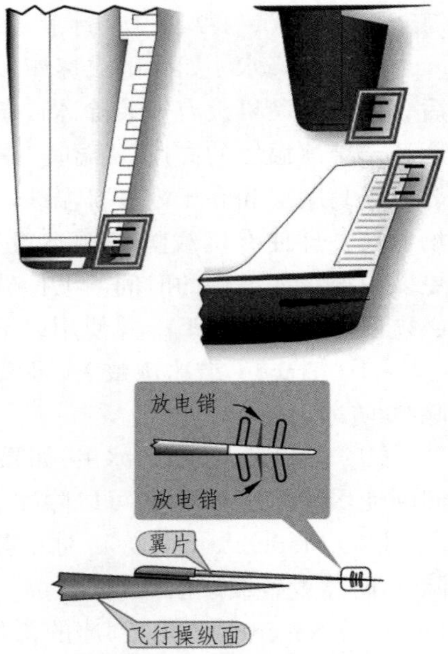

12.3.1　电子飞行显示故障

图 12.2　静电刷

当飞行员熟悉和习惯了新型的电子显示后，他们会逐渐依赖于这些系统。这些系统成了飞行员获得导航和飞行数据的主要来源，而不是当初设计作为飞行数据的辅助来源。

如果完全依靠动态地图进行导航，一旦出现一块或多块飞行显示屏幕故障后，问题就会出现。这时，系统转换到复合模式（称作逆转性），综合显示 PFD 和发动机指示系统信息，删除了动态地图显示，如图 12.3 所示。

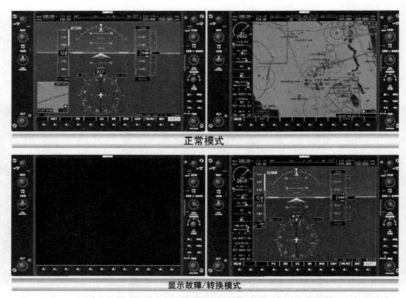

正常模式

显示故障/转换模式

图 12.3　G1000 PFD 的正常显示模式和在系统故障时的转换模式

如果飞行员已经习惯依据动态地图显示来获得导航信息和处境意识，则他将缺乏重要信息，如飞机位置、最近机场或与其他飞机的距离。

电子飞行显示只是导航数据的备份来源，不能代替航路图。为保持处境意识，飞行员应遵照航路图来监视 PFD。重要的是，飞行员应清楚知道其他飞机相对自己的位置，知道离自己最近的机场。一旦出现电子显示故障时，这些信息就至关重要。

如果飞行员使用电子数据库代替机场设施目录，一旦屏幕故障或电气失效时，他就不能获得机场信息。而如果飞行员无法获得机场信息，飞行决断就只能妥协。

12.3.2　交流发电机/发电机故障

对于不同的飞机，交流发电机失效时的指示各不相同。有些飞机使用电流表指示电瓶的充电和放电状态：电流表指示正值表示充电状态，电流表指示负值表示放电状态；某些飞机使用负载表来指示交流发电机的承载负荷，如图 12.4 所示。

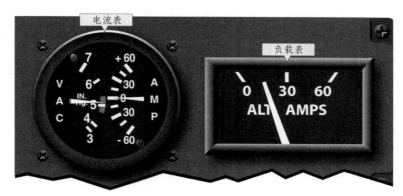

图 12.4　电流表（左）和负载表（右）

有时，飞机上会安装一个指示灯来警告飞行员有交流发电机故障。有些飞机，比如 Cessna172 型，其指示灯安装在仪表板左下侧，飞行员摊开航图时难以发现指示灯亮，所以，在飞行中应确保这些安全指示设备在视线范围内。

飞机在电气充电系统故障后，在整个系统失效前，飞行员可以依靠电瓶提供大约 40 分钟的飞行。这个时间是一个大概值，并不适用于所有飞机。另外，电瓶可能并不是完全充满，电气耗尽的时间可能变短。无论何时，一旦出现电气充电系统故障时，飞行员都不要考虑继续飞行，应尽快在最近的合适机场落地。

12.3.3　电气使用技术

1. 主电瓶电门

使用最小马力飞向计划的机场，能保存主电瓶负荷。如果飞机安装的是有两个位置的摇臂电门（主电瓶/交流发电机），就可以将主电瓶从电气系统中隔离，保存电力，如图 12.5 所示。

2. 主电瓶的使用

在飞往计划落地机场的航路上，尽量减少电气负荷，关断所有不必

图 12.5　双摇臂式电门

要的电气设备。例如，有两部通信机时，可关掉其中的一部；关掉不重要的灯光等。如果无法关断无线电、灯光等设备，人工拔出断路器可将这些设备与电气系统隔离开来。电力的可用时间为 30 ~ 40 分钟，许多其他因素都会影响电力可用时间。

12.3.4　交流发电机/发电机失效对电子飞行仪表的影响

现代飞机使用了各种先进技术，电气元件越来越多，所以我们应更多地关注和了解飞机的供电和充电系统。传统的圆表盘仪表飞机使用六大仪表设备，不会过于依赖电气供电；现代电子飞行显示系统依靠电气系统向 AHRS、ADC、发动机指示系统（EIS）等设备供电。在使用传统设备的飞机上，交流发电机或发电机失效是一个不正常情况，但在使用了现代技术的飞机上，这种程度的失效则属于紧急状况。

由于设备对电力的需求增加，飞机制造商有必要在主电瓶旁安装一个备用电瓶。备用电瓶作为主电瓶的备份，当充电系统失效，主电瓶耗尽时，它可以继续充电。当主电瓶电压降低至某一数值（大约 19 伏特）时，备用电瓶将接通供电，此功能一般是通过将备用电瓶电门置于 ARM（预位）位来实现，不过，飞行员仍应参考飞机飞行手册的电气系统章节，以确定其使用细节。备用电瓶向主汇流条供电，使主飞行显示仪（PFD）能正常工作。

主汇流条通常向以下设备供电：
（1）AHRS（姿态和航向基准系统）；
（2）ADC（大气数据计算机）；
（3）PFD（主飞行显示）；
（4）1 号导航无线电台；
（5）1 号通信无线电台；
（6）备用指示器灯光。

12.3.5　电气使用技术

1. 备用电瓶

电气使用的技巧之一，是使用备用电瓶飞向计划着陆的机场以保存主电瓶电力。大多数有电子飞行显示设备的飞机都安装有一个双位置的主电瓶/交流发电机摇臂电门，用来将主电瓶从电气系统断开。将 MASTER 一侧关断，主电瓶从飞机电路中断开，备用电瓶接通，向主汇流条供电。当然，前提是备用电瓶电门必须在 ARM 位，如图 12.6 所示。进近着陆时使用备用电瓶的首要目的是保存主电瓶电力，以便有足够的电能供襟翼、起落架和灯光等使用。当备用电瓶都已经耗尽后，就不能再指望有其他任何的电力可用。一旦充电系统发生故障，电气系统的供电就无法得到保障。

2. 使用主电瓶

在飞往计划落地机场的航路上，应尽量减少电气负载。关断所有不必要的电气设备，如两部同时使用的通信机中的一部、不重要的灯光等。如果无法关断无线电、灯光等设备，可人工拔出断路器将这些设备从电

图 12.6　备用电瓶预位

气系统断开。记住，按故障发生时间的不同，备用电瓶自身耗尽后，驾驶舱可能变得一团漆黑。在紧急状态下，首要任务是保证飞行安全，尽快着陆。

飞机上安装了备份地平仪、高度表、空速指示器（ASI）和磁罗盘，以防 PFD 仪表无法使用，如图 12.7 所示。这也是飞行员最后能使用的仪表。如果飞机上没有一部带有 GPS 导航功能的手持式收发机，则只能依靠推测领航。

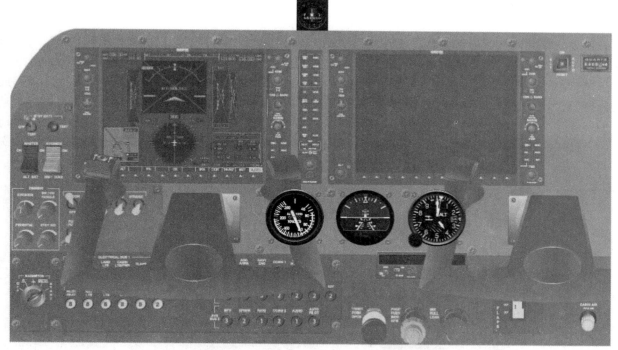

图 12.7　在安装了电子飞行仪表的飞机上，飞行员可以使用的应急仪表

探测到交流发电机故障后，飞行员应减少电瓶的负荷，尽快着陆。在不同的电气负荷和电瓶的状况下，可能会有足够的电力供给 45 分钟的飞行，或者仅能提供数分钟的时间。飞行员应清楚飞机上的哪些系统依靠电气，哪些系统能在无电力时仍然继续工作。飞行员可以按照 POH/AFM 中公布的交流发电机故障程序，尝试排除交流发电机故障。如果无法复位交流发电机，则应将飞机状况通知 ATC，报告将会出现的电气故障。

12.4　分析仪表故障

警告指示器或地平仪与飞机性能仪表的不一致都表明飞机系统或仪表出现了故障。在识别这些故障的部件时，飞行员要保持对飞机的操纵，快速交叉检查所有飞行仪表。故障可能是某个单独的仪表失效，也可能是由于某个系统失效而影响了多部仪表设备。

一种故障识别方法是：立即将带有转弯率指示器的地平仪与和升降速度表（VSI）相比较。这样，除了提供俯仰坡度信息外，还能将静压系统或压力系统和电气系统相比较。判断出故障部件后，利用剩余的可用仪表保持对飞机的操控。

检查合适的电气源，转换到备份或备用系统，必要时复位仪表，这些方法都能尝试恢复失效的部件。遮盖住故障的仪表能帮助飞行员保持飞机操纵和导航。紧接着需要将飞机故障状况通知 ATC。如有必要，应宣布紧急状态，以防情况恶化至飞行员难以操纵的程度。

12.5　气源系统故障

仪表故障可能是由于真空源或压力源失效。发动机机械驱动的真空泵提供真空源或压力，有时由于这些泵故障，地平仪和航向指示器也就不工作了。

图 12.8 所示为真空驱动不工作后，地平仪和航向指示器逐渐失效。如果接通了自动驾驶仪和/或飞行指引仪，当陀螺仪运动变慢时，会造成指示不正常移动或指示错误。在图 12.8 中，飞机实际上是水平姿态，高度 2 000 英尺 MSL（平均海平面高）。如果飞行员没有看到 OFF 或故障旗，就会错误地认为飞机在左转弯，在这种情况下，飞行员甚至会把一个正常的飞行状态转化成危险状态。需要再次强调的是，只有对飞机各系统做过详细分析后，飞行员才能作出正确的决断。

图 12.8　真空管故障

许多小型飞机没有安装真空系统故障的警告，飞行员应监控系统的真空/压力仪表。如果飞行员不能识别可能故障的仪表，这将可能会使飞机进入危险的非正常姿态，需要通过部分仪表改出。为应对这样的失效，飞行员应练习在不参考姿态仪和航向仪的情况下进行仪表飞行。

12.6　全静压系统故障

空速管或静压系统故障会造成仪表显示不再稳定可靠。静压系统故障出现后，将影响空速表、高度表和升降速度表。在大多数的飞机上，飞行员可以选择一个备用静压源。可以从 POH/AFM 手册中找到备用静压源的位置和操纵程序。在非增压的飞机上，如果没有静压源，则飞行员可以敲碎升降速度表的玻璃。仪表飞行不要求必须有升降速度表，敲碎玻璃是向高度表和空速表提供一个静压源，但这个程序可能引起其他的仪表故障。

12.7　通信/导航系统故障

如今，航空电子设备已经非常可靠，通信系统完全故障的可能性很小。但是，每次 IFR 飞行时，我们对两部无线电同时失效的处置要有充分的预先准备。在飞行的每个阶段中，飞行员应清楚飞机应飞哪条航线，应在什么高度以及 ATC 的许可限制将在何时结束。法规中描述了两部无线电通信同时失效的处置程序。如果在 VFR 条件下出现该失效，则飞行员应保持 VFR 飞行，尽快着陆。如果是在 IFR 条件或者在无法保持 VFR 的条件下通信失效，则飞行员应按以下规则继续飞行：

（1）保持最后收到的 ATC 许可的航路；

（2）如果是雷达引导，则从无线电失效时的点直飞到 ATC 引导指令许可的位置点、航路或航线上；

（3）如果没有指定航路，则按照 ATC 已经通知过的进一步的预计航路飞行；

（4）如果没有指定航路，ATC 也没有通知过进一步的预计航路，则按照飞行计划中填写的航路飞行。

在所飞航段上，飞行员应保持以下几项之中最高的高度或飞行高度层：

（1）最后收到的 ATC 许可的高度或飞行高度层；

（2）最低高度（可以转换到最低飞行高度层）；或

（3）ATC 已经通知过的进一步指令中的预计高度或高度层。

除了航路和高度，飞行员还要计划离开 ATC 许可限制点后的飞行：

（1）如果 ATC 许可的限制点是一个进近的起始点，并且曾收到过预计进近的时间，则应尽量在该时刻开始下降或进近。如果没有收到过预计进一步指令时间，则应尽量在预计到达时间开始下降或进近，该预计到达时间是航路上（与 ATC）修正计算过的预计时间。

（2）如果 ATC 许可的限制点不是一个进近的起始点，但收到过预计进一步指令时间，则应在该时间离开 ATC 许可限制点；如果没有收到预计进一步指令的时间，则应在飞机到达该限制点后，直飞到进近起始点，尽量在预计到达时间开始下降或进近，该时间是航路上（与 ATC）修正计算过的预计到达时间。

在执行以上程序时，应将应答机编码设置成 7600，设法与 ATC 建立双向联系。这包括监视导航台（NAVAID）和设法与其他飞机建立联系。

12.8　GPS 最近机场功能

飞行显示设备不同，获得最近机场信息的程序也各不相同。通过使用 PFD、MFD 或 GPS 接收机的最近机场功能，飞行员可以获得最近机场信息。下面是一个常用的系统，飞行员应熟悉所用设备的操作特性。

12.8.1　使用 PFD 查询最近机场

由于电子数据库日趋完善，改航到备降机场变得更加方便。简单按压 PFD 上的一个键，飞行员就可以获得多达 25 个最近机场的信息，这些机场的信息能够满足在结构页面中的标准设置要求，如图 12.9 所示。在 PFD 上显示的默认软键菜单包含一个"NRST（最近机场）"软键，按压该键能打开显示最近 25 个机场信息的文本框。根据着陆跑道的道面状况和跑道长度，飞行员再确定适合飞机着陆的机场。

图 12.9　PFD 显示

打开文本框后，在"最近机场"上方有一闪烁的光标，这些机场都满足在"辅助设置页面"的标准设置要求，如图 12.10 所示。旋转 FMS 旋钮外圈，可以查看所有 25 个机场的信息，这个旋钮位于显示屏的右下角。顺时针旋转 FMS 按钮，将光标调到下一个最近机场。这样连续旋转，可以查看所有的 25 个"最近机场"。机场信息的文本框包括的内容如图 12.11 所示，飞行员可根据情况选择适用机场。

图 12.10　显示在图 12.9 右下角的文本框放大图（KGNV 会闪亮）

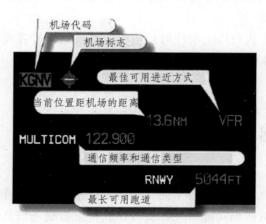

图 12.11　显示在最近机场页面的信息

单个机场的附加信息：除了在屏幕上出现的信息外，通过激活机场的识别标记，然后按压 ENTER 键，飞行员还可以看到附加信息，如图 12.12 所示。

使用此菜单或上述的默认最近机场页面，飞行员可以启动直飞功能，引导飞机沿 GPS 直线航迹飞到机场。另外，通过激活相应的频率，然后按压 Enter 键，飞行员可以自动调谐该频率。该频率显示在 COM1 或 COM2 的蓝绿色框内，作为备份频率。

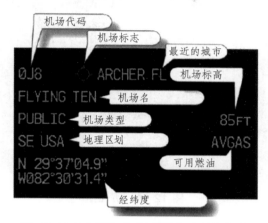

图 12.12 在附加信息页面上显示的信息

12.8.2 使用 MFD 确定最近机场

通过查询在 MFD 上的 NRST 页面，也可以确定最近机场，如图 12.13 所示。这可以向飞行员提供附加信息，但是，查看时需要其他步骤。

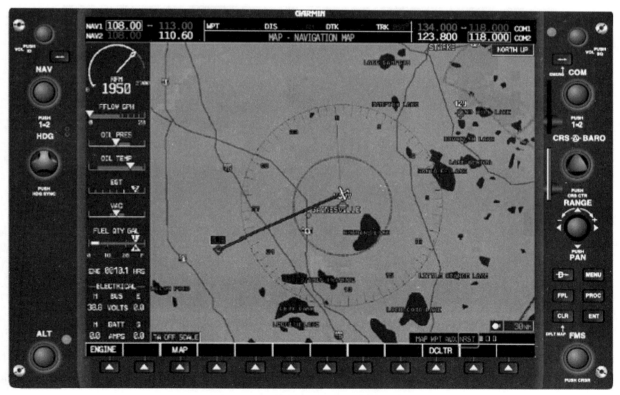

图 12.13 使用 MFD 查询最近机场

大多数显示系统通过使用 MFD 上的不同页面来使导航更加方便，注意在 MFD 屏幕右下角的不同主页面。顺时针旋转 FMS 旋钮可以进行导航选择，如图 12.14 所示。当旋转 FMS 外圈旋钮时，当前页面组指示变成高亮状态，例如，图中 MAP 页面组显示高亮。

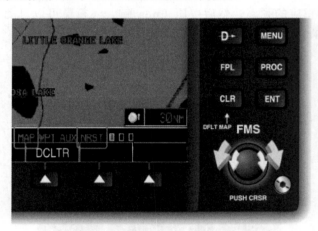

图 12.14　页面组

每个主页面包含不同的子页面，提供与该组内容相关的附加信息。选择了需要的主页面和子页面后，MFD 将保持在该页面，直到改变该页面或至少按压 CLR（清除）按钮 2 秒钟。保持按压 CLR 按钮，显示将返回到默认的动态地图页面。

1. 最近机场页面组

最近机场页面包括所选机场的不同信息，如图 12.15 所示。向飞行员提供有关跑道、频率、可用的进近模式等不同信息。

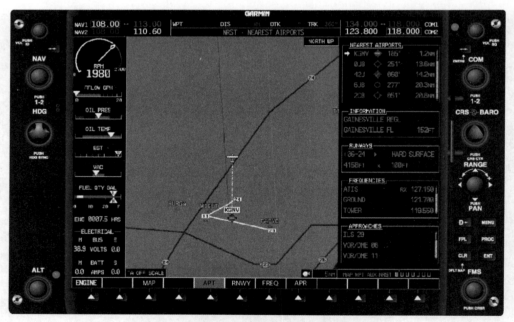

图 12.15　已经选择了最近机场的页面组

2. 最近机场页面软键

飞行员可以通过图 12.16 所示的四个特定软键进入机场页面的单个窗口，也可以通过 MENU 键调出这些窗口。这些软键及其功能如下：

（1）APT（机场）。允许使用者滚读 25 个最近机场信息。白色箭头指示所选机场，INFORMATION（信息）窗口隶属于白色箭头，它将机场代码进行解码。旋转 FMS 旋钮外圈可以滚读 25 个机场信息。

（2）RNWY（跑道）。将光标移到"跑道"部分，使用者可以查阅单个机场的可用跑道信息，这个机场是指 APT 软键选择的机场。绿色箭头表示可用以查阅的其他跑道信息。

（3）FREQ（频率）。将光标移到"频率"部分并激活，飞行员可以将此频率设置到备份框，并能自动调谐。

（4）APR（进近）。将光标移到"进近"部分，飞行员可以查看进近选项，并将它载入飞行计划中。选择了 APR 软键后，会出现另一个软键——LD APR（装载进近）。将光标移动至所需的仪表进近程序后，可以按压 LD APR 软键，屏幕切换到程序页面组。飞行员可以在该页面选择需要的进近、过渡点，选择以激活进近或仅将进近装载到飞行计划中。

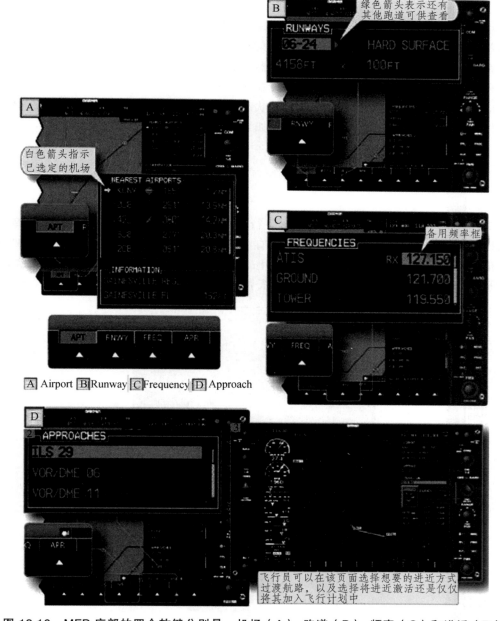

Ⓐ Airport Ⓑ Runway Ⓒ Frequency Ⓓ Approach

图 12.16　MFD 底部的四个软键分别是：机场（A）、跑道（B）、频率（C）和进近（D）

12.9　处境意识

处境意识（SA）并不单是大脑中飞机的位置图，它应该是对所在环境中的各个因素的总体评估以及该评估会对飞行带来的影响。具备好的处境意识的飞行员对飞行的所有状况很清晰，这些飞行员的决断具有前瞻性，并且总能评估不同的选择，提前做出决定。处境意识差的飞行员不能抓住关键问题，这类飞行员的决断是被动的，并且无法预见飞机将会出现的状况，所以最终的结果往往是选择受限并且总是被迫匆忙做出决定。

在一个 IFR 飞行过程中，飞行员可能会处于不同的处境意识水平。例如，飞行员在平飞巡航飞往目的地时可能会处于一个高水平 SA（处境意识）；当 ATC 发布一个飞行员未预期的标准终端进场航路（STAR）后，由于飞行员没有预计到会使用该 STAR，对之也不熟悉，导致处境意识降低；但是，当飞行员熟悉了 STAR 程序，飞机恢复正常导航后，飞行员也恢复到了高水平的处境意识。

降低处境意识的因素包括：注意力分散，出现不寻常或未能预计的事件，自我感觉良好，繁重的工作量，不熟悉的状况出现以及设备失效等。在某些情况下，飞行员可能无法控制处境意识的丢失。例如，气源系统故障和相关的姿态仪和航向指示器失效后，会造成飞行员认为飞机进入了一个非正常姿态。在这种情况下，只有执行相关程序才能重新获得处境意识。

飞行员应认识到，当他们处于一种被动意识状态时，就会丢失处境意识。为重新获得处境意识，飞行员应对情景进行重新评估并且从其他渠道（如导航仪表或 ATC）获得信息。

12.9.1　避让飞机

如同在 PFD 上显示输入的地图一样，电子飞行显示设备还能在 MFD 上显示装有应答机的飞机。但是由于系统的限制，并不是显示所有的飞机。有些 TIS 设备仅显示工作范围内 8 个冲突目标。TIS正常的工作范围是飞机以下 3 500 英尺至飞机以上 3 500 英尺的高度范围之内。水平限制是 7 海里，如图 12.17 所示。不了解系统限制的飞行员只能依靠声音警告来提示有飞机接近。

图 12.17　TIS 在飞机周围的覆盖区域

除了向机外目视搜寻飞机，飞行员还应利用比如 TIS 之类的其他电子显示交通信息。这种交通警告设备提供了观察方向以及避让咨询，但是，它仍然是一种辅助设备，并不能取代飞行员的责任。TIS 之类的设备向飞行员提供了附近飞行物的视觉参考，在移动地图上显示成一个标记，该标记包含高度、垂直变化趋势和飞行方向等相关信息，如图 12.18 所示。

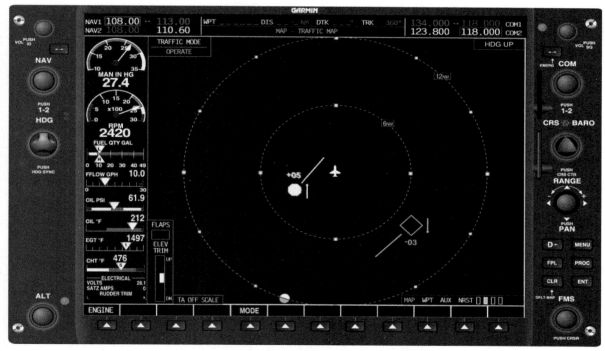

图 12.18　使用 TIS 时飞机 MFD 上的典型显示

大多数系统只允许显示一定数量的飞机目标，所以，系统并不显示附近的所有飞机，它仅显示最近的飞机。另外，系统不显示没有安装应答机的飞机。例如，没有安装应答机的 PIPER CUB 在附近飞行时，就不会有显示。TIS 覆盖范围有时是零散的。人们使用交通咨询软件来增强处境意识，不是用来作为避让飞机的唯一手段。任何东西都无法取代飞行员对周围天空的密切观察。

12.9.2　小　结

在应如何显示信息以及向飞行员显示哪些可用的信息方面，电子飞行显示设备有了很大的提高。飞行员可以仅通过按压一个按钮，便能获得许多只能在传统的印刷物中才能包含的信息（电子数据库已经取代了纸张的手册，也改善了驾驶舱的拥挤状况）。多功能显示器（MFD）能显示动态地图，如同扇区航图一样直观；细节化的显示能描述所有包括临时性飞行限制（TFR）空域，实际上，由于 MFD 的内容过于完善，许多飞行员甚至完全依靠上面的动态地图来进行导航；另外，有些飞行员利用数据库来查询起飞地和目的地的机场信息。

有些飞行员严重依赖电子数据库做飞行计划，已不再采用过去的飞行计划方式。但是，我们应认识到，电子飞行显示虽然能帮助提高飞行总体质量，但是在使用不当时，也会造成事故。无论何时，动态地图都不能代替 VFR 扇区图或低空航路图。

附　录

词汇表

Absolute accuracy（绝对精度）：独立的空间定位能力，飞行员经常使用。

Absolute altitude（绝对高度）：飞机与其所飞越的地形之间的实际距离。

Absolute pressure（绝对压力）：以 0 压力或真空为参考测得的压力。

A.C.（Alternating current）：交流电。

Acceleration error（加速度误差）：一种明显的磁罗盘误差，当飞机向东或向西加速飞行时，引起罗盘向北旋转。

Accelerometer（加速计）：惯性导航系统（INS）的一部分，可以精确地测量某一方向的加速力。

ADF：自动定向仪（Automatic direction finder）。

ADI：姿态指示器（Attitude director indicator）。

ADM：航空决断（Aeronautical decision-making ）。

ADS-B：广播式自动相关监视（Automatic dependent surveillance–broadcast）。

Adverse yaw（反向偏航）：转弯初期机头向转弯反方向偏转的飞行状态，其产生原因是：下偏副翼产生的诱导阻力在机翼上升时将其向后拉。

Aeronautical decision-making（ADM/航空决断）：飞行员所采用的一套系统的思维方法，能始终根据特定情况确定并采取最佳的应对措施。

Agonic line（零磁差线）：地球表面上不规则的假想线，磁极和地极的连线位于该线上，且在该线上无磁差。

Aircraft approach category（航空器进近分类）：根据航空器的最大允许着陆重量下着陆构型失速速度的 1.3 倍进行的性能分类。

Air data computer（ADC/大气数据计算机）：一种航空器机载计算机，接收并处理皮托管压力、静压和温度信息，从而计算出精确的高度、指示空速、真空速和气温。

AIRMET（飞行员气象情报资料）：飞行中的天气咨询，是对区域性天气预报的修正，该咨询通告所修正的天气现象对所有航空器的运行至关重要，这些天气现象对缺少设备、仪表或飞行员缺少相应等级的航空器有潜在的危险。

Airport Diagram（机场图）：仪表进近程序图的一个组成部分，机场的详图。该图包含地面特征和机场的布局信息。

Airport/Facility Directory（A/FD——机场使用细则）：局方出版物，包含所有机场、通信和导航设施的信息。

Airport Surface Detection Equipment（ASDE/机场地面探测设备）：专门设计用来探测机场地面上

所有重要物体和地面交通的雷达设备，所有的探测图像都会在塔台显示；提高了塔台管制员对跑道和滑行道上的飞机和/或车辆运动的目视监测。

Airport Surveillance Radar（ASR/机场监视雷达）：用于监测并显示航空器在终端区内的具体位置的进近管制雷达。

Airport Surveillance Radar Approach（机场监视雷达进近）：一种基于航空器相对于最后进近航段的位置和管制员雷达显示器上显示的航空器距离跑道末端距离，由 ATC 发出指令，飞行员执行命令的进近方式。

Air Route Surveillance Radar（ARSR/航路监视雷达）：航路空中交通管理中心（ARTCC）雷达，主要用于监测和显示位于终端区之间航路段的航空器的位置。

Air Route Traffic Control Center（ARTCC/航路空中交通管理中心）：在管制区域内，主要是在航路飞行段，为按照 IFR 飞行计划运行的航空器提供 ATC 服务的机构。

Airspeed Indicator（空速表）：一种差动压力计，在航空器飞行时测量其所穿越空气的动压。为飞行员显示航空器的空速，通常以"节"为单位。

Air Traffic Control Radar Beacon System（ATCRBS/空中交通管制雷达信标系统）：有时也称作二次监视雷达（SSR），需要利用航空器的机载应答机。地面设备为问询装置，安装了信标天线，该天线可跟随监视天线转动。该问询装置发射一组编码脉冲序列激发航空器的应答机。之后，应答机会向地面设备发回一组预先选择的编码序列作为响应，提供一个较强的回馈信号、明确的飞机标识以及其他特殊数据。

Airway（航路）：航路以从一个导航台或航路交叉点到另一个导航台（或穿过几个导航设施或交叉点）的中心线为基础，用于在终端区之间建立航线。

Alert Area（警戒区）：飞行训练量特别大的区域或有特殊航空活动的区域。

Almanac Data（星历数据）：全球定位系统（GPS）接收机从卫星接收到的信息，描述卫星群中所有卫星的近似轨道位置。GPS 接收机只有通过该信息，才可以知道某一时刻在天空中应该搜索哪几颗卫星。

ALS：进近灯光系统。

Alternate Airport（备降机场）：IFR 飞行计划中指定的机场，如果不能在目的地机场着陆，则应飞向该指定机场。

Alternate Static Source Valve（备用静压源活门）：仪表静压系统中的一个活门，如果正常静压的获取装置堵塞或结冰，通过该活门可向高度表、空速表和升降速度表提供参考气压。

Altimeter Setting（高度表设置）：根据测量站相对于平均海平面的高度作出修正后的场站气压（即获得读数时所在位置的大气压力）。

AME：航空体检师。

Amendment Status（修订状态）：仪表进近程序的生效日期和修订号标注于该进近图上。

Ammeter（电流表）：与电负荷串联的仪表，用于测量流过负载的电流量。

Aneroid（膜盒压力传感器）：高度表或气压计中的感应部件，用于测量空气的绝对压力。该部件为密闭的、扁平状的盒型仪表，由若干个焊接在一起的波纹状金属盘构成，其内部已被抽成真空。

Aneroid Barometer（膜盒气压计）：通过将其上方的空气重量与膜盒压力传感器的弹簧运动相平衡，来测量大气绝对压力的仪表。

Angle of Attack（迎角）：机翼翼弦与相对气流之间的夹角。

Anti-ice（防冰）：通过专门的系统防止冰在航空器结构上聚集。

Approach Lighting System（ALS/进近灯光系统）：从接地点附近开始提供足够明亮的灯光，为从仪表飞行过渡到目视飞行提供方向、距离和下滑道信息。

Area Chart（区域航图）：低空航路图的一部分，以大比例尺为拥挤的区域提供终端数据。

Area Navigation（RNAV/区域导航）：该导航方式可使飞行员仅通过使用航路点，而无需飞越地基导航设施，就能够按照已选择的航线飞向预定点。

ARSR：航路监视雷达。

ARTCC：航路空中交通管理中心。

ASDE：机场地面探测设备（Airport Surface Detection Equipment）。

ASOS：自动地面观测站（Automated Surface Observing Station）。

ASR：机场监视雷达（Airport Surveillance Radar）。

ATC：空中交通管制（Air Traffic Control）。

ATCRBS：空中交通管制雷达信标系统（Air Traffic Control Radar Beacon System）。

ATIS：终端自动情报服务（Automatic Terminal Information Service）。

Atmospheric Propagation Delay（大气传播延迟）：来自卫星的电磁波由于折射造成 GPS 系统错误。

Attitude And Heading Reference Systems（AHRS/姿态和航向参考系统）：由三轴感应器组成的系统，为航空器提供航向、姿态和偏航信息。AHRS 设计用于替代传统的机械陀螺飞行仪表，可提供更好的可靠性和准确度。

Attitude Director Indicator（ADI/姿态指引指示器）：配备了飞行指引杆的地平仪，可提供俯仰和滚转指示。

Attitude Indicator（地平仪/航空地平仪）：所有仪表飞行的基础，该仪表反映飞机相对于天地线的姿态。

Attitude Instrument Flying（姿态仪表飞行）：通过参照仪表而非外部目视参考来控制飞机。

Autokinesis（自动移动错觉）：夜间的一种视觉错觉，感觉静止的灯光在移动，凝视该灯光几秒钟之后，这一错觉更加明显。

Automated Weather Observing System（AWOS/自动气象观测系统）：自动气象观测系统由数个感应器、处理器、一套电脑生成的语音子系统以及用于发射气象数据的发射机组成。

Automated Surface Observing Station（ASOS/自动地面观测站）：通过数字化音频广播和打印的报告每分钟提供一次场面观测信息。

Automatic Dependent Surveillance–broadcast（ADS-B/广播式自动相关监视）：航空器使用的一种设备，连续地发送位置（如经纬度和高度）、速率及其他可能的信息。

Automatic Direction Finder（ADF/自动定向仪）：在低频或中频段工作的一种电子导航设备，与地面无方向性信标（NDB）配合使用，显示从航空器航向到所接收电台的顺时针角度。

Automatic Terminal Information Service（ATIS/自动终端信息服务）：在指定终端区域内，播放非控制的录音气象信息的广播服务。其目的是提高管制员的效率，并通过自动反复播放重要的常规气象信息来缓解频率拥堵。

Aviation Medical Examiner（AME 航空体检师）：由民航医疗机构指定的受过航空医学训练的医师。

Azimuth Card（方位刻度盘）：可以设定的刻度盘，由陀螺控制或由远端罗盘驱动。

Back Course（BC/反航道）：反向的 ILS 航向道。在反航道进近时，航空器从安装航向道天线的跑道端进近。

Baro-aiding（气压辅助）：通过使用非卫星输入源提高 GPS 精度的一种方法。为确保气压辅助可用，必须按运行手册的要求输入当前的高度表设定值。

Barometric Scale（气压刻度）：高度表上的刻度，飞行员根据该刻度来设置气压值，高度表指针所指示的高度是通过该气压值来测量的。

Block Altitude（高度区间）：由 ATC 指定的允许高度偏差的高度区间，如"保持高度 9 000 ~ 11 000"。

Cage（陀螺锁定）：球形仪表上的黑色标志，显示仪表的中立位置。

Calibrated（校准）：将仪表指示值与标准值相比较，以确定仪表的准确度。

Calibrated Orifice（校准孔）：特定直径的孔，用于延迟升降速度表的压力变化。

Calibrated Airspeed（修正空速）：航空器在空气中的运动速度，将指示空速进行仪表和位置误差修正后得出。

CAS：修正空速（Calibrated airspeed）。

CDI：航道偏离指示器（Course deviation indicator）。

Changeover Point（COP/转换点）：航路或航线段上，在两个临近的导航设施或航路点之间的一个点，在该点处需要转换导航源。

Circling Approach（盘旋进近）：在仪表进近中，当直接进近着陆不可行时，飞行员所采用的一种反向着陆的机动飞行。

Clean Configuration（光洁形态）：所有飞行操纵面都已设置为最小阻力的形态。对于大多数航空器来说该形态意味着襟翼和起落架已收上。

Clearance（许可）：在管制空域内的特定交通状况下，ATC 对航空器的运行许可，目的是为已知的航空器提供间隔。

Clearance Delivery（许可放行）：负责向 IFR 飞行发送离场许可的塔台管制席位。

Clearance Limit（许可限制）：在发布一个空中交通许可时，该许可中要求的定位点、航路点或位置。

Clearance on Request（许可请求中）：提交飞行计划后还未收到的 IFR 许可的状态。

Clearance Void Time（许可失效时间）：ATC 用语，当起飞未进行时，离场许可自动取消的时间。如果在指定时间内未起飞，飞行员必须获得新的许可或取消该 IFR 飞行计划。

Clear Ice（明冰）：光滑、透明或半透明的冰，由较大的过冷水滴缓慢凝结而成。

Compass Course（罗盘航向）：修正磁差和磁偏角后的真航向。

Compass Locator（磁指示器）：在 ILS 外指点标或中指点标设施上安装的低功率、中低频率（L/MF）的无线电信标。

Compass Rose（罗盘刻度盘）： 360 度等分的小圆盘，在航图上用于显示不同位置的磁差，或在仪表上用于指示方向。

Computer Navigation Fix（计算机导航定位点）：用于定义机载计算机系统（如 GPS 或 FMS）导航轨迹的点。

Concentric Rings（同心圈）：印制在仪表进近程序平面图上的虚线圈，位于参考圈的外部，显示主航路和辅助航路设备。

Cone of Confusion（锥形盲区）：VOR 台正上方的一个锥形区域，在该区域内接收不到任何信号，引起 CDI 摆动。

Control and Performance（操纵和性能）：一种姿态仪表飞行的方法，参照一个主用仪表改变姿态，其他仪表用于监控。

Control Display Unit（控制显示组件）：主计算机的一个显示界面，飞行员在该界面上可控制所有导航系统，从而减少了驾驶舱所需的面板数量。

Controlled Airspace（管制空域）：已定义范围的空域，在该空域内 ATC 按照空域分类，为 IFR 和 VFR 飞行提供服务。

Control Pressures（操纵杆力）：为获得所需姿态，飞行员需要对操纵杆施加的力。

Convective Weather（对流天气）：积云中不稳定的上升空气。

Convective SIGMET（对流性重要天气/对流性重要气象情报）：对所有航空器的安全至关重要的有关对流性天气的一种天气咨询，包括雷暴、冰雹和热带风暴。

Coordinated Flight（协调飞行）：通过施加有效的操纵，使用最小的操纵力变化即可保持平衡的飞行。

COP：转换点（Changeover Point）。

Coriolis Illusion（科里奥利错觉）：指向完全不同的轴旋转或移动的错觉。当长时间的恒速转弯停止时，如果头部突然运动，就会刺激人脑的运动感知系统，从而诱发该错觉。

Crew Resource Management（CRM/机组资源管理）：有效使用所有可用资源（人力、硬件和信息）。

Critical Areas（临界区域）：当地面车辆或飞机在航向道或下滑道天线附近活动时，ILS 航向道和下滑道可能会被干扰的区域。

Cross-check（交叉检查）：仪表飞行的首要基本技术，也称为"扫视"，指持续性地对仪表进行有序的观察，以获取姿态和性能信息。

Cruise Clearance（巡航许可）：ATC 发布的许可，允许飞行员在最低 IFR 高度以上至许可高度之间的任何高度飞行，准许飞行员飞向目的地机场实施进近。

Current Induction（感应电流）：导体由于切割磁体的磁感线而感应产生的电流。

DA：决断高度（Decision Altitude）。

D.C.：直流电（Direct Current）。

Dark Adaptation（暗适应）：眼睛的物理和化学调整，使人在相对较暗的环境下可看到物体。

Deceleration Error（减速误差）：磁罗盘误差的一种，飞机在向东或向西飞行中，当飞机减速时，引起罗盘刻度盘向南旋转。

Decision Altitude（DA/决断高度）：精密进近中的一个指定高度，在航图中的单位为英尺（平均海平面）。如果在这个位置继续进近所必需的目视参考未能建立，在该高度就必须开始复飞。

Decision Height（DH/决断高）：精密进近中的一个指定高度，在航图中标示为距跑道入口的高，在该点必须做出继续进近或复飞的决断。

Deice（除冰）：将积冰从飞机结构上除去。

Density Altitude（密度高度）：修正非标准温度后的压力高度。密度高度用于计算航空器及其发动机的性能。

Departure Procedure（DP/离场程序）：预先计划好的 IFR ATC 离场程序，专为飞行员的使用而发布，采用文本和图片格式。

Deviation（磁偏）：指由航空器内的电器设备产生的磁场引起的磁罗盘误差。任何一个航向的磁偏误差都不相同。

DGPS：差分全球定位系统（Differential Global Positioning System）。

DH：决断高。

Differential Global Positioning System（差分全球定位系统）：通过测量变量的变化提供卫星定位修正，以增强全球导航卫星系统（GNSS）精确度的系统。

Direct Indication（直接显示）：飞机俯仰和坡度的真实和实时反映，通过地平仪中小飞机相对人工天地线的位置来表示。

Direct User Access Terminal System（DUATS/直接用户接入终端系统）：通过接入系统的个人电脑、调制解调器或电话，向飞行员提供当前局方气象和飞行计划登记服务的系统。飞行员可以请求特定类型的气象简报和已制订计划的飞行的其他相关数据。

Distance Circle（距离圈）：见参考圈。

Distance Measuring Equipment（DME/测距仪）：脉冲型电子导航系统，通过仪表面板指示，向飞行员显示飞机与地面电台或航路点之间的海里数。

DME：测距仪（distance measuring equipment）。

DME Arc（DME 弧）：以电台或航路点为圆心等距的飞行轨迹。

Double Gimbal（双万向支架）：姿态仪表中陀螺所使用的一种框架。两个万向支架的轴与陀螺旋转轴成适当的角度，以便围绕陀螺在两个平面内自由运动。

DP：离场程序。

Drag（阻力）：与相对气流平行的净空气动力，通常是两个分量的和：诱导阻力和废阻力。

Drag Curve（阻力曲线）：将诱导阻力和废阻力一起绘制所形成的曲线。

DUATS：直接用户接入终端系统（Direct User Access Terminal System）。

Duplex（双工通道）：一个频率发射，另外一个频率接收。

Eddy Currents（涡电流）：金属杯或金属盘在切割移动磁体的磁力线时感应产生的电流。

EFAS：航路飞行咨询服务。

EFC：预计下一个许可。

Electronic Flight Display（EFD/电子飞行显示）：使用 LCD 或其他成像系统（CRT 等）进行的飞行仪表显示统称为电子飞行显示。

Elevator Illusion（升降错觉）：由上升或下降气流引起飞机在垂直方向上突然加速，导致产生上升或下降的错觉。

Emergency（紧急情况）：遇险或紧急的状况。

Emphasis Error（专注错误）：在交叉检查过程中过多地注意某一个仪表，而不是综合参照获取姿态和性能信息所必需的多个仪表。

EM Wave：电磁波。

Encoding Altimeter（编码高度表）：一种特殊类型的气压式高度表，用于向地面的空中交通管制员发送信号，显示航空器所飞的压力高度。

En route Facilities Ring（航路设备指示圈）：在起始进近程序平面图中绘制的标识圈，标出了导航设施、定位点和交叉点，是低空航路图结构的一部分。

En Route Flight Advisory Service（EFAS/航路飞行咨询服务）：在航路上仅提供气象的 AFSS 服务。

En Route High-altitude Charts（高空航路图）：平均海平面 18 000 英尺及以上高度的航路仪表导航图。

En Route Low-altitude Charts（低空航路图）：平均海平面 18 000 英尺以下高度的航路 IFR 导航图。

Equivalent Airspeed（当量空速）：在标准大气压、海平面条件下，该空速等于修正空速（CAS）。当空速和压力高度增加时，修正空速将高于实际值，此时必须从修正空速中减去对空气压缩的修正量。

Expect-further-clearance（EFC/预计进一步许可时间）：在飞越一个许可限制点后飞行员可以预计接收到许可的时间。

局方：美国联邦航空管理局（Federal Aviation Administration）。

FAF：最后进近定位点。

False Horizon（虚假天地线）：在调整飞机姿态时获得的不准确的视觉信息，由各种自然和几何地形引起，使飞行员对真实天地线的位置产生错误判断。

Feeder Facilities（引导设施）：被 ATC 用于引导飞机飞向介于航路和起始进近定位点之间的定位点。

Final Approach（最后进近）：仪表进近程序的一部分，在该段完成对正跑道和下降着陆。

Final Approach Fix（FAF/最后进近定位点）：IFR 向机场最后进近的起始点，该点标志着最后进近段的开始。在官方航图上，非精密进近的最后进近定位点为马耳他十字符号，精密进近的最后进近定位点为闪电霹雳信号。

Fixating（视觉固着）：仅凝视一个仪表，影响交叉检查的进程。

FL：飞行高度层。

Flight Configurations（飞行形态/构型）：调整飞机的操纵面（包括襟翼和起落架），以获得特定的姿态。

Flight Director Indicator（FDI/飞行指引指示器）：飞行指引系统主要部件之一，可为飞行员（自动驾驶，如果已连接）提供操纵指令。

Flight Level（FL/飞行高度层）：当飞机在过渡高度以上飞行时所使用的高度度量（以百英尺为单位），此时高度表拨正值为 1 013.25 百帕。

Flight Management System（FMS/飞行管理系统）：飞行管理系统将远程和近程感应器的信息综合输入后，为飞行员和机组提供高精度和自动远程导航能力。

Flight Path（飞行航径）：航空器正在或即将飞过的航线、航道或航迹。

Flight Patterns（飞行航线）：通过参照仪表而非外部目视参考的基本机动飞行，用于练习基本的姿态飞行。该航线模拟了在仪表飞行中会遇到的飞行机动，如等待航线、程序转弯和进近。

Flight Strips（飞行进程单）：包含仪表飞行信息的纸条，通常是 ATC 在安排飞行计划时使用。

FMS：飞行管理系统。

Form Drag（形状阻力）：由航空器或其某个部件的形状造成的阻力。

Fundamental Skills（基本技术）：指飞行员必须掌握的仪表交叉检查技术、仪表判读技术和飞行操纵技术。

Glide Slope（GS/下滑道）：ILS 的组成部分，从仪表进近的跑道端向上以 3° 的角度发射无线电波束。下滑道为最后进近段的航空器提供垂直引导，以便航空器在沿航向道做 ILS 进近时跟随其下降。

Glide Slope Intercept Altitude（下滑道截获高度）：精密进近中能够确保超障余度的中间进近段的最低高度。

Global Landing System（GLS/全球着陆系统）：一种带完整性限制的水平和垂直引导的仪表进近（与气压垂直导航-BRO VNAV-相似）。

Global Navigation Satellite Systems（GNSS/全球导航卫星系统）：覆盖全球的、提供自主地理空间定位的卫星导航系统，允许小型电子接收机使用从卫星直线发射出的无线电时间信号确定其位置（经纬度和高度），精度在几米以内。

GNSS：全球导航卫星系统（Global Navigation Satellite Systems）。

Global Positioning System（GPS）：使用卫星而非地基发射器来获取位置信息的导航系统。

Goniometer（测角器/测向器）：用于无线电频率（RF）天线系统的一种方向感应设备，由两个呈 90° 夹角的固定线圈组成，这两个线圈分别感应所接收信号的强度，并将这些信号发送给密闭的方向指示仪表中的两个转子（同样呈 90°）。两个转子与仪表的方向指针相连接，由一个小电动机驱动，在感应到转子附近的最小磁场时停止转动。

GPS：全球定位系统。

GPS Approach Overlay Program（GPS 进近覆盖程序）：飞行员在 IFR 条件下使用 GPS 航空电子设备执飞指定的现有非精密仪表进近程序的授权，LOC、LDA 和 SDF 程序除外。

Graveyard Spiral（墓地盘旋）：在长时间、协调、恒速的转弯中产生的已停止转弯的错觉，可造成方向感不强的飞行员失去对飞机的控制。

Great Circle Route（大圆航线）：地球表面两点之间的最短距离的航线。

Ground Proximity Warning System（GPWS/近地警告系统）：使用无线电测量和确定航空器距地面障碍物高度的系统，为航空器相对于突出地形提供有限的预警。

Groundspeed（地速）：飞越地面的速度。接近电台或航路点的速度或航空器向某个方向飞行飞越地面的速度，取决于使用的导航系统。

GS：下滑道。

GWPS：近地警告系统。

HAA：距机场的高度。

HAL：距着陆点的高度。

HAT：距接地点标高的高度。

Hazardous Attitudes（危险态度）：可能会导致飞行员判断力变差的五种航空决断态度：反权威、易冲动、侥幸、逞能和屈从。

Hazardous Inflight Weather Advisory Service（HIWAS/飞行中危险天气咨询服务）：通过 VOR 电台向飞行员提供录制好的气象情报广播的一种服务。.

Head-up Display（HUD/平视显示）：一种特殊的透明飞行显示屏，飞行员在通过航空器风挡观察其他空中交通、进近灯或跑道的同时，还可以通过该显示屏观察飞行仪表和其他数据。

Height Above Airport（HAA/距机场高度）：最低下降高度与公布的机场标高之间的高度差。

Height Above Landing（HAL/距着陆点的高度）：用于直升机仪表进近程序，距指定的直升机着陆区域的高。

Height Above Touchdown Elevation（HAT/距接地点标高的高度）：决断高度/决断高或最低下降高度与接地区域（跑道的前 3 000 英尺）中最高的跑道标高之间的高差。

HF：高频。

Hg：水银（汞）的缩写，来自拉丁文（hydrargyrum）。

HIWAS：飞行中危险天气咨询服务（Hazardous Inflight Weather Advisory Service）。

Holding（等待）：预先确定的保持飞机在特定空域的飞行机动，等待 ATC 的进一步许可。

Holding Pattern（等待航线）：跑马道式的航线，包含两个弯道航线和两个直道航线，使飞机围绕某地理定位点保持在预定的空域内飞行。标准的等待航线是右转等待，非标准的等待航线是左转等待。

Homing（归航）：航空器以任意航向保持指针指向 0°相对方位角的位置进行飞行。

Horizontal Situation Indicator（HSI/水平状态指示仪）：一种飞行导航仪表，将航向指示器和 CDI 整合在一起，可以让飞行员更为直观地判读航空器相对于航线的位置。

HSI：水平状态指示仪。

HUD：平视显示。

Human Factors（人为因素）：涵盖多个学科领域，包括行为和社会科学、工程和生理学，主要考察影响个体和机组表现的各种变量，目的是优化人的表现并减少错误。

Hypoxia（缺氧症）：人体内缺氧的一种状态，会削弱大脑和其他器官的功能。

IAF：起始进近定位点（Initial Approach Fix）。

IAP：仪表进近程序（Instrument Approach Procedures）。

IAS：指示空速（Indicated Airspeed）。

Ident（识别）：应答机按钮，当 ATC 要求时，飞行员通过按压此按钮，在管制员的雷达屏幕上确认回复信号。

IFR：仪表飞行规则（Instrument Flight Rules）。

ILS：仪表着陆系统（Instrument Landing System）。

ILS Categories（仪表着陆系统分类）：按照机场所安装的仪表着陆系统的标准，对机场允许的仪表进近程序进行分类：

ILS Ⅰ类：进近至距接地点高不低于 200 英尺（60 米），且跑道视程不小于 1 800 英尺（550 米）。

ILS Ⅱ类：进近至距接地点高不低于 100 英尺（30 米），且跑道视程不小于 1 200 英尺（350 米）。

ILS Ⅲ A 类：无最低决断高进近，跑道视程不小于 700 英尺。

ILS Ⅲ B 类：无最低决断高进近，跑道视程不小于 150 英尺。

ILS Ⅲ C 类：无最低决断高进近，无最小跑道视程限制。

IMC：仪表气象条件（Instrument Meteorological Conditions）。

Indicated Airspeed（IAS/指示空速）：显示空速表刻度盘上的速度。IAS 与修正空速（CAS）直接相关，存在仪表误差和位置误差。

Indirect Indication（间接指示）：通过除地平仪以外的其他仪表来间接反映航空器的俯仰坡度姿态。

Induced Drag（诱导阻力）：由于升力的产生而产生的阻力，其大小与空速成反比。随着空速减小，迎角必须增加，诱导阻力随之增加。

Induction Icing（进气道结冰）：进气系统的一种结冰形式，会减少燃烧可用空气的总量。最常见的进气结冰是汽化器结冰。

Inertial Navigation System（INS/惯性导航系统）：基于计算机的导航系统，通过对加速计计算的速度累积来追踪航空器的运动。首先将航空器的起始位置输入计算机，航空器之后所有的加速运动都将被感应，并通过计算对位置进行更新。INS不需要任何外部信号输入。

Initial Approach Fix（IAF/起始进近定位点）：仪表进近程序图上标示的定位点，该点是仪表进近程序的起始点。

INS：惯性导航系统（Inertial Navigation System）。

瞬时升降速度表（IVSI）：通过在升降速度表中，无滞后或几乎无滞后地显示给定瞬间内的爬升率或下降率，来协助对升降速度趋势的判读。

Instrument Approach Procedures（IAP/仪表进近程序）：在仪表飞行条件下，为使航空器有秩序地从起始进近开始过渡到着陆或至可进行目视着陆的一点而规定的一系列预先确定的飞行机动。

Instrument Flight Rules（IFR/仪表飞行规则）：局方制定的规章和法则，当不能够通过参照外部目视参考来安全飞行时，飞行将受该规则的限制。IFR飞行需要参照驾驶舱中的仪表和航图，通过使用电子设备来完成导航。

Instrument Landing System（ILS/仪表着陆系统）：为特定跑道提供水平和垂直引导的电子系统，用于执行精密进近程序。

Instrument Meteorological Conditions（IMC/仪表气象条件）：能见度、云底高等参数低于目视气象条件所规定的最低气象标准时，按要求必须在IFR下运行。

Instrument Takeoff（仪表起飞）：使用仪表而非外部目视参考来保持方向并执行安全的起飞。

Interference Drag（干扰阻力）：产生涡流、紊流的气流或对平稳气流造成阻碍的气流发生碰撞而产生的阻力。

International Civil Aviation Organization（ICAO/国际民航组织）：联合国专门机构之一，目标是发展国际航空的规则和技术等，促进国际民用航空运输的规划与发展。

International Standard Atmosphere（IAS/国际标准大气压）：压力和温度标准变化的模型。

Inversion Illusion（倒翻错觉）：感到航空器向后倒翻的错觉，在缺少目视参考的条件下，从爬升突然转为直线平飞时所引起的错觉。

Inverter（逆变器）：一种固态电子元件，将直流电转化成交流电，以使用合适的电压和频率运行交流电陀螺仪表。

Isogonic Lines（等磁偏角线）：航图上连接相同磁偏角的点组成的线。

IVSI：瞬时升降速度表（Instantaneous Vertical Speed Indicator）。

Jet Stream（高空急流）：高速的狭窄风带，常见于对流层顶附近，通常是从西向东吹。

KIAS：以节为单位的指示空速。

Kollsman Window（气压刻度窗）：气压式高度表的气压刻度窗，用于调整高度表基准。

Lag（滞后）：在仪表指针获得稳定指示之前的延迟。

Land as Soon as Possible（尽快着陆）：ATC向飞行员发出的指令。在能够确保安全地进近和着陆的情况下，不要延迟，在最近的合适区域着陆，如开阔地。

Land Immediately（立即着陆）：ATC向飞行员发出的指令，要求着陆的紧急程度最高。首要考虑是确保机内成员的生命安全，在树丛、水或其他不安全区域着陆只能作为最后的选择。

LDA：航道信标式定向设备（Localizer-type Directional Aid）。

Lead Radial（入航径向线）：以脱离DME弧的起始转向点为起点，转入入航航道的径向线。

Leans（倾斜错觉）：在进入坡度时过于缓慢，未能刺激耳内的运动感应系统，之后突然改变该坡度，引起的生理错觉。突然的修正会使人产生向相反方向压坡度的错觉。

Lift（升力）：机翼空气动力合力的一个分量，与相对气流垂直。

Lines of Flux（磁通线）：磁体两极之间不可见的磁力线。

L/MF：低频或中频。

LMM：中指点标（Locator Middle Marker）。

Load Factor（载荷因数）：某一特定载荷与航空器总重量的倍数。特定载荷表示为以下力：空气动力、惯性力或地面/水面反作用力。

Loadmeter（负荷表）：一种电流表，安装在发电机输出端和飞机电气系统主汇流条之间。

LOC：航向信标台（Localizer）。

Local Area Augmentation System（LAAS/局域增强系统）：一种差分全球定位系统（DGPS），通过确定来自 GPS 卫星的位置误差，向空中 GPS 接收机发射误差或修正因数，来增强系统的精确度。

Localizer（LOC/航向信标台）：ILS 的组成部分，最后进近时沿仪表跑道中心线提供左/右引导信息。

Localizer-type Directional Aid（LDA/航道信标式定向设备）：用于非精密仪表进近的导航设施，其效用和精确度可与航道信标台相比，但它不是完整的 ILS 的一部分，未与跑道对准。一些 LDA 还配备了下滑道。

Locator Middle Marker（LMM/中指点标）：与中指点标（MM）安装在一起的无方向性无线电信标（NDB）磁指示器。

Locator Outer Marker（LOM/外指点标）：与外指点标（OM）安装在一起的 NDB 磁指示器。

LOM：外指点标（Locator Outer Marker）。

Long Range Navigation（LORAN/远程导航）：通过测量从两个固定发射机接收到的同步脉冲信号的时间差来确定位置双曲线的电子导航系统。LORAN A 的频段为 1 750～1 950 kHz，LORAN C 和 LORAN D 的频段为 100～110 kHz。

LORAN：远程导航（Long Range Navigation）。

Low or Medium Frequency（低频或中频）：频率范围为 190～535 kHz，高于 300 kHz 为中频。通常与无方向性信标相关，该信标会连续发射调幅 400～1 020 Hz 的载波。

Lubber Line（航向标线）：磁罗盘或航向指示器使用的参考标线。

MAA：最大批准高度（Maximum Authorized Altitude）。

Mach Number（马赫数）：在相同大气条件下，航空器真空速与当地音速的比值。该单位是为了纪念 19 世纪物理学家恩斯特·马赫（Ernst Mach）。

Mach Meter（马赫表）：显示航空器飞行的真空速与音速比率的仪表。

Magnetic Bearing（MB/磁方位）：相对于磁北的向背台的方位。

Magnetic Heading（MH/磁航向）：航空器机头相对于磁北的方向。

Mandatory Altitude（强制高度）：仪表进近航图上标示的高度，该高度值带有下划线和上划线。航空器必须保持图示的高度值。

Mandatory Block Altitude（强制高度区间）：仪表进近航图上标示的高度有两个带下划线和上划线的高度值，航空器的高度必须保持在这两个高度之间。

MAP：复飞点（Missed Approach Point）。

Margin Identification（注释）：在仪表进近航图的顶部或底部区域，显示程序的相关信息，包括机场位置和程序识别码。

Marker Beacon（指点信标）：低功率发射机，在较小的扇形空间内向上发射信号。安装在进近着陆的飞行路线上，当航空器接近指点信标时，会有音频和可视的指示。

Maximum Altitude（最大高度）：仪表进近航图上标示的带上划线的高度，航空器必须保持不高于该高度。

Maximum Authorized Altitude（MAA/最大许可高度）：公布的某空域范围或航段的最高可用高度。

MB：磁方位（Magnetic Bearing）。

MCA：最低穿越高度（Minimum Crossing Altitude）。

MDA：最低下降高度（Minimum Descent Altitude）。

MEA：最低航路高度（Minimum en Route Altitude）。

Mean sea level（平均海平面）：在某一特定位置综合 19 年间所有潮汐水位的平均海平面高度。

MFD：多功能显示器（Multi-function Display）。

MH：磁航向（Magnetic Heading）。.

MHz.：兆赫（Megahertz）。

Microwave Landing System（MLS/微波着陆系统）：在微波波谱范围内工作的一种精密仪表进近系统，通常包括一个方位角引导台、标高引导台和精密测距设备。

Military Operations Area（MOA/军事活动区）：是在 IFR 空中交通以外，为隔离某些军事训练活动设定的空域。.

Minimum Altitude（最低高度）：仪表进近航图标示的带下划线的高度值，航空器必须位于或高于该高度飞行。

Minimum Crossing Altitude（MCA/最低穿越高度）：当航空器继续飞向更高的最低航路高度（MEA）时，必须穿越某些定位点时的最低允许高度。

Minimum Descent Altitude（MDA/最低下降高度）：最后进近或非精密进近盘旋着陆机动飞行时许可的最低下降高度（平均海平面高度/英尺）。

Minimum en Route Altitude（MEA/最低航路高度）：在无线电定位点之间所公布的最低高度。该高度能满足这些定位点之间的超障余度要求，并且确保导航信号覆盖该航段。

Minimum Obstruction Clearance Altitude（MOCA/最低超障高度）：在 VOR（甚高频全向信标）航路及其航路范围内，各无线电定位点之间所公布的有效最低高度。该高度符合整个航段超障余度的要求。

Minimum Safe Altitude（MSA/最低安全高度）：标注于进近图上，在以指定导航台为圆心，特定距离为半径的范围内，能保证有 1 000 英尺超障余度作应急使用的最低高度。

Minimum Vectoring Altitude（MVA/最低引导高度）：雷达引导时使用的，可保证超障余度的，低于最低航路高度（MEA）的 IFR 高度。

Minimums Section（最低标准栏）：仪表进近程序航图中的一个区域，显示该进近的最低高度和能见度要求。

Missed Approach（复飞）：仪表进近不能完成着陆时，飞行员执行的飞行机动。

Missed Approach Point（MAP/复飞点）：在每一个仪表进近航图中都标示的点，在该点如果必要的目视参考无法建立，就应当执行复飞程序。

Mixed Ice（毛冰）：明冰和雾凇的混合物。

MLS：微波着陆系统（Microwave Landing System）。

MM：中指点标（Middle Marker）。

MOA：军事活动区（Military Operations Area）。

MOCA：最低超障高度（Minimum Obstruction Clearance Altitude）。

Mode C（C 模式）：高度报告应答机模式。

MSA：最低安全高度（Minimum Safe Altitude）。

MSL：平均海平面（Mean Sea Level）。

Multi-function Display（MFD/多功能显示器）：驾驶舱面板上的一块小屏幕（CRT 或 LCD），用于向飞行员显示多种信息。MFD 通常与主飞行显示器配合使用。

MVA：最低引导高度（Minimum Vectoring Altitude）。

NAVAID：导航设施。

NAV/COM：导航和通信无线电。

NDB：无方向性信标（Non-directional Radio Beacon）。

NM：海里。

Nondirectional Radio Beacon（NDB/无方向性信标）：地基无线电发射台，向所有方向发射无线电信号。

Nonprecision Approach（非精密进近）：仅提供水平引导的仪表进近程序。

No Procedure Turn（NoPT/无程序转弯）：在相应航道和高度上使用的术语，表示不要求该程序。

NoPT：无程序转弯（No Procedure Turn）。

Notice to Airmen（NOTAM/航行通告）：航空主管机构发布的公告，提醒飞行员航路上或在特定位置的风险。主管机构向飞行员提供获取 NOTAM 的方式。

Obstacle Departure Procedures（ODP/越障离场程序）：在仪表气象条件（IMC）下为航空器提供超障余度保护的离场程序。

ODP：越障离场程序（Obstacle Departure Procedures）。

OM：外指点标（Outer Marker）。

Omission Error（忽略错误）：在姿态改变后，不能预期相应的仪表指示。例如，专注于俯仰控制，而忘记航向和滚转信息，造成航向和坡度操纵不稳定。

Optical Illusion（错觉）：错误的视觉影像。在本手册中，该术语是指大脑对与着陆相关的地面特征产生错觉，造成飞行员错误判断航空器与跑道之间的空间位置关系。

Orientation（定位）：对航空器或自己相对于特定参考点位置的感知。

Otolith Organ（耳石器官）：耳内用于感知线性加速度和重力方向的器官。

Outer Marker（外指点标）：位于 ILS 进近下滑道切入高度附近的指点信标。它通常位于跑道中心线延长线上距离跑道起点 4~7 英里的位置。

Overcontrolling（操纵过量）：对操纵盘施加了比获得指定俯仰坡度状态更大的操纵量。

Overpower（功率过大）：为了更快地增大空速，使用比所需功率更大的功率。

P-static：降水静电（Precipitation Static）。

PAPI：精密进近航道指示器（Precision Approach Path Indicator）。

PAR：精密进近雷达（Precision Approach Radar）。

Parasite Drag（废阻力）：由流经航空器结构表面的空气所产生摩擦力引起的阻力，其大小取决于空速。

PFD：主飞行显示器（Primary Flight Display）。

PIC：机长（Pilot-in-command）。

Pilot-in-command（PIC）：对航空器操作及安全负责的飞行员。

Pilot Report（PIREP/PIREP）：飞行员对航空器遇到的气象现象的报告。

Pilot's Operating Handbook/Airplane Flight Manual（POH/AFM）：局方批准的文件，由飞机生产商出版，列举某一型号飞机的操作。

PIREP：飞行员报告（Pilot Report）。

Pitot Pressure（皮托管压力）：用于测量空速的冲压空气压力。

Pitot-static Head（皮托管静压头）：用于采集皮托管压力和静压空气压力的一体装置。

Plan View（平面图）：仪表进近航图中进近程序的俯视图。俯视图标示了引导飞行员从航路段到起始进近定位点的航路。

POH/AFM：飞行员操作手册/飞机飞行手册（Pilot's Operating Handbook/Airplane Flight Manual）。

Point-in-space Approach（空中任意点进近）：直升机仪表进近程序的一种，进近至直升机着陆区域上空 2 600 英尺以上的复飞点。

Position Error（位置误差）：在静压系统入口处的空气并非完全静止，使高度表、空速表和升降速度表的显示出现误差。

Position Report（位置报告）：在飞越一个已知位置时，由航空器通过无线电向 ATC 报告。

Precession（进动）：陀螺仪的特性，所施加外力的反作用力在施力点感受不到，而是在沿旋转方向、施力点前 90°处。

Precipitation Static（P-static/降水静电）：由雨、雪或尘粒碰撞天线并诱导天线产生微小的无线电频率电压引起的无线电干扰。

Precision Approach（精密进近）：标准的仪表进近程序，可同时提供垂直和水平引导。

Precision Approach Path Indicator（PAPI/精密进近航道指示器）：类似于 VASI 的灯光系统，包括由两个或四个灯光系统组成灯光组。在正确下滑道上的飞行员会看到两个白灯和两个绿灯。

Precision Approach Radar（PAR/精密进近雷达）：机场所使用的一种雷达，在着陆的最后阶段可引导航空器，提供水平和垂直引导。雷达操作员指导飞行员改变航向或调整下降率使航空器保持在航迹上，并使其在跑道上正确的位置接地。

Precision Runway Monitor（PRM/精密跑道监视系统）：允许在距离较近的两条平行跑道之间同时、独立地进行仪表飞行规则（IFR）进近的系统。

Pressure Altitude（压力高度）：1 013.25 百帕平面以上的高度。

Prevailing Visibility（主导能见度）：等于或超过在 180°以上的水平范围内的最大水平能见度（并不是持续的）。当能见度因方向而有不同时，选出某个方向能见度值为 L 的角度范围 A，并以能见度大于 L 的角度范围为 B，当 B 小于 180°时，L 即为所选定的主导能见度。

Primary and Supporting（主用仪表和辅助仪表）：姿态仪表飞行的方法之一，使用直接提供姿态和性能指示的仪表。

Primary Flight Display（PFD/主飞行显示器）：仪表飞行时，通过使用易于扫视的，可提供人工天地线、空速、高度、升降速度、趋势、配平、转弯率等关键相关指示的显示器，替代传统的六仪表显示，以增强飞行员的情景感知。

PRM：精密跑道监视系统（Precision Runway Monitor）。

Procedure Turn（程序转弯）：当航空器必须以相反方向进入中间进近航段或最后进近航迹时所做的一种机动飞行。

Profile View（剖面图）：仪表进近程序航图的侧视图，显示进近的垂直航迹高度、航向、距离和定位点。

Prohibited Area（禁区）：禁止航空器飞行的指定空域。

Propeller/Rotor Modulation Error（螺旋桨/旋翼调节误差）：某些螺旋桨转速设定或直升机旋翼速度会引起 VOR 航道偏离指示器（CDI）波动 ±6°。对转速稍作改变即可将不稳定状态平稳下来。

Rabbit（引进灯）：很多大型机场都安装的高亮度闪光系统。闪光装置包括一系列明亮的蓝白光束，沿进近灯依次闪烁，产生出光球沿跑道行进的效果。

Radar（雷达）：通过无线电探测方位和距离的设备。

Radar Approach（雷达进近）：管制员在使用雷达监视飞行进程的同时提供引导，指导飞行员下降至机场或特定跑道。

Radials（径向线）：起始于导航台的方位线。

Radio or Radar Altimeter（无线电或雷达高度表）：通过测量从航空器发出的射频信号脉冲从地面上反射所需要的时间，确定航空器离地高的电子高度表。

Radio Frequency（RF/射频）：关于交流电的特性的术语，如果电流被输入天线中，就会产生适于无线广播和/或通信的电磁场。

Radio Magnetic Indicator（RMI/无线电磁指示器）：电子导航仪表，与 ADF 或 VOR 合为一体的磁罗盘。RMI 标度盘的运行方式与陀螺稳定的磁罗盘一样，显示飞机所飞的磁航向。

Radio Wave（无线电波）：一种电磁波，具有频率特性，用于无线电广播。

RAIM：接收机自主完整性监视（Receiver Autonomous Integrity Monitoring）。

Random RNAV Routes（任选区域导航航路）：根据区域导航的能力，在航路点之间的直达航路。这些航路点可由经纬度、方位/距离或以一定的方位距离偏离已知航路等方法确定。

Ranging Signals（测距信号）：从 GPS 卫星发射的信号，航空器的接收机可以根据每个卫星来确定距离。

RB：相对方位。

RBI：相对方位角指示器（Relative Bearing Indicator）。

RCO：遥控通信出口（Remote Communications Outlet）。

Receiver Autonomous Integrity Monitoring（RAIM/接收机自主完整性监视）：用于证实已接收的 GPS 信号的可用性，当导航系统出现任何故障时为飞行员提供警告。IFR 审定的 GPS 装置必须装备该系统。

Recommended Altitude（推荐高度）：仪表进近航图上标示的高度，既没有上划线也没有下划线。该标示值为建议值。

Receiver-transmitter（RT/收发机）：允许在选定频率上进行信号的接收和发送的系统。

Reduced Vertical Separation Minimum（RVSM/缩小垂直间隔）：在飞行高度 290～410 将最小垂直间隔从 2 000 英尺减小至 1 000 英尺，从而新增六个飞行高度层。另请见 DRVSM。

Reference Circle（基准圈，亦称距离圈）：在仪表进近程序平面图上标示的基准圈，通常有 10 海里的半径，在该航图中，诸元按规定比例绘制。

Regions of Command（操作区）："正常操作区和反操作区"根据飞行中保持或改变速度所必需的功率与该速度之间的关系来进行划分。

REIL：跑道头识别灯（Runway End Identifier Lights）。

Relative Bearing（RB/相对方位角）：航空器航向及其与电台方向的角度，从航空器机头顺时针测量。

Relative Bearing Indicator（RBI/相对方位角指示器）：即固定刻度盘 ADF，零刻度始终固定在仪表的顶端，指针指示航空器与电台之间的相对方位角。

Relative Wind（相对气流）：当物体在空气中运动时所产生的气流方向。对于飞行中的飞机来说，相对气流与飞行方向平行，但方向相反。因此，相对气流的方向由飞机的实际飞行航迹决定。

Remote Communications Outlet（RCO/遥控通信出口）：无人通信设施，由空管人员远程控制。

Required Navigation Performance（RNP/所需导航性能）：在特定的空域内，对特定飞机的导航性能进行规范审定，使其达到 RNP 所要求的精确度。

Restricted Area（限制区）：根据相应法规确定的空域，在此区域中，航空器的飞行未完全禁止，但受到限制。

Reverse Sensing（反向感应）：VOR 指针向与正常相反的方向偏转指示。

RF：射频。

Rhodopsin（视紫质）：眼内视杆细胞中激发视觉反应的感光素。

Rigidity（定轴性）：当陀螺沿转子轴的垂直方向无力矩作用时，转子轴在惯性空间中保持指向不变的特性。

Rime Ice（雾凇）：乳白色不透明的霜冰，由过冷水滴于瞬间冷却形成。

Risk（风险）：还未完全排除或控制的、可能对未来产生影响的危险。

RMI：无线电磁指示器（See Radio Magnetic Indicator）。

RNAV：区域导航（Area Navigation）。

RNP：所需导航性能（Required Navigation Performance）。

Runway End Identifier Lights（REIL/跑道头识别灯）：一对同步的闪光灯，横向安装在跑道的两端，可以很快地识别跑道的进近末端。

Runway Visibility Value（RVV/跑道能见度值）：由视程测量仪测出的某一特定跑道的视程值。

Runway Visual Range（RVR/跑道视程）：飞行员在从进近末端下降至跑道时应当看到的从相关仪器得出的水平距离，参看高强度跑道灯，或者通过其他物体进行视觉比较。

RVR：跑道视程（Runway Visual Range）。

RVV：跑道能见度值（Runway Visibility Value）。

SA：选择适用（Selective Availability）。

St. Elmo's Fire（圣爱摩火）：大量静电放电时在航空器表面区域由于电晕放电产生亮光的一种现象。

Satellite Ephemeris Data（星历数据）：由 GPS 卫星播放的数据，包含该卫星准确的轨道数据、大气传输数据以及卫星钟误差数据。

Scan（扫视）：仪表飞行最基本的技术，也叫作"交叉检查"，对仪表进行连续性有逻辑的观察，获取姿态和性能信息。

Selective Availability（SA/选择适用性）：一种卫星技术，美国国防部可根据国家安全的需要，对卫星制造关键的时钟和星历误差，导致导航误差。

Semicircular canal（半规管）：耳内用于探测身体角加速度的器官。

Sensitive altimeter（气压式高度表）：一种多指针气动高度表，拥有可调节的气压刻度，基准压力可调至需要值。

SIDS：标准仪表离场程序（Standard Instrument Departure Procedures）。

SIGMET（重要气象情报）：重要气象情报的首字母缩写。对飞行安全至关重要的气象咨询通报。

Signal-to-noise Ratio（信噪比）：接收到的信号强度与背景噪声的比值，用于测量接收信号的强度。

Simplex（单工）：在同一频率收发。

Simplified Directional Facility（SDF/简易定向设备）：非精密仪表进近使用的导航设施。最后进近段与 ILS 航向道相似；但 SDF 可能与跑道方向有偏离，通常不超过 3°，航道比航向道宽，因此精确度更低。

Single-pilot Resource Management（SRM/单人驾驶资源管理）：单人制机组或单个飞行员有效利用所有资源确保成功飞行。

Situational Awareness（处境意识）：飞行员根据位置、空管、气象、法规、航空器状态和其他会影响飞行的因素等，确定航空器运行状态的一种能力。

Skidding Turn（外侧滑转弯）：一种非协调转弯，以一坡度转弯时转弯率太大，离心力将飞机拉至转弯的外侧。

Skin Friction Drag（表面摩擦阻力）：空气分子和航空器固体表面产生的阻力。

Slant Range（斜距）：由于 DME 信号的直线传播特性，斜距即航空器天线与地面电台之间的直线距离。

Slaved Compass（伺服罗盘）：航向陀螺与之同步，或不断进行修正，将其方向读数与远端磁方向感应装置（磁通量活门或磁通量闸门罗盘）同步的系统。

Slipping Turn（内侧滑转弯）：一种非协调转弯，以某一转弯率转弯时坡度过大，升力的水平分力大于离心力，向心力将飞机向内侧拉动。

Small Airplane（轻型飞机）：最大审定起飞重量小于 12 500 磅的飞机。

Somatogravic Illusion（躯体重力错觉）：在缺乏目视参考的飞行状态中，由于快速地加速和减速而导致对上仰和下俯姿态产生错误的感觉。

Spatial Disorientation（空间失定向）：由于错觉信息从感官系统传至大脑而产生的混淆状态，从而导致失去对航空器相对于特定基准点位置判断的意识。

Special Use Airspace（特殊用途空域）：飞行活动受限的区域，该空域会对空域的混合使用进行限制，包括禁区、限制区和警告区。

SRM：单人驾驶资源管理（Single-pilot Resource Management）。

SSR：二次监视雷达（Secondary Surveillance Radar）。

SSV：标准服务容量（Standard Service Volume）。

Standard Holding Pattern（标准等待航线）：全部向右转弯的等待航线。

Standard Instrument Departure Procedures（SIDS/标准仪表离场程序）：为了方便许可放行和从起飞到航路运行的过渡而公布的程序。

Standard Rate Turn（标准转弯率转弯）：低速或中速飞行时，航空器以 3°/秒的速度（2 分钟 360°）改变航向即标准转弯率转弯。高速飞行时，以（1～1/2°）/秒的速度（4 分钟 360°）转弯即为标准转弯率转弯。

Standard Terminal Arrival Route（STAR/标准终端进场航线）：一种预先规划并用图示和/或文字出版的供驾驶员使用的仪表飞行进场程序。

STAR：标准终端进场航路（Standard Terminal Arrival Route）。

Static Longitudinal Stability（纵向静安定性）：使航空器回到平衡迎角状态所必需的俯仰力矩。

Static Pressure（静压）：静止或非运动空气的压力，测量与航空器表面垂直方向的空气压力。

Steep Turns（大坡度盘旋）：在仪表飞行中，是指大于标准转弯率的转弯；在目视飞行中，是指大于 45°坡度的转弯。

Stepdown fix（阶梯下降定位点）：在仪表进近程序的一个航段中，飞过该点后允许再下降到一定高度。

Strapdown System（捷联系统）：一种惯性导航系统（INS），其加速计和陀螺始终与航空器的三个轴捷联或一致。

Stress（应激/压力）：人体对特定需求的反应。

Structural Icing（结构积冰）：冰在航空器外表面的聚集。

Suction Relief Valve（吸气安全活门）：在仪表真空系统中的一个安全活门，可保持仪表内部的正常低压，使陀螺正常运转。

Synchro（同步机）：用于发射从一个位置到另一个位置的角运动或位置指示的设备。

Synthetic Vision（合成视景）：使用真实显示来描述航空器相对于地形和飞行航迹的位置关系。

TAA：终端进场区域（Terminal Arrival Area）。

Tactical Air Navigation（TACAN）：一种电子导航系统，用于军用飞机，提供距离和方向信息。

TAWS：地形提示和告警系统（Terrain Awareness and Warning System）。

TCAS：空中交通告警防撞系统（Traffic Alert Collision Avoidance System）。

TCH：穿越跑道入口高（Threshold Crossing Height）。

TDZE：接地区域标高（Touchdown Zone Elevation）。

TEC：航路管制服务塔台（Tower En Route Control）。

Temporary Flight Restriction（TFR/临时飞行限制）：对飞行施加限制，主要包括以下内容：

（1）保护空中或地面上的人和物免受现有或即将出现的飞行相关风险；

（2）为救灾航空器的运行提供一个安全环境；

（3）在某一事件所发生的地域上空，避免观光的航空器造成不安全的拥挤状态；

（4）保护 VIP 或其他公众任务；

（5）为空间探测活动提供安全的环境。

如果在临时飞行限制生效的区域内飞行时，在飞行准备中，驾驶员应检查相应的航行通告。.

Terminal Instrument Approach Procedure（TERP/终端仪表进近程序）：在设计仪表飞行程序时所使用的指定的美国标准方法。

Terminal Arrival Area（TAA/终端进场区域）：为配备了 FMS 和/或 GPS 导航设备的机场航空器提供的新过渡方法的程序。TAA 包含一个"T"结构，为使用该进近的航空器提供一个无程序转弯的程序。

TERP：终端仪表进近程序（Terminal Instrument Approach Procedure）。

Terrain Awareness and Warning System（TAWS/地形提示和告警系统）：一种基于时间机制的系统，通过使用 GPS 定位和地形数据库对即将接近的地形和障碍提供精确的预报，从而提供与固定物体相关的潜在危险信息。

TFR：临时飞行限制（Temporary Flight Restriction）。

Threshold Crossing Height（TCH/穿越跑道入口高）：是跑道入口之上的理论高。如果航空器保持在由 ILS 平均下滑道建立的轨迹上穿越跑道入口，则航空器的下滑道天线应位于该高度。

Thrust（推力）：螺旋桨、涡扇或涡轮喷气式发动机迫使大量空气向航空器后部运动，从而产生向前的气动力。

Time and Speed Table（时间速度表）：在仪表进近程序图上标示的表格，给出了从最后进近定位点到复飞点的距离，并基于不同地速提供了飞过这些距离所需要的时间。

Timed Turn（计时转弯）：使用时钟和转弯协调仪在给定时间内改变一定航向度数的转弯方式。

TIS：空中交通情报服务（Traffic Information Service）。

Touchdown Zone Elevation（TDZE/接地区标高）：在着陆道面上前 3 000 英尺内的最高标高。当可以使用直线进近着陆的最低标准时，TDZE 会标注在仪表进近程序图上。

Tower En Route Control（TEC/航路管制服务塔台）：在授权空域内的两个或几个临近的进近管制机构（设施）之间，对 IFR 航路交通实施的管制。这种服务是为了加速空中交通，同时减少管制员和驾驶员之间的通信需要。

Tracking（追踪/保持航道飞行）：不论侧风条件如何，以能保持预定航迹的航向作向/背台飞行。

Traffic Alert Collision Avoidance System（TCAS/交通预警和防撞系统）：局方开发的一种机载系统，独立于地基空管系统运行。其目的是用来增强驾驶舱对邻近航空器的感知，作为避免空中相撞的"最后一条防线"。

Traffic Information Service（TIS/空中交通情报服务）：基于地面的服务，通过使用 S 模式应答机和高度编码器的数据链为驾驶舱提供信息，通过自动显示器告知飞行员附近的交通情况以增强安全性和"看到并避免"其他飞行活动的效率。

Transcribed Weather Broadcast（TWEB/录制的气象广播）：通过选定的导航设施来播放已录制好的气象和航空数据信息。通常，该广播包含航路相关数据以及特别准备的国家气象局预报、飞行咨询和空中风信息。该广播还包括一些筛选过的当前信息，如气象报告（METAR/SPECI）、NOTAM 和特殊通告。

Transponder（应答机）：空管雷达信标系统的机载部分。

Transponder Code（应答机编码）：空管指定的，用于区分航空器的 4 096 个不同的四字编码。

Trend（趋势）：航空器运动方向的瞬时指示，在仪表上显示。

Trim（配平）：调整操纵面的空气动力，使得航空器在没有任何操纵输入时仍可以保持指定姿态。

TWEB：录制的气象广播（Transcribed Weather Broadcast）。

True Airspeed（真空速）：由修正空速（CAS）修正压力高度和温度后得出的真实空速。

UHF：甚高频（Ultra-high Frequency）。

Ultra-high Frequency（UHF/超高频）：电磁频率的范围为 962～1 213 MHz。

Uncaging（解锁）：解开陀螺仪表平衡环的锁定，这时易受突然飞行机动或粗猛操作的影响而损坏。

Underpower（低功率）：使用比所需功率更小的功率，以更快地改变空速。

United States Terminal Procedures Publication（TPP/终端程序出版物）：由国家航图办公室出版的按区域划分的小册子，包括与 IFR 飞行相关的离场程序、标准仪表进场、仪表进近程序和其他信息。

Unusual Attitude（非正常姿态）：无意的、非预期的或极端的航空器姿态。

User-defined Waypoints（自定义航路点）：可由使用者输入的航路点位置和其他数据信息，只有 GPS 数据库信息可以由使用者改变（编辑）。

Variation（磁差）：由地磁北极和地理北极之间的物理位置差异而引起的罗盘误差。

VASI：目视进近坡度指示器（Visual Approach Slope Indicator）。

VDP：目视下降点（Visual Descent Point）。

Vectoring（雷达引导）：通过指定航向进行导航引导。

Venturi Tube（文氏管）：连接在航空器外部的特殊形状的管，产生吸气气流，使陀螺仪表正常运转。

Vertical Speed Indicator（升降速度表）：测量气压变化率的仪表，显示气压值与某一恒定气压值的偏差量。

Very-high Frequency（VHF/甚高频）：无线电波段，频率为 30～300 MHz。

Very-high Frequency Omnidirectional Range（VOR/甚高频全向无线电信标）：一种电子导航设备，驾驶舱仪表识别来自 VOR 电台的径向线信号，从磁北顺时针测量， 航空器通过它来实施定位。

Vestibule（前庭）：耳内的耳迷路的中室，或它所包含的耳膜迷路的部分。

Victor Airways（引导航路）：基于从一个 VOR 导航设施或交叉点到另一个导航设施（或穿过若干助航设施或交叉点）的航路，用于在终端和航路之间建立一条过渡航路。

Visual Approach Slope Indicator（VASI/目视进近坡度指示器）：在向跑道进近时提供下降指引信息、由灯光组成的目视引导系统。操纵航空器沿正确下滑道飞行的飞行员，将会看到上红下白的目视助航灯指示。

Visual Descent Point（VDP/目视下降点）：非精密直线进近程序最后进近段中的一个点，从该点可以正常开始从最低下降高度向跑道的接地点下降，但飞行员必须能见跑道。

Visual Flight Rules（VFR/目视飞行规则）：局方对使用目视参考的航空器所制定的规则。VFR 运行规定了云底高和能见度限制，满足这些条件后才可以根据该规则运行。如果气象条件不符合 VFR 操作标准，驾驶员就必须使用仪表飞行规则（IFR）。

Visual Meteorological Conditions（VMC/目视气象条件）：当能见度、离云的距离和云底高等于或高于 VFR 规定的最低标准时的气象条件。

VMC：目视气象条件（Visual Meteorological Conditions）。

VOR：甚高频全向信标台（Very-high Frequency Omnidirectional Range）。

VORTAC：该设施包含两个部分：VOR 和 TACAN；提供三种服务：VOR 方位、TACAN 方位和同一位置的 TACAN 距离。

VOR Test Facility（VOT/VOR 测试设施）：可发射测试信号检查 VOR 接收机精确度的地面设施。一些 VOT 可供空中使用，还有一些仅限于在地面使用。

VOT：VOR 测试设施（VOR Test Facility）。

VSI：升降速度表（Vertical Speed Indicator）。

WAAS：广域增强系统（Wide Area Augmentation System）。

Waypoint（航路点）：用于确定航路或报告飞行进程的指定地理位置点，以经纬度坐标表示。

WCA：风修正角（Wind Correction Angle）。

Weight（重量）：航空器所受地心引力的度量。

Wide Area Augmentation System（WAAS/广域增强系统）：一种差分全球定位系统（DGPS），通过GPS卫星确定位置误差，之后向机载GPS接收机发送误差或修正因数，以增强系统的精确度。

Wind Correction Angle（WCA/风修正角）：预期航迹与航空器要保持该航迹所飞航向之间的角度。

Work（功）：对产生运动的力的量度。

Zone of Confusion（信号混乱区域）：电台上空的区域，在VOR台正上方由于缺少足够的导航信号而造成指针指示出现偏差。

参考文献

[1]　FEDERAL AVIATION ADMINISTRATION. Instrument Flying Handbook, 2007.

[2]　TAYLOR R. Instrument Flying. New York: McGraw-Hill Professional, 1997.

[3]　FEDERAL AVIATION ADMINISTRATION. Instrument Procedures Handbook, 2007.

[4]　ICAO Document 8168 Flight Procedures.2006.

[5]　FEDERAL AVIATION ADMINISTRATION. Advanced Avionics Handbook, 2009.